"十二五"职业教育国家规划教材

经全国职业教育教材审定委员会审定

生物技术类教材系列

生物产品分析与检验技术

（第二版）

刘长春　主编

魏明英　周鑫鑫　副主编

科学出版社

北　京

内 容 简 介

本书是以项目为导向、任务为驱动，采用"活模块"形式编写的理论与实践一体化教材，主要内容包括生物产品分析与检验基本操作、饮料酒的分析与检验、发酵食品的分析与检验、有机酸的分析与检验、氨基酸的分析与检验、酶制剂的分析与检验、糖类物质的分析与检验、维生素的分析与检验、核酸类物质的分析与检验等9个模块，30个项目，共计116个任务。每个任务中设计了学习目标、知识准备和技能操作等环节，既突显对学生的实践技能培养，又考虑到职业岗位的知识需要，同时也便于开展理论与实践一体化教学。每个模块安排有复习思考题，便于学生自查自练。

本书可作为高等职业院校生物技术类及相关专业的教材，也可作为有关企业技术人员的参考用书和职业技能鉴定的培训教材。

图书在版编目（CIP）数据

生物产品分析与检验技术/刘长春主编. —2 版. —北京：科学出版社，2014.6

（"十二五"职业教育国家规划教材·经全国职业教育教材审定委员会审定·生物技术类教材系列）

ISBN 978-7-03-040704-7

Ⅰ.①生… Ⅱ.①刘… Ⅲ.①食品分析-高等职业教育-教材　②食品检验-高等职业教育-教材　Ⅳ.①TS207.3

中国版本图书馆 CIP 数据核字（2014）第 106167 号

责任编辑：沈力匀 / 责任校对：马英菊
责任印制：吕春珉 / 封面设计：耕者设计工作室

科 学 出 版 社 出版
北京东黄城根北街 16 号
邮政编码：100717
http://www.sciencep.com

天津市新科印刷有限公司 印刷

科学出版社发行　各地新华书店经销

*

2009 年 3 月第 一 版　　开本：787×1092　1/16
2015 年 1 月第 二 版　　印张：22 3/4
2024 年 1 月第八次印刷　字数：560 000

定价：70.00 元

（如有印装质量问题，我社负责调换〈新科〉）
销售部电话 010-62134988　编辑部电话 010-62130750

第二版前言

普通高等教育"十一五"国家级规划教材《生物产品分析与检验技术》自 2009 年 3 月出版以来，先后印刷了多次，为培养生物技术类及相关专业高素质技术技能型人才发挥了重要作用，得到了全国有关高等职业院校教师和学生的认可和欢迎。

本书深入实施科教兴国战略、人才强国战略，加快实施创新驱动发展战略，不断塑造发展新动能新优势，积极推进职普融通、产教融合、科教融汇，全面提高人才自主培养质量，培养造就大批德才兼备的高素质技术技能型专门人才。另外，本书第一版内容中的部分技术标准和技术内容已经陈旧，亟待进行更新，并且在使用过程中也发现了一些不足。为此，我们根据《教育部关于"十二五"职业教育教材建设的若干意见》的精神，以及生物技术类专业建设和教育教学改革的需要，对本书第一版进行了修订，以期满足高等职业院校生物技术类及相关专业的教学需要和职业岗位要求。

本书的修订以"十二五"职业教育国家规划教材立项建设的文件精神为指导，以国家《高等职业学校专业教学标准（试行）》为依据，参照《国家职业技能鉴定标准》，根据近年来教材的使用情况，对教材的内容和结构进行调整和更新，力求内容新颖、精练和实用。

（1）根据生物技术类及相关专业学生的就业趋向，对接职业标准和岗位要求，以项目为导向、任务为驱动，采取"活模块"和"理论与实践一体化"的形式对教材的内容和结构进行更新。删除了第一版中职业岗位需求较少的醇酮类发酵产品的分析与检验知识，增加了发酵乳的检验项目，按照工作过程和学生的认知规律重新整合内容。选取的项目和任务既符合职业教育规律和高素质技术技能型人才成长规律，又贴近生物技术产业生产实际。

（2）依据"够用、实用"的原则，将生物技术类及相关专业学生需要掌握的知识与技能有机地融合在每一个任务中，有效地解决了第一版中分析检验知识与技能训练实例相重复的问题。参照国家职业技能鉴定规范设计每个任务中的技能操作内容，增加了所用溶液的配制方法，合理地安排操作步骤，注重对学生数据处理和报告结果等能力的训练，增强了内容的实用性和可操作性。

（3）按照《国家职业技能标准 食品检验工》规定的工作内容和技能要求对模块 2 和模块 3 的理论和技能内容进行调整、补充和完善，有利于读者参加相关国家职业技能鉴定。

（4）根据相关生物产品最新的国家质量标准，引进分析检验的新技术和新方法，结合企业现有的检测条件，对已经陈旧的技术标准和内容进行了更新，以满足企业生产的需要。

（5）邀请行业企业技术人员参加编写，将行业企业的典型检验项目和常规检验方法融入到本书内容之中，增强了教材的实践性，实现了校企检验项目的对接。

修订后的教材包括生物产品分析与检验基本操作、饮料酒的分析与检验、发酵食品的分析与检验、有机酸的分析与检验、氨基酸的分析与检验、酶制剂的分析与检验、糖类物质的分析与检验、维生素的分析与检验、核酸类物质的分析与检验等 9 个模块，30 个项目，共计 116 个任务。每个任务中设计了学习目标、知识准备和技能操作等环节，既突显对学生的实践技能培养，又考虑到职业岗位的知识需要，同时也便于开展理论与实践一体化教学。每个模块安排有复习思考题，便于学生自查自练。本书主要可作为高等职业院校生物技术类及相关专业的教材，也可作为有关企业技术人员的参考用书和职业技能鉴定的培训教材。

本书在编写和修订的过程中，得到了科学出版社的大力支持和热情帮助，在此深表衷心感谢。由于编者水平有限，书中的错漏和不妥之处在所难免，热忱欢迎专家和读者给予批评指正。

第一版前言

本书是以教育部有关高职高专教材建设的文件精神及普通高等教育"十一五"国家级教材规划的精神为指导，根据高职高专人才的培养目标，结合我们在教学和国家职业技能鉴定培训方面所积累的经验，以"够用、实用"为宗旨，突出技能，将理论知识和操作技能有机地结合在一起编写而成。

全书共分 10 章，重点介绍了生物产品分析与检验基础知识、饮料酒的分析与检验、发酵食品的分析与检验、醇酮类发酵产品的分析与检验、有机酸的分析与检验、氨基酸的分析与检验、酶制剂的分析与检验、糖类物质的分析与检验、维生素的分析与检验、核酸类物质的分析与检验等，总学时数为 64 学时。本书主要用做高职高专院校生物技术及应用、微生物技术及应用、食品生物技术、工业分析与检验、食品营养与检测等相关专业的教材，也可作为有关企业技术人员的参考用书和职业技能鉴定的培训教材。

全书具有以下特点：

(1) 根据高职教育人才培养目标和本课程应用性较强的特点，本着"实用、实际、实践"的原则，力求理论知识够用，实践技能实用，着重突出了学生实际应用能力的培养。

(2) 内容简明精练，覆盖面广，通用性强。本书内容涉及生物产品中常见的 9 个类别，介绍了有关产品的感官检验、理化指标检验和卫生指标检验等内容，大多数检验项目中含有多种检验方法。

(3) 突出"新"字，强调先进性。在编写各项目的检验方法和技能训练实例时，我们紧密联系实际，结合当前生产过程中的国际、国家最新标准、新技术、新方法，力求做到技术应用性强、内容新，以适应当前技术发展的需要。

(4) 根据学科理论的发展，针对高职教育人才培养的特点，精心选择实验、实训内容。检验方法中介绍了所用仪器设备准备要求，试剂的制备方法，详细的操作步骤，具体的结果计算方法以及操作中应该注意的问题等，以培养学生运用所学知识解决问题和分析问题的能力。

(5) 充分考虑高等职业院校对国家职业技能鉴定的要求，内容涵盖了《国家职业标准 食品检验工》所规定的理论知识和技能要求，并在每章后附有一定数量的技能训练，从而有助于从事或准备从事食品检验的人员参加国家职业技能鉴定。

本书由江苏食品职业技术学院刘长春主编并统稿，湖北轻工业职业技术学院付三乔和四川工商职业技术学院魏明英担任副主编工作，参加编写工作还有江苏食品职业技术学院袁加程和徐春、山东东营职业学院缪金伟、成都纺织高等专科学校蒋旎、江苏财经职业技术学院顾鹏程、新疆轻工职业技术学院谢亚利、湖北轻工业职业技术学院廖湘萍等。全书由江苏食品职业技术学院张安宁教授审阅，并提出了许多宝贵的意见，在此深表谢意。本书所引用文献资料的原著已列入参考文献，在此一并表示感谢。

本书在编写的过程中，得到了科学出版社的大力支持和热情帮助，编者在此深表衷心感谢。由于编者水平有限，书中的错漏和不妥之处在所难免，热忱欢迎专家和读者给予批评指正。

目　　录

模块 1　生物产品分析与检验基本操作

生物产品是指一大类为数众多的由各种生物反应过程（发酵过程、酶反应过程等）或动植物细胞大量培养等过程所获得的产品，其特点是以生物来源为主的物质为原料，通过生物催化剂的作用，在生物反应器中形成，并通过生化分离工程的有关手段将其提取纯化。这些产品有乙醇、柠檬酸、乳酸、葡萄糖酸、各种氨基酸、酶制剂、核酸等发酵产品，各种抗生素、多种甾体激素和维生素、常规菌苗和疫苗等医药产品，也有生物农药、食用及药用酵母、饲料蛋白（单细胞蛋白）等，还有通过重组 DNA 技术和细胞融合技术等方法生产的干扰素、单克隆抗体、新型疫苗等现代生物技术产品。

由于分析的对象和目的不同，生物产品分析与检验所用的方法及检测技术也不同，常用的有化学分析法、仪器分析法和微生物检验法。化学分析法是根据物质的化学性质进行分析的方法，有滴定分析法和称量分析法，主要用于生物产品的理化指标分析。仪器分析法是以物质的物理及物理化学性质为基础建立起来的分析方法，主要有紫外-可见分光光度法、原子吸收光谱法、气相色谱法、高效液相色谱法和电位分析法，这些方法必须借助一些分析仪器来进行分析，已广泛应用于生物产品的理化指标及卫生指标的分析。微生物检验法是应用微生物学的方法和技术对部分产品（如食品、药品）细菌污染的定性或定量检验，通常也称卫生检验，常规检验项目包括细菌总数测定、霉菌总数测定、大肠菌群的检验和致病菌的检验等，主要用于生物产品的卫生指标检验。本模块主要介绍生物产品分析与检验中常用的化学分析、仪器分析和微生物检验等技术的基本知识和基本操作。

项目 1　化学分析基本操作

任务 1　标准溶液的配制与稀释

学习目标

（1）掌握准确配制和稀释标准溶液的相关知识和操作技能。

（2）会进行规范的定容操作和正确使用容量瓶。

（3）能正确计算标准溶液的浓度。

知识准备

1. 标准溶液浓度的表示方法

（1）物质的量浓度。单位体积溶液中所含溶质的物质的量，用符号 c 表示，单位为

mol/L。

$$c = \frac{n}{V}$$

式中，n——溶质的物质的量（mol）；

　　　V——溶液的体积（L）。

同一溶液的物质的量浓度用不同基本单元表示时，其数值不同，如 $c_{H_2SO_4} = 0.5$ mol/L，而 $c_{1/2\,H_2SO_4} = 1.0$ mol/L。

（2）质量浓度。单位体积溶液中所含溶质的质量，用符号 ρ 表示，单位为 g/L。

$$\rho = \frac{m}{V}$$

式中，m——溶质的质量（g）；

　　　V——溶液的体积（L）。

（3）滴定度。每克标准溶液可滴定的或相当于可滴定的物质的质量，用符号 T 表示，单位为 g/mL。

$$T = \frac{m}{V}$$

式中，m——被测物质的质量（g）；

　　　V——滴定剂的体积（mL）。

如高锰酸钾标准溶液对铁的滴定度为 $T_{Fe/KMnO_4} = 0.005682$ g/mL，表示每毫升 $KMnO_4$ 标准溶液可以把 0.005682 g 的 Fe^{2+} 滴定为 Fe^{3+}。

同一溶液的物质的量浓度、质量浓度和滴定度之间的换算关系为

$$c_A = \frac{\rho_A}{M_A} = \frac{a}{b} \times \frac{T_{B/A} \times 1000}{M_B}$$

式中，c_A——溶液 A 的物质的量浓度（mol/L）；

　　　ρ_A——溶液 A 的质量浓度（g/L）；

　　　$T_{B/A}$——溶液 A 相当于被测物质 B 的滴定度（g/mL）；

　　　M_A——溶质 A 的摩尔质量（g/mol）；

　　　M_B——被测物质 B 的摩尔质量（g/mol）；

　　　a——反应式中溶液 A 的计量系数；

　　　b——反应式中被测物质 B 的计量系数。

2. 标准溶液的配制方法

（1）直接配制法。准确称取一定质量的基准物质于小烧杯中，溶解后定量地转移到容量瓶中，用蒸馏水稀释至刻度，摇匀，计算标准溶液的准确浓度。

$$c = \frac{m \times 1000}{M \times V}$$

式中，c——溶液的物质的量浓度（mol/L）；

　　　m——溶质的质量（g）；

V——溶液的体积（mL）；

M——溶质的摩尔质量（g/mol）。

直接配制法适合于用基准物质配制标准溶液，所用的基准物质必须具备如下条件：纯度足够高（99.9%以上），一般可以用基准试剂或优级纯试剂；物质的组成与化学式相符，若含结晶水，其结晶水的含量应与化学式相符；试剂稳定，如不易吸收空气中的水分和二氧化碳，不易被空气氧化；摩尔质量尽可能大些。

（2）间接配制法（标定法）。粗略称取一定质量物质或量取一定体积液体，配制成接近于所需要浓度的溶液，然后用基准物质或另一种物质的标准溶液标定，以确定其准确浓度。

$$c_A = \frac{a}{b} \times \frac{m_B \times 1000}{M_B \times V_A}$$

式中，c_A——待标定溶液 A 的物质的量浓度（mol/L）；

　　　m_B——基准物质的质量（g）；

　　　V_A——标定时消耗待标定溶液 A 的体积（mL）；

　　　M_B——基准物质 B 的摩尔质量（g/mol）；

　　　a——反应式中待标定溶液 A 的计量系数；

　　　b——反应式中基准物质 B 的计量系数。

$$c_A = \frac{a}{b} \times \frac{c_B \times V_B}{V_A}$$

式中，c_A——待标定溶液 A 的物质的量浓度（mol/L）；

　　　c_B——标准溶液 B 的物质的量浓度（mol/L）；

　　　V_A——标定时消耗待标定溶液 A 的体积（mL）；

　　　V_B——标定时消耗标准溶液 B 的体积（mL）；

　　　a——反应式中待标定溶液 A 的计量系数；

　　　b——反应式中标准溶液 B 的计量系数。

为了减少系统误差，进行标定时应注意：一般要选用摩尔质量较大的基准物质；所用的标准溶液的体积不能太小，以减少滴定误差；尽量用基准物质标定，少用另一种标准溶液标定，以减少存在误差的加和；标定时的反应条件和测定样品时的条件力求保持一致；至少做 3 次平行标定，取算术平均值为测定结果，相对平均偏差不应超过 0.2%。

3. 标准溶液的稀释

准确吸取一定体积较高浓度的标准溶液，用水或其他溶剂定容至一定体积，计算其稀释后的准确浓度。

$$c_2 = \frac{c_1 \times V_1}{V_2}$$

式中，c_1——稀释前溶液的物质的量浓度（mol/L）；

　　　c_2——稀释后溶液的物质的量浓度（mol/L）；

V_1——稀释前溶液的体积（mL）；

V_2——稀释后溶液的体积（mL）。

4. 容量瓶

一种带有磨口玻璃塞的细长颈、梨形的平底玻璃瓶，颈上有标线，能准确测量容纳液体体积。当瓶内液体在所指定温度下达到标线处时，其体积即为瓶上所注明的容积数。容量瓶有 5、25、50、100、250、500、1000、2000（mL）等多种规格，用于直接法配制标准溶液和准确稀释溶液。

技能操作

实例：$c_{1/2\,Na_2CO_3} = 0.1mol/L$ 碳酸钠标准溶液的配制

1）试剂

（1）碳酸钠：基准试剂或优级纯。

（2）铬酸洗液：称取研细的重铬酸钾 25g，量取浓硫酸 500mL，混合后，温热溶解。

2）仪器

分析天平（感量 0.1mg），容量瓶（250mL）。

3）操作步骤

（1）容量瓶准备。

试漏：将容量瓶中装水至标线附近，塞紧塞子并将瓶子倒立 2min，用滤纸片检查是否有水渗出。如不漏水，将瓶直立，再将塞子旋转 180°后，倒立 2min 再检查是否有水渗出。

洗涤：将容量瓶内水尽量倒空，然后倒入铬酸洗液 20～30mL，盖上瓶塞，边转动边向瓶口倾斜，至洗液充满全部内壁。放置数分钟，倒出洗液，用自来水冲洗、蒸馏水淋洗，备用。

（2）称量。按配制 250mL 碳酸钠标准溶液计算需要称取碳酸钠的质量，用分析天平称取于 270～300℃灼烧至恒重的碳酸钠于小烧杯中（准确至 0.1mg），加少量蒸馏水溶解。

（3）溶液定量转移。一只手将玻璃棒插入容量瓶内，底端靠近瓶壁。另一只手拿着烧杯，让烧杯嘴靠紧玻璃棒，使溶液沿玻璃棒慢慢流下。溶液流完后将烧杯沿玻璃棒向上提，并逐渐竖直烧杯，将玻璃棒放回烧杯，但玻璃棒不能碰烧杯嘴。用水冲洗玻璃棒和烧杯壁数次，每次约 5mL。将洗涤液用相同方法定量转入容量瓶中。

（4）溶液稀释与定容。用蒸馏水加至容量瓶的 3/4 处时，塞上塞子，用右手食指和中指夹住瓶塞，将瓶拿起，轻轻摇转，使溶液初步混合均匀（不能倒转）。继续加蒸馏水至接近标线时，等 1～2min 后，再用滴管滴加蒸馏水至刻度（滴加时不能手拿瓶底，应拿瓶口处，眼睛平视弯液面下部与刻度线重合），塞紧瓶塞。

（5）摇匀。右手食指顶住瓶塞，其余四指拿住瓶颈标线以上部分，用左手指尖托住

瓶底（不要用手掌握住瓶身），将容量瓶倒转使气泡上升到顶，如此反复 10 余次，使溶液充分混匀。

（6）标准溶液浓度计算。根据碳酸钠的质量和标准溶液的体积，计算碳酸钠标准溶液的准确浓度。

4）数据记录与结果处理

数据记录与结果处理见表 1-1。

表 1-1　数据记录与结果处理表

碳酸钠的质量 m/g	标准溶液的体积 V/mL	标准溶液的浓度 $c/(mol/L)$

计算公式：

$$c = \frac{m \times 1000}{M \times V}$$

5）说明

（1）不能在容量瓶里进行溶质的溶解。

（2）容量瓶不能加热，如果溶质在溶解过程中放热，要待溶液冷却后再进行转移。

（3）容量瓶用毕应及时洗涤干净，塞上瓶塞，并在塞子与瓶口之间夹一条纸条，防止瓶塞与瓶口粘连，塞子与瓶应编号配套或用绳子（橡皮筋）相连接，以防止瓶塞丢失、污染或搞错。

任务 2　移液和滴定

学习目标

（1）掌握准确移取溶液和滴定的相关知识和操作技能。

（2）会进行规范的移液、滴定操作和正确使用移液管、滴定管。

（3）能准确判断滴定终点和正确处理测定结果。

知识准备

1. 移液管

一根两端细长中间膨大的玻璃管，在管的上端有刻线，能准确测量放出溶液的体积，有 10、25、50（mL）等规格。吸量管是带有分刻度的移液管，可以准确量取不同体积的溶液，常用规格有 1、2、5、10（mL）等。

2. 滴定管

具有精确刻度而内径均匀的细长玻璃管，最小刻度为 0.1mL，"0" 刻度在上，读数可估计到 0.01mL，能准确测量从管中排出的标准溶液体积。常量分析滴定管有

50mL 和 25mL，还有容积为 10、5、2、1（mL）的半微量和微量滴定管。滴定管根据构造分为酸式滴定管和碱式滴定管两种。酸式滴定管下端有玻璃旋塞，用以控制溶液的流出，只能用来盛装酸性或氧化性溶液。碱式滴定管下端连有一段橡皮管，管内有玻璃珠，用以控制液体的流出，橡皮管下端连一尖嘴玻璃管，只能用来盛装碱性或非氧化性溶液。

3. 滴定分析

将一种已知准确浓度的试剂溶液，滴加到被测物质的溶液中，直到所加的试剂与被测物质按化学计量定量反应为止，根据试剂溶液的浓度和消耗的体积，计算被测物质的含量。

已知准确浓度的试剂溶液称为滴定液。将滴定液从滴定管中加到被测物质溶液中的过程叫做滴定。当加入的滴定液与被测物质按化学计量关系定量反应完成时，反应达到了计量点。在滴定过程中，指示剂发生颜色变化的转变点称为滴定终点。滴定终点与计量点不吻合所造成的分析误差叫做滴定误差。

根据滴定方式的不同，滴定分析可以分为：

（1）直接滴定法。用标准溶液直接滴定被测物质，是最常用的滴定方法。凡能满足滴定分析要求的化学反应都可用直接滴定法。

（2）返滴定法。先加入一定量过量的标准溶液，待反应定量完成后，用另外一种标准溶液滴定剩余的标准溶液。适用于滴定反应速度较慢的物质或固体反应物。

（3）置换滴定法。加入适当试剂与待测物质反应，使其被定量地置换成另外一种可直接滴定的物质，再用标准溶液滴定此生成物。适用于滴定不按确定化学计量关系反应的物质。

（4）间接滴定法。通过另一种化学反应，以滴定法间接进行滴定。适用于滴定不能与滴定剂直接起反应的物质。

根据滴定原理的不同，滴定分析可以分为：

（1）酸碱滴定法。以酸碱反应为基础的滴定分析法。常用强酸或强碱为标准溶液测定一般的酸碱以及能与酸碱直接或间接发生质子传递反应的物质。

为了准确地完成滴定，要了解滴定过程中溶液的 pH 的变化规律，以及酸碱指示剂的性质、变色原理及变色范围，以便能正确地选择指示剂来判断滴定终点，从而获得准确的分析结果。

（2）氧化还原滴定法。以氧化还原反应为基础的滴定分析法。不仅可以直接测定氧化还原性物质，还可间接测定不具有氧化还原性的物质。但氧化还原反应的过程复杂，副反应多，反应速度慢，条件不易控制。

① 高锰酸钾法：以 $KMnO_4$ 为标准溶液进行滴定。$KMnO_4$ 是氧化剂，其氧化能力和溶液的酸度有关。在强酸性溶液中具有强氧化性，与还原性物质作用被还原为 Mn^{2+}。在微酸性、中性或弱碱性溶液中，则被还原为 MnO_2。在强碱性溶液中，则被还原为 MnO_4^{2-}。一般只在强酸性溶液中滴定，常用硫酸控制酸度，尽量避免用盐酸而不用硝酸。高锰酸钾法的优点是 $KMnO_4$ 氧化能力强，应用广泛，且一般不需另加指示

剂。缺点是试剂中常含有少量杂质，溶液不够稳定，且能与许多还原性物质发生反应，干扰现象严重。

② 重铬酸钾法：以 $K_2Cr_2O_7$ 为标准溶液，在强酸性溶液中进行滴定。在酸性溶液中，$Cr_2O_7^{2-}$ 与还原性物质作用被还原为 Cr^{3+}。重铬酸钾法的优点是 $K_2Cr_2O_7$ 有基准物，可用直接法配制溶液；$K_2Cr_2O_7$ 溶液非常稳定，可长期保存；$K_2Cr_2O_7$ 可在盐酸溶液中测定铁；应用广泛，可直接、间接测定许多无机物和有机物。重铬酸钾法的缺点是反应速度很慢，条件难以控制，必须外加指示剂；$K_2Cr_2O_7$ 有毒，使用时应注意废液的处理，以免污染环境。

③ 碘量法：利用 I_2 的氧化性和 I^- 的还原性进行滴定。既可测定还原性物质，也可以测定氧化性物质，还可以测定一些非氧化还原性物质。直接碘量法是以 I_2 为标准溶液测定还原性物质。间接碘量法是以 $Na_2S_2O_3$ 为标准溶液间接测定氧化性物质，测定时，氧化性物质先在一定条件下与过量的 KI 反应生成定量的 I_2，然后用 $Na_2S_2O_3$ 标准溶液滴定生成的 I_2。

碘量法以淀粉作为指示剂，根据蓝色的出现或退去判断终点。

碘量法的误差主要来自 I_2 的挥发和在酸性溶液中空气中 O_2 氧化 I^-。防止 I_2 挥发的方法有：在室温下进行，加入过量的 KI，滴定时不能剧烈摇动溶液，最好使用碘量瓶。防止空气中 O_2 氧化 I^- 的方法有：设法消除日光、杂质 Cu^{2+} 及 NO_2^- 对 I^- 被 O_2 氧化的催化作用，立即滴定生成的 I_2，且速度可适当加快。

（3）配位滴定法。以配位反应为基础的滴定分析法。目前应用最为广泛的是以乙二胺四乙酸（简称 EDTA）为标准溶液的配位滴定法，简称 EDTA 法。

（4）沉淀滴定法。以沉淀溶解平衡为基础的滴定分析法。应用较广泛的是银量法。

① 莫尔法：以铬酸钾为指示剂，在中性或弱碱性溶液中，用 $AgNO_3$ 标准溶液直接滴定 Cl^- 或 Br^-。溶液中的 Cl^- 和 CrO_4^{2-} 能分别与 Ag^+ 形成白色的 AgCl 及砖红色的 Ag_2CrO_4，至计量点时，砖红色的 Ag_2CrO_4 沉淀出现指示滴定终点。指示剂用量常采用在 100mL 溶液中加入 1mL 5% K_2CrO_4，溶液的酸度控制在中性或弱碱性（pH 6.5~10）。莫尔法不能测定 I^- 和 SCN^-，因为 AgI 或 AgSCN 沉淀强烈吸附 I^- 或 SCN^-，使终点过早出现，且变化不明显。

② 佛尔哈德法：用铁铵矾 $[NH_4Fe(SO_4)_2 \cdot 12H_2O]$ 作指示剂的银量法。直接滴定法是在含有 Ag^+ 的酸性溶液中，加入铁铵矾作指示剂，用 NH_4SCN 标准溶液来滴定，溶液中产生血红色 $[Fe(SCN)]^{2+}$ 配离子即为终点，用于测定 Ag^+。返滴定法是在含有卤素离子的硝酸溶液中，加入一定量过量的 $AgNO_3$，以铁铵矾为指示剂，用 NH_4SCN 标准溶液返滴定过量的 $AgNO_3$，用于测定卤素离子及 SCN^-。测定 Cl^- 时，会发生 AgCl 向 AgSCN 的转化，使终点时多消耗 NH_4SCN 标准溶液，产生较大的滴定误差，采用的措施有：试液中加入过量的 $AgNO_3$ 后，将溶液加热煮沸，使 AgCl 沉淀凝聚，减少对 Ag^+ 的吸附，滤去沉淀；在滴加标准溶液 NH_4SCN 前，加入硝基苯或邻苯二甲酸二丁酯等有机覆盖剂 1~2mL，用力摇动之后，硝基苯将 AgCl 沉淀包住，使它与溶液隔开，但硝基苯有毒，使用时应注意安全。

佛尔哈德法需要在酸性介质中进行，否则 Fe^{3+} 将水解成 $[Fe(OH)]^{2+}$ 等深色配合物，影响终点的观察。测定碘化物时，必须先加 $AgNO_3$ 后加指示剂，否则会使 Fe^{3+} 被 I^- 还原为 Fe^{2+}，影响准确度。强氧化剂和氮的氧化物以及铜盐、汞盐都与 SCN^- 作用，因而干扰测定，必须事先除去。

③ 法扬司法：用吸附指示剂指示终点的银量法。吸附指示剂是一些有机染料，它的阴离子在溶液中容易被正电荷的胶状沉淀所吸附，吸附后结构变形而引起颜色变化，从而指示终点。

4. 误差

（1）产生原因及分类。误差是指测定结果与真实值之间的差值。

① 系统误差：分析过程中由于某些固定的原因所造成的误差，可分为：由于实验方法本身不够完善而引起的方法误差，如在滴定分析中化学反应不完全、指示剂选择不当以及干扰离子的影响等原因而造成的误差；仪器本身的缺陷造成的仪器误差，如天平两臂长度不相等，砝码、滴定管、容量瓶等未经过校正而引起的误差；试剂不纯、蒸馏水中有被测物质或干扰物质造成的试剂误差；由于操作人员的个人主观原因造成的个人误差，如个人对颜色的敏感程度不同，在辨别滴定终点颜色时偏深或偏浅等引起的误差。

② 偶然误差：分析过程中由于某些偶然的原因造成的误差，也叫随机误差。通常是测量条件，如实验室温度、湿度或电压等有变动而得不到控制，使某次测量值异于正常值。偶然误差的特征是大小和正负都不固定，在操作中不能完全避免。

此外，往往还可能由于工作上的粗枝大叶、不遵守操作规程等而造成过失误差，如器皿不干净，丢失试液，加错试剂，看错砝码，记录及计算错误等，必须注意避免。

（2）误差的表示方法。

① 准确度与误差：准确度表示分析结果与真实值接近的程度。准确度的大小，用绝对误差或相对误差表示。若以 x 表示测量值，以 μ 代表真实值，则绝对误差（E）和相对误差（E_r）为

$$E = x - \mu$$

$$E_r = \frac{x-\mu}{\mu} \times 100\%$$

绝对误差和相对误差都有正值和负值。正值表示测定结果偏高，负值表示测定结果偏低。

② 精密度与偏差：偏差是指某次测定值（x_i）与多次测定的平均值（$\bar{x}$）之差，可以用来衡量测定结果的精密度。精密度是指在同一条件下，对同一样品进行多次重复测定时，各测定值互相接近的程度。偏差越小，说明测定的精密度越高。

绝对偏差（d）是指个别测定值与多次平行测定结果的平均值之差，有正有负。

$$d = x_i - \bar{x}$$

平均偏差（$\bar{d}$）是指个别测定值与平均值的偏差绝对值的平均值，只是正值。

$$\bar{d} = \frac{\sum |x_i - \bar{x}|}{n}$$

式中，n——测定次数。

相对平均偏差（Rd）是指平均偏差与多次测定结果平均值的比值。

$$Rd = \frac{\bar{d}}{\bar{x}} \times 100\% = \frac{\sum |x_i - \bar{x}|}{\bar{x} \times n} \times 100\%$$

此外，多次测定结果的精密度还可以用标准偏差（S）和相对标准偏差（RSD）或称变异系数表示。

$$S = \sqrt{\frac{\sum (x_i - \bar{x})^2}{n - 1}}$$

$$RSD = \frac{S}{\bar{x}} \times 100\%$$

（3）消除误差的方法。

消除系统误差的方法有：用标准方法进行校正，对砝码、移液管、滴定管及分析仪器等进行校准，用已知含量的标准样品或纯物质以同一方法做对照试验，在不加样品的情况下用测定样品的相同方法做空白试验。

消除偶然误差的方法是进行多次平行测定。

5. 测定结果的处理

（1）有效数字及修约规则。在分析工作中实际能测量到的数字称为有效数字。记录数据或计算结果只保留一位可疑数据。

确定有效数字位数后，用"四舍六入五成双"规则舍去多余的数字，即当尾数≤4时，则舍；尾数≥6时，则入；尾数等于 5 时，若 5 前面为偶数则舍，为奇数时则入。当 5 后面还有不是零的任何数时，无论 5 前面是偶或奇皆入。

加减运算结果的有效数字应以小数点后位数最少的数据为根据进行修约。

乘除运算结果的有效数字通常根据有效数字位数最少的数据进行修约。

有些分数或自然数，有效数字位数可以看成足够多。

若第一位有效数字≥8，有效数字的位数可多保留 1 位。

pH 只能按小数部分计算有效数字。

误差最多保留 2 位有效数字。

质量分数大于 10%，保留 4 位有效数字；质量分数小于 1%，则保留 3 位有效数字。

（2）可疑值的取舍。可疑值是指在一组平行测定数据中，比其余测定值明显地偏大或偏小的个别测定值。可疑值的取舍对分析结果影响很大，可借助于统计学方法来决定取舍。

Q 检验法：将多次测定的数据，按其数据的大小顺序排列为 x_1、x_2、$\cdots$、x_n，设 x_n 或 x_1 为可疑值，根据统计量 Q 进行判断，确定可疑值的取舍。

$$Q = \frac{x_2 - x_1}{x_n - x_1} \qquad 或 \qquad Q = \frac{x_n - x_{n-1}}{x_n - x_1}$$

若 $Q_{计算}$ 值大于 $Q_{理论}$（在置信度下查表所得），则应舍弃可疑值，否则应予保留。Q 检验法符合数理统计原理，比较严谨，方法也简便，置信度可达 90% 以上，适用于测定 $3 \sim 10$ 次之间的数据处理。

$4\bar{d}$ 法：先求出除可疑值外的其余数据的算术平均值（$\bar{x}$）及平均偏差（$\bar{d}$），然后，将可疑值与平均值之差的绝对值与 $4\bar{d}$ 比较，若大于或等于 $4\bar{d}$，则可疑值应舍弃，否则应予保留。$4\bar{d}$ 法计算简单，不必查表，但数据统计处理不够严密，适用于处理一些要求不高的实验数据。

6. 检验报告的填写

（1）原始记录。是计算分析结果的依据，应该整洁地记录在原始记录本上，并妥善保管，以备查验。原始记录必须真实、齐全、清楚，记录方式应简单明了，可设计成一定的格式，内容包括样品来源、名称、编号、采样地点、样品处理方法、包装及保管状况、检验分析项目、采用的分析方法、检验日期、所用试剂的名称与浓度、称量记录、滴定记录、计算公式、计算结果等。原始记录表示例见表 1-2。

表 1-2　原始记录表示例

项目：		编号：		
日期：　　　年　　月　　日				
样品：		批号：		
方法：				
测定次数		1	2	3
样品质量/g				
滴定管初读数/mL				
滴定管终读数/mL				
消耗滴定剂的体积/mL				
滴定剂的浓度/(mol/L)				
计算公式				
被测组分含量（质量分数）/%				
平均值（质量分数）/%				
备注				

原始记录用黑色签字笔填写，不得任意涂改，有效数字位数要按分析方法的规定填写。

修改错误数据时，不得涂改，而应在原数据上画一条横线表示消除，在旁边空白处填写修改后的数据，并由修改人签注。

确知在操作过程中存在错误的检验数据，不论结果好坏，都必须舍去，并在备注栏注明原因。

（2）检验报告。是分析工作的最后体现，是产品质量的凭证，也是产品是否合格的技术根据，要实事求是报告结果，决不允许弄虚作假。检验报告的内容一般包括样品名称、送检单位、生产日期及批号、取样日期、检验日期、检验项目、检验结果、报告日期、检验员签字、主管负责人签字、检验单位盖章等。检验报告可设计成如图 1-1 格式。

×××××（检验单位名称）

检验报告

编号：

送检单位		样品名称	
生产单位		检验依据	
生产日期及批号		送检日期	
检验项目		检验日期	

检验结果：

结论：

技术负责人：　　　　　　　　复核人：　　　　　　　　检验人：

附注：（1）×××××

　　　（2）×××××

年　　月　　日

图 1-1　检验报告格式

技能操作

实例：$c_{HCl}=0.1mol/L$ 盐酸标准溶液的标定

1）试剂

（1）盐酸。

（2）铬酸洗液：称取研细的重铬酸钾 25g，量取浓硫酸 500mL，混合后，温热溶解。

（3）溴甲酚绿-甲基红指示液：称取 0.15g 溴甲酚绿，0.1g 甲基红，加 95%（体积分数）乙醇溶解并稀释至 200mL。

（4）$c_{1/2 Na_2CO_3}=0.1mol/L$ 碳酸钠标准溶液：称取于 270～300℃灼烧至恒重的碳酸钠 1.325g（准确至 0.1mg）于小烧杯中，加少量蒸馏水溶解，转移至 250mL 容量瓶中，用水定容至刻度。

2）仪器

分析天平（感量 0.1mg），滴定管（50mL）；移液管（25mL）。

3）操作步骤

（1）0.1mol/L 盐酸溶液配制。按配制 500mL 盐酸溶液计算需要量取盐酸的体积。用量筒量取盐酸于烧杯中，加水稀释至 500mL，混匀。置于白色小口试剂瓶中保存。

（2）移液管准备。右手拿移液管或吸量管，管的下口插入铬酸洗液中，左手拿洗耳球，先把球内空气压出，然后把球的尖端接在移液管或吸量管的上口，慢慢松开左手手指，将洗液慢慢吸入管内直至上升到刻度以上部分，等待片刻后，将洗液放回原瓶中。用自来水冲洗，再用蒸馏水淋洗干净。将干净的移液管放置在干净的移液管架上，备用。

（3）移取溶液。

吸液：用滤纸将管口外水珠擦去，再用 0.1mol/L 碳酸钠标准溶液润洗 2～3 次。用右手大拇指和中指拿在管子的刻度上方，插入碳酸钠标准溶液中，左手用吸耳球将碳酸钠标准溶液吸入管中。当液面上升至标线以上，立即用右手食指（用大拇指操作不灵活）按住管口。

调零：管尖靠在瓶内壁，稍放松食指，液面下降。当弯液面与刻线相切时，立即用食指按紧管口。

放液：将移液管放入锥形瓶中，将锥形瓶略倾斜成 45°，管尖靠瓶内壁（管尖不能放到瓶底），移液管垂直，松开食指，液体自然沿瓶壁流下，液体全部流出后停留 15s，取出移液管（留在管口的液体不要吹出）。

（4）滴定管准备。

洗涤：将酸式滴定管内的水尽量除去，关闭活塞，倒入 10～15mL 铬酸洗液于滴定管中，两手端住滴定管，边转动边向管口倾斜，直至洗液布满全部管壁为止，立起后打开活塞，将洗液放回原瓶。洗液放出后，先用自来水冲洗，再用蒸馏水淋洗 3～4 次，备用。

（将碱式滴定管的胶管连同尖嘴部分一起拔下，在滴定管下端套上一个滴瓶橡胶帽，然后装入洗液洗涤，浸泡一段时间后放回原瓶中。然后用自来水冲洗，用蒸馏水淋洗 3～4 次，备用。）

涂油：检查酸式滴定管的玻璃活塞是否配合紧密且转动灵活。如玻璃活塞不紧密或转动不灵活，在活塞上涂上少量凡士林。将滴定管平放在操作台面上，取出活塞，用吸水纸将活塞和活塞套擦干，用手指将凡士林涂抹在活塞的两头或用手指把凡士林涂在活塞的大头和活塞套小口的内侧，将活塞插入活塞套中，然后向同一方向旋转活塞，直到活塞和活塞套上的凡士林层全部透明为止，套上小橡皮圈或用橡皮筋将活塞扎住。

（碱式滴定管不需涂油，但是要检查橡皮管是否已老化、玻璃珠的大小是否合适，必要时进行更换。）

试漏：用自来水充满酸式滴定管，将其放在滴定管架上垂直静置约 2min，观察有无水滴漏下。然后将活塞旋转 180°，再如前检查。如果漏水，应重新涂油。将管内的自来水从管口倒出，出口管内的水从活塞下端放出，然后用蒸馏水淋洗 3 次。

装溶液、排气泡和调零：将试剂瓶中的盐酸溶液摇匀，用盐酸溶液淋洗滴定管 2～3 次，再装入盐酸溶液至"0"刻线以上。右手拿住酸式滴定管无刻度部分使其倾斜约 30°，左手迅速打开旋塞，使溶液快速冲出，将气泡带走，记下滴定管初读数，或再补装盐酸溶液至"0"刻线以上，再调节液面至 0.00mL 处。

（碱式滴定管应将胶管向上弯曲，用力捏挤玻璃珠外橡皮管使溶液从尖嘴喷出，以排除气泡。）

滴定操作：将滴定管夹在滴定管架上。左手控制酸式滴定管的活塞，大拇指在管前，食指和中指在后，三指轻拿活塞柄，手指略微弯曲，向内扣住活塞，然后向里旋转活塞使盐酸溶液滴出。

（用左手的拇指和食指捏住碱式滴定管的玻璃珠靠上部位，向手心方向捏挤橡皮管，使其与玻璃珠之间形成一条缝隙，溶液即可流出。）

（5）滴定。记下滴定管液面的初读数。在锥形瓶中加入 10 滴溴甲酚绿-甲基红指示液，将滴定管尖嘴部分插入锥形瓶口下 2cm 处。以每秒 3～4 滴速度滴定（切不可成液柱流下）。边滴边向同一方向摇动锥形瓶。临近终点时，应一滴或半滴地加入，用洗瓶冲少量水洗锥形瓶内壁，使附着的溶液全部流下，然后摇动锥形瓶，当溶液颜色由绿色刚好变为暗红色，煮沸 2min，冷却后继续滴定至溶液再呈暗红色即为终点，停止滴定。

（6）读数。停止滴定 1～2min 后，使滴定管垂直，视线与弯液面下沿最低点平齐，读取滴定管的读数（深色溶液读取液面两侧最高点的读数），估读至小数点后两位，记下滴定管液面的终读数。

4）数据记录与结果处理

① 设计出平行标定 3 次 $c_{HCl}=0.1mol/L$ 盐酸标准溶液的原始记录表。

② 正确及时将测定数据填写在原始记录表上。

③ 写出有关计算公式。

④ 正确计算盐酸标准溶液的浓度，并合理保留其有效数字位数。

⑤ 正确计算测定结果的绝对偏差、相对平均偏差、标准偏差，并合理保留其有效数字位数。

⑥ 用 $4\overline{d}$ 法检验测定数据的可疑值，并确定其取舍。

5）说明

（1）移液时，移液管不要伸入太浅，以免液面下降后造成吸空；也不要伸入太深，以免移液管外壁附有过多的溶液。

（2）需精密移取 5、10、20、25、50（mL）等整数体积的溶液，应选用相应大小的移液管，不能用两个或多个移液管分取相加的方法来精密量取整数体积的溶液。同一实验中应尽可能使用同一吸量管的同一区段。

（3）移液管和吸量管在实验中应与溶液一一对应，不应混用以避免沾染。

（4）使用同一移液管量取不同浓度溶液时要注意充分荡洗 3 次，应先量取较稀的一份，然后量取较浓的。在吸取第一份溶液时，高于标线的距离最好不超过 1cm，这样吸取第二份不同浓度的溶液时，可以吸得再高一些荡洗管内壁，以消除第一份的影响。

（5）滴定管在装满溶液后，管外壁的溶液要擦干，以免流下或溶液挥发而使管内溶液降温（尤其在夏季）。手持滴定管时，也要避免手心紧握装有溶液部分的管壁，以免手温高于室温（尤其在冬季）而使溶液的体积膨胀（特别是在非水溶液滴定时），造成读数误差。

（6）每次滴定必须从零刻度开始，以使每次测定结果能抵消滴定管的刻度误差。

（7）用完滴定管后，倒去管内剩余溶液，用水洗净。装入蒸馏水至刻度线以上，用大试管套在管口上。这样，下次使用前可不必再用洗液清洗。

（8）滴定管长时间不用时，酸式滴定管活塞部分应垫上纸，否则时间一久，塞子不易打开。碱式滴定管不用时应拔下胶管，蘸些滑石粉保存。

（9）装溶液时应从盛溶液的容器内直接将标准溶液倒入滴定管中，以免浓度发生改变。

（10）容量器皿受温度影响较大，切记不能加热，只能自然沥干，更不能在烘箱中烘烤。另外，容量仪器在使用前常需校正，以确保测量体积的准确性。

项目2　仪器分析基本操作

任务1　紫外-可见分光光度计基本操作

学习目标

（1）掌握紫外-可见分光光度分析的相关知识和操作技能。
（2）会正确操作紫外-可见分光光度计。
（3）能选择合适的显色反应条件和吸光度测量条件。

知识准备

紫外-可见分光光度分析是基于物质对 $200\sim780nm$ 波长光的吸收而建立起来的分析方法，是仪器分析中应用最为广泛的分析方法之一，分析速度快，仪器设备简单，操作简便，价格低廉。紫外-可见分光光度分析适用于微量组分的测定，测定结果的相对误差为 $2\%\sim5\%$，可以测定大部分无机离子和许多有机物质的微量成分。

1. 光的吸收基本定律

物质对光的选择性吸收遵守光的吸收基本定律——朗伯-比尔定律。

当一束平行的单色光通过均匀而透明的溶液时，一部分光被溶液所吸收，因此透过溶液的光通量就要减少（图1-2）。设入射光通量为 I_0，通过溶液后透射光通量为 I，则比值 I/I_0 表示溶液对光的透射程度，称为透光度，符号为 T，其值可以用小数或百分数表示。

$$T = \frac{I}{I_0}$$

入射光通量与透射光通量比值的对数表示溶液对光的吸收程度，称为吸光度，用 A 表示。

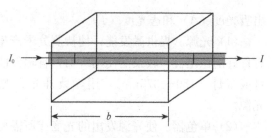

$$A = \lg \frac{I_0}{I} = -\lg T$$

图 1-2　辐射吸收示意图

当入射光全部透过溶液时，$I = I_0$，$T = 1$（或 100%），则 $A = 0$；当入射光全部被溶液吸收时，$I = 0$，$T = 0$，则 $A \to \infty$。

当一束平行单色光垂直入射通过一定光路长度的均匀溶液时，吸光度与吸光物质浓度及光路长度（液层厚度）的乘积成正比，这就是光的吸收定律又称朗伯-比尔定律，即

$$A = Kcb$$

式中，b——吸收池内溶液的光路长度（cm）；

　　　c——溶液中吸光物质的浓度（mol/L 或 g/L）；

　　　K——吸光系数 [L/(mol·cm) 或 L/(g·cm)]。

吸光系数 K 的大小取决于吸光物质的性质、入射光的波长、溶液温度和溶剂性质等，与溶液浓度大小和光路长度无关。

摩尔吸光系数：溶液的浓度以物质的量浓度（mol/L）表示的吸光系数，以 ε 表示，单位为 L/(mol·cm)。摩尔吸光系数的物理意义是：浓度为 1mol/L 溶液在液层厚度为 1cm 的吸收池中，一定波长下测得的吸光度。实际测量中摩尔吸光系数是通过测量吸光度，再经过计算而求得。

摩尔吸光系数是吸光物质的重要参数之一，它表示物质对某一特定波长光的吸收能力。ε 越大表示该物质对某波长光的吸收能力越强，测定的灵敏度也就越高。测定时，通常选择摩尔吸光系数大的有色化合物进行测定，选择具有最大 ε 值的波长作入射光。

质量吸光系数：溶液浓度以质量浓度（g/L）表示的吸光系数，以 a 表示，单位为 L/(g·cm)；适用于摩尔质量未知的化合物。

根据吸收定律，在理论上吸光度与溶液浓度应是线性关系，所得直线应通过零点。实际上吸光度与浓度关系有时是非线性的，或者不通过零点，这种现象称为偏离吸收定律。偏离吸收定律的原因主要有：非单色光引起的偏离，化学因素引起的偏离。

2. 紫外-可见分光光度计

用来测定溶液的吸光度，主要由光源、单色器、吸收池、检测器和信号显示系统等五个部分组成（图 1-3）。接通电源后，光源发射出紫外光或可见光，经单色器的色散作用被分解成不同波长的光，从狭缝透射后，成为近似的单色光，经吸收池中的溶液吸收后，到达检测器，将光信号转变为微弱的光电流，经微电流放大器放大后，直接显示

图 1-3　分光光度计的组成框图

出吸光度（A）和透光度（T）。

（1）光源。提供激发能，使待测分子产生吸收。要求能够提供足够强的连续光谱，有良好的稳定性、较长的使用寿命，且辐射能量随波长无明显变化。常用的光源有：氢灯或氘灯（$180\sim375nm$），用做紫外光光源；钨丝灯（$320\sim2500nm$），用做可见光光源。

（2）单色器。使光源发出的光变成所需要的单色光。通常由入射狭缝、准直镜、色散元件、物镜和出射狭缝构成。常用的色散元件有滤光片、棱镜和光栅。

（3）吸收池。又叫比色皿，用于盛放试液。石英池用于紫外-可见光区的测量，玻璃池只用于可见光区的测量。

（4）检测系统。对透过吸收池的光做出响应，并将它转变成电信号输出，其输出电信号大小与透过光的强度成正比。常用的检测器有光电池、光电管及光电倍增管。

（5）信号显示系统。将检测器产生的电信号经放大处理后，用一定的方式显示出来，以便于计算和记录。

3. 显色反应条件的选择

用可见分光光度法测定本身无色或颜色很浅的物质时，必须先使其转变为能对可见光产生较强吸收的有色物质。将待测物质转变成有色化合物的反应称为显色反应。与待测物质形成有色化合物的试剂称为显色剂。

显色剂主要有无机显色剂和有机显色剂两大类。无机显色剂由于灵敏度较差，应用较少，常用的有硫氰酸盐、钼酸铵、氨水以及过氧化氢等。有机显色剂品种多、应用范围较广，常用的有磺基水杨酸、邻菲啰啉、丁二酮肟、钴试剂、双硫腙、结晶紫、孔雀绿、铬天青 S、二甲酚橙等。选择显色剂时，要求反应灵敏度高（摩尔吸光系数 ε 一般大于 $10^4\sim10^5L/(mol\cdot cm)$）、选择性好（显色剂与显色物质最大吸收波长的差值 Δλ＞60nm），显色物质的稳定性高、组成恒定。

为了提高显色反应的灵敏度、选择性以及显色物质的稳定性，可以选用两种或两种以上显色剂与被测离子形成三元或多元配合物。

影响显色反应的主要因素有：

（1）显色剂用量。显色剂过量能保证反应进行完全，但过量太多会带来副作用，如增加空白溶液的颜色、改变配合物的组成等。显色剂一般应适当过量，在实际工作中，需要通过实验绘制吸光度-显色剂用量曲线，确定显色剂的适宜用量。

（2）溶液的酸度（pH）。酸度不同时，同种金属离子与同种显色剂反应，可以生成不同配位数的不同颜色的配合物。溶液酸度过高会降低配合物的稳定性。显色时，必须将酸度控制在某一适当的范围内。溶液酸度变化，显色剂的颜色可能发生变化。溶液酸度过低可能引起被测金属离子水解，破坏有色配合物，使溶液颜色发生变化，甚至无法测定。

（3）显色温度。大多数显色反应是在常温下进行的，但有些反应必须在较高温度下才能进行或进行得比较快，因此对不同的反应应选择其适宜显色温度。温度对光的吸收及颜色的深浅都有影响，绘制标准曲线和进行样品测定时应该使温度保持一致。

（4）显色时间。显色反应完成所需要的时间，称为显色时间。显色后有色物质色泽保持稳定的时间，称为稳定时间。被测物质应该在充分显色以后，在稳定时间以内进行吸光度测定。对于不同显色反应，必须通过实验绘制一定温度（一般是室温）下的吸光度（A）-时间（t）关系曲线，选择适宜的显色时间与稳定时间。

（5）溶剂。通常用水作为溶剂，但有机溶剂可以降低有色物质的离解度，提高显色反应的速度和灵敏度，影响有色配合物的溶解度和组成等。

（6）共存离子的干扰。有颜色的共存离子（如 Fe^{3+}、Ni^{2+}、Co^{2+}、Cu^{2+}、Cr^{3+} 等）的存在影响被测离子的测定。共存离子与被测组分反应，使被测组分的浓度降低，妨碍显色反应的完成，导致测量结果偏低。共存离子与显色剂反应生成有色化合物或沉淀，致使测量结果偏高；若生成无色化合物，由于消耗了大量的显色剂，致使显色剂与被测离子的显色反应不完全。

4. 吸光度测量条件的选择

（1）入射光波长。选择测定波长的依据是被测物质的吸收曲线，即一定浓度的均匀透明溶液对不同波长光吸收程度的关系曲线。在一般情况下，选择最大吸收波长（λ_{max}）作为测定波长，可以提高测定灵敏度。当最大吸收峰很尖锐或附近有干扰存在时，就不能用最大吸收波长作为测定波长，而必须在保证有一定灵敏度的情况下，选择吸收曲线中其他波长（曲线较平坦处对应的波长）进行测定，以消除干扰。

（2）参比溶液。在测定吸光度时，需要选择合适的空白溶液作为参比，调节仪器的零点，消除显色溶液中其他有色物质的干扰，抵消吸收池和试剂对入射光的影响。用光学性质相同、厚度相同的吸收池盛装参比溶液和试样溶液，调节仪器使透过参比溶液的吸光度为零，使得吸光度比较真实地反映待测物质对光的吸收。

如果仅有待测物质与显色剂的反应产物有吸收，用纯溶剂作参比溶液（溶剂参比），能消除溶剂、比色皿壁、溶剂界面等因素的影响。

如果显色剂或其他试剂略有吸收，选择空白溶液作参比溶液（试剂参比），就是除了没有试样外，其他成分均与显色溶液相同的溶液，能消除由于试剂中带有被测组分而使结果偏高的误差。

如果试样中其他组分有吸收，但不与显色剂反应，则当显色剂无吸收时，将试样溶液与显色溶液做相同处理，只是不加显色剂，用此试样溶液作参比溶液（试样参比），可以消除有色离子的影响。

如果显色剂及样品基体有吸收，这时可以在显色液中加入某种试剂，选择性地将被测离子配位（或改变其价态），生成稳定无色的配合物，使已显色的产物退色，用此退色试样溶液作参比溶液（退色参比），可以消除显色剂的颜色及样品中微量共存离子的干扰。

（3）吸光度读数范围。当 $T=0.368$（$A=0.434$）时测得的浓度相对误差最小（约为 1.4%）。一般选择 $A=0.2\sim0.8$，通过改变吸收池厚度或待测溶液浓度，可使吸光度读数处在适宜范围内。

同一实验应使用同一规格同一套吸收池，并进行吸收池的成套性检查，消除吸收池误差，提高测量准确度。石英吸收池在 220nm 处装蒸馏水，在 350nm 处装 $K_2Cr_2O_7$ 的 0.001mol/LHClO$_4$ 溶液。玻璃吸收池在 600nm 处装蒸馏水，在 400nm 处装 $K_2Cr_2O_7$ 的 0.001mol/LHClO$_4$ 溶液。以一个吸收池为参比，调节 $T=100\%$，测量其他各池的透光度，透光度的偏差小于 0.5% 的吸收池可配成一套。

5. 定量分析

(1) 比较法。配制样品溶液（c_x）和一个已知浓度的标准溶液（c_s），在相同条件下分别测出它们的吸光度 A_x 和 A_s，设样品溶液和标准溶液完全符合朗伯-比尔定律，则

$$A_s = \varepsilon c_s b$$
$$A_x = \varepsilon c_x b$$

从而可以求得样品溶液的浓度为

$$c_x = c_s \times \frac{A_x}{A_s}$$

选用的 c_s 和 c_x 应大致相当，且都符合朗伯-比尔定律。比较法适用于个别样品的测定。

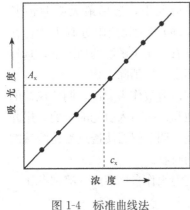

图 1-4　标准曲线法

(2) 标准曲线法。配制一系列不同浓度的标准溶液，以空白溶液为参比溶液，在选定的波长下分别测定各标准溶液的吸光度。以标准溶液的浓度为横坐标，吸光度为纵坐标，绘制 A-c 曲线，称为标准（工作）曲线。根据测得的样品溶液的吸光度，可以从标准曲线上查出待测组分的含量（图 1-4）。

(3) 多组分测定。多组分是指在被测溶液中含有 2 个或 2 个以上的吸光组分。多组分混合物定量分析的依据是吸光度的加和性，即多组分体系对某一波长光的总吸光度等于各组分的吸光度之和。

$$A = A_1 + A_2 + \cdots + A_n$$

若各组分的吸收曲线互不重叠或部分重叠，则可在各自最大吸收波长处或互不重叠的较大波长处分别进行测定。

若各组分的吸收曲线重叠，则可在选定的两个波长 λ_1 和 λ_2 处分别测定吸光度 A_1 和 A_2，根据吸光度的加合性求解联立方程组得出各组分的含量。假设溶液中同时存在 x 和 y 两种组分，则有

$$\begin{cases} A_1 = \varepsilon_x^{\lambda_1} c_x b + \varepsilon_y^{\lambda_1} c_y b \\ A_2 = \varepsilon_x^{\lambda_2} c_x b + \varepsilon_y^{\lambda_2} c_y b \end{cases}$$

(4) 高含量组分测定。紫外-可见分光光度分析一般适用于组分含量为 $10^{-2} \sim 10^{-6}$ mol/L 浓度范围的测定。含量过高或过低的组分使用差示法测定。

差示法是采用一个已知浓度的成分与样品溶液相同的标准溶液作参比溶液，通过扩大测量范围，提高测定的灵敏度和准确度。应用较多的是用于高浓度组分测定的高吸光度差示法。

选用比样品溶液浓度（c_x）稍低的标准溶液（c_0）作参比，调节透光度为 100%

（相当于将仪器的透光度标尺扩大 10 倍），再测定标准系列溶液（c_s）和样品溶液的吸光度，根据差示吸光度（A）和样品溶液与参比标准溶液的浓度差值（Δc）呈线性关系；即

$$A = \varepsilon b(c_x - c_0) = \varepsilon b \Delta c$$

用比较法或工作曲线法（以 $c_s - c_0$ 作横坐标）得到样品溶液与参比标准溶液的浓度差值（Δc），则待测溶液的浓度为 $c_x = c_0 + \Delta c$。

技能操作

实例：紫外-可见分光光度计比色皿的校正

1）仪器

紫外-可见分光光度计，石英比色皿（1cm）。

2）操作步骤

（1）仪器准备。打开仪器电源开关，预热 30min。

（2）比色皿准备。将 4 个比色皿用无水乙醇浸泡清洗，再用蒸馏水冲洗干净，装入 2/3～3/4 高度的蒸馏水（皿内应无气泡），用滤纸吸干外壁，再用镜头纸擦净光学面后，放入样品池内的比色皿架上，用夹子夹紧，盖上样品池盖。

（3）测定。按照仪器说明书操作，输入测定波长 220nm，选择测定吸光度（A）。将参比比色皿推入光路，仪器自动进行调零，至显示 A 为 0.000。将其他比色皿依次推入光路，分别显示其吸光度（A），即为比色皿在紫外光区的校正值。

将仪器返回到初始测量状态，输入测定波长 600nm，选择测定吸光度（A）。按上述方法重复操作，得到比色皿在可见光区的校正值。

3）数据记录与结果处理

数据记录与结果处理如表 1-3 所示。

表 1-3　数据记录与结果处理

比色皿编号	1	2	3	4
220nm 处吸光度校正值 A_{220}				
600nm 处吸光度校正值 A_{600}				

4）说明

（1）拿取比色皿时，只能用手指接触两侧毛玻璃，绝不能接触光学面。

（2）不得将比色皿光学面与硬物或脏物接触，只能用擦镜纸或丝绸擦拭光学面。

（3）凡含有腐蚀玻璃的物质（F⁻、$SnCl_2$、H_3PO_4 等）的溶液，不得长期盛放在比色皿中。

（4）吸收池使用后应立即用水冲洗干净，必要时可以用 HCl 溶液（1+1）浸泡 2～3min，并立即用水冲洗干净。

（5）若样品溶液有易挥发的有机溶剂时，应加盖防止挥发。

（6）吸收池不可在火焰或电炉上加热烘烤。

任务 2　原子吸收光谱仪基本操作

学习目标

（1）掌握原子吸收光谱分析的相关知识和操作技能。
（2）会正确操作原子吸收光谱仪。
（3）能选择合适的原子吸收光谱分析测量条件。

知识准备

原子吸收光谱分析是利用光源辐射出待测元素的特征谱线，通过试样蒸气时被待测元素的基态原子所吸收，根据特征谱线被吸收的程度测定待测元素的含量。

原子吸收光谱分析是一种良好的定量分析方法，适宜于微量、痕量元素的测定，灵敏度高（火焰原子化法的绝对检出限量可达 10^{-10}g，无火焰原子化法的绝对检出极限达到 10^{-14}g），准确度高（相对误差可控制在 0.1%~0.5%），选择性较好（一般不需要分离共存元素），分析速度快（测定一种元素往往只要几分钟），样品用量少（石墨炉原子化法液体样品只要 1~50μL，固体样品为 0.1~10mg），应用范围广（能测定 70 余种元素，采用间接方法还可测定卤素、硫、氮等非金属元素）。但原子吸收光谱分析在测定成分复杂的样品时干扰比较严重，测定某些稀土金属（钍、锆、铌、钽、钨、铪等）时灵敏度较低，不能同时测定多种元素（分析不同元素要使用对应的光源）。

1. 原子吸收光谱分析基本原理

待测元素在试样中通常以化合状态存在，在进行原子吸收分析时，首先要使待测元素从分子状态转化为基态原子，这个过程称为原子化。原子化的方法有很多，但都是通过给试样提供能量而使待测元素转化为基态原子，目前主要有火焰原子化和石墨炉原子化。火焰原子化是将试样溶液喷入高温火焰中，经蒸发、解离生成气态的基态原子。石墨炉原子化是将少量试样注入石墨管中，通过电极给石墨管供电产生高温，使置于石墨管中的试样蒸发并原子化。

电子从基态跃迁到能级最低的激发态（第一激发态）时所吸收的谱线称为共振吸收线，电子从第一激发态再跃回基态时发射出的相同波长谱线称为共振发射线，共振吸收线和共振发射线都简称为共振线。不同元素的共振线都不相同而各有其特征性，所以元素的共振线又称为元素的特征谱线。由于从基态到第一激发态的跃迁是最容易发生的，因此大多数元素的共振线是元素的所有谱线中最灵敏的谱线。原子吸收光谱分析就是根据待测元素的基态原子蒸气对从光源辐射的共振线的吸收程度来进行定量分析的，因此共振线又称为分析线。

光源辐射的共振线通过基态原子蒸气（图 1-5），其中一部分光被待测元素的基态原子吸收，其吸收的强度遵循朗伯-比尔定律，即

$$A = KLN_0$$

式中，A——待测元素的基态原子对共振线的吸收程
　　　　　度（吸光度）；
　　　K——吸光系数；
　　　L——基态原子蒸气的宽度；
　　　N_0——单位体积原子蒸气中待测元素的基态
　　　　　原子数。

图 1-5　原子吸收示意图
I_0. 光源辐射的共振线强度；
I_v. 透过原子蒸气的共振线强度；
L. 原子蒸气的宽度

在一定的实验条件下，待测元素吸收辐射的基态原子数（N_0）与其浓度（c）成正比，且仪器生成的基态原子蒸气宽度（L）固定，则得到原子吸收光谱分析的定量公式：

$$A = K'c$$

式中，K'——比例常数，在一定实验条件下为常数。

2. 原子吸收光谱仪

原子吸收光谱仪一般由光源、原子化系统、分光系统和检测系统四个主要部分组成，如图 1-6 所示。

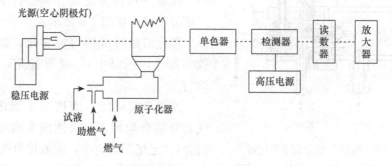

图 1-6　原子吸收分光光度计结构示意图

（1）光源。辐射待测元素的共振线。为了获得较高的准确度和灵敏度，要求所使用的光源应能发射待测元素的共振线，且有足够的强度；发射线的半宽度要比吸收线的半宽度窄得多，即能发射锐线光谱；辐射光的强度要稳定且背景小。空心阴极灯、无极放电灯和蒸气放电灯都可以用于原子吸收光谱分析，其中空心阴极灯应用最为广泛。

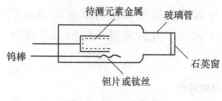

图 1-7　空心阴极灯

空心阴极灯是一种气体放电管，由一个阳极和一个空心圆筒组成，用待测元素的金属作为阴极或衬在阴极材料上，将 2 个电极密封在充有一种低压惰性气体（氖、氩、氙或氦）并带有石英窗的玻璃管中。其结构如图 1-7 所示。

当正负极间施加适当的电压（一般为 300～500V）时，电子就会从阴极表面流向阳极，开始辉光放电，与惰性气体原子发生碰撞并使之电离产生电子和阳离子，惰性气体阳离子在外加电场的作用下猛烈轰击阴极表面，使阴极表面的金属原子溅射出来。溅射出来的待测元素的原子再与电子、惰性气体

原子及离子发生碰撞而被激发，从而发射出待测元素和惰性气体的光谱。

可以用不同的金属元素作阴极材料，制成相应待测元素的空心阴极灯，并以此金属元素来命名，表示它可以用做测定这种金属元素的光源。如"铜空心阴极灯"就是用铜作阴极材料制成的，能发射出铜元素的共振线，可以用做测定铜的光源。

空心阴极灯的工作电流增大，可以增加辐射的谱线强度；但工作电流过大，会使谱线变宽，测定灵敏度降低，发生自蚀现象，谱线强度不稳定，灯的使用寿命缩短。若工作电流过小，又会使谱线强度减弱，稳定性和信噪比下降。因此，在分析工作中应选择合适的灯工作电流。

空心阴极灯在使用前应预热一段时间，使灯辐射的谱线强度达到稳定。预热时间的长短与灯的类型以及元素的种类有关，一般为 5～20min。

（2）原子化系统。将试样中的待测元素转变为基态原子蒸气，有火焰原子化和无火焰原子化两种装置。

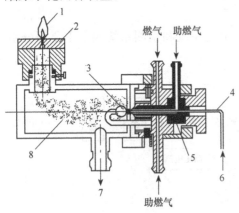

图 1-8　预混合型火焰原子化器

1. 火焰；2. 喷灯头；3. 撞击球；4. 毛细管；5. 雾化器；6. 试样溶液；7. 废液；8. 预混合室

火焰原子化装置是先用雾化器将试样溶液雾化，在预混合室内除去较大的雾滴，与燃气混合均匀后再喷入火焰。预混合型火焰原子化器一般由雾化器、预混合室和燃烧器三部分组成，如图 1-8 所示。

雾化器是将试样溶液雾化，要求其雾化效率高（10％以上），喷雾稳定，雾滴细小均匀。

预混合室是使雾滴进一步细化，并与燃气充分混合均匀，要求能使雾滴与燃气充分混合，"记忆"效应小，废液排出快。

燃烧器是利用火焰的热能将待测样品气化，并解离成基态原子。为了提高测定的灵敏度，一般采用长缝型燃烧器，缝长 10cm、缝宽 0.5mm 的适用于空气-乙炔火焰，缝长 5cm、缝宽 0.4mm 的适用于氧化亚氮-乙炔火焰。

火焰是为待测样品原子化提供能源，使待测样品在火焰温度的作用下，经蒸发、干燥、熔化、解离等过程产生基态原子。一般易挥发或电离电位较低的元素（如碱金属、碱土金属、铅、镉、锌、锡等）应使用低温火焰，与氧易生成耐高温而难解离的元素（如铝、钒、钼、钛、钨等）应使用高温火焰。表 1-4 列出了几种常见火焰的温度及燃烧速度。

表 1-4　常见火焰的温度及燃烧速度

燃气	助燃气	最高温度/℃	燃烧速度/(cm/s)
煤气	空气	1840	55
丙烷	空气	1925	82
氢气	空气	2050	320

续表

燃气	助燃气	最高温度/℃	燃烧速度/(cm/s)
乙炔	空气	2300	160
氢气	氧气	2700	900
乙炔	50%氧气＋50%氮气	2815	640
乙炔	氧气	3060	1130
乙炔	氧化亚氮	2955	180

火焰的温度和氧化还原特性取决于燃气和助燃气的种类与流量，决定火焰蒸发和分解不同化合物的能力，影响测定的灵敏度、稳定性和干扰等。助燃气流量大于化学计量时形成的火焰称为贫燃性火焰，温度较高，具有氧化性；燃气流量大于化学计量时形成的火焰称为富燃性火焰，温度较低，具有还原性，有助于分解熔点较高的氧化物。

空气-乙炔火焰是用途最广的一种火焰，最高温度约2300℃，能用来测定35种以上的元素，分析中较多采用燃助比为1:4的化学计量火焰，火焰稳定、温度较高、背景小、噪声低。氧化亚氮-乙炔火焰温度高达3000℃左右，具有强还原性，能使许多难解离元素（如铝、铍、硼、钛、钒、钨、铊、锆等）氧化物原子化，可消除在空气-乙炔火焰或其他火焰中可能存在的某些化学干扰，但容易发生爆炸，不能直接点燃和熄灭，操作时应严格遵守操作规程。

无火焰原子化装置比火焰原子化装置的原子化效率高，灵敏度增加10～200倍，操作简便，重现性好，可以直接测定固体样品，但测定的精密度较差。目前应用最多的是高温石墨炉原子化器，如图 1-9 所示，试样原子化的程序一般包括干燥、灰化、原子化和高温除残四个步骤。

（3）分光系统（单色器）。将待测元素的共振线与邻近线分开。一般由色散元件（光栅）、反光镜、狭缝等组成。

（4）检测系统。将单色器分出的光信号转换成电信号，主要由检测器、放大器、对数转换器及显示装置组成，通常使用的是光电倍增管。

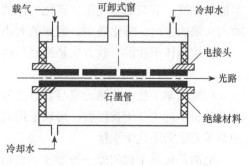

图 1-9　高温石墨炉原子化器

使用时，不要用强光照射，尽可能不使用太高的增益，避免引起光电倍增管"疲劳"乃至失效。

原子吸收光谱仪的性能可以用灵敏度和检出极限来衡量。灵敏度是指在给定的实验条件下，能得到1%的吸收（$A=0.0044$）时所需定被测元素的质量或其水溶液的浓度，以 S 表示，单位为 g/1% 或 μg/(mL·1%)。

$$S = \frac{\rho \times 0.0044}{A}$$

式中，A——被测元素或其水溶液的吸光度；

ρ——被测元素的质量（g）或其水溶液的浓度（μg/mL）。

　　检出极限是指能产生两倍标准偏差的读数时所需要被测元素的质量或其水溶液的浓度，以 DL 表示，单位为 g 或 $\mu g/mL$。

$$DL = \frac{\rho \times 2\sigma}{A}$$

式中，A——被测元素或其水溶液的吸光度；

　　　　ρ——被测元素的质量（g）或其水溶液的浓度（$\mu g/mL$）。

　　　　σ——噪声的标准偏差，是由对空白溶液或接近空白的标准溶液连续测定 10 次所得的吸光度求得。

　　3. 干扰因素与抑制方法

　　（1）光谱干扰。非原子性吸收对待测元素产生的干扰，主要来自光源和原子化器。

　　背景吸收是由气态分子对光的吸收或高浓度盐的固体颗粒对光的散射所引起的，是光谱干扰的主要因素。消除背景吸收的最简单方法是配制一个组成与样品溶液完全相同，只是不含待测元素的空白溶液来调零。近年来许多仪器都带有氘灯自动扣除背景的校正装置，能自动扣除背景吸收。

　　发射光谱干扰是由在测定波长附近有单色器不能分离的待测元素的邻近线，或空心阴极灯中有单色器不能分离的非待测元素的发射谱线，或有连续背景发射等所引起的。消除这种干扰的方法是减小狭缝宽度，或改用阴极材料纯度高的单元素灯，或用待测元素的其他谱线作为分析线。

　　（2）物理干扰（基体干扰）。样品在转移、蒸发过程中发生物理变化（如表面张力、溶液的黏度、溶剂的蒸气压、雾化气体的压力等）而引起的干扰。它主要影响样品溶液喷入火焰的速度、雾化效率、雾滴的大小及分布、溶剂与固体微粒的蒸发等。

　　消除基体干扰的有效方法是配制与待测样品具有相同组成的标准溶液或使用标准加入法。

　　（3）化学干扰。待测元素与其他组分之间发生化学作用所引起的干扰，是原子吸收光谱分析中的主要干扰因素，可以采用高温火焰或加入释放剂、保护剂、消电离剂和缓冲剂等方法消除化学干扰。

　　电离是化学干扰的另一种形式，火焰温度越高，这种干扰越严重，在碱金属和碱土金属中尤为显著。

　　4. 测量条件的选择

　　（1）分析线。通常选用待测元素的共振线作为分析线。但当待测元素的共振线受到其他谱线干扰时，则选用其他无干扰的较灵敏谱线作为分析线。

　　（2）空心阴极灯电流。采用较小的空心阴极灯电流，发射的谱线宽度较窄，测定的灵敏度高。灯电流过小，放电不稳定，谱线稳定性差，谱线强度下降。灯电流较大，发射的谱线强度增加，信噪比也增大；灯电流过大，测定的灵敏度降低，灯的使用寿命缩短。对于大多数元素来说，可选用空心阴极灯额定电流的 40%～60%。实际测定中，以不同的灯电流测定一个合适含量待测元素溶液的吸光度，以吸光度对灯电流作图，查出吸光度最大时的最小灯电流作为空心阴极灯的最佳工作电流。

（3）狭缝宽度。待测元素共振线没有邻近线，狭缝宽度可以大些。待测元素有复杂的光谱或连续背景，狭缝宽度应窄些。实际测定中，以不同的狭缝宽度测定样品溶液的吸光度，选择不引起吸光度减小的最大狭缝宽度作为最佳狭缝宽度。

（4）燃烧器高度。确定光源发出的谱线通过火焰的部位。为了提高测定的灵敏度，应使光源发出的谱线通过火焰中待测元素基态原子密度最大的区域，火焰稳定，干扰少。通常在燃烧器缝口上方 6～12mm 火焰区域，基态原子的密度最大，应使光源发出的谱线通过此区域。在分析工作中，用某一浓度的样品溶液喷雾，慢慢改变燃烧器高度，使测得的吸光度为最大时即为最适当的燃烧器高度。

（5）火焰的种类与性质。火焰中易生成难解离化合物的元素或生成耐热氧化物的元素（铝、钒、钨、钛、铍、硼、硅、钪、镧系元素等），应选用高温火焰（如氧化亚氮-乙炔火焰）；易挥发、易电离的元素（银、铜、镉、锌、碱金属等），应选用低温火焰（如空气-煤气火焰）。除了选择火焰的种类外，还要选择合适的燃助比。在固定燃气流量的情况下，改变助燃气的流量，测定某一浓度样品溶液的吸光度，吸光度最大时对应的燃助比即为最佳。

此外，在配制固体样品溶液时，尽量用酸来溶解样品，尽可能不用碱溶样品。含有悬浮物的液体样品应加以过滤或澄清后再用。

5. 定量分析

（1）标准曲线法。先配制一系列浓度不同的与待测样品基体相近的标准溶液，在选定的实验条件下，用空白溶液调零后，将标准溶液由低浓度到高浓度依次喷入火焰，分别测定它们的吸光度。以待测元素的含量为横坐标，测得的吸光度为纵坐标，绘制标准曲线。然后在相同条件下喷入待测样品溶液，测定其吸光度，从标准曲线上查出待测样品溶液中待测元素的含量。再根据配制样品溶液的情况，计算出样品中待测元素的含量。

标准曲线法仅适用于组成简单或无共存元素干扰的样品。分析同类大批量样品简单、快速，但基体影响较大。为了保证测定的准确度，配制的标准溶液浓度应在吸光度与浓度的线性范围内，标准溶液的基体组成应尽可能与待测样品溶液一致，整个分析过程中操作条件应保持不变，每次测定都要重新绘制标准曲线。

（2）标准加入法。适用于基体组成未知或基体复杂的样品，可消除因标准溶液与待测样品溶液之间的差异所产生的基体干扰，但不能消除背景吸收的影响和其他干扰。

计算法：取 2 份体积相同的样品溶液（浓度为 c_x，体积为 V_x），分别置于 2 个容量瓶（容积均为 V）中，在其中一个容量瓶中加入一定量的标准溶液（浓度为 c_s，体积为 V_s），然后将 2 份溶液均稀释到刻度，摇匀。在相同条件下分别测定它们的吸光度，测得未加标准溶液的样品溶液的吸光度为 A_x，加入标准溶液的样品溶液的吸光度为 A，则有

$$A_x = \frac{kc_x V_x}{V}$$

$$A = \frac{k(c_x V_x + c_s V_s)}{V}$$

可以求得

$$c_{\mathrm{x}} = \frac{A_{\mathrm{x}}V_{s}c_{\mathrm{s}}}{(A-A_{\mathrm{x}})V_{\mathrm{x}}}$$

作图法：取至少 4 份体积相同的样品溶液（浓度为 c_{x}，体积为 V_{x}），分别置于等容积的容量瓶中，从第二份开始分别按比例加入不同量的标准溶液（浓度为 c_{s}，体积分别为 V_{s}、$2V_{s}$、$3V_{s}$、$4V_{s}$…），然后均稀释到刻度，摇匀（设稀释后溶液中待测元素的浓度分别为 c_{x}'、$c_{\mathrm{x}}'+c_0$、$c_{\mathrm{x}}'+2c_0$、$c_{\mathrm{x}}'+3c_0$、$c_{\mathrm{x}}'+4c_0$…）。在相同条件下分别测得它们的吸光度为 A_x、A_1、A_2、A_3、A_4…，以吸光度对溶液中待测元素的浓度增加量（0、

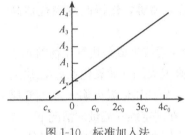

c_0、$2c_0$、$3c_0$、$4c_0$…）做图，得到如图 1-10 所示的直线。将所得直线外延，使其与横坐标相交，相应于交点与原点的距离就是稀释后溶液中待测元素的浓度 c_{x}，计算出样品溶液中待测元素的浓度及样品中待测元素的含量。

图 1-10　标准加入法

使用标准加入法时，待测元素的浓度应与对应的吸光度成线性关系。加入的第一份标准溶液的浓度应与样品溶液的浓度相近，可通过试喷样品溶液和标准溶液，比较两者的吸光度来判断。

技能操作

实例：火焰原子吸收分析灵敏度的测定

1）试剂

(1) 1%（质量分数）硝酸溶液：量取 14.7mL 硝酸，用水稀释至 1000mL。

(2) 10μg/mL 铜标准溶液：称取 0.437g 硝酸铜 [Cu(NO₃)₂·5H₂O]（准确至 0.1mg），用 1%（质量分数）硝酸溶液溶解并定容至 100mL。吸取此溶液 1.00mL 于 100mL 容量瓶中，用 1%（质量分数）硝酸溶液定容至刻度。

2）仪器

原子吸收光谱分析仪，配有火焰原子化器、空气压缩机、铜空心阴极灯、乙炔钢瓶。

3）操作步骤

(1) 开机。安装好铜空心阴极灯，将火焰原子化器置于光路中。打开抽风设备，依次打开稳压电源、计算机电源、原子吸收光谱仪主机电源，进入火焰原子吸收分析程序。

(2) 设置测量参数。按照仪器说明书，选择铜空心阴极灯作为工作灯，设置测量波长为 324.8nm，设置测量样品的数目及浓度。

(3) 点火。输入燃气流量为 1500mL/min 以上，检查液位检测装置里是否有水。打开空气压缩机，调节压力至 0.22～0.25MPa。打开乙炔钢瓶，调节分表压力为 0.07～0.08MPa。单击点火按键，观察火焰是否点燃；如果没有点燃，等 5～10s 再重新点火。火焰点燃后，把进样吸管放入蒸馏水中 5min 后，调整能量到 100%。

(4) 测量。把进样吸管放入 1%（质量分数）硝酸溶液，调整吸光度为零；吸入铜

标准溶液，测量其吸光度。平行测量 3 次。

4）数据记录与结果处理

数据记录与结果处理如表 1-5 所示。

表 1-5　数据记录与结果处理

测定次数	1	2	3
铜标准溶液的浓度 ρ/(mg/L)			
铜标准溶液的吸光度 A			
测定铜的灵敏度 S/[μg/(mL·1%)]			
测定铜的灵敏度平均值/[μg/(mL·1%)]			
平行测定结果的相对平均偏差/%			

计算公式：

$$S = \frac{\rho \times 0.0044}{A}$$

5）说明

测量完成后，先关闭乙炔，再关闭空压机。退出原子吸收分析程序，关闭主机电源，罩上原子吸收仪器罩。关闭计算机电源、稳压器电源。15min 后再关闭抽风设备和实验室总电源。

任务 3　气相色谱仪基本操作

学习目标

（1）掌握气相色谱分析的相关知识和操作技能。

（2）会正确操作气相色谱仪。

（3）能选择合适的气相色谱分析测定条件和定量方法，正确判断被测物质色谱峰的位置。

知识准备

色谱分析是利用试样中各组分在色谱柱中固定相和流动相之间的分配系数不同进行分离分析的仪器分析方法。色谱柱为一根填充固定相的管子，色谱柱中起分离作用的固体或负载在惰性固体物质（载体或担体）上的液体（固定液）称为固定相，色谱柱中沿固定相流动的液体或气体称为流动相。分配系数（K）是指在一定温度下组分在固定相和流动相之间分配达到平衡时的浓度比。

用液体作为流动相的色谱分析称为液相色谱分析（LC），用气体作为流动相的色谱分析称为气相色谱分析（GC）。气相色谱分析可用于分离挥发性有机混合物，能同时对各组分进行定性定量分析，其选择性高（可分离异构体、同位素）、分离效率高（可分离沸点十分接近和组成复杂的混合物）、灵敏度高（检测限 $10^{-11} \sim 10^{-13}$ g）、分析速度快（几分钟或几十分钟）、样品用量少（气体 1mL，液体 1μL）和应用范围广（不仅可以分析气体，还可以分析液体和固体），但不能直接给出定性结果，难以分析无机物和高沸点有机物。

1. 色谱常用术语

（1）色谱图。样品经色谱柱分离和检测器检测后，由记录仪绘出各组分的信号随时间变化的曲线，如图 1-11 所示。

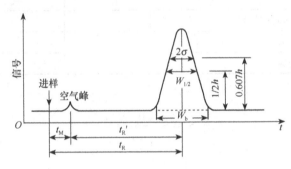

图 1-11　色谱流出曲线

（2）基线。当色谱柱后没有组分进入检测器时，在实验操作条件下，检测系统噪声随时间变化的线。稳定的基线应该是一条水平的直线。

（3）色谱峰。从色谱柱流出的组分通过检测系统时所产生的响应信号的微分曲线。每一个色谱峰代表样品中的一个组分。

（4）峰高和峰面积。峰高是指色谱峰的峰顶到基线的距离，以 h 表示。峰面积是指每个色谱峰与基线所包围的面积，以 A 表示。峰高或峰面积的大小与组分在样品中的含量有关，是色谱定量分析的参数。

（5）保留值。表示试样中各组分在色谱柱中滞留时间的数值，通常用时间或用将组分带出色谱柱所需载气的体积来表示。在一定的固定相和操作条件下，任何一种物质都有一确定的保留值。保留值是色谱定性分析的参数。

死时间（t_M）：不被固定相吸附或溶解的气体（如空气）从进样开始到柱后出现浓度最大值时所需的时间。

保留时间（t_R）：被测组分从进样开始到柱后出现浓度最大值时所需的时间。

调整保留时间（t_R'）：扣除死时间后的保留时间，即 $t_R' = t_R - t_M$。

死体积（V_M）：色谱柱在填充后固定相颗粒间所留的空间、色谱仪中管路和连接头间的空间以及检测器的空间的总和，即 $V_M = t_M \times F_c$（F_c 是操作条件下柱内载气的平均流速）。

保留体积（V_R）：从进样开始到柱后被测组分出现浓度最大值时所通过的载气体积，即 $V_R = t_R \times F_c$。

调整保留体积（V_R'）：扣除死体积后的保留体积，即 $V_R' = t_R' \times F_c$ 或 $V_R' = V_R - V_M$。

相对保留值（$r_{2,1}$）：指某组分 2 的调整保留值与另一组分 1 的调整保留值之比，即

$$r_{2.1} = \frac{t_{R'(2)}}{t_{R'(1)}} = \frac{V_{R'(2)}}{V_{R'(1)}}$$

$r_{2.1}$也可用来表示固定相（色谱柱）的选择性。$r_{2.1}$值越大，相邻两组分的$t_{R'}$相差越大，分离得越好；$r_{2.1}=1$时，两组分不能被分离。$r_{2.1}$仅与柱温及固定相的性质有关，而与其他操作条件无关。

（6）标准偏差（σ）：峰高 0.607 倍处色谱峰宽度的一半。

（7）半峰宽度（$W_{1/2}$）：又称半宽度或区域宽度，峰高一半处色谱峰的宽度。

（8）峰底宽度（W_b）：自色谱峰两侧的转折点处所做切线在基线上的截距。

2. 气相色谱仪

气相色谱仪一般由载气系统、进样系统、分离系统、检测系统、温度控制系统和记录与数据处理系统等六部分组成，如图 1-12 所示。

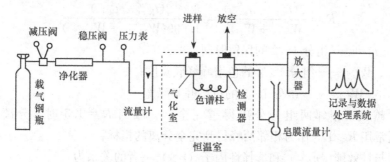

图 1-12　气相色谱仪结构示意图

（1）载气系统。一个载气连续运行的密闭的管路系统，要求载气纯净、密闭性好、载气流速稳定、流速测量准确。

载气是用来载送样品进入色谱柱进行分离。常用的载气是氢气、氮气、氦气和氩气，使用热导池检测器时常用氢气作载气，使用氢火焰离子化检测器时常用氮气作载气，氦气和氩气由于价格较高，较少使用。

（2）进样系统。

进样器：将样品定量地引入色谱系统。六通阀主要用于气体样品的进样，有 0.5、1、3、5（mL）等规格，使用温度高，使用寿命长，耐腐蚀，死体积小，气密性好，可以在低压下使用。微量注射器用于液体样品和固体样品溶液的进样，常用的有 1、5、10、50、100（μL）等规格。自动进样器则可以实现气相色谱分析的完全自动化。

气化室：将液体样品瞬间气化为蒸气，要求热容量大、温度足够高、体积尽量小、无死角。

（3）分离系统。主要由柱箱和色谱柱组成，色谱柱是将多组分样品分离成单一的纯组分，是气相色谱仪的核心部件。

色谱柱一般可分为填充柱和毛细管柱。填充柱是指在柱内均匀、紧密填充固定相颗粒的色谱柱，柱长一般为 1～5m，内径一般为 2～4mm，材质多为不锈钢和玻璃，形状有 U

型和螺旋型，U型柱的柱效较高，使用较多。毛细管柱又称空心柱，分离效率比填充柱高得多，常用的为涂壁空心柱，其内壁直接涂渍固定液，柱材料大多为熔融石英，柱长一般为 $25\sim100m$，内径一般为 $0.1\sim0.5mm$，但固定液的涂渍量较小，容易流失。

塔板数（n）或塔板高度（H）是描述色谱柱分离效能的重要指标。对于一定柱长（L）的色谱柱，塔板数越多，塔板高度就越小，柱效能越高。

$$H = \frac{L}{n}$$

$$n = 5.54\left(\frac{t_R{}'}{W_{1/2}}\right)^2 = 16\left(\frac{t_R{}'}{W_b}\right)^2$$

分离度作为色谱柱的总分离效能指标，既能反映柱效能，又能反映柱选择性，可以判断难分离物质对在色谱柱中的实际分离情况。分离度（R）是指相邻两组分色谱峰的保留时间之差与两峰底宽度之和一半的比值。

$$R = \frac{2(t_{R(2)} - t_{R(1)})}{W_{b(1)} + W_{b(2)}} = \frac{2(t_{R(2)} - t_{R(1)})}{1.699(W_{1/2(1)} + W_{1/2(2)})}$$

式中，$t_{R(1)}$、$t_{R(2)}$——组分1、2的保留时间；

　　　　$W_{b(1)}$、$W_{b(2)}$——组分1、2的色谱峰峰底宽度；

　　　　$W_{1/2(1)}$、$W_{1/2(2)}$——组分1、2的色谱峰半峰宽。

分离度越大，相邻两组分分离得越完全。一般当 $R=1.5$ 时，分离程度可达 99.7%，通常用 $R\geqslant1.5$ 作为相邻两峰得到完全分离的指标。

分离度与柱效能（$n_{有效}$）和选择性因子（$r_{2,1}$）三者的关系为

$$n_{有效} = 16R^2\left(\frac{r_{2,1}}{r_{2,1} - 1}\right)^2$$

（4）检测系统。检测系统的核心是检测器，其作用是将经色谱柱分离后顺序流出的各组分的化学信号（浓度或质量变化）转变为便于记录的电信号。

气相色谱仪的检测器分为浓度型检测器和质量型检测器。浓度型检测器测量的是载气中某组分浓度瞬间的变化，即检测器的响应值和组分的浓度成正比，如热导池检测器和电子捕获检测器等。质量型检测器测量的是载气中某组分进入检测器的速度变化，即检测器的响应值和单位时间内进入检测器某组分的质量成正比，如氢火焰离子化检测器和火焰光度检测器等。

热导池检测器（TCD）是基于不同的物质具有不同的热导系数进行检测。热导池是由池体和热敏元件构成，有双臂热导池和四臂热导池两种。热导池体中，只通纯载气的孔道称为参比池，通载气和样品的孔道为测量池。热导池检测器中热敏元件电阻值的变化可以通过惠斯顿电桥来测量。未进试样时，通过参比池和测量池的都是载气，电桥处于平衡状态，没有信号输出，记录为基线。试样组分进入以后，载气流经参比池，而载气带着试样组分流经测量池，由于被测组分与载气组成的混合气体的热导系数和载气的热导系数不同，使电桥处于不平衡状态，就有信号输出，记录为各组分的色谱峰，且色谱峰的大小与进入检测器的组分浓度成正比。

氢火焰离子化检测器（FID）主要部分是一个离子室，一般用不锈钢制成，包括气

体入口、火焰喷嘴、一对电极和外罩。没有试样进入时，检测到的是载气产生的信号大小，记录为基线。当载气携带被测组分从色谱柱流出，与氢气混合一起进入离子室，由毛细管喷嘴喷出，氢气在空气的助燃下引燃，产生的高温（约 2100℃）火焰使被测有机物组分电离成正负离子，在收集极和极化极的外电场（100～300V）作用下，定向运动形成电流，记录为各组分的色谱峰，且色谱峰的大小与进入检测器的组分质量成正比。当氮气作载气时，一般氢气与氮气流量之比是（1:1）～（1:1.5），氢气与空气流量之比为 1:10。

电子捕获检测器（ECD）是一种具有选择性、高灵敏度的浓度型检测器，主要用于检测具有电负性的物质（含有卤素、硫、磷、氧等）。

火焰光度检测器（FPD）主要用于含磷、含硫化合物的检测。

检测器的性能指标主要有灵敏度、检出限、噪声和漂移、线性范围。

灵敏度是指响应信号对通过检测器物质量的变化率。检出限也称敏感度，是指检测器恰能产生两倍噪声信号时，单位体积或时间内进入检测器的组分量。灵敏度越大，检测限越小，检测器的性能越好。

噪声是在没有样品进入检测器的情况下仅由于检测器本身及其他操作条件使基线在短时间内发生起伏的信号。漂移是基线在一定时间内对原点产生的偏离。良好的检测器其噪声和漂移都应该很小。

线性范围是指试样量与信号之间保持线性关系的范围，用最大进样量与最小检出量的比值表示，范围越大，越有利于准确定量。

（5）温度控制系统。主要控制色谱柱、检测器和气化室三处的温度，尤其对色谱柱的温度控制精度要求很高。

（6）记录与数据处理系统。将检测器输出的模拟信号随时间变化的曲线（色谱图）记录下来。目前的气相色谱仪大多配备色谱工作站，由计算机来实时控制色谱仪，进行数据采集和处理，并对采集和存储的色谱图进行分析校正和定量计算，打印出色谱图和分析报告。

3. 气相色谱分离条件的选择

（1）载气及其流速。使用热导池检测器，选用氢气或氦气作载气；使用氢火焰离子化检测器，则选用氮气作载气。流速较小时，采用相对分子质量较大的载气（N_2、Ar）；流速较大时，宜采用相对分子质量较小的载气（H_2、He）。

（2）柱温。是气相色谱的重要操作条件，直接影响色谱柱的使用寿命、选择性、柱效能和分析速度。要求在所选择的柱温下，既能使物质分离完全，又不使峰形扩张、拖尾。柱温必须高于固定液的熔点，但不能高于固定液最高使用温度，否则会造成固定液大量挥发或流失。柱温一般选择各组分沸点平均温度或稍低些。当被分析组分的沸点范围很宽时，采用程序升温能使高沸点及低沸点组分都能获得满意结果。

（3）固定相的选择。气-固色谱分析中一般选用固体吸附剂作为固定相，常用的固体吸附剂有非极性的活性炭、弱极性的氧化铝和强极性的硅胶、分子筛等。

气-液色谱分析的固定相由固定液和担体组成。固定液对分离起决定作用，要求其挥发性小，在操作温度下不发生分解且呈液体状态，对试样各组分有适当的溶解能力，对沸点相同或相近的不同物质有尽可能高的分离能力，化学稳定性好，不与被测物质起化学反应。

固定液一般按照"相似相溶"的规律来选择，即按待分离组分的极性或化学结构与固定液相似的原则来选择。分离非极性物质，一般选用非极性固定液，沸点低的先出峰，沸点高的后出峰。分离极性物质，选用极性固定液，极性小的先流出色谱柱，极性大的后流出色谱柱。分离非极性和极性混合物时，一般选用极性固定液，非极性组分先出峰，极性组分（或易被极化的组分）后出峰。对于能形成氢键的试样（如醇、酚、胺和水等）的分离，一般选择极性或氢键型的固定液，不易形成氢键的先流出，易形成氢键的后流出。对于复杂组分，选用两种或两种以上的固定液配合使用，可以增加分离效果。对于含有异构体的试样（主要是含有芳香性异构部分），选用有特殊保留作用的有机皂土或液晶做固定液。

（4）担体的性质和粒度。担体（载体）是一种化学惰性、多孔性的颗粒，可以提供较大的惰性表面承担固定液。要求担体的表面积大，表面孔径分布均匀，热稳定性好，不易破碎，粒度均匀、细小，对于 3～6mm 内径的色谱柱，使用 60～80 目的担体较为合适。气-液色谱分析常用的是硅藻土型担体。分析试样时，担体需加以钝化处理，以改进担体孔隙结构，屏蔽活性中心，提高柱效率。担体处理方法有酸洗、碱洗、硅烷化等。

（5）进样时间和进样量。进样时间过长，会增大峰宽，峰变形，进样时间一般在 1s 之内。液体进样量一般为 0.1～5μL，气体进样量为 0.1～10mL，进样太多，会使几个峰叠加，分离不好。进样技术是气相色谱操作中最基本也是最重要的技术，要反复操作达到熟练准确的程度。

（6）气化温度。一般气化室温度比柱温高 30～70℃或比样品组分中最高沸点高 30～50℃。

4. 色谱定性分析

确定被测组分的色谱峰在色谱图中的位置。

（1）利用标准物质比较定性。在相同色谱条件下，将试样和标准物质分别进样，然后比较标准物质和试样色谱峰的保留值。当试样的某一色谱峰与标准物质色谱峰的保留值相同时，则可初步判断此峰可能与标准物质相同。

如果试样比较复杂，色谱峰之间相距太近或色谱条件难以保持稳定，先用保留值初步定性，再在试样中加入标准物质混合后进样，在相同色谱条件下测出色谱图，并与试样的色谱图进行比较，若某组分的色谱峰高增加，且半峰宽不变，则可认为该组分与所加入的标准物质相同。

（2）利用文献保留值定性。如果色谱仪的稳定性不够好，保留值重现性较差，采用文献上的保留值进行定性。在文献规定的固定液种类、配比、标准物及柱温下，测定未知组分的相对保留值，并与文献上已知物质的相对保留值相对照，若数值相同，则可认为二者为同一种物质。

（3）利用保留指数定性。保留指数表示物质在固定液上的保留行为，是目前使用最广泛并被国际上所公认的定性参数，它具有定性可靠，重现性好，标准统一等优点。

保留指数（I）是把物质的保留行为用紧靠近它的两个正构烷烃标准物来标定（要使被测组分的调整保留时间在这两个正构烷烃的调整保留时间之间）。正构烷烃的保留指数为其碳原子数乘以 100，如正己烷的保留指数为 600。

将被测物质与相邻两个正构烷烃混合在一起，在相同色谱条件下进样分析，测出其保留值，就可以计算出被测组分的保留指数。

此外，还有碳数规律、沸点规律、与化学反应结合定性以及与红外光谱、质谱、核磁共振谱结合定性等方法。

5. 色谱定量分析

在一定操作条件下，待测组分的质量或其在载气中的浓度（m）与色谱峰面积（A）或峰高（h）成正比。

$$m = f \times A \quad 或 \quad m = f \times h$$

式中，f——待测组分的校正因子。

色谱峰面积可以由峰高乘以半峰宽测量得到，目前大多采用自动积分仪自动测出一曲线所包围的真实面积而得。

绝对校正因子是指单位峰面积或单位峰高所代表的组分的量，用 f 表示。相对校正因子是指组分与标准物的绝对校正因子之比，用 f' 表示。实际测量中通常不采用绝对校正因子，而采用相对校正因子。使用热导池检测器时常用标准物是苯，使用氢火焰离子化检测器常用标准物是正庚烷。

常用的色谱定量分析方法有：

（1）归一化法。以试样中被测组分经校正过的峰面积（或峰高）占试样中各组分经校正过的峰面积（或峰高）之和的比例来表示试样中各组分含量。

$$w_i = \frac{f'_i A_i}{f'_1 A_1 + f'_2 A_2 + \cdots + f'_n A_n} \times 100\%$$

式中，w_i——试样中组分 i 的质量分数（%）；

A_i——试样中组分 i 的色谱峰面积；

A_1、A_2、$\cdots$、A_n——试样中各组分的色谱峰面积；

f'_i——试样中组分 i 的相对校正因子；

f'_1、f'_2、$\cdots$、f'_n——试样中各组分的相对校正因子。

若各组分的 f' 值近似或相同，如同系物中沸点接近的各组分，则

$$w_i = \frac{A_i}{A_1 + A_2 + \cdots + A_n} \times 100\%$$

当色谱峰狭窄，峰形对称，操作条件稳定，各组分色谱峰半峰宽不变时，可以用峰高归一化法计算组分含量。

归一化法简便、准确，进样量的多少与测定结果无关，操作条件的变化对结果影响也较小。但归一化法要求试样中所有组分都能流出色谱柱，且都能在色谱图上显示色谱峰。如果试样中的组分不能全部出峰，则不能采用这种方法。

（2）内标法。将一定量的纯物质作为内标物，加入到准确称取的试样中，根据被测物质和内标物的质量及其在色谱图上相应的峰面积，求出某组分的含量。

$$w_i = \frac{m_s}{m} \times f'_i \times \frac{A_i}{A_s} \times 100\%$$

式中，w_i——试样中组分 i 的质量分数（%）；

　　　　m——试样的质量（g）；

　　　　m_s——加入试样中内标物的质量（g）；

　　　　A_i——试样组分 i 的色谱峰面积；

　　　　A_s——加入试样中内标物的色谱峰面积；

　　　　f'_i——试样中组分 i 相对于内标物的校正因子。

所选择的内标物应是试样中不存在的纯物质，性质应与待测组分性质相近，与样品应完全互溶，但不能发生化学反应，加入量应接近待测组分含量。

内标法的优点是准确度高，对进样量及操作条件要求不严格，使用没有限制。内标法缺点是每次测定都要用分析天平准确称取内标物和样品，比较费时。

（3）外标法（标准曲线法）。取待测组分的纯物质配成一系列不同浓度的待测组分标准样品，与试样在同一色谱条件下定量进样，出峰后依次测量各标准样品及试样中待测组分的峰面积（或峰高），以标准样品的峰面积（或峰高）对含量绘制标准曲线，从标准曲线中查出待测组分含量。

如果试样中待测组分的含量变化不大，如生产过程控制分析，可以采用单点校正法。用待测组分纯物质配制一个与待测组分含量相近的标准样品（设含量为 w_s），在同一色谱条件下，分别将相同量的待测组分标准样品及试样注入色谱仪，出峰后测量其峰面积（或峰高）A_s 和 A_i，则待测组分的含量（w_i）为

$$w_i = w_s \times \frac{A_i}{A_s}$$

外标法操作和计算都较简便，不必用校正因子。但要求操作条件稳定，进样量准确，重复性好，否则将影响测定结果。

技能操作

实例：气相色谱仪的温度参数设定和进样操作

1）试剂

（1）无水乙醇。

（2）丙酮。

2）仪器

气相色谱仪，配有氢火焰检测离子化检测器；微量进样器，1μL。

3）操作步骤

（1）气相色谱仪开机。打开载气（N_2）钢瓶主阀，开启减压阀控制压力为

$0.4\sim0.5MPa$，调节气相色谱仪上的总压旋钮使压力为 $0.3MPa$，调节柱前压力为 $0.12\sim0.16MPa$。

打开气相色谱仪的电源开关与加热开关。

打开计算机和色谱工作站，选择测量通道。在色谱工作站上设定试样名称和测试条件以及方法。

（2）温度参数的设定。按仪器说明书操作，设定柱箱温度为 $60℃$，检测器温度为 $120℃$，汽化室温度为 $140℃$。FID 灵敏度设为 100。

（3）点火。待仪器达到设定状态后，打开 H_2 发生器和空气压缩机开关，待 H_2 发生器压力上来后调节压力至 $0.15MPa$，空气压力为 $0.2MPa$。点火并检测是否点着（在点火口用金属物挡一下，看是否有水汽产生；看基线是否产生突跃）。确定火点着后，缓慢调节 H_2 压力至 $0.10MPa$，将 FID 灵敏度设为 1。

（4）进样。待基线走直后，用乙醇清洗微量注射器 15 次以上，再用待测溶液丙酮清洗微量注射器 15 次以上。用进样器准确抽取 $0.5\mu L$ 待测溶液丙酮，快速注入进样口，同时按下开始按钮。计算机自动记录并进行数据处理。

4）数据记录与结果处理

数据记录与结果处理如表 1-6 所示。

表 1-6　数据记录与结果处理

测定次数	1	2	3
柱箱温度/℃			
检测器温度/℃			
气化室温度/℃			
进样量/μL			
色谱峰面积			
色谱峰面积平均值			
平行测定结果相对平均偏差/%			

5）说明

（1）要求必须打开载气并使其通入色谱柱后才能打开仪器电源开关与加热开关。

（2）分析结束后，先关闭色谱工作站。然后将 H_2 和空气压力表压力旋至 0，关闭 H_2 发生器和空气压缩机开关。设定柱箱、进样口、检测器的温度均为 $50℃$，待温度降为 $50℃$ 后，关闭色谱仪。最后关闭载气（N_2）钢瓶主阀和减压阀。

任务 4　高效液相色谱仪基本操作

学习目标

（1）掌握高效液相色谱分析的相关知识和操作技能。

（2）会正确操作高效液相色谱仪。

（3）能选择合适的高效液相色谱分析方法和测定条件。

 知识准备

高效液相色谱分析（HPLC）是以液体为流动相（称为载液），利用混合物中不同组分在流动相和固定相之间的分配行为不同进行分离的色谱分析方法。高效液相色谱分析与经典液相色谱分析和气相色谱分析相比，具有流动相压力高（15～35MPa）、色谱柱分离效率高（理论塔板数 7000～10000）、检测器灵敏度高（紫外检测 10^{-9} g，荧光检测 10^{-11} g）、分析速度快等优点，主要用于对高沸点、热稳定性差、相对分子质量大（大于 400 以上）的有机物的分离和分析。

1. 高效液相色谱分析的类型

（1）液-液分配色谱。利用混合物中各组分在固定相与流动相之间的分配差异进行分离。流动相和固定相都是液体，且互不相溶。当试样进入色谱柱后，组分在两相中反复多次进行分配并随流动相向前移动，各组分沿色谱柱运动的速度不同，分配系数小的组分先从色谱柱流出，分配系数大的组分后从色谱柱流出。

正相液-液色谱：固定相的极性大于流动相的极性。可以用来分离极性较强的水溶性样品，非极性组分先被洗脱出来，极性组分后被洗脱出来。

反相液-液色谱：固定相的极性小于流动相的极性。可以用来分离极性较弱的油溶性样品，极性组分先被洗脱出来，非极性组分后被洗脱出来。

（2）液-固吸附色谱。根据物质吸附作用的不同进行分离。固定相为固体吸附剂。当试样通过吸附剂时，流动相与试样中各组分由于对吸附剂的吸附能力不同而发生吸附竞争，与吸附剂结构和性质差异较大的组分不易被吸附，先从色谱柱流出；与吸附剂结构和性质相似的组分易被吸附，后从色谱柱流出。液-固吸附色谱用于分离相对分子质量中等的油溶性样品，对具有不同官能团的化合物和异构体具有较高的选择性。

（3）离子交换色谱。基于离子交换树脂上可电离的离子与流动相中具有相同电荷的溶质离子进行可逆交换，依据这些离子与交换剂具有不同的亲和力进行分离。固定相是离子交换树脂，阴离子交换树脂一般含有季铵基，阳离子交换树脂一般含有磺酸基。进样之后，试样离子与流动相离子竞争固定相上的电荷位置，由于样品中不同离子与固定相电荷之间的亲和力不同，各离子流出色谱柱的速度不同，与固定相电荷亲和力小的离子先流出色谱柱，与固定相电荷亲和力大的离子后流出色谱柱。凡是在溶剂中能够电离的物质通常都可以用离子交换色谱来进行分离。

（4）空间排阻色谱。按分子大小的顺序进行分离。固定相是孔径为几纳米到几百纳米的凝胶。试样进入色谱柱后，随流动相在凝胶外部间隙以及孔穴旁流过，试样中一些太大的分子不能进入凝胶孔穴而受到排阻，首先在色谱图上出现；一些很小的分子可以进入所有凝胶孔穴并渗透到颗粒中，在色谱图上最后出现。空间排阻色谱主要用来分析高分子物质的相对分子质量分布。

2. 液相色谱固定相

(1) 液-液分配色谱固定相。由担体和涂渍在担体上的固定液组成。

液-液分配色谱中所用的担体主要有全多孔型担体（颗粒均匀的多孔球体）、表层多孔型担体（表层上附有一层厚度为 $1\sim2\mu m$ 多孔硅胶的直径为 $30\sim40\mu m$ 玻璃微珠）和化学键合固定相。

化学键合固定相是用化学反应通过化学键把有机分子结合到担体表面。化学键合固定相表面没有坑，比一般液体固定相传质快得多；无固定液流失，增加了色谱柱的稳定性和寿命；可以键合不同官能团，能灵活地改变选择性，应用于多种色谱类型及样品的分析；有利于梯度洗提，也有利于配用灵敏的检测器和馏分的收集。

液-液分配色谱常用的固定液如表 1-7 所示。

表 1-7　液-液分配色谱使用的固定液

正相液-液分配色谱		反相液-液分配色谱
β,β'-氧二丙腈	乙二醇	甲基硅烷
1,2,3-三（2-氰乙氧基）丙烷	乙二胺	聚丙基硅酮
聚乙二醇 400，600	二甲基亚砜	聚烯烃
甘油，丙二醇	硝基甲烷	正庚烷
冰乙酸	二甲基甲酰胺	

(2) 液-固吸附色谱固定相。极性固定相主要有硅胶、氧化铝和硅酸镁分子筛等，非极性固定相有高强度多孔微粒活性炭、多孔石墨化碳黑和苯乙烯-二乙烯基苯共聚的多孔微球等。现在使用最广泛的是表面多孔型和全多孔型硅胶微粒固定相。

(3) 离子交换色谱固定相。薄膜型离子交换树脂：以薄壳玻璃珠为担体，表面涂约 1% 的离子交换树脂。

离子交换键合固定相：用化学反应将离子交换基团键合在惰性担体表面。

(4) 空间排阻色谱固定相。

软质凝胶：如葡聚糖凝胶、琼脂糖凝胶等，适用于水为流动相。

半硬质凝胶：如苯乙烯-二乙烯基苯交联共聚凝胶（交联聚苯乙烯凝胶），是应用最多的有机凝胶，适用于非极性有机溶剂。

硬质凝胶：如多孔硅胶、多孔玻璃珠等，多孔硅胶是用得较多的无机凝胶。

3. 液相色谱流动相

高效液相色谱分析中，除了固定相对样品的分离起主要作用外，合适的流动相（洗脱液）对改善色谱分离效果也产生重要的辅助作用。作为高效液相色谱分析的流动相，要求纯度高，与固定相互不相溶，对试样要有适宜的溶解度，具有低黏度和低沸点，能与检测器相匹配。

液-固吸附色谱中，极性大的试样使用极性较强的流动相，极性小的试样则用低极性的流动相。

液-液分配色谱中，流动相应与固定相液体互不互溶。正相液-液色谱使用低极性溶剂（如正己烷、苯、氯仿等）作为流动相主体，加入小于 20% 的极性改性剂（如醚、酯、酮、醇和酸等）。反相液-液色谱通常以水为流动相主体，加入不同配比的有机溶剂（如甲醇、乙腈、二氧六环、四氢呋喃等）作调节剂。

离子交换色谱主要在含水介质中进行。可以用流动相中盐的浓度（或离子强度）和 pH 来控制组分的保留值，增加盐的浓度可导致保留值降低。

空间排阻色谱所用的流动相必须与凝胶本身非常相似，才能润湿凝胶并防止吸附作用。一般情况下，分离高分子有机化合物采用的流动相主要是四氢呋喃、甲苯、间甲苯酚、N,N-二甲基甲酰胺等，分离生物物质主要用水、缓冲盐溶液、乙醇及丙酮等作流动相。

4. 高效液相色谱仪

一般由贮液器、高压泵、梯度洗提装置、进样器、色谱柱、检测器、恒温器、记录仪等主要部件组成，如图 1-13 所示。

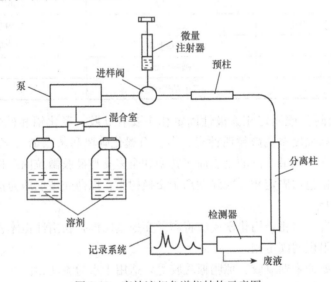

图 1-13　高效液相色谱仪结构示意图

（1）高压泵。是高效液相色谱仪中最关键的部件之一。一般最高压力应为 49.03MPa。要求具有高精度，以保证保留值的稳定性，整个色谱仪器系统必须耐腐蚀。常用的高压泵有往复式柱塞泵、气动放大泵。

（2）梯度洗提。载液中含有两种（或更多）不同极性的溶剂，在分离过程中按一定的程序连续改变载液中溶剂的配比和极性，通过载液中极性的变化来改变被分离组分的分离因素，以提高分离效果。梯度洗提可以分为低压梯度（也叫外梯度）和高压梯度（或称内梯度）。

（3）进样装置。将分析样品送入色谱柱的装置，要求密封性、重复性好。

六通阀进样器：是目前大多数高效液相色谱仪配置的进样器。六通阀进样情况如图 1-14所示。当六通阀置于取样位置时，流动相从 2 到 3 进柱，此时样品溶液从 4 进入定量管到 1，多余的样品溶液从 6 处排出。将六通阀变换到进样位置时，流动相从 2 到 1 沿定量管到 4，把定量管中的样品溶液从 3 处带入色谱柱中进行分离。

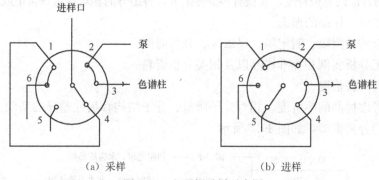

图 1-14　六通阀进样示意图

自动进样器：由计算机自动控制定量阀，按预先编制好的进样操作程序进行工作。取样、进样、复位、样品管路清洗和样品盘的转动，全部按预定的程序自动进行，一次可分析几十或上百个样品。自动进样器的进样量可连续调节，重复性好，适于大批量样品的分析。

（4）色谱柱。由柱管、接头和过滤片等组成，用不锈钢材料制作，柱管内面光洁度要求很高，一般采用直形。常用的标准柱型是内径为 4.6mm 或 3.9mm，长度为 15～30cm 的直形不锈钢柱。填料颗粒度 5～10μm，理论塔板数为 7000～10000。

（5）检测器。是高效液相色谱仪的核心部件之一。

紫外光度检测器（UV）：是应用最广泛的检测器，可以测定 190～350nm 的紫外光和 350～800nm 的可见光范围，分为固定波长紫外吸收检测器、可调波长紫外吸收检测器以及二极管阵列紫外吸收检测器。紫外光度检测器的作用原理是基于试样中被测组分对特定波长紫外光的选择性吸收，组分浓度与吸光度的关系遵守比尔定律。

差示折光检测器（RI）：通过连续测定流通池中溶液折射率来测定试样浓度。溶液的折射率是纯溶剂（流动相）和纯溶质（试样）折射率与各物质浓度的乘积之和。因此，溶有试样的流动相和纯流动相的折射率之差表示试样在流动相中的浓度。

荧光检测器（RF）：荧光检测器是一种很灵敏和选择性好的检测器，其结构和工作原理与荧光光度计相似。

电导检测器（EC）：根据物质在某些介质中电离后所产生的电导变化来测定电离物质含量。

5. 高效液相色谱分离方法的选择

分析实际样品必须尽可能地收集与样品有关的资料，包括：

（1）分析的目的。

（2）分析对象的性质及结构。物理化学性质，如化合物名称、分子式、相对密度、组成元素、沸点、折射率、状态（气体、液体、固体）、溶解性（水、有机溶剂等）。化学性质，如酸碱性、氧化性和还原性、稳定性（光、氧化和热）、腐蚀性、毒性等。

（3）分析样品的复杂程度，大概有多少种组分，各组分的相对含量（常量或微量组分）。

（4）样品量、样品的形态。

（5）要求的检测限、测定限、灵敏度、分析时间。

（6）有无分析实例和标准样品以及相关分析资料。

（7）实验设备情况。

在充分考虑样品的溶解度、相对分子质量、分子结构和极性差异的基础上，确定高效液相色谱的分离类型，如图 1-15 所示。

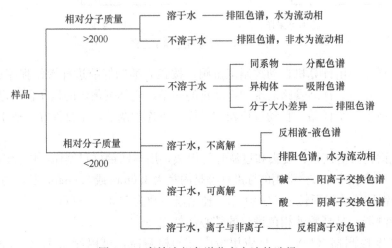

图 1-15　高效液相色谱分离方法的选择

6. 高效液相色谱定性与定量分析

高效液相色谱分析常用的定性方法如下：

（1）利用已知标准样品定性。是高效液相色谱最常用的定性方法，其方法原理与气相色谱分析中相同。

（2）利用检测器的选择性定性。同一检测器对不同化合物的响应值是不同的，而不同的检测器对同一化合物的响应值也是不同的。当同一化合物同时用两种或两种以上检测器检测时，几个检测器对被测化合物检测的灵敏度比值是与被测化合物的性质密切相关的，所以可以用双检测器来对被测化合物进行定性分析。

（3）利用紫外检测器定性。紫外检测器是高效液相色谱分析中广泛使用的一种检测器，可以利用全波长扫描得到的被测化合物紫外吸收光谱图来进行定性分析。在进行高效液相色谱分析的过程中，当被测组分的色谱图出现极大值时，对被测组分进行全波长扫描，得到该组分的紫外吸收光谱图。通过与标准样品的紫外吸收光谱图相比较，即能鉴别出该组分是否与标准样品相同。

高效液相色谱分析的定量方法与气相色谱分析相似，主要有归一化法、内标法和外标法等。

技能操作

实例：高效液相色谱分析校正因子的测定

1）试剂

（1）甲醇。

（2）萘。

2）仪器

高效液相色谱仪，配有紫外检测器、超声脱气装置、色谱柱（KromasilODS，$5\mu m$，250mm×4.6mmLD），分析天平（感量0.1mg），容量瓶（50mL），吸量管（5mL）。

3）操作步骤

（1）流动相的处理。将甲醇和水经$0.45\mu m$微孔滤膜过滤后，超声脱气20min，放入色谱储液槽中。

（2）标准溶液的配制。准确称取一定量的萘，加甲醇溶解，用流动相稀释为2g/L萘甲醇标准溶液。分别吸取此溶液0.50、1.00、2.00、5.00（mL）于50mL容量瓶中，用流动相稀释至刻度，配制成浓度分别为20、40、80、200（mg/L）萘甲醇标准使用溶液。全部经$0.45\mu m$微孔滤膜过滤，备用。

（3）高效液相色谱仪开机。检查仪器电路连接和液路连接正确以后，打开稳压电源，待工作电压稳定在220V后，依次打开柱温控制器、色谱泵、检测器、色谱工作站的电源开关。

（4）仪器参数设定。待仪器各部分自检结束后，设定柱温35℃，甲醇和水体积比85:15，流速1mL/min，检测波长254nm，进样量$20\mu L$，数据采集时间15min。

（5）进样分析。待色谱工作站上观察到的基线稳定后，对萘甲醇标准使用溶液进样分析，数据工作站自动采样、处理数据。

4）数据记录与结果处理

数据记录与结果处理如表1-8所示。

表1-8　数据记录与结果处理

测定溶液序号	1	2	3	4
进样体积 $V/\mu L$				
萘甲醇标准使用溶液浓度 $\rho/(mg/L)$				
萘的色谱峰面积 $A/(mm^2)$				
萘的校正因子 $f/(g/mm^2)$				
萘的校正因子平均值/(g/mm^2)				
测定结果相对平均偏差/%				

计算公式：

$$f = \frac{\rho \times V}{A}$$

5）说明

（1）分析结束后，用15mL甲醇冲洗色谱柱。

（2）实验结束后，依次关闭色谱工作站、检测器、色谱泵、柱温控制器等各部分电源。

任务5　酸度计基本操作

学习目标

（1）掌握电位分析的相关知识和操作技能。

（2）会正确操作酸度计。

（3）能选择合适的标准缓冲溶液校正酸度计。

知识准备

电位分析是将2支电极插入待测溶液中组成一个化学电池，在零电流条件下测定两电极间的电位差（电池电动势），进而求得待测组分含量。

电位分析包括直接电位法和电位滴定法，如图1-16所示。直接电位法是通过测量待测溶液组成的电池电动势，根据指示电极与被测离子浓度的关系，直接求得被测组分含量，常用于测定溶液的pH和离子浓度。电位滴定法是通过测量滴定过程中电池电动势的变化来确定滴定终点的分析方法，能进行连续滴定和自动滴定，广泛应用于各类滴定反应终点的确定。

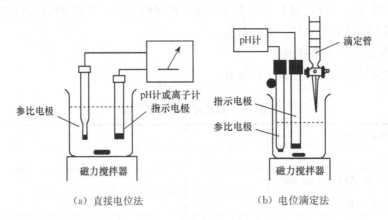

（a）直接电位法　　　　　　（b）电位滴定法

图1-16　电位分析示意图

1. 电位分析原理

将一支电极电位与被测离子浓度有关的电极（称为指示电极）和另一支电极电位已知且稳定的电极（称为参比电极）插入待测溶液中组成了一个工作电池（或叫测量电

池），指示电极的电位与被测离子活度的关系，可以用能斯特方程式表示。

$$\varphi_{M^{n+}/M} = \varphi^o_{M^{n+}/M} + \frac{RT}{nF}\ln a_{M^{n+}}$$

25℃时，能斯特方程可简化为

$$\varphi_{M^{n+}/M} = \varphi^o_{M^{n+}/M} + \frac{0.0592}{n}\ln a_{M^{n+}}$$

则测量电池的电动势为

$$E = K - \frac{0.0592}{nF}\lg a_{M^{n+}}$$

因此，只要测量出电池的电动势，就可以求出被测离子的活度，这就是直接电位法的定量依据。

若在滴定过程中，待测溶液组成的电池电动势将随着溶液中被测离子活度的变化而不断变化，当滴定进行至化学计量点附近时，由于被测离子活度发生突变，电池的电动势也随之发生突跃，通过测量电池电动势的变化就可以确定滴定的终点，根据消耗标准溶液的体积可以计算出待测物质的含量，这就是电位滴定法的理论依据。

2. 测量电极

（1）参比电极。温度一定时，在测量过程中试液组成变化，而电极电位保持恒定不变的电极，用来提供电位基准。

甘汞电极：由金属汞、甘汞（Hg_2Cl_2）和氯化钾溶液所组成。25℃时的电极电位：

$$\varphi_{Hg_2Cl_2/Hg} = \varphi^o_{Hg_2Cl_2/Hg} - 0.0592\ln a_{Cl^-}$$

在一定温度下，甘汞电极的电位主要取决于 KCl 溶液的浓度，只要 KCl 溶液浓度和温度一定，其电位值就保持恒定。电位分析中最常用的甘汞电极是饱和甘汞电极（SCE），其内部充填的是饱和 KCl 溶液。

Ag-AgCl 电极：由表面镀有 AgCl 层的金属银丝和氯化钾溶液所组成。25℃时的电极电位：

$$\varphi_{AgCl/Hg} = \varphi^o_{AgCl/Hg} - 0.0592\ln a_{Cl^-}$$

在一定温度下，Ag-AgCl 电极的电位同样取决于 KCl 溶液的浓度。

（2）指示电极。在一定温度下电极电位随溶液中被测离子活度的改变而变化的电极。在测量时，通常参比电极作正极，指示电极作负极。

金属-金属离子电极：由能发生可逆氧化还原反应的金属插入含有该金属离子的溶液中构成。组成这类电极的金属有银、铜、锌、汞等，如将金属银丝插在 $AgNO_3$ 溶液中构成的银电极。铁、钴、镍等金属不能构成此类电极。

金属-金属难溶盐电极：由金属及该金属难溶盐和含有此难溶盐阴离子的溶液组成，其电极电位随溶液中难溶盐阴离子活度的变化而变化，如 Ag-AgCl 电极对 Cl^- 有响应。

惰性金属电极：由铂、金等惰性金属（或石墨）插入含有氧化还原电对（如 Fe^{3+}/Fe^{2+}）物质的溶液中构成，如铂片插入含有 Fe^{3+} 和 Fe^{2+} 的溶液中组成的铂电极。这类

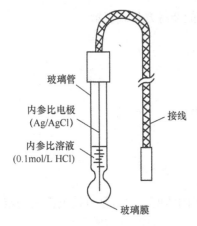

电极的电位能指示出溶液中氧化态和还原态离子活度之比。

pH 玻璃电极：是测定溶液 pH 的常用指示电极，由内参比电极（银-氯化银丝）、内参比溶液（0.1mol/L HCl 溶液）和玻璃膜（由 SiO_2、Na_2O 和 CaO 等组成）等构成，其结构如图 1-17 所示。

pH 玻璃电极使用前，在蒸馏水中浸泡 24h，使玻璃膜表面形成一层水合硅胶层。当电极浸入被测溶液中，水合硅胶层与溶液相接触，由于膜两侧的 H^+ 活度不同，H^+ 便从活度大的一侧向活度小的一侧迁移，从而在硅胶层与被测溶液两相界面上产生了外相界电位 $\varphi_{外}$，硅胶层与内部缓冲液相界面上产生了内

图 1-17　pH 玻璃电极

相界电位 $\varphi_{内}$，如图 1-18 所示。

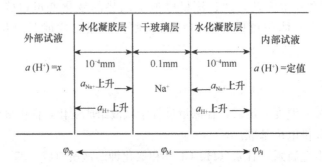

图 1-18　pH 玻璃电极膜电位的形成

玻璃膜内、外两个水化硅胶层与溶液界面上的相界电位之差形成了膜电位（φ_M）。pH 玻璃电极的膜电位是由于 H^+ 在溶液和膜界面间交换与扩散的结果，而不是由于电子的得失或转移造成的。

因为 pH 玻璃电极内部溶液中 H^+ 的活度在一定温度下是常数，所以 25℃时，膜电位与溶液 pH 的关系如下：

$$\varphi_M = K - 0.0592\text{pH}$$

pH 玻璃电极的内参比电极是 Ag-AgCl 电极，在一定温度下其电位值是恒定的，与待测溶液的 pH 无关，因此 pH 玻璃电极的电位为

$$\varphi_{玻璃} = K - 0.0592\text{pH}$$

由此可见，pH 玻璃电极的电位在一定温度下与待测溶液的 pH 呈线性关系，所以可以用 pH 玻璃电极作指示电极测定溶液的 pH。

当玻璃膜内外溶液的 H^+ 浓度或 pH 相等时，由于玻璃膜内外表面性质的差异（如表面的几何形状不同、结构上的微小差异、水化作用的不同等）所引起的电位差称为不对称电位。可以通过充分浸泡电极和用标准 pH 缓冲溶液校正的方法来消除其对 pH 测定的影响，所以 pH 玻璃电极使用前必须在水中浸泡 24h。

用 pH 玻璃电极测定 pH＜1 的强酸性溶液或高盐度溶液时，电极电位与 pH 不呈线

性关系，测定的 pH 比实际偏高的现象称为酸差。这可能是因为 H^+ 浓度或盐分高，使溶液离子强度增加，导致 H_3O^+ 的活度下降，从而使 pH 测定值增加。

用 pH 玻璃电极测定 pH>10 的强碱性溶液时，玻璃膜除对 H^+ 响应，也同时对其他离子（如 Na^+）响应，使 pH 测定结果偏低的现象称为碱差或钠差。用 Li 玻璃代替 Na 玻璃吹制玻璃膜，pH 测定范围可在 1～14。

3. 溶液 pH 的测定

以 pH 玻璃电极为指示电极，饱和甘汞电极（SCE）为参比电极，与待测溶液组成测量电池。

（-）pH 玻璃电极｜待测溶液‖SCE（+）

25℃时，测量电池的电动势为

$$E = K' + 0.0592 \text{pH}$$

所以，电池电动势（E）与待测溶液的 pH 呈线性关系。只要测出测量电池的电动势，并求出 K' 值，就可以计算待测溶液的 pH。但 K' 包括许多常数，实际工作中不可能直接用上式计算 pH，而是用已知 pH 的标准缓冲溶液为基准，通过分别测定标准缓冲溶液组成的测量电池和待测溶液组成的测量电池的电动势来确定待测溶液的 pH。

设 25℃时标准缓冲溶液的 pH 为 pH_s，测得其组成的测量电池电动势为 E_s；待测溶液的 pH 为 pH_x，测得其组成的测量电池电动势为 E_x，则

$$\text{pH}_x = \text{pH}_s + \frac{E_x - E_s}{0.0592}$$

因为 pH_s 为已知值，只要测量出 E_s 和 E_x 即可求得 pH_x。在实际测定中，通常先测定标准缓冲溶液，用酸度计上的"定位"旋钮调节出测定温度下的 pH_s，就可以消除 K'，校正仪器，然后再测定待测溶液，从仪器上直接读出待测溶液的 pH。

测定溶液的 pH 时，所选标准缓冲溶液的 pH 要准确，而且应与待测溶液的 pH 相近，要保持测定温度恒定。

测定溶液 pH 的仪器叫 pH 计或酸度计。一般实验室常用的标准缓冲溶液是邻苯二甲酸氢钾、混合磷酸盐（KH_2PO_4-Na_2HPO_4）和四硼酸钠（硼砂，$Na_2B_4O_7 \cdot 10H_2O$），25℃时它们的 pH 分别为 4.00、6.86 和 9.18。

4. 电位滴定法

电位滴定法是一种用电位确定终点的滴定方法。在待测溶液中插入指示电极，并与参比电极组成工作电池，随着滴定剂的加入，待测离子的浓度不断变化，指示电极的电位也发生相应的变化，在化学计量点附近电位发生突变。所以，测量电池电动势就能确定滴定终点。测定时，每加一定体积的滴定剂，就测量一次电池电动势，直到超过化学计量点为止。

（1）电位滴定法的应用。电位滴定法能用于滴定难以用指示剂判断终点的浑浊或有色溶液，能在非水溶液中滴定某些缺乏合适指示剂的有机物，能用于连续滴定和自动滴定，并适用于微量分析。

酸碱电位滴定：滴定过程中溶液的氢离子浓度发生变化，通常采用 pH 玻璃电极为指示电极，饱和甘汞电极为参比电极。

沉淀电位滴定：根据不同的沉淀反应，选用不同的离子指示电极，常用的是银电极，饱和甘汞电极（双盐桥）为参比电极。

配位电位滴定：根据反应选择指示电极。用 EDTA 滴定金属离子时，用相应的金属离子选择电极作指示电极。

氧化还原电位滴定：滴定过程中氧化态和还原态的浓度比值发生变化，可采用铂电极作为指示电极，饱和甘汞电极为参比电极。

（2）确定滴定终点的方法。

E-V 曲线法：以加入的滴定剂体积 V 为横坐标，测得的相应电动势 E 为纵坐标，绘制 E-V 曲线，由曲线上的电位突跃部分来确定滴定终点，如图 1-19 所示。

$\Delta E/\Delta V$-V 曲线法：根据加入的滴定剂体积 V 和测得的相应电动势 E 计算出 $\Delta E/\Delta V$，以 V 对 $\Delta E/\Delta V$ 做图，可得一呈现尖峰状极大的曲线，尖峰所对应的 V 即为滴定终点时所消耗滴定剂的体积，如图 1-20 所示。

$\Delta^2 E/\Delta V^2$-V 曲线法：依据是 $\Delta E/\Delta V \sim V$ 曲线的极大点，即 $\Delta^2 E/\Delta V^2 = 0$ 时为终点。以 $\Delta^2 E/\Delta V^2$ 对 V 做图，得图 1-21 所示曲线，曲线的最高点与最低点连线与横坐标的交点即为滴定终点。

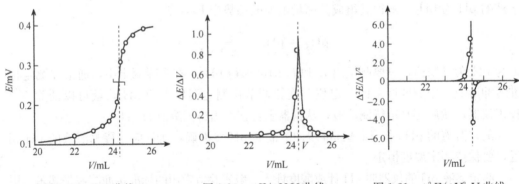

图 1-19　E-V 曲线　　　　图 1-20　$\Delta E/\Delta V$-V 曲线　　　　图 1-21　$\Delta^2 E/\Delta V^2$-V 曲线

也可以采用 $\Delta^2 E/\Delta V^2$ 计算法求出滴定终点时所消耗滴定剂的体积。根据加入的滴定剂体积 V 和测得的相应电动势 E 计算出 $\Delta^2 E/\Delta V^2$，找出其正极大值 $\left(\dfrac{\Delta^2 E}{\Delta V^2}\right)_+$ 和负极大值 $\left(\dfrac{\Delta^2 E}{\Delta V^2}\right)_-$，则滴定终点时所消耗滴定剂的体积必然在对应的体积 V_+ 和 V_- 之间，可以用内插法计算滴定终点时所消耗滴定剂的体积 V_{eq}，即

$$\frac{V_- - V_+}{\left(\dfrac{\Delta^2 E}{\Delta V^2}\right)_- - \left(\dfrac{\Delta^2 E}{\Delta V^2}\right)_+} = \frac{V_{eq} - V_+}{0 - \left(\dfrac{\Delta^2 E}{\Delta V^2}\right)_+}$$

$$V_{eq} = V_+ + \frac{V_- - V_+}{\left(\dfrac{\Delta^2 E}{\Delta V^2}\right)_+ - \left(\dfrac{\Delta^2 E}{\Delta V^2}\right)_-} \times \left(\dfrac{\Delta^2 E}{\Delta V^2}\right)_+$$

技能操作

实例：酸度计的校正

1）试剂

（1）邻苯二甲酸氢钾标准缓冲溶液（pH 4.00）：称取于 120℃烘干 2h 的邻苯二甲酸氢钾（$KHC_8H_4O_4$）10.12g，加入不含二氧化碳的水溶解并定容至 1000mL，摇匀。

（2）磷酸盐标准缓冲溶液（pH 6.86）：称取于 120℃烘干 2h 的磷酸二氢钾 3.40g 和磷酸氢二钠 3.55g，加入不含二氧化碳的水溶解并定容至 1000mL，摇匀。

（3）四硼酸钠标准缓冲溶液（pH 9.18）：称取四硼酸钠（$Na_2B_4O_7 \cdot 10H_2O$）3.80g，加入不含二氧化碳的水溶解并定容至 1000mL，摇匀。置聚乙烯塑料瓶中密闭保存，存放时要防止空气中 CO_2 进入。

2）仪器

酸度计；pH 复合电极。

3）操作步骤

（1）仪器的准备。按要求安装好 pH 复合电极，打开酸度计电源开关，预热 30min。

（2）标定。选择 pH 测量模式，调节显示的温度为待测溶液的温度。

将 pH 复合电极下端的保护套拔下，并拉下电极上端的橡皮套，露出其上端加液口，用蒸馏水清洗电极，并用滤纸吸干。

把 pH 复合电极插入磷酸盐标准缓冲溶液（pH 6.86）中，待读数稳定后，参照标准缓冲溶液的 pH 与温度关系对照表（表 1-9），调节读数为该溶液在测定温度下的 pH。取出 pH 复合电极，用蒸馏水冲洗干净，吸干。

表 1-9　标准缓冲溶液的 pH 与温度关系对照表

温度/℃	0.05mol/kg 邻苯二钾酸氢钾	0.025mol/kg 磷酸盐	0.01mol/kg 四硼酸钠
5	4.00	6.95	9.39
10	4.00	6.92	9.33
15	4.00	6.90	9.28
20	4.00	6.88	9.23
25	4.00	6.86	9.18
30	4.01	6.85	9.14
35	4.02	6.84	9.11
40	4.03	6.84	9.07
45	4.04	6.84	9.04
50	4.06	6.83	9.03
55	4.07	6.83	8.99
60	4.09	6.84	8.97

把电极插入邻苯二甲酸氢钾标准缓冲溶液（pH 4.00）或四硼酸钠标准缓冲溶液（pH 9.18）中，待读数稳定后，调节读数为该溶液在测定温度下的 pH，取出电极，用蒸馏水冲洗干净，吸干，标定完成。

4）说明

（1）使用前，从 pH 复合电极上端加液口补充适量 3mol/L 氯化钾溶液，拉上电极上端的橡皮套，然后在 3mol/L 氯化钾溶液中浸泡几小时。

（2）电极插入溶液后要充分搅拌均匀 2～3min，待溶液静止 2～3min 再读数。

（3）仪器标定好后，不能再动定位和斜率旋钮，否则必须重新标定。

（4）注意保护电极，防止损坏或污染。

项目 3　微生物检验基本操作

任务 1　灭菌操作

学习目标

（1）掌握实验室灭菌的相关知识和操作技能。

（2）会正确操作高压蒸气灭菌锅。

（3）能选择合适的灭菌方法和灭菌条件。

知识准备

1. 灭菌

灭菌是指杀灭物体中或物体上所有微生物（包括病原微生物和非病原微生物）的繁殖体和芽孢的过程。常用的灭菌方法有：

（1）加热灭菌。通过高温加热使菌体内蛋白质变性凝固、酶失活，从而达到杀菌目的。蛋白质的凝固变性与其自身含水量有关，含水量越高，其凝固所需的温度越低。

① 干热灭菌法。通过使用干热空气杀灭微生物。一般是指把待灭菌的物品包装后，放入干燥箱中加热至 160℃维持 2h 的过程。常用于空玻璃仪器、金属器具的灭菌。凡带有橡胶的物品、液体及固体培养基等都不能用此法灭菌。

灭菌前，玻璃仪器等必须经正确包裹和加塞，以保证玻璃仪器灭菌后不被外界杂菌所污染。平皿用纸包扎或装在金属平皿筒内；三角瓶在棉塞与瓶口外再包以厚纸，用棉绳以活结扎紧，以防灭菌后瓶口被外部杂菌所污染；吸量管以拉直的曲别针一端放在棉花的中心，轻轻捅入管口，松紧必须适中，管口外露的棉花纤维也可统一通过火焰烧去，灭菌时将吸量管装入金属管筒内进行灭菌，也可用纸条斜着从吸量管尖端包起，逐步向上卷，头端的纸卷捏扁并拧几下，再将包好的吸量管集中灭菌。

将包扎好的物品放入干燥箱内，注意不要摆放太密，以免妨碍空气流通；不得使器皿与干燥箱的内层底板直接接触。将干燥箱的温度升至 160℃并恒温 2h，温度超过 170℃，器皿外包裹的纸张、棉花会被烤焦燃烧。如果是为了烤干玻璃仪器，温度为 120℃持续 30min 即可。温度降至 50~60℃时方可打开箱门，取出物品，否则玻璃仪器会因骤冷而爆裂。用此法灭菌时，绝不能用油纸、蜡纸包扎物品。

被污染的纸张、实验动物尸体等无经济价值的物品可以通过火焚烧掉；对于接种环、接种针或其他金属用具等耐燃烧物品，可用火焰灼烧灭菌法直接在酒精灯火焰上烧至红热进行灭菌；直接用火焰灼烧灭菌，迅速彻底。此外，在接种过程中，试管或三角瓶口，也采用灼烧灭菌法通过火焰而达到灭菌的目的。

② 湿热灭菌法。在同一温度下，湿热的杀菌效力比干热大，湿热的穿透力比干热强，可增加灭菌效力；湿热的蒸汽有潜热存在，能迅速提高被灭菌物品的温度。

巴氏消毒法：巴斯德首先提出把液体物质在较低的温度下消毒，这样既可杀死液体中致病菌的繁殖体，又不破坏液体物质中原有的营养成分。牛奶或酒类常用此法消毒。典型的温度时间组合有两种：一种是 61.1~62.8℃，30min；另一种是 72℃，15~30s，现在多用此法。

煮沸消毒法：适用于器材、器皿、衣物及小型日用物品的消毒。

间歇灭菌法：适用于不宜高温灭菌的物质，如不耐热的药品、含血清的培养基等。用阿诺氏灭菌器、水浴锅或用蒸笼加热约 100℃维持 30min，每日进行一次，连续 2d。为了达到彻底灭菌，照上法再进行第三次加热，这样所有的芽孢将被全部杀死。必要时，加热温度可低于 100℃，如用 75~95℃，而延长每次加热的时间至 30~60min 或增多加热次数，也可收到同样效果。

高压蒸汽灭菌法：是微生物实验中最常用的灭菌方法，是基于水的沸点随着蒸汽压力的升高而升高的原理设计的。当蒸汽压力达到 103.4kPa 时，水蒸气的温度升高到 121℃，经 15~20min 可全部杀死锅内物品上的各种微生物和它们的孢子或芽孢。此法适用于耐高温而又不怕蒸汽的物品灭菌，如一般培养基和敷料、生理盐水、耐热药品、金属器材、玻璃仪器以及传染性标本和工作服等。

(2) 过滤除菌法。凡不能耐受高温或化学药物灭菌的药液、毒素、血液等，可使用滤菌器机械除菌。

(3) 紫外线杀菌法。日光中杀菌的主要成分是紫外线。紫外线波长 200~400nm，具有杀菌作用，其中以 253.7nm 最强，这与 DNA 的吸收光谱范围一致。紫外线的穿透力不强，普通玻璃、尘埃、水蒸气均能阻拦紫外线，故只能用于手术室、无菌室等空气消毒，也可用于不耐热物品或包装材料的表面消毒。在消毒照射时，工作人员应配戴保护眼镜，以防紫外线损害角膜而引起急性角膜炎。

2. 消毒

用物理、化学或生物学的方法杀死病原微生物的过程。具有消毒作用的药物称为消毒剂。一般消毒剂在常用浓度下，只对细菌的繁殖体有效，对于细菌芽孢则无杀灭作用。

实验室中常用的消毒灭菌化学试剂见表 1-10。

表 1-10　实验室中常用的消毒灭菌化学试剂

类别	代表	常用浓度	用途
烷化剂	甲醛（福尔马林）	37%～40%	熏蒸空气（接种室、培养室），2～6mL/m³
去污剂	新洁尔灭、肥皂	0.1%	皮肤及器皿消毒；浸泡用过的载片、盖片
碱类	烧碱（氢氧化钠）	40g/L	皮肤清洁剂
	石灰水（氢氧化钙）	10～30g/L	病毒性传染病
酸类	无机酸（如盐酸）	2%	粪便消毒、畜舍消毒
	有机酸（如乳酸）	80%	玻璃器皿的浸泡
	醋酸	20%	熏蒸空气，1mL/m³
	食醋	20%	熏蒸空气，3～5mL/m³
酚类	石炭酸	3%～5%	熏蒸空气；预防流感
	来苏水	3%～5%	室内喷雾消毒；擦洗被污染的桌面、地面
醇类	乙醇	70%～75%	皮肤消毒；浸泡用过的吸量管等玻璃器皿
氧化剂	高锰酸钾	1～30g/L	皮肤消毒（对芽孢无效）或器具表面消毒
	漂白粉	10～50g/L	皮肤、水果、茶具消毒
染料	结晶紫	20～40g/L	洗刷培养室；饮水消毒（对噬菌体有效）；体表及伤口消毒

3. 影响灭菌与消毒的因素

（1）不同的微生物对热的抵抗力和对消毒剂的敏感性不同。细菌、酵母菌的营养体、霉菌的菌丝体对热较敏感，放线菌、酵母、霉菌的孢子比营养细胞抗热性强。

不同菌龄的细胞，其抗热性、抗毒力也不同，在同一温度下，对数生长期的菌体细胞抗热力、抗毒力较小，稳定期的老龄细胞抗性较大。

（2）灭菌处理剂量。是指处理时的强度和处理方法对微生物的作用时间。所谓强度，在加热灭菌中指灭菌的温度；在辐射灭菌中指辐射的剂量；在化学药剂消毒中指的是药物的浓度。一般来说，强度越高，作用时间越长，对微生物的影响越大，灭菌程度越彻底。

（3）微生物污染程度。待灭菌的物品中含菌数越多时，灭菌越是困难，灭菌所需的时间和强度均应增加。这是因为微生物群集在一起，加强了机械保护作用，而且抗性强的个体增多。

（4）温度。温度越高，灭菌效果越好。菌液被冰冻时，灭菌效果则显著降低。

（5）湿度。熏蒸消毒、喷洒干粉、喷雾都与空气的相对湿度有关。相对湿度合适时，灭菌效果最好。在干燥的环境中，微生物常被介质包被而受到保护，使电离辐射的作用受到限制，这时必须加强灭菌所需的电离辐射剂量。

（6）酸碱度。大多数的微生物在酸性或碱性溶液中，比在中性溶液中容易被杀死。

（7）介质。微生物所依附的介质对灭菌效果的影响较大。介质成分越复杂，灭菌所需的强度越大。

（8）穿透条件。杀菌因子只有同微生物细胞相接触，才可发挥作用。在灭菌时，必须创造穿透条件，保证杀菌因子的穿透。固体培养基不易穿透，灭菌时所需时间比液体培养基长。湿热蒸汽的穿透能力比干热强。环氧己烷的穿透力比甲醛强。

（9）氧。氧的存在能加强电离辐射的杀菌作用。当有氧存在时，产生的 H 可与氧产生有强氧化作用的 HO· 和 H_2O_2，与无氧照射时相比，杀灭作用要强 2.5～4 倍。

4. 防腐

防止或抑制微生物生长繁殖的方法称为防腐。用于防腐的药物称为防腐剂。某些药物在低浓度时是防腐剂，在高浓度时则为消毒剂。

5. 无菌及无菌操作

无菌是指物体中没有活的微生物存在。防止微生物进入人体或物体的操作方法，称为无菌技术或无菌操作。微生物检验操作，必须在无菌环境中用无菌操作进行。

6. 高压蒸汽灭菌锅

高压蒸汽灭菌锅是应用最广、效果最好的灭菌器，可用于培养基、生理盐水、废弃培养物以及耐高热药品、纱布、玻璃等灭菌。其种类有手提式、直立式等两种，它们的构造与灭菌原理基本相同。

（1）构造。高压蒸汽灭菌锅为一双层金属圆筒，两层之间盛水。外壁坚厚，其上或前方有金属厚盖，盖上装有螺旋，借以紧团盖门，使蒸汽不能外溢，器内蒸汽压力可以升高，随之其温度也相应增高。器上还装有排气阀、安全阀，用以调节器内蒸汽压力与温度并保障安全。器上还装有温度计与压力表，用来测量内部的温度和压力。

（2）灭菌效果检验。将有芽孢的细菌放在培养皿内，用纱布包好，按常法灭菌。灭菌后取出培养皿，经培养后若无细菌生长，即表示灭菌效果良好。

（3）灭菌工作状态检验。

化学检验方法：利用某些化学药品的特定熔点可检查灭菌室内是否达到预定的温度，即利用药品作温度指示剂。取少量药品，封于安瓿中，然后夹在灭菌物品内，进行常规灭菌。灭菌后取出观察，如药品呈现出溶解后再结晶状态，即表示灭菌器的温度已达到或超过它的熔点。常将两种指示剂结合使用，以便确切地了解器内温度。常用的指示剂有焦性儿茶酚（104℃）、氨基比林（107～109℃）、氨替比林（110～112℃）、乙酰苯胺（113～114℃）、化学纯硫磺粉 S8B（119.25℃）及 S8Y（120℃）、苯甲酸（121℃）、β-萘酚（121℃）等。

温度计检查法：用一支 150℃的水银结点温度计，其结构原理与体温计相似，使用前先将其水银柱甩到 100℃以下，插入灭菌物品内层，按常规灭菌，灭菌完毕后，取出观察，确定有否达到要求的温度。

技能操作

实例：玻璃器皿的高压蒸汽灭菌

1）仪器

高压蒸汽灭菌锅；水银结点温度计，150℃。

2）操作步骤

（1）首先将高压蒸汽灭菌锅的内层灭菌桶取出，再向外层锅内加入适量的水，使水面与三角搁架相平。

（2）放回灭菌桶，装入待灭菌的玻璃器皿，并在内层放入一支水银结点温度计。

（3）加盖，并将盖上的排气软管插入内层灭菌桶的排气槽内。再以两两对称的方式同时旋紧相对的两个螺栓，使螺栓松紧一致，勿使漏气。

（4）加热，并同时打开排气阀，使水沸腾以排除锅内的冷空气。待冷空气完全排尽后，关上排气阀，让锅内的温度随蒸汽压力增加而逐渐上升。当锅内压力升到 1.05kg/cm^2 时，控制热源，维持压力，于 121.3℃ 灭菌 20min。

（5）到达灭菌所需时间后，切断电源或关闭煤气，让灭菌锅内温度自然下降，当压力表的压力降至 0 时，打开排气阀，旋松螺栓，打开盖子，取出灭菌物品。

3）数据记录与结果处理

记录灭菌操作的条件，检验灭菌工作状态。

4）说明

（1）灭菌锅内的物品不要装得太挤，以免妨碍蒸汽流通而影响灭菌效果。三角烧瓶与试管口端均不要与桶壁接触，以免冷凝水淋湿包口的纸而透入棉塞。

（2）如果压力未降到 0 时，打开排气阀，就会因锅内压力突然下降，使容器内的培养基由于内外压力不平衡而冲出烧瓶口或试管口，造成棉塞沾染培养基而发生污染。

（3）灭菌结束，打开水阀门，排尽锅内剩水。

任务 2　培养基的配制

学习目标

（1）掌握培养基配制的相关知识和操作技能。

（2）会进行规范的培养基制备操作。

（3）能选用合适的培养基。

知识准备

大多数微生物均可用人工方法培养。以人工方法配制成的适合微生物生长繁殖或积累代谢产物的营养基质，称为培养基。培养基中一般含有微生物所必需的碳源、氮源、无机盐、生长素以及水分等。另外，培养基还应具有适宜的 pH、一定的缓冲能力、一定的氧化还原电位及合适的渗透压。

1. 培养基的种类

培养基按物理状态分为固体、半固体和液体培养基；按组成成分分为天然、合成和半合成培养基；按其作用分为基础、加富、选择、鉴别、厌氧及活体培养基等。

（1）基础培养基。含有微生物所需要的基本营养成分，如肉汤培养基。

（2）加富培养基。在基础培养基中再加入葡萄糖、血液、血清或酵母浸膏等物质，可供营养要求较高的微生物生长，如血平板、血清肉汤等。

（3）选择培养基。根据某一种或某一类微生物的特殊营养要求或对一些物理、化学条件的抗性而设计的培养基。利用这种培养基可以把所需要的微生物从混杂的其他微生物中分离出来。

（4）鉴别培养基。在培养基中加入某种试剂或化学药品，使培养后发生某种变化，从而鉴别不同类型的微生物。如伊红-美蓝（EMB）培养基、糖发酵管、醋酸铅培养基等。

（5）厌氧培养基。专性厌氧菌不能在有氧的情况下生长，所以必须将培养基与环境中的空气隔绝，或降低培养基中的氧化还原电势，如在液体培养基的表面加盖凡士林或蜡，或在液体培养基中加入碎肉块制成庖肉培养基等。此外，也可以利用物理或化学方法除去培养环境中的氧，以保证厌氧环境。

（6）活体培养基。有一些微生物可以在活的动植物体或离体的活组织细胞内生长繁殖，因此，某些活的动植物体或离体的活组织细胞对这些微生物来说，是很好的培养基。

2. 培养基主要成分

（1）营养物质。有蛋白胨、肉浸汁和牛肉膏、糖（醇）类、血液、鸡蛋与动物血清、生长因子、无机盐类。

（2）水分。制备培养基常用蒸馏水，因蒸馏水中不含杂质，也可用自来水、井水等，最好先经煮沸，使部分盐类沉淀，再经过滤方可使用。

（3）凝固物质。配制固体培养基的凝固物质有琼脂、明胶和卵白蛋白及血清等。琼脂是从石花菜等海藻中提取的胶体物质，是应用最广的凝固剂。其化学成分主要是多糖，加琼脂制成的培养基在 98～100℃下溶化，于 45℃以下凝固。但多次反复溶化，其凝固性降低。琼脂对细菌本身无营养价值，自然界中仅有极少数的细菌能分解它。

根据琼脂含量的多少，可配制成不同性状的培养基。另外，由于各种牌号琼脂的凝固能力不同，以及当时气温的不同，配制时用量应酌情增减，夏季可适当多加。

（4）抑制剂。在制备某些培养基时需加入一定的抑制剂，来抑制非检出菌的生长或使其少生长，以利于检出菌的生长。抑制剂种类很多，常用的有胆盐、煌绿、玫瑰红酸、亚硫酸钠、某些染料及抗菌素等，这些物质具有选择性抑菌作用。

（5）指示剂。为便于了解和观察细菌是否利用和分解糖类等物质，常在某些培养基中加入一定种类的指示剂，如酸碱指示剂、氧化还原指示剂等。

技能操作

实例：琼脂培养基的配制

1）药品与试剂

（1）蛋白胨。

（2）酵母浸膏。

（3）琼脂。

（4）葡萄糖。

（5）50g/L NaOH 溶液：称取 5g 氢氧化钠，加水溶解并稀释至 100mL。

（6）5％（质量分数）HCl 溶液：量取 13.9mL 盐酸，加水稀释至 100mL。

2）器皿与材料

天平，称量纸，牛角匙，精密 pH 试纸，量筒，刻度搪瓷杯，试管，三角瓶，漏斗，分装架，移液管，培养皿，玻璃棒，烧杯，试管架，铁丝筐，剪刀，酒精灯，棉花，线绳，牛皮纸或报纸，纱布，乳胶管，电炉，灭菌锅，干燥箱。

3）操作步骤

（1）称量药品。准确称取胰蛋白胨 5.0g，酵母浸膏 2.5g，葡萄糖 1.0g，琼脂 15.0g。放入适当大小的烧杯中，琼脂不要加入。

（2）溶解。用量筒取 500mL 蒸馏水倒入烧杯中，在放有石棉网的电炉上小火加热，并用玻棒搅拌，以防液体溢出。待各种药品完全溶解后，停止加热，补足水分至 1000mL。

（3）调节 pH。用 50g/LNaOH 溶液或 5％（质量分数）HCl 溶液调至 pH7.0±0.2。可用 pH 试纸或酸度计等检测。

（4）融化琼脂。将琼脂加入至烧杯中，置于电炉上一面搅拌一面加热，直至琼脂完全融化后才能停止搅拌，并补足水分（水需预热）。

（5）过滤分装。将过滤分装装置安装好。在玻璃漏斗中放一层滤纸（液体培养基）或多层纱布或两层纱布夹一层薄薄的脱脂棉（固体或半固体培养基），趁热进行过滤。过滤后立即分装至试管或三角瓶中。

（6）包扎标记。培养基分装后，加好棉塞或试管帽，再包上一层防潮纸，用棉绳系好。在包装纸上标明培养基名称、制备组别和姓名、日期等。

（7）灭菌。将培养基于 121℃高压灭菌 15min。

（8）摆斜面或倒平板。培养基经灭菌后，立即摆放成斜面，斜面长度不超过试管长度的 1/2。或于水浴锅中冷却到 45～50℃，立刻倒平板。

4）数据记录与结果处理

将灭菌培养基放入 37℃温箱培养 24h，检查灭菌是否彻底。

5）说明

（1）蛋白胨极易吸潮，称量时要迅速。

（2）融化琼脂时，控制火力不要使培养基溢出或烧焦。

（3）分装时注意不要使培养基沾染在管口或瓶口，以免浸湿棉塞，引起污染。液体分装高度以试管高度的1/4左右为宜。固体分装量为试管高度的1/5，半固体分装量一般以试管高度的1/3为宜；分装三角瓶，以不超过三角瓶容积的一半为宜。

（4）半固体培养基灭菌后，垂直冷凝成半固体深层琼脂。

任务3　微生物的接种与培养

学习目标

（1）掌握微生物接种与培养的相关知识和操作技能。

（2）会进行规范的无菌操作和正确使用培养箱。

（3）能选择合适的接种方法和培养方式。

知识准备

1. 微生物接种

将微生物的纯种或含有微生物的材料（如水、食品、空气、土壤、排泄物等）转移到培养基上的过程。

（1）涂布法。将纯菌或含菌材料（包括固形物或液体）均匀地分布在固体培养基表面，或者将含菌材料在固体培养基的表面仅作局部涂布，然后再用划线法使它分散在整个培养基的表面。

（2）划线法。将纯种或含菌材料用微生物接种法在固体培养基表面进行划线，使微生物细胞能分散在培养基表面，并使接种量在培养基表面起着稀释的作用，即在培养基的单位面积内的接种量从多量逐渐依次减少为少量。划线法是进行微生物分离时的一种常规接种法。

（3）倾注法。取少许纯菌或少许含菌材料（一般是液体材料），先放入无菌的培养皿中，而后倾入已融化并冷却至46℃左右含有琼脂的灭菌培养基上，使它与含菌材料均匀混合后，冷却使其凝固。

（4）点植法。将纯菌或含菌材料用接种针在固体培养基表面的几个点接触一下。点植法常用于霉菌的接种。

（5）穿刺法。用接种针将微生物纯种经穿刺而进入到培养基中去。穿刺法常应用于半固体深层培养基，通过穿刺进行培养，可以有助于初步知道这种菌种对氧的需要情况以及有无动力产生。

（6）浸洗法。用接种针挑取含菌材料后，即插入液体培养基中，将菌体洗入培养基内。有时也可将某些固形含菌材料直接浸入培养液中，把附着在表面的菌体洗下。

（7）活体接种。活体接种应用于病毒培养，因为病毒必须接种在活的组织细胞中才能生长繁殖。如果要分离某些病原微生物或检查某些病原微生物的致病特性以及毒力测定时，一般用活的动物进行接种。

2. 微生物培养

经微生物接种后的培养基被放置在一定环境条件下，使微生物在培养基上生长繁殖的过程。

（1）需氧培养。对需氧微生物的培养必须在有氧气的环境中进行。在实验室中，液体或固体培养基经接种微生物后，一般就将其置于保温箱中在有氧的条件下培养。有时为了加快繁殖的速度或进行大量液体培养，可用通气搅拌或振荡方法来充分供氧，但通入的空气必须经过净化或无菌处理。

（2）厌氧培养。培养厌氧性微生物时，要除去培养基中的氧气或使氧化还原电动势降低，并在培养过程中一直要保持与外界氧隔绝以使厌氧微生物生长。在培养中保持无氧环境的方法有物理法除氧、化学法除氧和生物法除氧。

3. 培养箱

（1）构造。培养箱亦称保温箱，是培养微生物的主要仪器。培养箱为方形或长形箱，以铁皮喷漆制成外壳，铅板作内壁，夹层充以石棉或玻璃棉等绝缘材料以防温度扩散。内层底下安装电阻丝用以加热，利用空气对流使箱内温度均匀。箱内设有金属孔架数层，用以搁置培养材料。箱门双重，内有玻璃门，便于观看箱内标本，外为金属门。每次取放培养物时，均应尽快进行，以免影响恒温。箱顶装有一支温度计，可以测知箱内温度。箱壁装有温度调节器可以调节温度。根据使用需要，检验室可常设 37、44、28（℃）恒温箱各一个。

（2）操作与维护。先关箱门，接通电源，加热到所需的温度。

箱内不应放入过热或过冷之物，取放物品时，应随手关闭箱门，以维持恒温。

箱内可经常放入装水容器一只，以维持箱内湿度和减少培养物中的水分大量蒸发。

培养箱最低层温度较高，培养物不宜与之直接接触。箱内培养物不应放置过挤，以保证培养物受热均匀。各层金属孔上放置物品不应过重，以免将金属孔架压弯滑脱，打碎培养标本。

每月一次定期消毒箱内。断电后，先用 3%（体积分数）来苏水溶液涂布消毒，再用清水抹布擦净。

培养用恒温箱，不准作烘干衣帽等其他用途。

4. 超净工作台

一种局部层流装置，能在局部造成高洁净度的环境。超净工作台的操作方法与注意事项：

（1）超净台用三相四线 380V 电源，通电后检查风机转向是否正确，风机转向不对，则风速很小，将电源输入线调整即可。

（2）使用前 30min 打开紫外线杀菌灯，对工作区域进行照射，把细菌、病毒全部杀死。

（3）使用前 10min 将通风机启动，台面用海绵或白纱布抹干净。

（4）操作时把开关拨在照明处，操作室杀菌灯即熄灭。

（5）操作区物品的放置不应妨碍气流正常流动，工作人员应尽量避免能引起扰乱气流的动作，以免造成人身污染。

（6）操作者应穿着洁净工作服、工作鞋、戴好口罩。

（7）工作完毕后停止风机运行，把防尘帘放下。

（8）使用过程如发现问题应立即切断电源，报修理人员检查修理。

（9）超净工作台安装地方应远离有震动及噪声大的地方，以防止震动对它的影响，若周围有震动，应采取措施。

（10）每3～6个月用仪器检查超净工作台性能有无变化，采用热球式风速仪测试整机风速，如操作区风速低于0.2m/s，应对初、中、高三级过滤器逐级清洗除尘。一般连续使用6个月后，定期将泡沫塑料进行清洗，用10%纯碱溶液浸泡8h后，用清水漂洗干净。采用CZI晶体管测震仪测试震动。

（11）搬运时必须十分小心，防止碰击，并注意将通风机底座托起，以免损伤。

技能操作

实例：酵母菌的培养与接种

1）药品与试剂

（1）酵母菌。

（2）培养基：肉汤培养基试管斜面，肉汤半固体培养基，肉汤固体培养基试管斜面，肉汤固体培养基平板，查氏培养基试管斜面，查氏培养基平板。

2）器皿与材料

接种环，接种针，接种钩，镊子，酒精灯，火柴，酒精棉，试管架，标签纸，恒温培养箱。

3）操作步骤

（1）接种。试管菌种转接：将菌种试管与待接种的试管培养基依次排列，挟于左手的拇指与其他四指之间，用右手的无名指、小指与手掌边拨出棉塞并挟住。将试管口置于酒精火焰附近。将接种工具垂直插入酒精火焰中烧红，再横过火焰3次，然后再放入有菌试管中，在管壁上停留片刻，待其冷却。取少许菌种置于另一支试管中，按一定的接种方式把菌种接种到新的培养基上。取出接种工具，将试管口和棉塞进行火焰灭菌后，重新塞上棉塞。在火焰上烧死接种工具上的残余菌，把试管和接种工具放回原处。在斜面管口写明菌种名称、日期，置于37℃恒温培养18～24h，进行观察。

试管菌种接种到平板上：左手持试管菌种，右手松动试管棉塞，烧接种工具。右手小指与手掌边取下棉塞，取菌，打开平皿。采用平板划线法将菌种接种到平皿上，立即盖上平皿。在酒精灯火焰上灼烧接种工具灭菌。棉塞过火，重新塞入试管。在平皿底写明菌种名称、日期，置于37℃恒温培养18～24h，进行观察。

液体培养基接种：用灭菌的接种环挑取菌种，迅速移到肉汤培养基管，涂于接近液面的倾斜管壁上，并轻轻研磨，再直立试管，菌种即溶于肉汤中。灼烧接种环，放回原处。两试管口经火焰灭菌后塞上棉塞。在斜面管口写明菌种名称、日期，直立于37℃

恒温培养 24h，进行观察。

半固体培养基接种：按试管菌种转接法握持菌种管和半固体培养基管，靠近火焰。将接种针在火焰上烧灼灭菌，冷却后从菌种管中挑取少许菌种，迅速移至肉汤半固体培养基管中。将接种针从培养基中央垂直刺入至管底 3/4 处，然后原路退出。试管口经火焰灭菌后，塞上棉塞。灼烧接种针。在半固体培养基管上写明菌种名称、日期，直立于 37℃恒温培养 24h，进行观察。

（2）分离。在无菌条件下，分别取一接种菌放入盛有无菌水的试管中，制成混合菌液。在近火焰处，左手拿平板，稍抬皿盖，右手持接种环，蘸取一环混合液伸入皿内划线。将接种分离后的菌放在 37℃恒温箱内，培养 24h 后观察。

4）数据记录与结果处理

数据记录与结果处理如表 1-11 所示。

表 1-11　数据记录与结果处理

培养基名称	菌种生长情况	菌种接种方法	有无污染及原因
肉汤培养基试管斜面			
肉汤半固体培养基			
肉汤固体培养基试管斜面			
肉汤固体培养基平板			
查氏培养基试管斜面			
查氏培养基平板			

5）说明

半固体培养基接种时，接种针不能在培养基中左右移动。

任务 4　显微镜基本操作

学习目标

（1）掌握显微镜的相关知识和操作技能。
（2）会正确操作显微镜。
（3）能选择合适的方法观察细胞的形态。

知识准备

1. 光学显微镜的基本构造

（1）光学部分。

目镜：装在镜筒上端，其上刻有放大倍数，常用的有 5 倍（5×）、10 倍（10×）及 15 倍（15×）。为了指示物像，镜中可自装黑色细丝一条，通常使用一段头发作为指针。

物镜：显微镜最主要的光学装置，位于镜筒下端。普通光学显微镜一般装有 3 个物镜，分别为低倍镜（4～10 倍）、高倍镜（40～45 倍）和油镜（90～100 倍）。各物镜的放大倍数也可由外形辨认，镜头长度越长，放大倍数越大；反之，放大倍数越小。

集光器：位于载物台下方，可上下移动，起调节和集中光线的作用。

反光镜：装在显微镜下方，有平凹两面，可自由转动方向，以将最佳光线反射至集光器。

(2) 机械部分。

镜座：用来支持显微镜，呈马蹄形，在显微镜的底部。

镜臂：在镜座上面和镜筒后面，呈圆弧形，为显微镜移动时的握持部分。

镜筒：在显微镜的前方上部，是一个金属制空心圆筒，光线可从此通过。圆筒的上端可插入接目镜。

旋转器：在镜筒下端与螺纹口相接，有 3～4 个孔，用于装备不同放大倍数接物镜。

载物台：在镜筒下方，呈方形或圆形，中间有孔可透过光线。台上有用来固定标本的夹子。弹簧夹连接推进器，捻动其上螺旋，能使标本前后左右移动。

升降调节器：在镜筒后方两侧，分粗、细调节两组，用来调节镜筒高低位置，使物镜焦距准确。

倾斜开关：介于镜壁和镜座之间，为镜筒作前后变位时的支持点。

光圈：在集光器下方，可以任意开闭，用来调节射入集光器的光线。

次台：位于载物台下，次台上安有集光器、光圈的滤光片。

2. 光学显微镜的工作原理

普通光学显微镜利用目镜和物镜两组透镜系统来放大成像。一般微生物学使用的显微镜有 3 个物镜，其中油镜对微生物学研究最为重要。油镜的分辨力可达到 $0.2\mu m$ 左右。大部分细菌的直径在 $0.5\mu m$ 以上，所以油镜更能看清细菌的个体形态。

3. 暗视野显微镜的原理

暗视野显微镜是在于它使用一种特殊的暗视野聚光器。在此聚光器中央有一光挡，使光线仅由周缘进入并会聚于载玻片上，斜照物体，使物体表面的反射光进入物镜。所以我们在黑暗的背景中看到的只是物体受光的侧面，是它边缘发亮的轮廓。

使用暗视野显微镜时，只需将光学显微镜上的聚光器取下，换上暗视野聚光器即可。暗视野显微镜的分辨力比普通光学显微镜大。暗视野显微镜适于观察视野中由于反差过小不易观察而折射率很强的物体，以及观察一些小于显微镜分辨极限的微小颗粒或鞭毛等，故常用于观察未染色活菌的运动和鞭毛。

技能操作

实例：大肠杆菌形态的观察

1) 药品与试剂

大肠杆菌。

2）器皿与材料

显微镜。

3）操作步骤

（1）取镜和安放。右手握住镜臂，左手托住镜座，使镜体保持直立。把显微镜放在清洁、平稳、光线充足的桌面上，略偏左，距离桌边 7cm 左右处。安装好目镜和物镜。

（2）检查。检查显微镜是否有毛病，是否清洁，镜身机械部分用干净软布擦拭。透镜用擦镜纸擦拭，如有胶或粘污，用少量二甲苯清洁。

（3）对光。镜筒升至距载物台 1～2cm 处，转动转换器，使低倍物镜对准通光孔（物镜的前端与载物台要保持 2cm 的距离）。调节光圈，把一个较大的光圈对准通光孔。左眼注视目镜内（右眼睁开，便于同时画图）。用双手转动反光镜，光线强时用平面镜，光线弱时用凹面镜，使光线通过通光孔反射到镜筒内。通过目镜，可以看到白亮的视野。

（4）观察。

安放标本：把所要观察的玻片标本放在载物台上，使有盖玻片的一面朝上。用弹簧夹将玻片固定，转动平台移动器的旋钮，使要观察的材料对准通光孔中央。

调焦：先旋转粗调焦旋钮慢慢降低镜筒，并从侧面仔细观察，直到物镜贴近玻片标本，然后左眼自目镜观察，左手旋转粗调焦旋钮抬升镜筒，直到看清标本物像时停止，再用细调焦旋钮回调清晰。

低倍镜观察：左眼向目镜内看，同时反方向转动粗准焦螺旋，使镜筒缓缓上升，直到看清物像为止。再略微转动细调焦旋钮，使看到的物像更加清晰。将标本按一定方向移动视野，直至整个标本观察完毕。

高倍镜观察：转动转换器，从低倍镜转至高倍镜，略微调动细调焦旋钮，使物像清晰。

油镜观察：将显微镜亮度调整至最亮，光圈完全打开。在盖玻片上滴加一滴香柏油，然后降低镜筒并从侧面仔细观察，直到油镜浸入香柏油并贴近玻片标本，然后用目镜观察，并用细调焦旋钮抬升镜筒，直到看清标本的焦段时停止并调节清晰。

（5）整理。观察完毕，移去样品，扭转转换器，使镜头 V 字型偏于两旁，反光镜要竖立，降下镜筒，擦抹干净，并套上镜套。最后把显微镜放进镜箱里，送回原处。

4）数据记录与结果处理

记录观察到的大肠杆菌形态。

5）说明

（1）不要用单手提取显微镜。

（2）移动显微镜时，务必将显微镜提起再放至适当位置，不要推动显微镜，以防震动可能会导致显微镜内部零件的松动，务必小心轻放。

（3）使用显微镜时坐椅的高度应适当，观察时应习惯用两眼同时观察，且光圈及光源亮度皆应适当，否则长时间观察时极易感觉疲劳。

（4）转动旋转盘时务必将载物台降至最低点，以免因操作不当而刮伤接目镜之镜头。

（5）标本染色或其他任何操作皆应将玻片取下，操作完成后再放回载物台观察，切勿在载物台上操作，以免染剂或其他液体流入显微镜内部或伤及镜头。

（6）观察完一种材料，欲更换另一种材料时，务必将载物台下降至最低点，换好玻片后再按标准程序重新对焦，切勿直接抽换标本，以免刮伤镜头或玻片标本。

（7）调焦时，不应在高倍镜下直接调焦；镜筒下降时，应从侧面观察镜筒和标本间的间距；要了解物距的临界值。若使用双筒显微镜，如观察者双眼视度有差异，可靠视度调节圈调节。另外双筒可相对平移以适应操作者两眼间距。

（8）进行显微观察时应遵守从低倍镜到高倍镜再到油镜的观察程序。

（9）使用高倍镜时切勿使用粗调焦旋钮，否则易压碎盖玻片并损伤镜头。

（10）转动物镜转换器时，不可用手指直接推转物镜，这样容易使物镜的光轴发生偏斜，转换器螺纹受力不均匀而破坏，最后导致转换器就会报废。

（11）换用高倍镜后，视野内亮度变暗，因此一般选用较大的光圈并使用反光镜的凹面，然后调节细调焦旋钮。观看的物体数目变少，但是体积变大。

（12）用油镜观察时，滴加香柏油要适量。使用完毕后，一定要用擦镜纸沾取二甲苯擦去香柏油，再用干的擦镜纸擦去多余二甲苯。

（13）一般情况下，染色标本光线宜强，无色或未染色标本光线宜弱；低倍镜观察光线宜弱，高倍镜观察光线宜强。除调节反光镜或光源灯以外，虹彩光圈的调节也十分重要。

复习思考题

1. 选择题（有的正确选项不止一个）

（1）下面可以作为基准物质的是（　　）。
A. 纯度为 99.99% 的 NaOH　　　　B. 纯度为 99.98% 的 $CuSO_4 \cdot H_2O$
C. 纯度为 99.98% 的 $AgNO_3$　　　　D. 纯度为 99.98% 的 KOH

（2）以邻苯二甲酸氢钾为基准物质标定 NaOH 溶液浓度，滴定前碱式滴定管内的气泡未赶出，滴定过程中气泡消失，则会导致（　　）。
A. 测得 NaOH 溶液浓度偏小　　　　B. 测得 NaOH 溶液浓度偏大
C. 滴定体积减小　　　　D. 对测定结果无任何影响

（3）用酸度计测定溶液 pH 时，应用（　　）校正仪器。
A. 标准酸溶液　　B. 标准缓冲溶液　　C. 标准碱溶液　　D. 标准离子溶液

（4）测量时读错了砝码，将会引起（　　）。
A. 过失误差　　B. 偶然误差　　C. 方法误差　　D. 系统误差

（5）分光光度计打开电源开关后，下一步的操作正确的是（　　）。
A. 选择灵敏度挡　　　　B. 调节 "0" 电位器，使电表针指 "0"
C. 预热 20min　　　　D. 调节 100% 电位器使电表指针在满刻度处

（6）浓度为 $c_{1/5KMnO_4}=0.1mol/L$ 的溶液，换算为浓度 $c_{KMnO_4}=$（　　）mol/L。
A. 0.1　　B. 0.01　　C. 0.05　　D. 0.02

（7）在分光光度分析中，某物质在某浓度下以 1.0cm 比色皿测得透光度为 T。若该物质的浓度增大 1 倍，则透光度为（　　）。
A. T^2　　B. $T/2$　　C. $2T$　　D. $T^{1/2}$

(8) 酸度计测定溶液的 pH 是基于（　　　）与溶液的 pH 大小有关。

A. 参比电极和溶液组成的电池　　　　　B. 指示电极和溶液组成的电池

C. 参比电极和指示电极组成的电池　　　D. 测量成分的离子浓度

(9) 盐酸不能作为基准物质，是因为其（　　　）。

A. 易挥发，组成会变　　　　　　　　　B. 相对摩尔质量较小

C. 酸性太强　　　　　　　　　　　　　D. 滴定时常有副反应发生

(10) 为了提高测定灵敏度，空心阴极灯的工作电流应（　　　）。

A. 越大越好　　　　　　　　　　　　　B. 越小越好

C. 为额定电流的 40%～60%　　　　　　D. 无要求

(11) 电离属于（　　　）。

A. 光谱干扰　　　B. 基体干扰　　　C. 化学干扰　　　D. 以上都不是

(12) 在气相色谱中，用于定量的参数是（　　　）。

A. 保留时间　　　B. 相对保留值　　　C. 半峰宽　　　D. 峰面积

(13) 在使用热导池检测器时，为了提高灵敏度，常选用的载气为（　　　）。

A. 氮气　　　　　B. 氧气　　　　　C. 氦气　　　　　D. 氩气

(14) 在电位滴定中，以 $\Delta^2 E/\Delta V^2 \sim V$（$E$ 为电位，V 为滴定剂体积）作图绘制滴定曲线，滴定终点为（　　　）。

A. $\Delta^2 E/\Delta V^2$ 为最正值时的点　　　　B. $\Delta^2 E/\Delta V^2$ 为最负值时的点

C. $\Delta^2 E/\Delta V^2$ 为零时的点　　　　　　D. $\Delta^2 E/\Delta V^2$ 接近零时的点

(15) 下列原因中将引起偶然误差的是（　　　）。

A. 酸碱滴定中，指示剂变色点与反应化学计量点不重合引起的滴定误差

B. 试剂中含有微量的被测组分。

C. 读取 50mL 滴定管读数时，小数点后第二位数字估测不准

D. 标准溶液标定过程中，室温、气压微小变化引起的误差

(16) 在气相色谱检测器中，选择型检测器有（　　　）。

A. 电子捕获检测器　　　　　　　　　　B. 氮磷检测器

C. 热导池检测器　　　　　　　　　　　D. 火焰光度检测器

(17) 下列属于常用的天然培养基成分的是（　　　）。

A. 牛肉膏　　　　　B. 蛋白胨　　　　C. 琼脂　　　　　D. 明胶

(18) 下列描述中正确的是（　　　）。

A. 消毒是指杀死物体上的所有微生物的方法

B. 灭菌是指杀灭物体上所有微生物的方法

C. 防腐是指防止或抑制细菌生长繁殖的方法

D. 无菌为不含活菌的意思

(19) 下列（　　　）是物理因素对微生物的影响。

A. 温度　　　　　B. 氢离子浓度　　　C. 渗透压　　　D. 氧化还原电位

(20) 下列对各种灭菌方法的描述，正确的是（　　　）。

A. 巴氏消毒法属于干热灭菌法　　　　　B. 流动蒸气消毒法属于湿热灭菌法

C. 间歇灭菌法属于湿热灭菌法　　　　D. 高压蒸汽灭菌法属于湿热灭菌法

(21) 属于湿热灭菌法的有（　　）。

A. 巴氏消毒法　　　B. 煮沸消毒法　　　C. 过滤除菌法　　　D. 间歇灭菌法

(22) 关于色谱流出曲线（色谱图）的作用叙述中，正确的是（　　）。

A. 根据色谱峰的位置可以进行定性

B. 根据色谱峰的面积或高度可以进行定量

C. 根据色谱峰的位置及其宽度，可以对色谱柱分离情况进行评价

D. 根据色谱峰的形状，可以判断被分离物质的某些性质，如酸碱性、氧化性等

(23) 在相同体积、相同物质的量浓度的酸中，下列叙述正确的是（　　）。

A. 溶质的质量可能不等　　　　　　　B. 溶质的质量分数一定相等

C. 溶质的物质的量一定相等　　　　　D. 氢离子的物质的量一定相等

(24) 有关消毒剂的描述正确的是（　　）。

A. 醇类的作用机制包括蛋白变性和溶解脂肪

B. 酚类的作用机制是凝固菌体蛋白质及作用于细胞膜上的酶类

C. 氧化剂可作用于蛋白质的巯基使蛋白质和酶失活

D. 2%～5%的酚类溶液用于器械及喷雾消毒

(25) 在莫尔法沉淀滴定分析中，其适用的 pH 范围是（　　）。

A. 强酸性　　　　B. 弱碱性　　　　C. 弱酸性　　　　D. 中性

(26) 在分光光度法中，下列说法中正确的是（　　）。

A. 透光度与浓度成线性关系　　　　　B. 摩尔吸光系数随波长而改变

C. 透光度与吸光度呈正相关关系　　　D. 吸光物质的吸光度与其浓度呈正相关关系

(27) 在吸光光度分析中，常出现标准曲线不通过原点的情况，引起这一现象的原因有（　　）。

A. 待测溶液与参比溶液所用比色皿不一致

B. 参比溶液选择不当

C. 显色反应的灵敏度低

D. 显色反应的检测下限太高

(28) 常用的参比电极有（　　）。

A. 标准氢电极　　　B. 甘汞电极　　　C. 银-氯化银电极　　　D. 晶体膜电极

(29) 常用于标定 HCl 溶液浓度的基准物质有（　　）。

A. 氢氧化钠　　　　B. 碳酸氢钠　　　　C. 硼砂　　　　D. 无水碳酸钠

(30) 下列方法中，不属于氧化还原滴定法的是（　　）。

A. 碘量法　　　　B. 高锰酸钾法　　　　C. 莫尔法　　　　D. 法扬司法

2. 如何标定溶液的浓度？标定溶液浓度时应注意哪些问题？

3. 什么是误差？消除误差的方法有哪些？

4. 在分光光度分析中，如何绘制吸收曲线和标准曲线？

5. 原子吸收光谱分析中有哪些干扰因素？应如何消除？

6. 原子吸收光谱分析常用的定量方法有哪些？各适用于什么样品的分析？

7. 色谱分析的定量方法有哪些？各有哪些优缺点？

8. 气相色谱仪主要由哪些部件组成？各有什么作用？

9. 高效液相色谱仪由哪些部件组成？各有什么作用？

10. 用 pH 玻璃电极测量溶液的 pH 时，为什么要选用与试液 pH 相接近的 pH 标准溶液定位？

11. 常用的灭菌方法有哪些？各适用于什么物品的灭菌？

12. 培养基的主要成分有哪些？如何选择合适的培养基？

13. 什么是无菌操作？微生物接种和培养的方法有哪些？

14. 在 50mL 容量瓶中分别加入 0.05、0.10、0.15、0.20（mg）的 Cu^{2+}，加水稀释至刻度，用原子吸收光谱仪测得它们的吸光度依次为 0.21、0.43、0.62、0.85。称取 0.5110g 试样，溶解后移入 50（mL）容量瓶中，加水稀释至刻度。在同样条件下测得其吸光度为 0.41。求试样中 Cu 的含量。

15. 称取含 Cd 试样 2.5115g，经处理溶解后，移入 50mL 容量瓶中，加水稀释至刻度。分别吸取此样品溶液 10mL 置于 4 只 50mL 容量瓶中，依次加入 $0.5\mu g/mL$ 的 Cd 标准溶液 0.0、5.0、10.0、15.0（mL），并稀释至刻度。测得它们的吸光度依次为 0.06、0.18、0.30、0.41，求试样中 Cd 的含量。

16. 标定 $KMnO_4$ 标准溶液的浓度时，精密称取 0.3562g 基准草酸钠溶解并稀释至 250mL，精密量取 10.00mL，用该标准溶液滴定至终点，消耗 48.36mL。计算 $KMnO_4$ 标准溶液的浓度。

17. 用 pH 玻璃电极测定 pH＝5.0 的溶液，其电极电位为 43.5mV，测定另一未知溶液时，其电极电位为 14.5mV，若该电极的响应斜率 S 为 58.0mV/pH，试求未知溶液的 pH。

18. 用氢火焰离子化检测器对丁醇异构体进行气相色谱分析，测得数据如下：

组分	正丁醇	异丁醇	仲丁醇	叔丁醇
峰面积	108	62	90	121
相对校正因子	1.05	1.01	1.13	1.09

用归一化法计算各组分的质量分数。

19. 用高效液相色谱法测定乳酸含量。称取 6.50g 试样，加入内标物 1.51g，测得乳酸和内标物的峰面积分别为 $54.4cm^2$ 和 $42.1cm^2$，已知乳酸对内标物的相对校正因子为 2.16。求试样中乳酸的质量分数。

模块 2 饮料酒的分析与检验

饮料酒是指利用淀粉或糖质原料经过发酵、蒸馏、勾兑等工艺制成的含有酒精的饮料。按生产工艺的不同，可以把饮料酒分为发酵酒、蒸馏酒和配制酒三类。发酵酒是以粮谷、水果、乳类等为原料，主要经酵母发酵等工艺制成，酒精含量小于 24％（体积分数）的饮料酒，常见的发酵酒有葡萄酒、啤酒、水果酒、黄酒和米酒等；蒸馏酒是以粮谷、薯类、水果、乳类等为主要原料，经发酵、蒸馏、勾兑而成，酒精度在 18％～60％（体积分数）的饮料酒，常见的蒸馏酒有白兰地、威士忌、金酒、伏特加、朗姆酒以及中国的白酒等；配制酒是以发酵酒或蒸馏酒为酒基，添加香料、药材等，通过浸泡、混合等方式加工而成的酒精饮料，常见的配制酒有味美思、比特酒、药酒和液态白酒等。本模块主要介绍白酒、果酒、黄酒和啤酒的分析与检验。

项目 1 白酒、果酒、黄酒的检验

任务 1 白酒、果酒、黄酒中酒精度的测定

学习目标

（1）掌握密度瓶法和酒精计法测定白酒、果酒、黄酒中酒精度的相关知识和操作技能。
（2）会进行蒸馏操作和正确使用密度瓶与酒精计。
（3）能及时记录原始数据和正确处理测定结果。

知识准备

测定白酒、果酒、黄酒中酒精度的方法有密度瓶法和酒精计法。

密度瓶法是通过蒸馏去除试样中的不挥发物质，用密度瓶测出馏出液（酒精水溶液）20℃时的密度，然后查"酒精水溶液相对密度与酒精度对照表"，将酒精水溶液密度换算成体积百分数，即为酒精度（乙醇含量），以％Vol 表示。

酒精计法是用精密酒精计直接读取酒精体积百分数示值，然后查"酒精计温度、酒精度（乙醇含量）换算表"，换算成 20℃时的酒精度。

技能操作

1. 密度瓶法

1）仪器
蒸馏装置（图 2-1），超级恒温水浴槽（精度 0.1℃），附温度计密度瓶（25mL），

见图 2-2。

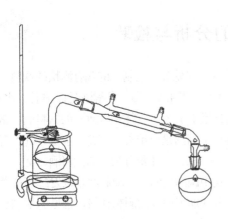

图 2-1　蒸馏装置

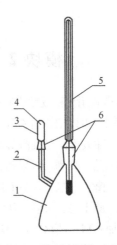

图 2-2　附温度计密度瓶

1. 密度瓶主体；2. 毛细侧管；3. 帽；

4. 排气孔；5. 温度计；6. 玻璃磨口接头

2）操作步骤

（1）试样的制备。用容量瓶量取 100mL 试样于 500mL 蒸馏瓶中，加 100mL 水和数粒玻璃珠，装上冷凝器，用原来 100mL 容量瓶接收馏出液（外加冰浴），然后，开启电炉缓缓加热蒸馏，收集约 95mL 馏出液时，取下，加水稀释至 100mL，混匀，备用。

（2）测定。将密度瓶洗净，烘干，称量，反复操作，直至恒重。将煮沸冷却至约 15℃的蒸馏水注满恒重的密度瓶，插上带温度计的瓶塞（瓶中应无气泡），立即浸入（20±0.1）℃的超级恒温水浴中，待内容物温度达 20℃，并保持 20min 不变后，取出，用滤纸吸去溢出支管的水，立即盖好小帽，擦干后称量。

将水倒去，先用无水乙醇、再用乙醚冲洗密度瓶，吹干（或于烘箱中烘干），然后装满制备的样品，按上述同样操作。

计算酒精水溶液相对密度 d，并查"酒精水溶液相对密度与酒精度对照表"（附录1），得出酒精度（%Vol）。

3）数据记录与结果处理

数据记录与结果处理如表 2-1 所示。

表 2-1　数据记录与结果处理

测定次数	1	2
密度瓶的质量 m/g		
密度瓶和水的质量 m_1/g		
密度瓶和酒精水溶液的质量 m_2/g		
测得酒精水溶液的相对密度 d		
试样中酒精度/（%Vol）		
试样中酒精度平均值/（%Vol）		
平行测定结果绝对差与平均值的比值/%		

计算公式:

$$d = \frac{m_2 - m}{m_1 - m}$$

4) 说明

所得结果表示为 1 位小数。白酒平行测定结果绝对差与平均值的比值不超过 0.5%,果酒不超过 1%,黄酒不超过 5%。

2. 酒精计法

1) 仪器

蒸馏装置,见图 2-1;精密酒精计(分度值 0.1),温度计(50℃,分度值 0.1℃),量筒(100mL)。

2) 操作步骤

(1) 试样的制备。同密度瓶法。

(2) 测定。将制得的试样倒入洁净、干燥的 100mL 量筒中,静置数分钟,待酒中气泡消失后,放入洗净、擦干的酒精计,再轻轻按一下(不应接触量筒壁),同时插入温度计,静止约 5min 后,水平观测,读取与弯月面相切处的刻度示值,同时记录温度。根据测得的酒精计示值和温度,查"酒精计温度、酒精度(乙醇含量)换算表"(见附录 2)换算成 20℃时的酒精度(%Vol)。

3) 数据记录与结果处理

数据记录与结果处理如表 2-2 所示。

表 2-2　数据记录与结果处理

测定次数	1	2
测定试样温度/℃		
酒精计示值		
试样中酒精度/(%Vol)		
试样中酒精度平均值/(%Vol)		
平行测定结果绝对差与平均值的比值/%		

4) 说明

同密度瓶法。

任务 2　白酒、果酒、黄酒中总酸的测定

学习目标

(1) 掌握酸碱滴定法测定白酒、果酒、黄酒中总酸的相关知识和操作技能。

(2) 能根据试样颜色深浅合理处理样品,并选择合适的测定方法。

(3) 会进行规范的滴定操作和正确使用酸度计。

（4）能及时记录原始数据和正确处理测定结果。

知识准备

白酒、果酒、黄酒中总酸的测定采用酸碱滴定法，主要有指示剂法和电位滴定法。

指示剂法是以酚酞作指示剂，用氢氧化钠标准溶液滴定试样中的有机酸，滴定至溶液呈现淡红色且半分钟不退色时即为终点。根据消耗氢氧化钠标准溶液的体积，计算试样中总酸的含量。适用于测定无色或颜色较浅的试样。

电位滴定法是用氢氧化钠标准溶液滴定试样中的有机酸，同时用酸度计测定溶液的pH，当溶液的 pH 8.20 时就是终点。根据消耗氢氧化钠标准溶液的体积，计算试样中总酸的含量。适用于颜色较深试样的测定。

$$RCOOH + NaOH == RCOONa + H_2O$$

技能操作

1. 指示剂法

1）试剂

（1）c_{NaOH}＝0.1mol/L 氢氧化钠标准溶液：称取氢氧化钠 110g 于 200mL 烧杯中，加新煮沸的蒸馏水 100mL 搅拌使其溶解，冷却后，摇匀，置聚乙烯塑料瓶中，密塞，放置数日。澄清后，量取上层清液 5.4mL 加新煮沸的蒸馏水稀释至 1000mL，混匀。

标定：称取在 105～110℃ 干燥至恒重的基准邻苯二甲酸氢钾 0.75g（准确至 0.1mg）于 250mL 锥形瓶中，加新煮沸的蒸馏水 50mL 使其溶解，加酚酞指示液 2 滴，用上述配制的氢氧化钠溶液滴定至溶液呈微红色，半分钟不消失为终点，记下耗用氢氧化钠溶液的体积。同时做空白试验。

按下式计算 NaOH 标准溶液的浓度：

$$c = \frac{m \times 1000}{(V_1 - V_0) \times 204.2}$$

式中，c——氢氧化钠标准溶液的浓度（mol/L）；

m——邻苯二甲酸氢钾的质量（g）；

V_1——标定时消耗氢氧化钠溶液的体积（mL）；

V_0——空白试验时消耗氢氧化钠溶液的体积（mL）；

204.2——邻苯二甲酸氢钾（$C_8H_5KO_4$）的摩尔质量（g/mol）。

（2）10g/L 酚酞指示液：称取 1g 酚酞，加 95%（体积分数）乙醇 100mL 溶解。

2）仪器

碱式滴定管（50mL），移液管（50mL），吸量管（10mL）。

3）操作步骤

白酒测定：吸取 50.00mL 试样于 250mL 锥形瓶中，加入 2 滴酚酞指示液，用 0.1mol/L 氢氧化钠标准溶液滴定至微红色，保持 30s 不退色即为终点。同时做空白试验。

果酒测定：吸取 2.00～5.00mL 试样（视试样的颜色深浅而定）于 250mL 锥形瓶中，加入 50mL 水和 2 滴酚酞指示液，用 0.1mol/L 氢氧化钠标准溶液滴定至微红色，保持 30s 不退色即为终点。同时做空白试验。

黄酒测定：吸取 10.00mL 试样于 250mL 锥形瓶中，加入 50mL 水和 2 滴酚酞指示液，用 0.1mol/L 氢氧化钠标准溶液滴定至微红色，保持 30s 不退色即为终点。同时做空白试验。

4）数据记录与结果处理

数据记录与结果处理如表 2-3 所示。

表 2-3　数据记录与结果处理

测定次数	1	2	空白
试样体积 V/mL			
NaOH 标准溶液浓度 c/（mol/L）			
滴定初读数/mL			
滴定终读数/mL			
空白试验消耗 NaOH 溶液体积 V_0/mL			
测定试样消耗 NaOH 溶液体积 V_1/mL			
试样中总酸含量 ρ/（g/L）			
试样中总酸平均含量/（g/L）			
平行测定结果绝对差与平均值的比值/%			

计算公式：

$$\rho = \frac{c \times (V_1 - V_0) \times M}{V}$$

式中，M——各种酸的摩尔质量：乙酸（$C_2H_4O_2$）为 60g/mol，酒石酸（$1/2\ C_4H_6O_6$）为 75g/mol，乳酸（$C_3H_6O_3$）为 90g/mol。

5）说明

（1）白酒中总酸以乙酸计，果酒中总酸以酒石酸计，黄酒中总酸以乳酸计。

（2）所得结果表示为 2 位小数。白酒平行测定结果绝对差与平均值的比值不超过 2%，果酒不超过 5%，黄酒不超过 3%。

（3）起泡葡萄酒和葡萄汽酒测定前要排除二氧化碳。吸取约 60mL 试样于 100mL 烧杯中，在（40±0.1）℃振荡水浴中恒温 30min，冷却至室温。

2. 电位滴定法

1）试剂

c_{NaOH}＝0.1mol/L 氢氧化钠标准溶液：配制与标定方法同指示法。

2）仪器

酸度计；pH 复合电极；电磁搅拌器；碱式滴定管，50mL；移液管，50mL；吸量管，10mL。

3）操作步骤

白酒测定：吸取 50.00mL 试样于 100mL 烧杯中，插入电极，放入一枚转子，置于电磁搅拌器上，开始搅拌，用 0.1mol/L 氢氧化钠标准溶液滴定。开始时滴定速度可稍快，当试样溶液 pH 8.00 后，每次滴加半滴氢氧化钠标准溶液，直至 pH 9.00 即为终点。同时做空白试验。

果酒、黄酒测定：吸取 10.00mL 试样于 100mL 烧杯中，加入 50mL 水，插入电极，放入一枚转子，置于电磁搅拌器上，开始搅拌，用 0.1mol/L 氢氧化钠标准溶液滴定。开始时滴定速度可稍快，当试样溶液 pH 8.00 后，每次滴加半滴氢氧化钠标准溶液，直至 pH 8.20 即为终点。同时做空白试验。

4）数据记录与结果处理

同指示剂法。

5）说明

所得结果表示为 2 位小数。白酒平行测定结果绝对差与平均值的比值不超过 2%，果酒不超过 3%，黄酒不超过 5%。

任务 3　　白酒中总酯的测定

（1）掌握酸碱滴定法测定白酒中总酯的相关知识和操作技能。

（2）会进行规范的滴定操作和正确使用酸度计。

（3）能及时记录原始数据和正确处理测定结果。

白酒中总酯含量通常以乙酸乙酯计算，采用酸碱滴定法测定，主要有指示剂法和电位滴定法。

指示剂法是用氢氧化钠溶液中和试样中总酸后，加入一定量过量的氢氧化钠溶液与试样中酯发生皂化反应，剩余的碱再用硫酸标准溶液滴定至终点，根据皂化反应消耗氢氧化钠的量计算试样中总酯含量。

电位滴定法是用氢氧化钠溶液中和试样中总酸后，加入一定量过量的氢氧化钠溶液与试样中酯发生皂化反应，剩余的碱再用硫酸标准溶液滴定，同时用酸度计测定溶液的 pH，当溶液的 pH 至 8.70 时即为终点。根据皂化反应消耗氢氧化钠的量计算试样中总酯含量。

$$RCOOR' + NaOH（过量）=\!=\!= RCOONa + R'OH$$
$$2NaOH（剩余）+ H_2SO_4 =\!=\!= Na_2SO_4 + 2H_2O$$

1. 指示剂法

1）试剂

（1）0.1mol/L 氢氧化钠溶液：称取 2g 氢氧化钠，溶解于 500mL 水中。

（2）3.5mol/L 氢氧化钠溶液：称取 14g 氢氧化钠，溶解于 100mL 水中。

（3）$c_{1/2H_2SO_4}=0.1mol/L$ 硫酸标准溶液：量取 3mL 硫酸，缓缓注入 1000mL 水中，冷却，摇匀。

标定：称取于 270～300℃ 高温炉中灼烧至恒重的基准无水碳酸钠 0.2g（准确至0.1mg），溶于 50mL 水中，加 10 滴溴甲酚绿-甲基红指示液，用配制好的硫酸溶液滴定至溶液由绿色变为暗红色，煮沸 2min，冷却后继续滴定至溶液再呈暗红色。同时做空白试验。

硫酸标准溶液的浓度按下式计算：

$$c=\frac{m\times1000}{(V_1-V_0)\times52.99}$$

式中，c——$1/2H_2SO_4$ 溶液的浓度（mol/L）；

　　　m——无水碳酸钠的质量（g）；

　　　V_1——标定消耗硫酸溶液的体积（mL）；

　　　V_0——空白试验消耗硫酸溶液的体积（mL）；

　　　52.99——碳酸钠（$1/2Na_2CO_3$）的摩尔质量（g/mol）。

（4）40%（体积分数）乙醇（无酯）溶液：量取 95% 乙醇 600mL 于 1000mL 圆底烧瓶中，加入 3.5mol/L 氢氧化钠溶液 5mL，加热回流皂化 1h，然后进行蒸馏，再配制成 40%（体积分数）乙醇溶液。

（5）10g/L 酚酞指示液：称取 1g 酚酞，加 95%（体积分数）乙醇 100mL 溶解。

（6）溴甲酚绿-甲基红指示液：称取 0.15g 溴甲酚绿，0.1g 甲基红，加 95%（体积分数）乙醇溶解并稀释至 200mL。

2）仪器

碱式滴定管（50mL），移液管 [25、50（mL）]，回流皂化装置（图 2-3），蒸馏装置（图 2-1）。

3）操作步骤

吸取 50.00mL 试样于 250mL 锥形瓶中，加入 2 滴酚酞指示液，用0.1mol/L 氢氧化钠溶液滴定至微红色（切勿过量）。再准确加入0.1mol/L 氢氧化钠溶液 25.00mL（若样品总酯含量高时，可加入50.00mL），摇匀，加入几粒沸石或玻璃珠，装上冷凝管，沸水浴加热回流 30min，取下冷却。用硫酸标准溶液滴定至微红色刚好完全消失即为终点。同时吸取乙醇（无酯）溶液 50.00mL 做空白试验。

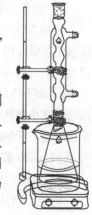

图 2-3　回流皂化装置

4）数据记录与结果处理

数据记录与结果处理如表 2-4 所示。

表 2-4　数据记录与结果处理

测定次数	1	2	空白
试样体积 V/mL			
硫酸标准溶液浓度 c/（mol/L）			

续表

测定次数	1	2	空白
滴定初读数 mL			
滴定终读数/mL			
空白试验消耗硫酸溶液体积 V_0/mL			
测定试样消耗硫酸溶液体积 V_1/mL			
试样中总酯含量 ρ/（g/L）			
试样中总酯平均含量/(g/L)			
平行测定结果绝对差与平均值的比值/%			

计算公式：

$$\rho = \frac{c \times (V_0 - V_1) \times 88}{V}$$

式中，88——乙酸乙酯（$C_4H_8O_2$）的摩尔质量（g/mol）。

5）说明

所得结果表示为 2 位小数。平行测定结果绝对差与平均值的比值不超过 2%。

2. 电位滴定法

1）试剂

同指示剂法。

2）仪器

酸度计，pH 复合电极，电磁搅拌器，其他同指示剂法。

3）操作步骤

吸取 50.00mL 试样于 250mL 锥形瓶中，加入 2 滴酚酞指示液，用 0.1mol/L 氢氧化钠溶液滴定至微红色（切勿过量）。再准确加入 0.1mol/L 氢氧化钠溶液 25.00mL（若样品总酯含量高时，可加入 50.00mL），摇匀，加入几粒沸石或玻璃珠，装上冷凝管，沸水浴加热回流 30min，取下冷却。将样品溶液转移至 100mL 小烧杯中，用 10mL 水分 3 次洗涤锥形瓶，洗液合并至小烧杯中。插入电极，放入一枚转子，置于电磁搅拌器上，开始搅拌，用硫酸标准溶液滴定，开始时滴定速度可稍快，当试样溶液 pH 9.00 后，每次滴加半滴硫酸标准溶液，直至 pH 8.70 即为终点。同时吸取乙醇（无酯）溶液 50.00mL 做空白试验。

4）数据记录与结果处理

同指示剂法。

5）说明

同指示剂法。

任务 4　白酒中乙酸乙酯的测定

学习目标　

（1）掌握气相色谱法测定白酒中乙酸乙酯的相关知识和操作技能。

（2）会正确操作气相色谱仪。

（3）能应用内标法进行定量。

知识准备

国家标准中规定白酒中乙酸乙酯含量用气相色谱法测定。试样在气相色谱仪的气化室中被气化后，随载气进入色谱柱，由于样品中被测定的各组分在流动相和固定相中的分配系数不同，从而在色谱柱中得到分离。分离后的各个组分先后从色谱柱流出，进入氢火焰离子化检测器检测得到色谱图。根据色谱图上各组分色谱峰的保留值与标准样品对照进行定性，利用峰面积或峰高以内标法定量。

技能操作

1）试剂

（1）60%（体积分数）乙醇溶液：取色谱纯乙醇 60mL，加水稀释至 100mL，混匀。

（2）2%（体积分数）乙酸乙酯溶液：作标样用。吸取 2.00mL 色谱纯乙酸乙酯，用 60%（体积分数）乙醇溶液定容至 100mL。

（3）2%（体积分数）乙酸正丁酯溶液：使用毛细管柱时作内标用。吸取 2.00mL 色谱纯乙酸正丁酯，用 60%（体积分数）乙醇溶液定容至 100mL。

（4）2%（体积分数）乙酸正戊酯溶液：使用填充柱时作内标用。吸取 2.00mL 色谱纯乙酸正戊酯，用 60%（体积分数）乙醇溶液定容至 100mL。

2）仪器

气相色谱仪，配有氢火焰离子化检测器；LZP-930 白酒分析专用柱（柱长 18m，内径 0.53mm），或 FFAP 毛细管柱（柱长 35～50m，内径 0.25mm，涂层 0.2μm），或填充柱［柱长不小于 2m，80～100 目 ChromosorbW（AW）或白色担体 102（酸洗，硅烷化），或 20%DNP（邻苯二甲酸二壬酯）＋7%吐温 80，或 10%PEG（聚乙二醇）1500 或 PEG20M］；微量注射器［1、10（μL）］，容量瓶（100mL），吸量管［1、10（mL）］。

3）操作步骤

（1）色谱参考条件。

毛细管柱：载气（高纯氮气），0.5～1.0mL/min，分流比约 37∶1，尾吹 20～30mL/min；氢气，40mL/min；空气，400mL/min；检测器，220℃；气化室，220℃；色谱柱，起始 60℃恒温 3min，然后以 3.5℃/min 程序升温至 180℃并恒温 10min。

填充柱：载气（高纯氮气），150mL/min；氢气，40mL/min；空气，400mL/min；检测器，150℃；气化室，150℃；色谱柱，90℃恒温。

（2）校正因子的测定。吸取 2%（体积分数）乙酸乙酯溶液 1.00mL 于 100mL 容量瓶中，然后加入 2%（体积分数）内标液 1.00mL，用 60%（体积分数）乙醇稀释至刻度。上述溶液中乙酸乙酯和内标的浓度均为 0.02%（体积分数）。待色谱仪基线稳定后，用微量注射器进样，进样量随仪器的灵敏度而定，记录乙酸乙酯和内标的峰面积，计算乙酸乙酯的相对校正因子。

（3）试样的测定。吸取试样 10.00mL 于 10mL 容量瓶中，加入 2%（体积分数）内标液 0.2mL，混匀后，在与校正因子测定相同的条件下进样，根据保留时间确定乙酸乙酯色谱峰的位置，并测定乙酸乙酯与内标的峰面积，计算试样中乙酸乙酯的含量。

4）数据记录与结果处理

数据记录与结果处理如表 2-5 所示。

表 2-5　数据记录与结果处理

测定次数		1	2
校正因子测定	乙酸乙酯的相对密度 d_2		
	内标物的相对密度 d_1		
	标样校正因子测定时乙酸乙酯的峰面积 A_2/mm^2		
	标样校正因子测定时内标物的峰面积 A_1/mm^2		
	乙酸乙酯的相对校正因子 f'		
	乙酸乙酯的相对校正因子平均值		
样品测定	试样中乙酸乙酯的峰面积 A_3/mm^2		
	添加于试样中内标的峰面积 A_4/mm^2		
	试样中添加内标的量 $\rho_1/(\mathrm{mg/L})$		
	试样中乙酸乙酯含量 $\rho/(\mathrm{g/L})$		
	试样中乙酸乙酯平均含量/$(\mathrm{g/L})$		
	平行测定结果绝对差与平均值的比值/%		

计算公式：

$$f' = \frac{A_1}{A_2} \times \frac{d_2}{d_1}$$

$$\rho = f \times \frac{A_3}{A_4} \times \rho_1 \times 10^{-3}$$

5）说明

所得结果表示为 2 位小数。平行测定结果绝对差与平均值的比值不超过 5%。

任务5　白酒中甲醇的测定

学习目标

（1）掌握气相色谱法和比色法测定白酒中甲醇的相关知识和操作技能。

（2）会正确操作气相色谱仪和分光光度计。

（3）能及时记录原始数据和正确处理测定结果。

知识准备

测定白酒中甲醇含量常用的方法有变色酸比色法、品红-亚硫酸比色法和气相色谱法。

变色酸比色法是将试样中的甲醇在磷酸溶液中用高锰酸钾氧化成甲醛，加偏重亚硫酸钠除去过量的高锰酸钾，甲醛与变色酸在浓硫酸存在下缩合，随后氧化成对醌结构的蓝紫色化合物，与标准系列比较定量。

品红-亚硫酸比色法是将试样中的甲醇在磷酸溶液中用高锰酸钾氧化成甲醛，甲醛与亚硫酸品红（无色）作用生成蓝紫色化合物，与标准系列比较定量。

$$5CH_3OH + 2KMnO_4 + 4H_3PO_4 \Longrightarrow 2KH_2PO_4 + 2MnHPO_4 + 5HCHO + 8H_2O$$

气相色谱法是试样在气相色谱仪的气化室中被气化后，随载气进入色谱柱，由于样品中被测定的各组分在流动相和固定相中的分配系数不同，从而在色谱柱中得到分离。分离后的各个组分先后从色谱柱流出，进入氢火焰离子化检测器检测得到色谱图。根据色谱图上各组分色谱峰的保留值与标准样品对照进行定性，利用峰面积或峰高以内标法定量。

技能操作

1. 气相色谱法

1）试剂

（1）乙醇：色谱纯。

（2）1g/L 甲醇溶液：作标样用。称取 1.0g 色谱纯甲醇，用色谱纯乙醇定容至 1L。

（3）1g/L 乙酸正丁酯溶液：作内标用。称取 1.0g 色谱纯乙酸正丁酯，用色谱纯乙醇溶液定容至 1L。

2）仪器

气相色谱仪，配有氢火焰离子化检测器；PEG20M 交联石英毛细管柱，柱长 25～30m，内径 0.25mm，使用前在 200℃充分老化；微量注射器（1μL），容量瓶（10mL），吸量管（1mL）。

3）操作步骤

（1）色谱参考条件。载气，高纯氮气，0.5～1.0mL/min，分流比（20∶1）～（100∶1），尾吹约 30mL/min；氢气，30mL/min；空气，300mL/min；检测器，200℃；气化室，200℃；色谱柱，起始 70℃恒温 3min，然后以 5℃/min 程序升温至 100℃并恒温 10min。

进样量与分流比的确定：应使甲醇含量为 1mg/L 时，仍能获得可检测的色谱峰。

（2）校正因子的测定。吸取 1g/L 甲醇溶液 1.00mL 于 10mL 容量瓶中，然后加入 1g/L 内标液 0.2mL，用色谱纯乙醇稀释至刻度，混合均匀。待色谱仪基线稳定后，用微量注射器进样 1.0μL，记录甲醇和内标的峰面积，计算甲醇的相对校正因子。

（3）试样的测定。取少量试样于 10mL 容量瓶中，准确加入 1g/L 内标液 0.2mL，然后用待测试样稀释至刻度，混匀后，在与校正因子测定相同的条件下进样 $1.0\mu L$，根据保留时间确定甲醇色谱峰的位置，并测定甲醇与内标的峰面积，计算试样中甲醇的含量。

4）数据记录与结果处理

数据记录与结果处理如表 2-6 所示。

表 2-6　数据记录与结果处理

测定次数		1	2
校正因子测定	甲醇的相对密度 d_2		
	内标物的相对密度 d_1		
	标样校正因子测定时甲醇的峰面积 A_2/mm^2		
	标样校正因子测定时内标物的峰面积 A_1/mm^2		
	甲醇的相对校正因子 f'		
	甲醇的平均相对校正因子		
样品测定	试样中甲醇的峰面积 A_3/mm^2		
	添加于试样中内标的峰面积 A_4/mm^2		
	试样中添加内标的量 $\rho_1/mg/L$		
	试样中甲醇含量 $\rho/(mg/L)$		
	试样中甲醇平均含量/(mg/L)		
	平行测定结果绝对差与平均值的比值/%		

计算公式：

$$f' = \frac{A_1}{A_2} \times \frac{d_2}{d_1}$$

$$\rho = f' \times \frac{A_3}{A_4} \times \rho_1$$

5）说明

所得结果表示为 2 位小数。平行测定结果绝对差与平均值的比值不超过 5%。

2. 变色酸比色法

1）试剂

（1）30g/L 高锰酸钾-磷酸溶液：称取 3g 高锰酸钾，溶于 15mL 85%（质量分数）磷酸和 70mL 水中，混合，用水稀释至 100mL。

（2）100g/L 偏重亚硫酸钠溶液：称取 10g 偏重亚硫酸钠，溶于 100mL 水中。

（3）90%（质量分数）硫酸：量取 92mL 硫酸，缓缓加入 8mL 水中，搅匀。

（4）变色酸显色剂：称取 0.1g 变色酸（$C_{10}H_6O_8S_2Na_2$），溶于 10mL 水中，边冷却，边加 90%（质量分数）硫酸 90mL，移入棕色瓶中，置于冰箱保存，有效期为 1 周。

（5）10g/L 甲醇标准溶液：吸取密度为 0.7913g/mL 的甲醇 1.26mL，置于已有部分基准乙醇（无甲醇酒精）的 100mL 容量瓶中，并以基准乙醇稀释至刻度。

（6）甲醇标准使用溶液：吸取 10g/L 甲醇标准溶液 0.00、1.00、2.00、4.00、6.00、8.00、10.00、15.00、20.00、25.00（mL），分别注入 100mL 容量瓶中，并以基准乙醇稀释至刻度。即甲醇含量分别为 0、100、200、400、600、800、1000、1500、2000、2500（mg/L）。

2）仪器

恒温水浴槽；分光光度计，配有 1cm 比色皿；容量瓶，100mL；吸量管，2、5mL；比色管，25mL。

3）操作步骤

（1）工作曲线的绘制。吸取甲醇标准使用溶液和试剂空白各 5.00mL，分别注入 100mL 容量瓶中，加水稀释至刻度。根据样品中甲醇的含量，吸取相近的 4 个以上不同浓度的甲醇标准使用液各 2.00mL，分别注入 25mL 比色管中，各加 30g/L 高锰酸钾-磷酸溶液 1mL，放置 15min。加 100g/L 偏重亚硫酸钠溶液 0.6mL 使其脱色。冰水冷却下，沿管壁加显色剂 10mL，加塞摇匀，置于（70±1）℃水浴中，20min 后取出，用水冷却 10min。立即用 1cm 比色皿，在波长 570nm 处，以零管（试剂空白）调零，测定其吸光度。以标准使用液中甲醇含量为横坐标，相应的吸光度值为纵坐标，绘制工作曲线或建立线性回归方程。

（2）试样的测定。取试样 5.00mL，注入 100mL 容量瓶中，加水稀释至刻度。吸取试样和试剂空白各 2.00mL，按上述操作显色及测定吸光度。根据试样的吸光度在工作曲线上查出或用线性回归方程计算试样中的甲醇含量。

或吸取与试样含量相近的限量指标的甲醇标准使用液及试样各 2.00mL，按上述操作显色并直接测定吸光度。

4）数据记录与结果处理

数据记录与结果处理如表 2-7 所示。

表 2-7 数据记录与结果处理

测定项目	标准系列溶液					试样溶液	
	1	2	3	4	5	1	2
试样体积 V/mL							
吸光度 A							
测定样液中甲醇含量 ρ_1/（mg/L）							
试样中甲醇含量 ρ/（mg/L）							
试样中甲醇平均含量/（mg/L）							
平行测定结果绝对差与平均值的比值/%							

计算公式：

$$\rho = \rho_1 \times \frac{100}{V}$$

5）说明

所得结果表示为两位小数。平行测定结果绝对差与平均值的比值，若甲醇含量大于、等于 600mg/L 时不超过 5％；若甲醇含量小于 600mg/L 时，不超过 10％。

3. 品红-亚硫酸比色法

1）试剂

(1) 30g/L 高锰酸钾-磷酸溶液：同变色酸比色方法。

(2) 硫酸溶液（1＋1）：量取 50mL 硫酸，缓缓倒入 50mL 水中，搅匀。

(3) 50g/L 草酸-硫酸溶液：称取 5g 草酸（$H_2C_2O_4 \cdot H_2O$），溶于 40℃左右硫酸溶液（1＋1）中，并定容至 100mL。

(4) 100g/L 亚硫酸钠溶液：称取 10g/L 无水亚硫酸钠，加 100mL 水溶解。

(5) 盐酸。

(6) 碱性品红-亚硫酸溶液：称取 0.2g 碱性品红，溶于 80℃左右 120mL 水中，加入 100g/L 亚硫酸钠溶液 20mL，盐酸 2mL，加水稀释至 200mL。放置 1h，使溶液退色并应具有强烈的二氧化硫气味（不退色者，碱性品红不能用），贮于棕色瓶中，置于低温保存。

(7) 10g/L 甲醇标准溶液：同变色酸比色法。

(8) 甲醇标准使用溶液：同变色酸比色法。

2）仪器

同变色酸比色法。

3）操作步骤

(1) 工作曲线的绘制。吸取甲醇标准使用溶液和试剂空白各 5.00mL，分别注入 100mL 容量瓶中，加水稀释至刻度。

根据样品中甲醇的含量，吸取相近的 4 个以上不同浓度的甲醇标准使用溶液和试剂空白各 5.00mL，分别注入 25mL 比色管中，各加高锰酸钾-磷酸溶液 2.00mL，放置 15min。加草酸-硫酸溶液 2.00mL，混匀使其脱色。加品红-亚硫酸溶液 5.00mL，加塞摇匀，置于 20℃水浴中放置 30min，取出。立即用 1cm 比色皿，在波长 595nm 处，以零管（试剂空白）调零，测定其吸光度。以标准使用溶液中甲醇含量为横坐标，相应的吸光度为纵坐标，绘制工作曲线或建立线性回归方程。

(2) 试样的测定。吸取试样 5.00mL，注入 100mL 容量瓶中，加水稀释至刻线。吸取上述制备好的试样溶液和试剂空白各 5.00mL，按上述操作显色及测定吸光度。根据试样的吸光度在工作曲线上查出或用线性回归方程计算试样中的甲醇含量。

或吸取与试样含量相近的限量指标的甲醇标准使用溶液及试样溶液各 2.00mL，按上述操作显色并直接测定吸光度。

4）数据记录与结果处理

同变色酸比色法。

5）说明

同变色酸比色法。

任务 6　白酒中氰化物的测定

学习目标

（1）掌握比色法测定白酒中氰化物的相关知识和操作技能。
（2）会正确操作分光光度计。
（3）能及时记录原始数据和正确处理测定结果。

知识准备

测定白酒中氰化物含量常用比色法。氰化物在酸性溶液中蒸出后被吸收于碱溶液中，在中性溶液中用氯胺 T 将氰化物转变为氯化氰，再与异烟酸-吡唑酮作用生成蓝色物质，其呈色强度与氰化物含量成正比，与标准系列比较定量。

技能操作

1）试剂

（1）10g/L 酚酞指示液：称取 0.5g 酚酞，加 95%（体积分数）乙醇 50mL 溶解。

（2）0.5mol/L 磷酸盐缓冲溶液（pH 7.0）：称取 3.4g 无水磷酸二氢钾和 35g 无水磷酸氢二钾，溶于水并稀释至 1000mL，摇匀。

（3）酒石酸。

（4）10g/L 氢氧化钠溶液：称取 1g 氢氧化钠溶于 100mL 水中，混匀。

（5）2g/L 氢氧化钠溶液：称取 1g 氢氧化钠，用水溶解，冷却后稀释至 500mL，混匀。

（6）乙酸溶液（1+6）：1 份乙酸溶于 6 份水中，混匀。

（7）试银灵溶液：称取 0.02g 试银灵（对二甲氨基亚苄基罗丹宁），溶于 100mL 丙酮中，混匀。

（8）异烟酸-吡唑酮溶液：称取 1.5g 异烟酸，加 20g/L 氢氧化钠溶液 24mL 溶解，加水至 100mL。称取 0.25g 吡唑酮，加 N,N-二甲基甲酰胺 20mL 溶解。合并上述两种溶液，混合均匀。

（9）氯胺 T 溶液：称取 1g 氯胺 T（有效氯质量分数应在 11% 以上），溶于 100mL 水中，混匀。临用现配。

（10）ρ_{HCN} 100mg/L 氰化钾标准溶液：称取 0.25g 氰化钾溶于水中，并稀释至 1000mL，混匀。其准确浓度在使用前用以下方法标定：

吸取上述溶液 10.00mL 置于锥形瓶中，加 10g/L 氢氧化钠溶液 2mL，使 pH 为 11 以上，加试银灵溶液 0.1mL，用 0.020mol/L AgNO₃ 标准溶液滴定至橙红色（1mL 0.020mol/L AgNO₃ 标准溶液相当于 1.08mg 氢氰酸）。

根据氰化钾标准溶液的浓度，吸取适量体积标准溶液，用 10g/L 氢氧化钠溶液稀

释成 $\rho_{HCN}=1mg/L$ 氰化钾标准使用液。

2）仪器

可见分光光度计，配有 1cm 比色皿；全玻璃蒸馏装置，见图 1-1；吸量管，2mL；移液管，25mL；容量瓶，50mL；比色管，10mL。

3）操作步骤

（1）试样处理。

无色透明试样：吸取 1.00mL 试样于 10mL 比色管中，加 2g/L 氢氧化钠溶液至 5mL，放置 10min。

混浊有色试样：吸取 25.00mL 试样于 250mL 全玻璃蒸馏装置中，加 2g/L 氢氧化钠溶液 5mL，碱解 10min，加水 50mL，以饱和酒石酸溶液调节溶液呈酸性，进行蒸馏，在 50mL 容量瓶中加 2g/L 氢氧化钠溶液 10mL 接受馏出液，收集馏出液至约 50mL，定容，摇匀。吸取 2.00mL 馏出液于 10mL 比色管中，加 2g/L 氢氧化钠溶液至 5mL，摇匀。

（2）标准曲线绘制。分别吸取 0.00、0.50、1.00、1.50、2.00（mL）氰化钾标准使用液 [相当于 0.0、0.5、1.0、1.5、2.0（µg）HCN]，分别置于 10mL 比色管中，加 2g/L 氢氧化钠溶液至 5mL，放置 10min。加 2 滴酚酞指示液，用乙酸溶液（1+6）调至红色退去后，再用 2g/L 氢氧化钠溶液调至近红色，然后加入 2mL 磷酸盐缓冲溶液（如果室温低于 20℃，放入 25~30℃ 水浴中 10min），0.2mL 氯胺 T 溶液，摇匀放置 3min。加入 2mL 异烟酸-吡唑酮溶液，加水稀释至刻度，摇匀，在 25~30℃ 放置 30min。取出，以零管调节零点，用 1cm 比色皿测定 638nm 波长处的吸光度，绘制标准曲线。

（3）试样测定。吸取 1.00mL 试样溶液于 10mL 比色管中，加 2g/L 氢氧化钠溶液至 5mL，放置 10min。加 2 滴酚酞指示液，以下操作同标准曲线的绘制。根据测得的吸光度从标准曲线上查出试样中氰化物含量。

4）数据记录与结果处理

数据记录与结果处理如表 2-8 所示。

表 2-8　数据记录与结果处理

测定项目	标准系列溶液					试样溶液	
	1	2	3	4	5	1	2
试样体积 V/mL							
吸光度 A							
测定试样溶液中氰化物含量 m/µg							
试样中氰化物含量 ρ/(mg/L)							
试样中氰化物平均含量/(mg/L)							
平行测定结果绝对差与平均值比值/%							

计算公式：

$$\rho=\frac{\rho_1}{V}$$

5）说明

（1）所得结果表示为 2 位小数。平行测定结果绝对差与平均值的比值不超过 10%。

（2）氰化钾是剧毒品，取溶液时不可用口吸，比色后标准管的销毁方法是：在管中加入氢氧化钠和硫酸亚铁，使氰化钾生成亚铁氰酸盐而失去剧毒，反应式为

$$2OH^- + Fe^{2+} = Fe(OH)_2$$

$$Fe(OH)_2 + 6CN^- = [Fe(CN)_6]^{4-} + 2OH^-$$

（3）氯胺 T 溶液不稳定，最好临用现配。

任务7 白酒中铅的测定

学习目标

（1）掌握二硫腙比色法和原子吸收光谱法测定白酒中铅的相关知识和操作技能。

（2）会正确操作分光光度计和原子吸收光谱仪。

（3）能及时记录原始数据和正确处理测定结果。

知识准备

白酒中铅的测定方法有二硫腙比色法、石墨炉原子吸收光谱法和火焰原子吸收光谱法。

二硫腙比色法是试样经消化后，在 pH 8.5～9.0 时，铅离子与二硫腙生成红色配合物（其颜色深浅与试样中铅含量成正比），溶于三氯甲烷。加入柠檬酸铵、氰化钾和盐酸羟胺等，防止 Fe^{2+}、Zn^{2+}、Cu^{2+} 等的干扰。与标准系列比较定量。

火焰原子吸收光谱法是将试样经处理后，铅离子在一定 pH 条件下与二乙基二硫代氨基甲酸钠（DDTC）形成配合物，经 4-甲基-2-戊酮萃取分离，导入原子吸收光谱仪中，火焰原子化后，吸收 283.3nm 共振线，其吸光度与铅含量成正比，与标准系列比较定量。

石墨炉原子吸收光谱法是将试样经灰化或酸消解后，注入原子吸收光谱仪的石墨炉中，电热原子化后吸收 283.3nm 共振线，在一定浓度范围，其吸光度与铅含量成正比，与标准系列比较定量。

技能操作

1. 二硫腙比色法

1）试剂

（1）氨水溶液（1+1）：量取 50mL 氨水，加入 50mL 水中。

（2）盐酸溶液（1+1）：量取 50mL 盐酸，加入 50mL 水中。

（3）1g/L 酚红指示液：称取 0.10g 酚红，用少量多次乙醇溶解后移入 100mL 容量

瓶中，并定容至刻度。

（4）200g/L盐酸羟胺溶液：称取20g盐酸羟胺，加50mL水溶解，加2滴酚红指示液，加氨水溶液（1+1）调pH至8.5～9.0（由黄变红，再多加2滴），用二硫腙-三氯甲烷溶液提取至三氯甲烷层绿色不变为止，再用三氯甲烷洗涤2次，弃去三氯甲烷层，水层加盐酸溶液（1+1）至呈酸性，加水至100mL。

（5）200g/L柠檬酸铵溶液：称取50g柠檬酸铵，溶于100mL水中，加2滴酚红指示液，加氨水溶液（1+1）调pH至8.5～9.0，用二硫腙-三氯甲烷溶液提取数次，每次10～20mL，至三氯甲烷层绿色不变为止，弃去三氯甲烷层，再用三氯甲烷洗涤二次，每次5mL，弃去三氯甲烷层，加水稀释至250mL。

（6）100g/L氰化钾溶液：称取10g氰化钾，加入100mL水溶解。

（7）三氯甲烷：不应含氧化物。

检查方法：量取10mL三氯甲烷，加25mL新煮沸过的水，振摇3min，静置分层后，取10mL水溶液，加数滴150g/L碘化钾溶液及淀粉指示液，振摇后应不显蓝色。

处理方法：于三氯甲烷中加入1/20～1/10体积的200g/L硫代硫酸钠溶液洗涤，再用水洗，加入少量无水氯化钙干燥后进行蒸馏，弃去最初及最后的1/10馏出液，收集中间馏出液，备用。

（8）淀粉指示液：称取0.5g可溶性淀粉，加5mL水搅匀后，慢慢倒入100mL沸水中，边倒边搅拌，煮沸，放冷备用。临用时配制。

（9）硝酸溶液（1+99）：量取1mL硝酸，加入99mL水中。

（10）0.5g/L二硫腙-三氯甲烷溶液：保存冰箱中，必要时用下述方法纯化。

称取0.5g研细的二硫腙，溶于50mL三氯甲烷中。如不全溶，可用滤纸过滤于250mL分液漏斗中，用氨水溶液（1+99）提取3次，每次100mL，将提取液用棉花过滤至500mL分液漏斗中，用盐酸溶液（1+1）调至酸性，将沉淀出的二硫腙用三氯甲烷提取2～3次，每次20mL，合并三氯甲烷层，用等量水洗涤两次，弃去洗涤液，在50℃水浴上蒸去三氯甲烷。精制的二硫腙置于硫酸干燥器中，干燥备用。或将沉淀出的二硫腙用200、200、100（mL）三氯甲烷提取3次，合并三氯甲烷层为二硫腙溶液。

（11）二硫腙使用液：吸取1.00mL二硫腙溶液，加三氯甲烷至10mL，混匀。用1cm比色皿，以三氯甲烷调节零点，于510nm处测定吸光度（A），用下式计算出配制100mL二硫腙使用液（70%透光率）所需二硫腙溶液的毫升数（V）。

$$V = \frac{10 \times (2 - \lg 70)}{A} = \frac{1.55}{A}$$

（12）硝酸溶液（1+1）：量取50mL硝酸，加入50mL水中。

（13）1.0mg/mL铅标准溶液：准确称取0.1598g硝酸铅，加10mL硝酸溶液（1+99），全部溶解后，移入100mL容量瓶中，加水稀释至刻度。

（14）10.0μg/mL铅标准使用液：吸取1.00mL铅标准溶液，置于100mL容量瓶中，加水稀释至刻度。

2）仪器

分光光度计，配有1cm比色皿；分析天平，感量为1mg；马弗炉；容量瓶，

50mL；吸量管，1、10mL。

3）操作步骤

（1）试样处理。

干法处理：吸取5.00mL试样于蒸发皿中，水浴上蒸干，加热至炭化，然后移入马弗炉中，500℃灰化3h，放冷，取出坩锅，加硝酸溶液（1＋1），润湿灰分，用小火蒸干，在500℃灼烧1h，放冷。取出坩锅，加1mL硝酸溶液（1＋1），加热，使灰分溶解，移入50mL容量瓶中，用水洗涤坩锅，洗液并入容量瓶中，加水至刻度，混匀备用。

湿法处理：吸取10.00mL试样，置于250mL定氮瓶中，加数粒玻璃珠，先用小火加热除去乙醇，再加5mL硝酸，混匀后，放置片刻，小火缓缓加热，待作用缓和，放冷。沿瓶壁加入5mL硫酸，再加热，至瓶中液体开始变成棕色时，不断沿瓶壁滴加硝酸至有机质分解完全。加大火力，至产生白烟，待瓶口白烟冒净后，瓶内液体再产生白烟为消化完全，该溶液应澄清无色或微带黄色，放冷（在操作过程中应注意防止爆沸或爆炸）。加20mL水煮沸，除去残余的硝酸至产生白烟为止，如此处理两次，放冷。将冷后的溶液移入50mL容量瓶中，用水洗涤定氮瓶，洗液并入容量瓶中，放冷，加水至刻度，混匀。定容后的溶液每10mL相当于2mL样品，相当于加入硫酸量1mL。取与消化试样相同量的硝酸和硫酸，按同一方法做试剂空白试验。

（2）测定。吸取10.00mL消化后的定容溶液和同量的试剂空白溶液，分别置于125mL分液漏斗中，各加水至20mL。

吸取0.00、0.10、0.20、0.30、0.40、0.50（mL）铅标准使用液［相当于0.0、1.0、2.0、3.0、4.0、5.0（μg铅）］，分别置于125mL分液漏斗中，各加硝酸溶液（1＋99）至20mL。于试样消化溶液、试剂空白溶液和铅标准液中各加200g/L柠檬酸铵溶液2.0mL，200g/L盐酸羟胺溶液1.0mL和2滴酚红指示液，用氨水溶液（1＋1）调至红色，再各加100g/L氰化钾溶液2.0mL，混匀。各加5.0mL二硫腙使用液，剧烈振摇1min，静置分层后，三氯甲烷层经脱脂棉滤入1cm比色皿中，以三氯甲烷调节零点，于波长510nm处测吸光度，各点减去零管吸收值后，绘制标准曲线或建立一元回归方程，将试样与标准曲线比较。

4）数据记录与结果处理

数据记录与结果处理如表2-9所示。

表 2-9　数据记录与结果处理

测定项目	标准系列溶液						试样溶液	
	1	2	3	4	5	6	1	2
试样体积 V/mL								
试样处理溶液总体积 V_1/mL								
测定用试样处理溶液体积 V_2/mL								
吸光度 A								
测定用样品溶液中铅的质量 m_1/μg								

续表

测定项目	标准系列溶液						试样溶液	
	1	2	3	4	5	6	1	2
试剂空白溶液中铅的质量 $m_2/\mu g$								
试样中铅的含量 $\rho/$（mg/L）								
试样中甲醇平均含量/（mg/L）								
平行测定结果绝对差与平均值比值/%								

计算公式：

$$\rho = \frac{m_1 - m_2}{V \times \dfrac{V_2}{V_1}}$$

5）说明

所得结果表示为 2 位小数。平行测定结果绝对差与平均值的比值不超过 10%。

2. 石墨炉原子吸收光谱法

1）试剂

（1）硝酸：优级纯。

（2）高氯酸：优级纯。

（3）硝酸溶液（1+1）：取 50mL 硝酸慢慢加入 50mL 水中，混匀。

（4）0.5mol/L 硝酸：取 3.2mL 硝酸加入 50mL 水中，稀释至 100mL。

（5）20g/L 磷酸二氢铵溶液：称取 2.0g 磷酸二氢铵，以水溶解稀释至 100mL。

（6）硝酸-高氯酸（9+1）：取 9 份硝酸与 1 份高氯酸混合。

（7）1.0mg/mL 铅标准储备液：准确称取 1.000g 金属铅（99.99%），分次加少量硝酸（1+1），加热溶解，总量不超过 37mL，移入 1000mL 容量瓶，加水至刻度，混匀。

（8）铅标准使用液：每次吸取铅标准贮备液 1.0mL 于 100mL 容量瓶中，加 0.5mol/L 硝酸至刻度。如此经多次稀释成 10.0、20.0、40.0、60.0、80.0（ng/mL）铅标准使用液。

2）仪器

原子吸收光谱仪，附石墨炉及铅空心阴极灯；马弗炉；天平，感量为 1mg；干燥恒温箱；瓷坩埚；可调式电热板或可调式电炉；微量进样器，10μL；吸量管，5mL；容量瓶，25mL。

3）操作步骤

（1）试样处理。

干法处理：吸取 1.00～5.00mL 试样（根据铅含量而定）于瓷坩埚中，先小火在可调式电热板上炭化至无烟，移入马弗炉（500±25）℃灰化 6～8h，冷却。若个别试样灰化不彻底，则加 1mL 硝酸-高氯酸（9+1）在可调式电炉上小火加热，反复多次直到消化完全，放冷，用 0.5mol/L 硝酸将灰分溶解，用滴管将试样消化液洗入或过滤入 10～25mL 容量瓶中（视消化后试样的盐分而定），用水少量多次洗涤瓷坩埚，洗液合并于容量瓶中并定容至刻度，混匀备用。同时作试剂空白。

湿法处理：吸取试样 1.00～5.00mL 于锥形瓶或高脚烧杯中，放数粒玻璃珠，加 10mL 硝酸-高氯酸（9+1），加盖浸泡过夜，加一小漏斗于电炉上消解，若变棕黑色，再加硝酸-高氯酸（9+1），直至冒白烟，消化溶液呈无色透明或略带黄色，放冷，用滴管将试样消化溶液洗入或过滤入 10～25mL 容量瓶中（视消化后试样的盐分而定），用水少量多次洗涤锥形瓶或高脚烧杯，洗液合并于容量瓶中并定容至刻度，混匀备用。同时作试剂空白。

（2）仪器条件。波长 283.3nm，狭缝 0.2～1.0nm，灯电流 5～7mA，干燥温度 120℃，20s；灰化温度 450℃，持续 15～20s，原子化温度：1700～2300℃，持续 4～5s，背景校正为氘灯或塞曼效应。

（3）标准曲线绘制。吸取上面配制的铅标准使用液 10.0、20.0、40.0、60.0、80.0（ng/mL）（或 $\mu g/L$）各 10.0μL，注入石墨炉，测得其吸光值，并求得吸光值与浓度关系的一元线性回归方程。

（4）试样测定。分别吸取试样溶液和试剂空白溶液各 10.0μL，注入石墨炉，测得其吸光度，代入标准系列的一元线性回归方程中求得试样溶液中铅含量。

4）数据记录与结果处理

数据记录与结果处理如表 2-10 所示。

表 2-10　数据记录与结果处理

测定项目	标准系列溶液					试样溶液	
	1	2	3	4	5	1	2
试样体积 V/mL							
试样消化液定量总体积 V_1/mL							
吸光度 A							
测定试样溶液中铅含量 ρ_1/（ng/mL）							
试剂空白溶液中铅含量 ρ_0/（ng/mL）							
试样中铅含量 ρ/（mg/L）							
试样中铅平均含量/（mg/L）							
平行测定结果绝对差与平均值比值/%							

计算公式：

$$\rho = \frac{(\rho_1 - \rho_0) \times V_1}{V \times 1000}$$

5）说明

（1）所得结果表示为两位小数。平行测定结果绝对差与平均值的比值不超过 20%。

（2）基体改进剂的使用：对有干扰试样，则注入适量的基体改进剂磷酸二氢铵溶液（一般为 5μL 或与试样同量）消除干扰。绘制铅标准曲线时也要加入与试样测定时等量的基体改进剂磷酸二氢铵溶液。

3. 火焰原子吸收光谱法

1）试剂

（1）硝酸-高氯酸（9＋1）：取 9 份硝酸与 1 份高氯酸混合。

（2）300g/L 硫酸铵溶液：称取 30g 硫酸铵 $[(NH_4)_2SO_4]$，用水溶解并稀释至 100mL。

（3）250g/L 柠檬酸铵溶液：称取 25g 柠檬酸铵，用水溶解并稀释至 100mL。

（4）1g/L 溴百里酚蓝指示液：称取 0.1g 溴百里酚蓝，加 95%（体积分数）乙醇 100mL 溶解。

（5）50g/L 二乙基二硫代氨基甲酸钠（DDTC）溶液：称取 5g 二乙基二硫代氨基甲酸钠，用水溶解并稀释至 100mL。

（6）氨水溶液（1＋1）：量取 50mL 氨水，与 50mL 水混匀。

（7）4-甲基-2-戊酮（MIBK）。

（8）1mg/mL 铅标准储备液：同石墨炉原子吸收光谱法。

（9）10μg/mL 铅标准使用液：精确吸取 1.0mg/mL 铅标准储备液，逐级稀释至 10μg/mL。

（10）盐酸溶液（1＋1）：取 10mL 盐酸，加入 110mL 水中，混匀。

2）仪器

原子吸收光谱仪，附火焰原子化器及铅空心阴极灯；其余同石墨炉原子吸收光谱法。

3）操作步骤

（1）试样处理。将试样在水浴上蒸去酒精。吸取均匀试样 10.00～20.00mL 于烧杯中，于电热板上先蒸发至一定体积后，加入硝酸-高氯酸（9＋1）消化完全后，转移、定容于 50mL 容量瓶中。

吸取 25.00mL 上述制备的试样溶液及试剂空白溶液，分别置于 125mL 分液漏斗中，补加水至 60mL。加 2mL 柠檬酸铵溶液，溴百里酚蓝指示液 3～5 滴，用氨水调 pH 至溶液由黄变蓝，加硫酸铵溶液 10.0mL，DDTC 溶液 10mL，摇匀。放置 5min 左右，加入 10.0mLMIBK，剧烈振摇提取 1min，静置分层后，弃去水层，将 MIBK 层放入 10mL 比色管中，备用。

（2）仪器条件。空心阴极灯电流 8mA，共振线 283.3nm，狭缝 0.4nm，空气流量 8L/min，燃烧器高度 6mm。

（3）标准曲线绘制。分别吸取铅标准使用液 0.00、0.25、0.50、1.00、1.50、2.00（mL）[相当 0.0、2.5、5.0、10.0、15.0、20.0（μg）铅] 于 125mL 分液漏斗中。与试样相同方法萃取。将铅标准萃取溶液分别导入火焰进行测定。以铅含量对应吸光度，绘制标准曲线。

（4）试样测定。将萃取后的试样溶液和试剂空白溶液分别导入火焰进行测定，根据测得的吸光度从标准曲线上查出试样溶液中铅的含量。

4）数据记录与结果处理

数据记录与结果处理如表 2-11 所示。

表 2-11　数据记录与结果处理

测定项目	标准系列溶液						试样溶液	
	1	2	3	4	5	6	1	2
试样体积 V/mL								
试样处理溶液总体积 V_1/mL								
测定用试样处理溶液体积 V_2/mL								
试样萃取溶液体积 V_3/mL								
吸光度 A								
测定试样溶液中铅含量 ρ_1/ （μg/mL）								
试剂空白溶液中铅含量 ρ_0/ （μg/mL）								
试样中铅含量 ρ/ （mg/L）								
试样中铅平均含量/（mg/L）								
平行测定结果绝对差与平均值比值/%								

计算公式：

$$\rho = \frac{(\rho_1 - \rho_0) \times V_3}{V \times \dfrac{V_2}{V_1}}$$

5）说明

同石墨炉原子吸收光谱法。

任务 8　黄酒中氨基酸态氮的测定

学习目标

（1）掌握电位滴定法测定黄酒中氨基酸态氮的相关知识和操作技能。

（2）会正确使用酸度计。

（3）能及时记录原始数据和正确处理测定结果。

知识准备

　　氨基酸是两性化合物，不能直接用氢氧化钠溶液滴定，但是其分子中的氨基与甲醛反应后失去碱性，而使羧基呈现酸性。用氢氧化钠标准溶液滴定羧基，同时用酸度计测定溶液的 pH，当溶液的 pH 9.20 时就是终点。根据消耗氢氧化钠标准溶液的体积，计算试样中氨基酸态氮的含量。

技能操作

1）试剂

（1）c_{NaOH} ＝0.1mol/L 氢氧化钠标准溶液：配制与标定方法同本模块项目 1 中任务

2 的指示法。

（2）甲醛溶液（36%～38%）。

2）仪器

酸度计，pH 复合电极，电磁搅拌器，碱式滴定管（10mL），吸量管（10mL）。

3）操作步骤

吸取 10.00mL 试样于 100mL 烧杯中，加入 50mL 无二氧化碳的水，插入电极，放入一枚转子，置于电磁搅拌器上，开始搅拌，用 0.1mol/L 氢氧化钠标准溶液滴定。开始时滴定速度可稍快，当样液 pH 7.00 后，每次滴加半滴氢氧化钠标准溶液，直至 pH 8.20。加入 10mL 甲醛溶液，继续用 0.1mol/L 氢氧化钠标准溶液滴定至 pH 9.20 即为终点。同时做空白试验。

4）数据记录与结果处理

数据记录与结果处理如表 2-12 所示。

表 2-12　数据记录与结果处理

测定次数	1	2	空白
试样体积 V/mL			
NaOH 溶液浓度 c/(mol/L)			
滴定初读数/mL			
滴定至 pH 8.20 时读数/mL			
滴定至 pH 9.20 时读数/mL			
加甲醛后空白试验消耗 NaOH 溶液体积 V_0/mL			
加甲醛后测定试样消耗 NaOH 溶液体积 V_1/mL			
试样中氨基酸态氮含量 ρ/(g/L)			
试样中氨基酸态氮平均含量/(g/L)			
平行测定结果绝对差与平均值的比值/%			

计算公式：

$$\rho = \frac{c \times (V_1 - V_0) \times 14}{V}$$

式中，14——氮（N）的摩尔质量（g/mol）。

5）说明

所得结果表示为 1 位小数。平行测定结果绝对差与平均值的比值不超过 5%。

任务 9　黄酒中氧化钙的测定

学习目标

（1）掌握 EDTA 滴定法、高锰酸钾滴定法和原子吸收光谱法测定黄酒中氧化钙的相关知识和操作技能。

（2）会进行规范的滴定操作和正确操作原子吸收光谱仪。

（3）能及时记录原始数据和正确处理测定结果。

知识准备

测定黄酒中氧化钙的方法有 EDTA 滴定法、高锰酸钾滴定法和原子吸收光谱法。

EDTA 滴定法是在碱性溶液中 EDTA 与试样中的 Ca^{2+} 反应生成配合物，钙指示剂在碱性溶液中呈天蓝色，当溶液中有 Ca^{2+} 时，与钙指示剂形成酒红色配合物。由于钙指示剂与 Ca^{2+} 的结合能力不如 EDTA 与 Ca^{2+} 的结合能力强，当用 EDTA 溶液滴定时，EDTA 不断夺取 Ca^{2+}-钙指示剂配合物中的 Ca^{2+}，使 Ca^{2+} 与 EDTA 配位而释放出钙指示剂，溶液则由酒红色变为钙指示剂的天蓝色，达到滴定终点。此外，镁离子也能与 EDTA 生成配合物，但当溶液的 pH 大于 12 时，镁在碱性中生成氢氧化镁沉淀，所以能单独测出 Ca^{2+}。用氢氧化钾溶液调节试样的 pH 大于 12，加入盐酸羟胺、三乙醇胺和硫化钠排除锰、铁、铜等离子的干扰，在过量 EDTA 存在下，用钙标准溶液进行返滴定。

高锰酸钾滴定法是将试样中的钙离子与草酸铵形成难溶的草酸钙沉淀，过滤出沉淀，洗涤后，用硫酸溶解草酸钙，然后用高锰酸钾标准溶液滴定草酸根，当草酸根完全被氧化后，稍过量的高锰酸钾使溶液呈淡红色即为滴定终点。根据高锰酸钾标准溶液的消耗量计算试样中氧化钙的含量。

原子吸收光谱法准确、快速，是测定氧化钙的仲裁检验方法。从光源辐射出待测元素的特征波长光，通过试样经火焰产生的原子蒸气时，被蒸气中待测元素的基态原子吸收，其吸收程度与火焰中待测元素浓度成正比。

技能操作

1. 原子吸收光谱法

1）试剂

（1）浓硝酸：优级纯。

（2）浓硫酸：优级纯。

（3）50g/L 氯化镧溶液：称取 5.0g 优级纯氯化镧（$LaCl_3 \cdot 7H_2O$），加去离子水溶解，并定容至 100mL。

（4）100mg/L 钙标准贮备液：准确称取在 105～110℃ 干燥至恒重的优级纯碳酸钙 0.250g 于 100mL 烧杯中，用 10mL 浓盐酸溶解后，转移至 1000mL 容量瓶中，加去离子水至刻度，摇匀。

2）仪器

原子吸收光谱仪，附火焰原子化器及钙空心阴极灯，分析天平（感量 0.0001g），电热干燥箱，吸量管（10mL），容量瓶（100mL）。

3）操作步骤

（1）试样处理。吸取 10mL 试样于 250mL 凯氏烧瓶中，加 10mL 浓硝酸，5mL 浓硫酸，轻轻振摇，置于电炉上加热消化至试样溶液透明无色或淡棕色。冷却后移入100mL 容量瓶中，加氯化镧溶液 2.5mL，定容。同时作试剂空白。

（2）仪器条件。空心阴极灯电流 10mA，共振线 422.7nm，狭缝 0.7nm，空气乙炔火焰。

（3）标准曲线绘制。分别吸取钙标准溶液 0.00、1.00、2.00、3.00、4.00（mL）于 5 个 100mL 容量瓶中，各加氯化镧溶液 2.5mL 和适量硝酸，再加水定容至刻度。此溶液每毫升分别相当于 0.0、1.0、2.0、3.0、4.0（μg）钙。将钙标准溶液分别导入火焰进行测定。以钙含量对应吸光度，绘制标准曲线。

（4）试样测定。将试剂空白溶液和处理后试样溶液依次导入火焰中进行测定，记录各溶液的吸光度，从标准曲线中查出钙的含量。

4）数据记录与结果处理

数据记录与处理结果如表 2-13 所示。

表 2-13　数据记录与处理结果

测定项目	标准系列溶液					试样溶液	
	1	2	3	4	5	1	2
试样体积 V/mL							
试样稀释后的总体积 V_1/mL							
吸光度 A							
测定试样溶液中氧化钙含量 ρ_1/（μg/mL）							
试剂空白溶液中氧化钙含量 ρ_0/（μg/mL）							
试样中氧化钙含量 ρ/（g/L）							
试样中氧化钙平均含量/（g/L）							
平行测定结果绝对差与平均值比值/%							

计算公式：

$$\rho = \frac{(\rho_1 - \rho_0) \times V_1 \times 1.4}{V \times 1000}$$

式中，1.4——钙与氧化钙的换算系数。

5）说明

所得结果表示为 1 位小数。平行测定结果绝对差与平均值的比值不超过 5%。

2. 高锰酸钾滴定法

1）试剂

（1）$c_{1/5 \, KMnO_4} = 0.05$mol/L 高锰酸钾标准溶液：称取高锰酸钾 1.7g，溶于 1000mL 水中，加热至沸，保持微沸 20～30min，冷却后于暗处保存 2～3d。用微孔玻璃漏斗过滤，滤液贮存于棕色试剂瓶中。

标定：称取在 105～110℃下烘干至质量恒定的基准草酸钠 0.1000g，溶于 50mL 水中，加 8mL 硫酸，加热至 80℃左右，在不断搅拌下，用高锰酸钾标准溶液滴定至溶液呈淡粉红色，并在 30s 内不消失为终点。

高锰酸钾标准溶液的浓度按下式计算:

$$c_{1/5\ KMnO_4} = \frac{m \times 1000}{(V_1 - V_0) \times 67.00}$$

式中, c——高锰酸钾标准溶液的浓度 (mol/L);

m——草酸钠的质量 (g);

V_1——高锰酸钾标准溶液的用量 (mL);

V_0——空白试验高锰酸钾标准溶液的用量 (mL);

67.00——草酸钠 (1/2 $Na_2C_2O_4$) 的摩尔质量 (g/mol)。

(2) 1g/L 甲基橙指示液: 称取 0.1g 甲基橙溶于 100mL 水中, 摇匀。

(3) 硫酸溶液 (1+3): 量取 1 体积浓硫酸, 缓缓倒入 3 体积水中, 混匀。

(4) 氨水溶液 (1+10): 量取 1 体积氨水加入 10 体积水, 混匀。

(5) 浓盐酸。

(6) 饱和草酸铵溶液: 称取 5.6g 草酸铵溶于 100mL 水中, 摇匀。

2) 仪器

电炉, 棕色酸式滴定管 (50mL), 移液管 (25mL)。

3) 操作步骤

准确吸取试样 25.00mL 于 400mL 烧杯中, 以 50mL 蒸馏水稀释, 依次加入 3 滴甲基橙指示液, 浓盐酸 2mL, 饱和草酸铵溶液 30mL, 将溶液煮沸, 搅拌, 逐滴加入氨水溶液 (1+10) 至甲基橙变为黄色。将烧杯置于 40℃ 温热 2~3h, 过滤, 沉淀用 500mL 氨水溶液 (1+10) 分数次洗涤, 直至无氯离子反应 (以硝酸酸化, 用硝酸银检验)。将洗净的沉淀及滤纸小心取出, 置于烧杯中, 加入 100mL 沸水和 25mL 硫酸溶液 (1+3), 加热, 保持溶液温度在 60~80℃, 使沉淀溶解。用 $c_{1/5KMnO_4}$ =0.05mol/L 高锰酸钾标准溶液滴定至微红色即为终点。同时用 25mL 水代替试样做空白试验。

4) 数据记录与结果处理

数据记录与结果处理如表 2-14 所示。

表 2-14 数据记录与结果处理

测定次数	1	2	空白
试样体积 V/mL			
1/5 $KMnO_4$ 溶液浓度 c/(mol/L)			
滴定初读数/mL			
滴定终读数/mL			
空白试验消耗 $KMnO_4$ 溶液体积 V_0/mL			
测定试样消耗 $KMnO_4$ 溶液体积 V_1/mL			
试样中氧化钙含量 ρ/(g/L)			
试样中氧化钙平均含量/(g/L)			
平行测定结果绝对差与平均值的比值/%			

计算公式:

$$\rho = \frac{c \times (V_1 - V_0) \times 28}{V}$$

式中，28——氧化钙（1/2 CaO）的摩尔质量（g/mol）。

5）说明

所得结果表示为 1 位小数。平行测定结果绝对差与平均值的比值不超过 5%。

3. ETDA 滴定法

1）试剂

（1）5mol/L 氢氧化钾溶液：称取 28g 氢氧化钾，溶解于 100mL 水中。

（2）10g/L 盐酸羟胺溶液：称取 1.0g 盐酸羟胺，溶于 100mL 水中，混匀。

（3）500g/L 三乙醇胺溶液：称取三乙醇胺 50g，加水 100mL，混合均匀。

（4）钙指示剂：称取 1.0g 钙羧酸指示剂 [2-羟基-1-（2-羟基-4-磺基-1-萘偶氮）-3-萘甲酸]，100g 氯化钠于研钵中，充分研磨至呈紫红色的均匀粉末，置于棕色瓶中保存，备用。

（5）1mol/L 氢氧化钾溶液：吸取 5mol/L 氢氧化钾溶液 20mL，加水稀释至 100mL。

（6）盐酸溶液（1+4）：将 1 体积盐酸加入 4 体积水中。

（7）50g/L 硫化钠溶液：称取硫化钠 5g，溶解于 100mL 水中。

（8）100g/L 氯化镁溶液：称取 10g 氯化镁，溶解于 100mL 水中。

（9）$c_{H_2Y^{2-}} = 0.02$mol/LEDTA 溶液：称取乙二胺四乙酸二钠盐 7.44g，加热溶于 1000mL 水中，冷却，混匀。

（10）$c_{Ca^{2+}} = 0.01$mol/L 钙标准溶液：准确称取于 105℃烘干至恒重的基准级碳酸钙 1g（准确至 0.0001g）于小烧杯中，加水 50mL，用盐酸溶液（1+4）溶解，煮沸，冷却至室温。用 1mol/L 氢氧化钾溶液中和至 pH=6~8，用水定容至 1000mL。

2）仪器

电热干燥箱，酸式滴定管（50mL），吸量管（5mL）。

3）操作步骤

准确吸取试样 2~5mL（视试样中钙含量的高低而定）于 250mL 锥形瓶中，加入 50mL 水，依次加入 100g/L 氯化镁溶液 1mL，10g/L 盐酸羟胺溶液 1mL，500g/L 三乙醇胺溶液 0.5mL，50g/L 硫化钠溶液 0.5mL，摇匀。加入 5mol/L 氢氧化钾溶液 5mL，再准确加入 0.02mol/LEDTA 溶液 5mL，钙指示剂一小勺（约 0.1g），摇匀，用 0.01mol/L 钙标准溶液滴定至蓝色消失并初现酒红色即为终点。同时以水代替试样做空白试验。

4）数据记录与结果处理。

数据记录与结果处理如表 2-15 所示。

表 2-15　数据记录与结果处理

测定次数	1	2	空白
试样体积 V/mL			
钙标准溶液浓度 c/（mol/L）			
滴定初读数/mL			

续表

测定次数	1	2	空白
滴定终读数/mL			
空白试验消耗钙标准溶液体积 V_0/mL			
测定试样消耗钙标准溶液体积 V_1/mL			
试样中氧化钙含量 ρ/ (g/L)			
试样中氧化钙平均含量/(g/L)			
平行测定结果绝对差与平均值的比值/%			

计算公式：

$$\rho = \frac{c \times (V_0 - V_1) \times 56}{V}$$

式中，56——氧化钙（CaO）的摩尔质量（g/mol）。

5）说明

所得结果表示为 1 位小数。平行测定结果绝对差与平均值的比值不超过 5%。

任务 10　果酒中挥发酸的测定

学习目标

（1）掌握酸碱滴定法测定果酒中挥发酸的相关知识和操作技能。

（2）会进行水蒸气蒸馏操作。

（3）能及时记录原始数据和正确处理测定结果。

知识准备

测定果酒中挥发酸的方法有间接法和直接法。间接法是将挥发酸蒸发除去后，滴定不挥发的残酸，然后由总酸减去残酸，即为挥发酸。直接法用碱标准溶液直接滴定蒸馏出来的挥发酸。由于挥发酸呈游离态和结合态两部分，前者在蒸馏时较易挥发，后者则比较困难，为了准确地测出挥发酸的含量，常用水蒸气蒸馏法来测定挥发酸的含量。

用水蒸气蒸馏蒸出试样中的挥发酸，在蒸馏时加入磷酸使结合态挥发酸离析。挥发酸经冷凝收集后，用碱标准溶液滴定。根据消耗碱标准溶液的体积，计算挥发酸的含量。

技能操作

1）试剂

（1）c_{NaOH}＝0.1mol/L 氢氧化钠标准溶液：配制与标定方法同本模块项目 1 中任务 2 白酒、果酒、黄酒中总酸的指示剂法。

（2）10g/L 酚酞指示液：称取 0.5g 酚酞溶于 50mL95%（体积分数）乙醇中，摇匀。

（3）10g/L 磷酸溶液：称取 11.8g 磷酸，加水稀释至 100mL。

2）仪器

水蒸气蒸馏装置（图 2-4），碱式滴定管（50mL），移液管（25mL）。

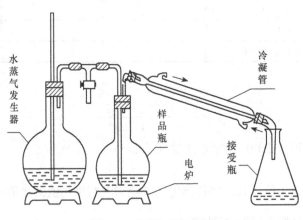

图 2-4　水蒸气蒸馏装置

3）操作步骤

吸取试样 25.00mL 于 250mL 烧瓶中，加 10g/L 磷酸 1mL，连接水蒸气蒸馏装置，加热蒸馏至馏出液达 300mL，如室温较高，应将三角瓶置于冰水或冷水中。将馏出液加热至 60~65℃，加酚酞指示液 3 滴，用 0.1mol/L 氢氧化钠标准溶液滴定至微红色 0.5min 内不退为终点。在相同条件下做空白试验。

4）数据记录与结果处理

数据记录与结果处理如表 2-16 所示。

表 2-16　数据记录与结果处理

测定次数	1	2	空白
试样体积 V/mL			
NaOH 标准溶液浓度 c/(mol/L)			
滴定初读数/mL			
滴定终读数/mL			
空白试验消耗 NaOH 溶液体积 V_0/mL			
测定试样消耗 NaOH 溶液体积 V_1/mL			
试样中挥发酸含量 ρ/(g/L)			
试样中挥发酸平均含量/(g/L)			
平行测定结果绝对差与平均值的比值/%			

计算公式：

$$\rho = \frac{c \times (V_1 - V_0) \times 60}{V}$$

式中，60——乙酸（$C_2H_4O_2$）的摩尔质量（g/mol）。

5）说明

（1）果酒中挥发酸以乙酸计。

（2）所得结果表示为 1 位小数。平行测定结果绝对差与平均值的比值不超过 5%。

（3）蒸馏前蒸汽发生瓶中的水应先煮沸 10min，以排除其中的 CO_2，并用蒸汽冲洗整个蒸馏装置。

（4）整套蒸馏装置的各个连接处应密封，切不可漏气。

（5）滴定前将馏出液加热至 60～65℃，使其终点明显，加快反应速度，缩短滴定时间，减少溶液与空气的接触，提高测定精度。

任务 11 果酒中二氧化硫的测定

学习目标

（1）掌握直接碘量法测定果酒中二氧化硫的相关知识和操作技能。

（2）会进行规范的滴定操作。

（3）能及时记录原始数据和正确处理测定结果。

知识准备

果酒中二氧化硫的测定方法有氧化法、直接碘量法和盐酸副玫瑰苯胺比色法。其中氧化法测定装置复杂，盐酸副玫瑰苯胺比色法中用到有毒的氯化高汞，在工业生产中使用较少。直接碘量法是在碱性条件下将结合态二氧化硫解离出来，用碘标准溶液滴定至终点，根据碘标准溶液的消耗量计算试样中二氧化硫的含量。

$$I_2 + SO_2 + 4NaOH \rightleftharpoons 2NaI + Na_2SO_4 + 2H_2O$$

技能操作

1）试剂

（1）硫酸溶液（1+3）：取 1 体积浓硫酸缓慢注入 3 体积水中，混匀。

（2）100g/L 氢氧化钠溶液：称取 10g 氢氧化钠，溶于 100mL 水中。

（3）$c_{1/2\ I_2}$ ＝0.1mol/L 碘标准溶液的配制：称取 13g 碘及 35g 碘化钾，溶于 100mL 水中，稀释至 1000mL，摇匀，贮存于棕色瓶中。

标定：准确吸取 35.00～40.00mL 配制好的碘溶液，置于碘量瓶中，加 150mL 水，用 $c_{Na_2S_2O_3}$ ＝0.1mol/L 硫代硫酸钠标准溶液滴定，近终点时加 10g/L 淀粉指示液 2mL，继续滴定至溶液蓝色消失。

同时做水消耗碘的空白试验：取 250mL 水，加 0.05～0.20mL 配制好的碘溶液及 10g/L 淀粉指示液 2mL，用 $c_{Na_2S_2O_3}$ ＝0.1mol/L 硫代硫酸钠标准溶液滴定至溶液蓝色消失。

碘标准溶液的浓度按下式计算：

$$c = \frac{c_1 \times (V_1 - V_2)}{V_3 - V_4}$$

式中，c——1/2 I_2溶液的浓度（mol/L）；

　　　　c_1——硫代硫酸钠溶液的浓度（mol/L）；

　　　　V_1——标定消耗硫代硫酸钠溶液的体积（mL）；

　　　　V_2——空白试验消耗硫代硫酸钠溶液的体积（mL）；

　　　　V_3——碘溶液的体积（mL）；

　　　　V_4——空白试验中加入碘溶液的体积（mL）。

（4）$c_{1/2\,I_2}$＝0.02mol/L 碘标准溶液：将 $c_{1/2\,I_2}$＝0.1mol/L 碘标准溶液用水准确稀释 5 倍。

（5）10g/L 淀粉指示液：称取 1g 可溶性淀粉，用少许水调成糊状，缓缓倾入 100mL 沸水中，边加边搅拌，煮沸 2min，加入 4g 氯化钠。放冷，备用；此溶液应临用时配制。

2）仪器

棕色酸式滴定管（50mL），移液管（25mL）。

3）操作步骤

吸取 25.00mL 氢氧化钠溶液于 250mL 碘量瓶中，再准确吸取 25.00mL 试样（液温 20℃），将移液管尖插入氢氧化钠溶液中加入到碘量瓶中，摇匀，盖上塞子，静置 15min 后，加入少量碎冰块，淀粉指示液 1mL，硫酸溶液 10mL，摇匀，用 0.02mol/L 碘标准溶液迅速滴定至淡蓝色，30s 内不退色即为终点。同时做空白试验。

4）数据记录与结果处理

数据记录与结果处理如表 2-17 所示。

表 2-17　数据记录与结果处理

测定次数	1	2	空白
试样体积 V/mL			
碘标准溶液浓度 c/（mol/L）			
滴定初读数/mL			
滴定终读数/mL			
空白试验消耗碘溶液体积 V_0/mL			
测定试样消耗碘溶液体积 V_1/mL			
试样中二氧化硫含量 ρ/（g/L）			
试样中二氧化硫平均含量/（g/L）			
平行测定结果绝对差与平均值的比值/%			

计算公式：

$$\rho = \frac{c \times (V_1 - V_0) \times 32}{V}$$

式中，32——二氧化硫（1/2 SO_2）的摩尔质量（g/mol）。

5）说明

所得结果表示为整数。平行测定结果绝对差与平均值的比值不超过 10%。

任务 12　果酒中干浸出物的测定

学习目标

（1）掌握密度法测定果酒中干浸出物的相关知识和操作技能。

（2）会正确使用密度瓶测定液体密度。

（3）能及时记录原始数据和正确处理测定结果。

知识准备

果酒中干浸出物含量一般采用密度法测定。用相对密度瓶测定试样或蒸出乙醇后的试样密度，然后用其相对密度查附录 3，求得总浸出物的含量。再从中减去总糖的含量，即得干浸出物的含量。

技能操作

1）仪器

瓷蒸发皿（200mL），高精度恒温水浴槽 [（20.0±0.1）℃]，附温度计密度瓶（25mL 或 50mL，见图 2-2）。

2）操作步骤

（1）试样的制备。用 100mL 容量瓶量取 100mL20℃样品，倒入 200mL 瓷蒸发皿中，于水浴上蒸发至约为原体积的 1/3，取下冷却后，将残液小心地移入原容量瓶中，用水多次荡洗蒸发皿，洗液并入容量瓶中，于 20℃定容至刻度。

（2）测定。将相对密度瓶洗净并干燥，带温度计和侧孔罩称量。重复干燥和称量，直至恒重（m）。

取下温度计，将煮沸冷却至 15℃左右的蒸馏水注满恒重的相对密度瓶，插上温度计，瓶中不得有气泡。将相对密度瓶浸入（20.0±0.1）℃的恒温水浴中，待内容物温度达 20℃，并保持 10min 不变后，用滤纸吸去侧管溢出的液体，使侧管中的液面与侧管管口齐平，立即盖好侧孔罩，取出相对密度瓶，用滤纸擦干瓶壁上的水，立即称量（m_1）。

将相对密度瓶中的水倒出，洗净并使之干燥，然后装满制备的试样，按上述同样操作，称量（m_2）。

计算试样残液在 20℃时的相对密度 ρ_1（g/L），以 $\rho_1 \times 1.0018$ 的值查附录 3，得出试样中总浸出物含量 ρ（g/L）。用试样中总浸出物含量 ρ（g/L）减去总糖含量 ρ_T（g/L），得到试样中干浸出物含量 ρ_G（g/L）。

3）数据记录与结果处理

数据记录与结果处理如表 2-18 所示。

表 2-18　数据记录与结果处理

测定次数	1	2
相对密度瓶的质量 m/g		
相对密度瓶与蒸馏水的总质量 m_1/g		
相对密度瓶与试样馏残液的总质量 m_2/g		
试样残液的密度 ρ_1/(g/L)		
$\rho_1 \times 1.0018$/(g/L)		
试样中总浸出物含量 ρ/(g/L)		
试样中总糖含量 ρ_T(g/L)		
试样中干浸出物含量 ρ_G(g/L)		
试样中干浸出物平均含量/(g/L)		
平行测定结果绝对差与平均值的比值/%		

计算公式：

$$\rho_1 = \frac{m_2 - m + A}{m_1 - m + A} \times \rho_0$$

$$A = \rho_a \times \frac{m_1 - m}{997.0}$$

式中，ρ_1——试样残液在 20℃时的相对密度（g/L）；

　　　m——密度瓶的质量（g）；

　　　m_1——20℃时相对密度瓶与充满相对密度瓶蒸馏水的总质量（g）；

　　　m_2——20℃时相对密度瓶与充满相对密度瓶试样残液的总质量（g）；

　　　ρ_0——20℃时蒸馏水的相对密度，为 998.20g/L；

　　　A——空气浮力校正值；

　　　ρ_a——干燥空气在 20℃、101.325kPa 时的相对密度，为 1.2g/L；

　　　997.0——在 20℃时蒸馏水与干燥空气相对密度之差（g/L）。

4）说明

所得结果表示为一位小数。平行测定结果绝对差与平均值的比值不超过 2%。

任务 13　葡萄酒中铁的测定

 学习目标

（1）掌握邻菲啰啉比色法和原子吸收光谱法测定葡萄酒中铁的相关知识和操作技能。

（2）会正确操作分光光度计和原子吸收光谱仪。

（3）能及时记录原始数据和正确处理测定结果。

知识准备

葡萄酒中铁的测定方法较多，其中以比色法最为常用，此外还有原子吸收光谱法。比色法常用的显色剂有邻菲啰啉、磺基水杨酸、硫氰酸钾和三吡啶均三嗪等。邻菲啰啉比色法和原子吸收光谱法简单可靠、快速，准确度也可满足要求，应用较多。

原子吸收光谱法是将处理后的试样导入原子吸收光谱仪中，在空气-乙炔火焰中直接喷雾，使试样中的铁被原子化，产生的铁基态原子吸收特征波长（248.3nm）的光，吸光度的大小与铁的浓度成正比，用标准曲线法定量。

邻菲啰啉比色法是试样经处理后，试样中的三价铁在酸性条件下被盐酸羟胺还原为二价铁。用乙酸-乙酸钠缓冲溶液调节 pH＝4～5 后，二价铁与邻菲啰啉作用生成橙红色配合物，其颜色的深度与铁含量成正比。用分光光度计测定其对 510nm 波长光的吸光度，与标准系列比较定量。

技能操作

1. 原子吸收光谱法

1）试剂

（1）0.5%（质量分数）硝酸溶液：量取 8mL 硝酸，加水稀释至 1000mL。

（2）100mg/L 铁标准贮备液：精确称取 0.7024g 硫酸亚铁铵 $[Fe(NH_4)_2(SO_4)_2 \cdot 6H_2O]$，溶解于水，转移至 1000mL 容量瓶中，加 3～4 滴浓硫酸，然后用水定容至刻度，摇匀。

（3）10mg/L 铁标准使用液：吸取 100mg/L 铁标准贮备液 10.00mL 于 100mL 容量瓶中，用 0.5%（质量分数）硝酸溶液稀释至刻度，摇匀。

2）仪器

原子吸收分光光度计，具有铁空心阴极灯，容量瓶 [50、100（mL）]，吸量管（10mL）。

3）操作步骤

（1）试样处理。吸取试样 5.00～10.00mL 于 50mL 容量瓶中，用 0.5%（质量分数）硝酸溶液稀释至刻度，摇匀。

（2）标准曲线绘制。吸取 10mg/L 铁标准使用液 0.00、1.00、2.00、3.00、4.00、5.00（mL）分别于 100mL 容量瓶中，用 0.5%（质量分数）硝酸溶液稀释至刻度，摇匀。

按仪器说明书将原子吸收光谱仪调节至合适的工作状态，将波长调至 248.3nm。依次将上述铁标准系列喷入空气-乙炔火焰，以零管调零，分别测定其吸光度。以吸光度对应铁的浓度绘制标准曲线或建立回归方程。

（3）试样测定。将处理后的试样喷入火焰，测定其吸光度。从标准曲线查得或用回归方程计算样品中铁的含量。

4）数据记录与结果处理

数据记录与结果处理如表 2-19 所示。

表 2-19　数据记录与结果处理

测定项目	标准系列溶液						试样溶液	
	1	2	3	4	5	6	1	2
试样体积 V/mL								
试样稀释后的总体积 V_1/mL								
吸光度 A								
测定试样溶液中铁含量/(mg/L)								
试样中铁含量 ρ/(mg/L)								
试样中铁平均含量/(mg/L)								
平行测定结果绝对差与平均值比值/%								

计算公式：

$$\rho = \rho_1 \times \frac{V_1}{V}$$

5）说明

所得结果表示为 1 位小数。平行测定结果绝对差与平均值的比值不超过 10%。

2. 邻菲啰啉比色法

1）试剂

（1）浓硫酸：分析纯。

（2）30%（体积分数）过氧化氢溶液。

（3）25%～28%（质量分数）氨水。

（4）100g/L 盐酸羟胺溶液：称取 10g 盐酸羟胺，加水溶解并稀释至 100mL，于棕色瓶中低温贮存。

（5）盐酸溶液（1+1）：量取 50mL 盐酸，倒入 50mL 水中，混匀。

（6）乙酸-乙酸钠溶液（pH=4.8）：称取 27.2g 乙酸钠（$CH_3COONa \cdot 3H_2O$），溶解于 50mL 水中，加入 20mL 冰乙酸，用水稀释至 100mL。

（7）2g/L1，10-菲啰啉溶液：称取 1，10-菲啰啉 0.2g，加 95%（体积分数）乙醇 10mL 溶解，用水稀释至 100mL，摇匀。

（8）100mg/L 铁标准贮备液：同原子吸收光谱法。

（9）10mg/L 铁标准使用液：同原子吸收光谱法。

2）仪器

分光光度计，配有 1cm 比色皿，比色管（25mL），高温电炉 [(550±25)℃]，瓷蒸发皿（100mL），吸量管 [2、10 (mL)]，移液管（25mL），容量瓶（50mL）。

3）操作步骤

（1）样品处理。

湿法消化：吸取试样 1.00mL 于 10mL 凯氏烧瓶中，置电炉上小心缓慢蒸发至近干，取下稍冷后，加浓硫酸 1mL（根据含糖量增减），30%（体积分数）过氧化氢 1mL，于通风橱内加热消化。如果消化液颜色较深，继续滴加过氧化氢溶液，直至消化液无色透明。稍冷，加 10mL 水，微火煮沸 35min，取下冷却。同时做空白试验。

干法灰化：吸取试样 25.00mL 于蒸发皿中，在水浴上蒸干，置于电炉上小心炭化，然后移入（550±25）℃高温电炉中灼烧，灰化至残渣呈白色。取出，加入 10mL 盐酸溶液（1+1）溶解，在水浴上蒸至约 2mL，再加 5mL 水，加热煮沸后，移入 50mL 容量瓶中，用水洗涤蒸发皿，洗液并入容量瓶，加水稀释至刻度，摇匀。同时做空白试验。

（2）标准曲线绘制。吸取 10mg/L 的铁标准溶液 0.00、0.20、0.40、0.80、1.00、1.40（mL）分别于 25mL 比色管中，补加水至 10mL，加 5mL 乙酸-乙酸钠溶液（调 pH＝4～5），100g/L 盐酸羟胺溶液 1mL，摇匀。放置 5min 后，再加 2g/L1,10-菲啰啉溶液 1mL，加水至刻度，摇匀，放置 30min。在分光光度计上于 480nm 波长处，用 1cm 比色皿测定上述标准系列的吸光度。以测得的吸光度为纵坐标，铁含量为横坐标，绘制标准曲线或建立回归方程。

（3）试样测定。吸取试样消化液 5.00～10.00mL 及试剂空白消化液于 25mL 比色管中，补加水至 10mL，以下操作同标准曲线的绘制。根据测得的吸光度，在标准曲线上查出或用回归方程计算铁的含量。

或将试样与空白消化液分别洗入 25mL 比色管中，在每支比色管中加一小片刚果红试纸，用氨水中和至试纸显蓝紫色。然后加 5mL 乙酸-乙酸钠溶液（调 pH＝4～5），以下操作同标准曲线的绘制。根据测得的吸光度，在标准曲线上查出或用回归方程计算铁的含量。

4）数据记录与结果处理

数据记录与结果处理如表 2-20 所示。

表 2-20 数据记录与结果处理

测定项目	标准系列溶液						试样溶液	
	1	2	3	4	5	6	1	2
试样体积 V/mL								
试样消化液总体积 V_1/mL								
测定用试样消化液体积 V_2/mL								
吸光度 A								
测定试样溶液中铁含量 m_1/μg								
试剂空白溶液中铁含量 m_0/μg								
试样中铁含量 ρ/(mg/L)								
试样中铁平均含量/(mg/L)								
平行测定结果绝对差与平均值比值/%								

计算公式：

干法灰化试样中铁含量按下式计算：

$$\rho = \frac{(m_1 - m_0) \times V_1}{V \times V_2}$$

湿法消化试样中铁含量按下式计算：

$$\rho = \frac{(m_1 - m_0)}{V}$$

5）说明

（1）所得结果表示为 1 位小数。平行测定结果绝对差与平均值的比值不超过 10%。

（2）试液的 pH 对显色影响较大，必须严格控制 pH 在 4～5 时再加显色剂。

任务 14　果酒、黄酒中还原糖的测定

学习目标

（1）掌握直接滴定法测定果酒、黄酒中还原糖的相关知识和操作技能。

（2）会进行加热滴定操作。

（3）能及时记录原始数据和正确处理测定结果。

知识准备

　　测定果酒、黄酒中还原糖的方法有直接滴定法、3,5-二硝基水杨酸比色法和高锰酸钾滴定法。其中 3,5-二硝基水杨酸比色法、高锰酸钾滴定法准确度高，重现性好，但操作复杂、费时，高锰酸钾滴定法还需要查特制的糖类检索表，目前应用较少。

　　直接滴定法是利用费林溶液与还原糖共沸生成氧化亚铜沉淀的反应，并与溶液中的亚铁氰化钾配位而呈无色。以亚甲基蓝为指示液，用试样直接滴定煮沸的费林溶液，达到终点时，稍微过量的还原糖将蓝色的亚甲基蓝还原为无色即为终点。根据试样的消耗量求得还原糖的含量。

技能操作

　　1）试剂

　　（1）费林甲液：称取 15g 硫酸铜（$CuSO_4 \cdot 5H_2O$）和 0.05g 亚甲基蓝，溶于水中并稀释至 1000mL。

　　（2）费林乙液：称取 50g 酒石酸钾钠和 75g 氢氧化钠，溶于水中，再加入 4g 亚铁氰化钾，完全溶解后，用水稀释至 1000mL，贮存于橡胶塞玻璃瓶内。

　　（3）1.0g/L 葡萄糖标准溶液：准确称取 1g（精确至 0.0001g）经过 103～105℃干燥至恒重的无水葡萄糖，加水溶解，加入 5mL 浓盐酸，用水稀释至 1000mL。

　　2）仪器

　　分析天平（感量 0.1mg），滴定管（50mL），吸量管（5mL），容量瓶（100mL）。

　　3）操作步骤

　　（1）试样处理。吸取一定量的试样于 100mL 容量瓶中，使之所含还原糖量为

0.2～0.4g，加水稀释至刻度，备用。

（2）费林溶液标定。吸取 5.00mL 费林甲液及 5.00mL 费林乙液，置于 100mL 锥形瓶中。加水 10mL，加入玻璃珠 2 粒，从滴定管加约 9mL 葡萄糖标准溶液，使其在 2min 内加热至沸，趁沸继续滴定至溶液蓝色刚好退去即为终点，记录消耗葡萄糖溶液的体积。全部滴定操作在 3min 内完成。

（3）试样溶液预测定。吸取费林甲、乙液各 5.00mL，置于 100mL 锥形瓶中，加水 10mL，加入 2 粒玻璃珠，控制在 2min 内加热至沸，趁沸以先快后慢的速度滴加试样溶液，滴定至溶液蓝色刚好退去即为终点，记录消耗试样溶液的体积。

（4）试样的测定。吸取费林甲、乙液各 5.00mL，置于 100mL 锥形瓶中，加水 10mL，加入 2 粒玻璃珠，从滴定管中加入比预测定体积少 1mL 的试样溶液，使其在 2min 内加热至沸，趁沸继续用试样溶液滴定至溶液蓝色刚好褪去为终点，记录消耗试样溶液的体积。全部滴定操作在 3min 内完成。

4）数据记录与结果处理

数据记录与结果处理如表 2-21 所示。

表 2-21　数据记录与结果处理

测定次数		1	2
费林溶液标定	葡萄糖标准溶液浓度 ρ_1/(g/mL)		
	滴定初读数/mL		
	滴定终读数/mL		
	标定时消耗葡萄糖标准溶液体积 V_1/mL		
	10mL 费林溶液相当于葡萄糖质量 m_1/mg		
	10mL 费林溶液相当于葡萄糖质量平均值/mg		
	平行测定结果绝对差与平均值的比值/%		
样品测定	试样体积 V/mL		
	滴定初读数/mL		
	滴定终读数/mL		
	测定消耗试样溶液体积 V_2/mL		
	试样中还原糖含量 ρ/(g/L)		
	试样中还原糖平均含量/(g/L)		
	平行测定结果绝对差与平均值的比值/%		

计算公式：

10mL 费林溶液（甲、乙液各 5mL）相当于葡萄糖的质量按下式计算：

$$m_1 = V_1 \times \rho_1$$

试样中还原糖的含量按下式计算：

$$\rho = \frac{m_1}{V \times \dfrac{V_2}{100}}$$

5）说明

（1）所得结果表示为1位小数。平行测定结果绝对差与平均值的比值不超过2%。

（2）费林甲、乙液应分别配制，不能事先混合贮存。

（3）测定中滴定速度、加热时间及热源稳定程度、锥形瓶壁厚度对测定精密度影响很大，在预测及正式测定过程中实验条件应力求一致。平行测定的试样溶液消耗体积相差应不超过0.1mL。

（4）整个滴定过程应保持在微沸状态下进行，继续滴定至终点的体积应控制在0.5～1mL，否则应重做。

（5）样品中还原糖浓度不宜过高及过低，需根据预测加以调节。

（6）滴定至终点指示剂被还原糖所还原，蓝色消失，呈淡黄色，稍放置接触空气中氧指示剂被氧化，又重新变成蓝色，此时不应再滴定。

（7）碱性酒石酸铜的氧化能力较强，可将醛糖和酮糖都氧化，所以测得的是总还原糖量。

（8）本法对糖进行定量的基础是碱性酒石酸铜溶液中Cu^{2+}的量，所以样品处理时不能采用含铜试剂，以免样液中误入Cu^{2+}，得出错误的结果。

（9）在费林乙液中加入亚铁氰化钾，是为了使所生成的Cu_2O的红色沉淀与之形成可溶性的黄色配合物，使终点便于观察。

（10）亚甲基蓝也是一种氧化剂，但在测定条件下其氧化能力比Cu^{2+}弱，故还原糖先与Cu^{2+}反应，待Cu^{2+}完全反应后，稍过量的还原糖才会与亚甲基蓝发生反应，溶液蓝色消失，指示到达终点。

任务15　果酒、黄酒中细菌总数的检验

学习目标

（1）掌握平板计数法检验果酒、黄酒中细菌总数的相关知识和操作技能。

（2）会进行无菌操作、培养基制备、样品培养和菌落计数操作。

（3）能给出准确的菌落计数和正确的报告。

知识准备

菌落总数是指样品经过处理并在一定条件下培养后，所得1mL检样中所含细菌菌落的总数。菌落总数主要作为判别样品被污染程度的标志，也可用以观察细菌在样品中繁殖的动态。

细菌菌落总数的测定一般用国际标准规定的平板计数法，所得结果只包含一群能在营养琼脂上生长的嗜中温需氧菌的菌落总数，并不表示样品中实际存在的所有细菌菌落总数，虽然计数总是比样品中实际存在的细菌数要少，但仍能借此评定整个样品被细菌污染的程度，一般食品的卫生检验中都普遍采用这种方法。由于菌落总数并不能区分细菌的种类，故常被称为杂菌数或需氧菌数等。

菌落总数的检验程序见图 2-5。

技能操作

1）培养基和试剂

（1）平板计数琼脂培养基（PCA）：见附录 5.1。

（2）无菌生理盐水：称取 8.5g 氯化钠溶于 1000mL 蒸馏水中，121℃高压灭菌 15min。

（3）磷酸盐缓冲液（pH 7.2）。

贮存液：称取 34.0g 的磷酸二氢钾溶于 500mL 蒸馏水中，用大约 175mL 的 1mol/L 氢氧化钠溶液调节 pH，用蒸馏水稀释至 1000mL 后贮存于冰箱。

稀释液：取贮存液 1.25mL，用蒸馏水稀释至 1000mL，分装于适宜容器中，121℃高压灭菌 15min。

2）设备和材料

恒温培养箱［(36±1)℃］，冰箱（2～5℃），恒温水浴槽［(46±1)℃］，天平（感量 0.1g），振荡器，无菌吸管［1mL（分度值 0.01mL）、10mL（分度值 0.1mL）］或微量移液器及吸头，无菌锥形瓶［250、500（mL）］，无菌培养皿（直径 90mm），pH 计或 pH 比色管或精密 pH 试纸，放大镜或菌落计数器。

3）操作步骤

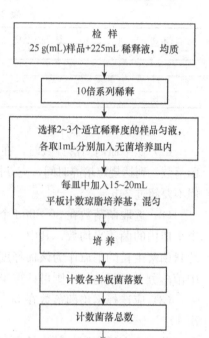

图 2-5　菌落总数检验程序

（1）样品稀释。以无菌吸管吸取 25.00mL 样品放入盛有 225mL 磷酸盐缓冲液（pH 7.2）的无菌锥形瓶（瓶内预先放有适当数量的无菌玻璃珠）中，经充分振摇制成 1∶10 样品匀液。

用 1mL 无菌吸量管吸取 1∶10 样品匀液 1.00mL，沿管壁缓慢注入盛有 9mL 灭菌生理盐水或其他稀释液的试管内（注意吸管尖端不要触及稀释液面），振摇试管混合均匀，制成 1∶100 样品匀液。

另取 1mL 灭菌吸量管，按上项操作顺序制备 10 倍系列样品匀液，每递增稀释一次，即换用 1 支 1mL 灭菌吸量管。

（2）培养。选择 2～3 个适宜稀释度的样品匀液（液体样品可包括原液），吸取 1.00mL 样品匀液于无菌平皿内，每个稀释度接种 2 个平皿。同时，分别吸取 1.00mL 空白稀释液于 2 个无菌平皿内作空白对照。

立即将预先冷至 46℃的平板计数琼脂培养基 15～20mL 倾注平皿，并转动平皿使混合均匀。

待琼脂凝固后，翻转平皿（使平皿底朝上），置于 (36±1)℃恒温箱内培养 (48±2)h。

（3）菌落计数。取出平皿，用肉眼观察，或用放大镜检查，或用魁北克菌落计数器或菌落自动计数器计算平皿内菌落数目，乘以稀释倍数，即得 1mL 样品所含菌落总数。

4）数据记录与结果处理

数据记录与结果处理如表 2-22 所示。

表 2-22　数据记录与结果处理

次数	样品匀液菌落数			两稀释液之比	菌落总数 /(CFU/mL)	结论
	10^{-1}	10^{-2}	10^{-3}			
1						
2						
平均						

5）说明

（1）做平皿内菌落计数时，在记下各皿内菌落数后，求出同稀释度的各平皿的平均菌落数。到达规定培养时间，应立即计数。如果不能立即计数，应将平板放置于 0～4℃，但不要超过 24h。

（2）选取菌落数在 30～300 个的平皿作为菌落总数测定标准。一个稀释度应采用 2 个平皿内的菌落平均数，其中一个平皿有较大片状菌落生长时，则不宜采用，而应以无片状菌落生长的平皿作为该稀释度的菌落数。若片状菌落不到平皿的一半，而其余一半中菌落分布又很均匀，则可计算半个平皿后乘 2，以代表全皿菌落数。

（3）应选择平均菌落数在 30～300 个的稀释度，乘以稀释倍数报告之（表 2-23 例次 1）。

若有两个稀释度，其生长之菌落数均在 30～300 个，则应视两者之比来决定，若其比值小于 2，应报告其平均数，若大于 2，则报告其中较小的数字（表 2-23 例次 2，3）。

若所有稀释度的平均菌落数均大于 300，则应按稀释倍数最高平均菌落数乘以稀释倍数报告之（表 2-23 例次 4）。

若所有稀释度的平均菌落数均小于 30，则应按稀释倍数最低平均菌落数乘以稀释倍数报告之（表 2-23 例次 5）。

若所有稀释度的平均菌落数均不在 30～300 个，其中一部分大于 300 或小于 30 时，则从最接近 30 或 300 的平均菌落数乘以稀释倍数报告之（表 2-23 例次 6）。

若所有稀释度均无菌落生长，则以小于 1 乘以最低稀释倍数报告之（表 2-23 例次 7）。

表 2-23　稀释度选择及菌落数报告方式

例次	稀释液菌落数			稀释液之比	菌落总数 /(CFU/mL)	报告方式 /(CFU/mL)
	10^{-1}	10^{-2}	10^{-3}			
1	1365	164	20	—	16 400	16 000 或 1.6×10^4
2	2760	295	46	1.6	37 750	38 000 或 3.8×10^4
3	2890	271	60	2.2	27 100	27 000 或 2.7×10^4
4	多不可计	4560	513	—	513 000	510 000 或 5.1×10^5
5	27	11	5	—	270	270 或 2.7×10^2
6	多不可计	305	12	—	30 500	31 000 或 3.1×10^4
7	0	0	0	—	$<1 \times 10$	<10

（4）菌落数小于 100CFU 时，按"四舍五入"原则修约，以整数报告。大于或等于 100CFU 时，采用 2 位有效数字，二位有效数字后面的数值以"四舍五入"原则修约，可用 10 的指数形式来表示。

（5）检验中所需玻璃仪器必须是完全灭菌的，并在灭菌前彻底清洗干净，不得残留有抑制物。用做样品稀释的液体，每批都要有空白对照。

（6）为防止细菌增殖产生片状菌落，在检液加入平皿后，应在 20min 内倾入琼脂，并立即使之与琼脂混合均匀。

（7）为了控制和了解污染，在取样进行检验的同时，于工作台上打开一块琼脂平板，其暴露的时间应与该检样从制备、稀释到加入平皿时所暴露的时间相当，然后与加有检样的平皿一起培养，以了解检样在检验操作过程中有无受到来自空气的污染。

（8）加入平皿内的检样稀释液（特别是 10^{-1} 的稀释液）有时带有检样颗粒，为了避免与细菌菌落发生混淆，可做一检样稀释液与琼脂混合的平皿，不经培养，于 4℃环境中放置，以便在计数检样菌落时用作对照。

（9）若空白对照上有菌落生长，则此次检测无效。

任务 16　果酒、黄酒中大肠菌群的检验

学习目标

（1）掌握 MPN 计数法和平板计数法检验果酒、黄酒中大肠菌群的相关知识和操作技能。

（2）会进行无菌操作、培养基制备、样品培养和菌落计数操作。

（3）能给出准确的菌落计数和正确的报告。

知识准备

大肠菌群是指在一定培养条件下能发酵乳糖、产酸产气的需氧和兼性厌氧革兰氏阴性无芽胞杆菌，主要来源于人畜粪便。检查大肠菌群数，一方面能表明样品中有无粪便污染；另一方面还可以根据数量的多少，判定样品受污染的程度。

大肠菌群数的检验有 MPN 计数法和平板计数法。MPN 是指每 100mL（g）检样内大肠菌群最近似数，是基于泊松分布的一种间接计数方法。

大肠菌群 MPN 计数的检验程序见图 2-6。

大肠菌群平板计数的检验程序见图 2-7。

技能操作

1）培养基和试剂

（1）月桂基硫酸盐胰蛋白胨（LST）肉汤：见附录 5.2。

（2）煌绿乳糖胆盐（BGLB）肉汤：见附录 5.3。

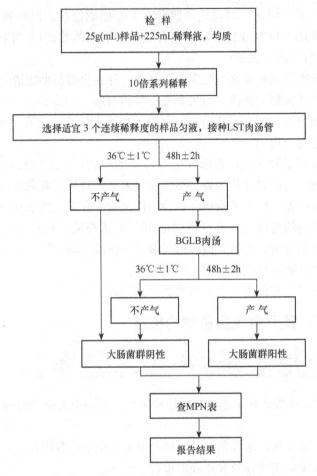

图 2-6　大肠菌群 MPN 计数法检验程序

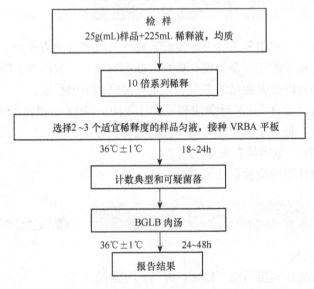

图 2-7　大肠菌群平板计数法检验程序

（3）结晶紫中性红胆盐琼脂（VRBA）：见附录 5.4。

（4）磷酸盐缓冲液（pH 7.2）。

贮存液：称取 34.0g 的磷酸二氢钾溶于 500mL 蒸馏水中，用大约 175mL 的 1mol/L 氢氧化钠溶液调节 pH，用蒸馏水稀释至 1000mL 后贮存于冰箱。

稀释液：取贮存液 1.25mL，用蒸馏水稀释至 1000mL，分装于适宜容器中，121℃ 高压灭菌 15min。

（5）无菌生理盐水：称取 8.5g 氯化钠溶于 1000mL 蒸馏水中，121℃ 高压灭菌 15min。

（6）无菌 1mol/L NaOH 溶液：称取 40g 氢氧化钠溶于 1000mL 蒸馏水中，121℃ 高压灭菌 15min。

（7）无菌 1mol/L HCl 溶液：移取浓盐酸 90mL，用蒸馏水稀释至 1000mL，121℃ 高压灭菌 15min。

2）设备和材料

恒温培养箱，（36±1）℃；冰箱，2～5℃；恒温水浴槽，（46±1）℃；天平，感量 0.1g；振荡器；无菌吸管，1mL（分度值 0.01mL）、10mL（分度值 0.1mL）或微量移液器及吸头；无菌锥形瓶，500mL；无菌培养皿，直径 90mm；pH 计或 pH 比色管或精密 pH 试纸；菌落计数器。

3）操作步骤

MPN 计数法：

（1）样品的稀释。以无菌吸管吸取 25.00mL 样品置于盛有 225mL 磷酸盐缓冲液或生理盐水的无菌锥形瓶（瓶内预置适当数量的无菌玻璃珠）中，充分混匀，制成 1:10 的样品匀液。

样品匀液的 pH 应在 6.5～7.5，必要时分别用 1mol/L NaOH 或 1mol/L HCl 调节。

用 1mL 无菌吸管或微量移液器吸取 1:10 样品匀液 1.00mL，沿管壁缓缓注入 9mL 磷酸盐缓冲液或生理盐水的无菌试管中（注意吸管或吸头尖端不要触及稀释液面），振摇试管或换用 1 支 1mL 无菌吸管反复吹打，使其混合均匀，制成 1:100 的样品匀液。

根据对样品污染状况的估计，按上述操作，依次制成 10 倍递增系列稀释样品匀液。每递增稀释 1 次，换用 1 支 1mL 无菌吸管或吸头。从制备样品匀液至样品接种完毕，全过程不得超过 15min。

（2）初发酵试验。每个样品选择 3 个适宜的连续稀释度的样品匀液（也可以选择原液），每个稀释度接种 3 管月桂基硫酸盐胰蛋白胨（LST）肉汤，每管接种 1mL（如接种量超过 1mL，则用双料 LST 肉汤），（36±1）℃培养（24±2）h，观察管内是否有气泡产生，（24±2）h 产气者进行复发酵试验，如未产气则继续培养至（48±2）h，产气者进行复发酵试验。未产气者为大肠菌群阴性。

（3）复发酵试验。用接种环从产气的 LST 肉汤管中分别取培养物 1 环，移种于煌绿乳糖胆盐肉汤（BGLB）管中，（36±1）℃培养（48±2）h，观察产气情况。产气者，计为大肠菌群阳性管。

平板计数法：

（1）样品的稀释。同 MPN 计数法。

（2）平板计数。选取 2～3 个适宜的连续稀释度，每个稀释度接种 2 个无菌平皿，每皿 1mL。同时取 1mL 生理盐水加入无菌平皿作空白对照。

及时将 15～20mL 冷至 46℃的结晶紫中性红胆盐琼脂（VRBA）倾注于每个平皿中。小心旋转平皿，将培养基与样液充分混匀，待琼脂凝固后，再加 3～4mLVRBA 覆盖平板表层。翻转平板，置于（36±1）℃培养 18～24h。

（3）平板菌落数选择。选取菌落数在 15～150CFU/mL 的平板，分别计数平板上出现的典型和可疑大肠菌群菌落。典型菌落为紫红色，菌落周围有红色的胆盐沉淀环，菌落直径为 0.5mm 或更大。

（4）证实试验。从 VRBA 平板上挑取 10 个不同类型的典型和可疑菌落，分别移种于 BGLB 肉汤管内，（36±1）℃培养 24～48h，观察产气情况。凡 BGLB 肉汤管产气，即可报告为大肠菌群阳性。

4）数据记录与结果处理

（1）大肠菌群最可能数（MPN）的报告。按复发酵试验确证的大肠菌群 LST 阳性管数，检索 MPN 表（附录 4），报告 1mL 样品中大肠菌群的 MPN 值，填入表 2-24 中。

表 2-24　大肠菌群最可能数（MPN）表

阳性管数/支			MPN/(MPN/mL)	结论
0.1	0.01	0.001		

（2）大肠菌群平板计数的报告。经最后证实为大肠菌群阳性的试管比例乘以平板菌落数的选择中计数的平板菌落数，再乘以稀释倍数，即为 1mL 样品中大肠菌群数，填入表 2-25 中。

表 2-25　大肠菌群平板计数表

次数	平板菌落数/个			阳性管数/支			大肠菌数（CFU/mL）			结论
	10^{-1}	10^{-2}	10^{-3}	10^{-1}	10^{-2}	10^{-3}	10^{-1}	10^{-2}	10^{-3}	
1										
2										
平均										

5）说明

（1）MPN 检索表是表示样品中活菌密度的估测，采用的是 3 个稀释度九管法，稀释度的选择是基于对样品中菌数的估测，较理想的结果应是最低稀释度 3 管为阳性，而最高稀释度 3 管为阴性。如果无法估测样品中的菌数，则应做一定范围的稀释度。

（2）大肠菌群的产气量，多者可以使发酵套管充满气体，少者产生比小米粒还小的气泡。一般来说，产气量与大肠菌群检出率呈正相关，但随样品种类而有不同，有米粒大小气泡也有阳性检出。根据大量实践工作经验来看，对未产气的发酵管有疑问时，可以用手轻轻敲动或摇动试管，如有气泡沿管壁上浮，即应考虑有气体产生，做进一步试验观察。这种情况的阳性检出率可达半数以上。

（3）大肠菌群是一群肠道杆菌的总称，大肠菌群菌落的色泽、形态等复杂多样，而且与大肠菌群的检出率密切相关。在实际工作中，为了提高大肠菌群的检出率，应当熟悉其菌落的形态和色泽。在检验方法中我们选用伊红美蓝平板为分离培养基，在该平板上，大肠菌群菌落大多呈紫黑色有金属光泽或无金属光泽。菌落形态的其他方面（如菌落的大小、光滑与粗糙、边缘完整情况、隆起情况、湿润与干燥等）虽也应注意，但不如色泽方面更为重要。

（4）挑取菌落数与大肠菌群的检出率也有密切的关系。在实际工作中由于工作量较大，通常只挑取一个菌落，很难避免假阴性的出现，尤其当菌落不典型时。所以，挑取菌落一定要挑取典型菌落，如无典型菌落则应多挑取几个，以免出现假阴性。

（5）平板计数法结果示例：10^{-4} 样品稀释液 1mL，在 VRBA 平板上有 100 个典型和可疑菌落，挑取其中 10 个接种 BGLB 肉汤管，证实有 6 个阳性管，则该样品的大肠菌群数为 $100 \times 6/10 \times 10^4 /\text{mL} = 6.0 \times 10^5 \text{CFU/mL}$。

项目 2　啤酒的检验

任务 1　啤酒中总酸的测定

学习目标

（1）掌握酸碱滴定法测定啤酒中总酸的相关知识和操作技能。
（2）会正确使用酸度计测定溶液 pH。
（3）能及时记录原始数据和正确处理测定结果。

知识准备

啤酒中的总酸是以 100mL 试样消耗 1.000mol/L 氢氧化钠标准溶液的毫升数来表示，通常采用酸碱滴定法测定，根据确定终点的方法不同，分为指示剂法和电位滴定法。

电位滴定法是用氢氧化钠标准溶液滴定试样中的有机酸，同时用酸度计测定溶液的pH，当溶液的 pH 8.20 时就是终点。根据消耗氢氧化钠标准溶液的体积，计算试样中总酸的含量。适用于颜色较深试样的测定。

指示剂法是以酚酞作指示剂，用氢氧化钠标准溶液滴定试样中的有机酸，滴定至溶液呈现淡红色且半分钟不退色时即为终点。根据消耗氢氧化钠标准溶液的体积，计算试样中总酸的含量。适用于测定颜色较浅的试样。

技能操作

1. 指示剂法

1）试剂

(1) c_{NaOH}＝0.1mol/L 氢氧化钠标准溶液：配制与标定方法同本模块项目 1 中任务 2 白酒、果酒、黄酒中总酸的指示剂法。

(2) 5g/L 酚酞指示液：称取 0.5g 酚酞溶于 100mL 95％（体积分数）乙醇中。

2）仪器

碱式滴定管（50mL），吸量管（10mL）。

3）操作步骤

(1) 试样处理。将恒温至 15～20℃的试样约 300mL 倒入 1000mL 锥形瓶中，盖上橡皮塞，在恒温室内，轻轻摇动，开塞放气，盖塞。反复操作，直至无气体逸出为止。用单层中速干滤纸（漏斗上面盖表面玻璃）过滤。

(2) 测定。于 250mL 锥形瓶中加入 100mL 水，加热煮沸 2min。加入试样 10.00mL，继续加热 1min，控制加热温度使其在最后 30s 内再次沸腾。放置 5min 后，用自来水冲锥形瓶外壁，使其迅速冷却至室温。加入 5g/L 酚酞指示液 0.5mL，用 0.1mol/L 氢氧化钠标准溶液滴定至淡红色且半分钟不退色即为终点。

4）数据记录与结果处理

数据记录与结果处理如表 2-26 所示。

表 2-26　数据记录与结果处理

测定次数	1	2
NaOH 标准溶液浓度 c/(mol/L)		
滴定初读数/mL		
滴定终读数/mL		
测定试样消耗 NaOH 溶液体积 V/mL		
试样中总酸含量 x/(mL/100mL)		
试样中总酸平均含量/(mL/100mL)		
平行测定结果绝对差与平均值的比值/%		

计算公式：

$$x = 10 \times c \times V$$

式中，10——试样换算为 100mL 的系数。

5）说明

所得结果表示为 1 位小数。平行测定结果绝对差与平均值的比值不超过 4％。

2. 电位滴定法

1）试剂

(1) c_{NaOH} 0.1mol/L 氢氧化钠标准溶液：配制与标定方法同本模块项目 1 中任务 2

白酒、果酒、黄酒中总酸的指示剂法。

（2）标准缓冲溶液（pH＝9.18）：现用现配。

2）仪器

酸度计，pH 复合电极，电磁搅拌器，碱式滴定管（50mL），移液管（50mL），恒温水浴槽（精度±0.5，带振荡装置）。

3）操作步骤

（1）试样的处理。取试样 100mL 于 250mL 烧杯中，置于（40±0.5）℃恒温水浴中振荡 30min，取出，冷却至室温。

（2）酸度计的校正。用 pH＝9.18（25℃）标准缓冲溶液校正。

（3）试样的测定。吸取处理过的试样 50.00mL 于 100mL 烧杯中，置于电磁搅拌器上，投入搅拌子，插入电极，开动搅拌，用 0.1mol/L 氢氧化钠标准溶液滴定至 pH＝8.2 即为终点。记录氢氧化钠标准溶液的用量。

4）数据记录与结果处理

同指示剂法。计算公式：

$$x = 2 \times c \times V$$

式中，2——试样换算为 100mL 的系数。

5）说明

（1）所得结果表示为 1 位小数。平行测定结果绝对差与平均值的比值不超过 4%。

（2）在滴定过程中溶液的 pH 没有明显的突跃变化，所以在近终点时滴定要慢，以减少终点时的误差。

任务 2　啤酒中酒精度和原麦汁浓度的测定

（1）掌握相对密度瓶法测定啤酒中酒精度和原麦汁浓度的相关知识和操作技能。

（2）会正确使用密度瓶测定液体密度。

（3）能及时记录原始数据和正确处理测定结果。

啤酒中酒精度和原麦汁浓度的测定方法有密度瓶法和啤酒自动分析仪法。啤酒自动分析仪法可以直接自动测定、计算、打印出试样的酒精度、真正浓度及原麦汁浓度，此处不作介绍。

密度瓶法是通过蒸馏使试样中的酒精挥发出来，用密度瓶测出馏出液（酒精水溶液）20℃时的密度，然后查表 2-28，得到试样中的酒精度（乙醇含量），以%（质量分数）表示。然后将蒸馏除去酒精后的残液用水恢复至原来的质量，用密度瓶测出其 20℃时的相对密度，查附录 3.2 得出样品的真正浓度（浸出物质量分数）。与样品的酒精度一起，用经验公式（Balling 氏公式）计算样品的原麦汁浓度。此法适用于发酵液、清酒液和成品啤酒的测定。

技能操作

1）仪器

蒸发皿（100mL），高精度恒温水浴槽（精度 0.1℃），附温度计密度瓶（25mL 或 50mL，见图 2-2），天平（感量 0.1g），分析天平（感量 0.1mg），全玻璃蒸馏装置（500mL），见图 2-1。

2）操作步骤

（1）酒精度（以质量分数表示）测定。称取 100.0g 试样于 500mL 蒸馏瓶中，以下操作同本模块项目 1 中任务 1 白酒、果酒、黄酒中酒精度的测定方法一。

计算 20℃时的酒精水溶液相对密度 d_1，并查表 2-28，得出酒精度 w_1（以质量分数表示）。

（2）真正浓度（浸出物质量分数）测定。将在测定酒精度时蒸馏除去酒精后的残液（在已知质量的蒸馏烧瓶内）冷却至 20℃，准确补加水使残液至 100.0g，混匀。或用已知质量的蒸发皿称取 100.0g 试样，置于沸水浴上蒸发至原体积的 1/3，取下冷却，加水恢复至原质量，混匀。

将密度瓶洗净、干燥、称量，反复操作，直至恒重。将煮沸后冷却至约 15℃的蒸馏水注满恒重的密度瓶，插入温度计和瓶塞（瓶中应无气泡），立即浸入（20±0.1）℃的水浴中，待密度瓶内温度达 20℃，并保持 5min 不变后，取出，用滤纸吸去溢出支管的水，立即盖上小帽。擦干外壁，称量（精确至 0.0001g）。将密度瓶中的水倒去，用冷却至约 15℃的蒸发并恢复原质量的试样溶液冲洗密度瓶 3 次，然后注满，按上述方法同样操作。计算 20℃时的试样馏残液相对密度 d_2，查附录 3.2 得出试样的真正浓度 w_2（浸出物质量分数）。

（3）原麦汁浓度计算。根据测得的酒精度 w_1（以质量分数表示）和真正浓度 w_2 计算出试样中原麦汁浓度 w（以质量分数表示）。

3）数据记录与结果处理

数据记录与结果处理如表 2-27 所示。

表 2-27　数据记录与结果处理

测定次数		1	2
酒精度测定	密度瓶的质量 m/g		
	密度瓶和水的质量 m_1/g		
	密度瓶和酒精水溶液的质量 m_2/g		
	测得酒精水溶液的相对密度 d_1		
	试样中酒精度 w_1（质量分数）/%		
	试样中酒精度平均值（质量分数）/%		
	平行测定结果绝对差与平均值比值/%		

续表

测定次数		1	2
原麦汁浓度测定	密度瓶的质量 m/g		
	密度瓶和水的质量 m_1/g		
	密度瓶和试样馏残液的质量 m_2/g		
	测得试样馏残液的相对密度 d_2		
	试样的真正浓度 w_2（质量分数）/%		
	试样中原麦汁浓度 w（质量分数）/%		
	试样中原麦汁浓度平均值（质量分数）/%		
	平行测定结果绝对差与平均值比值/%		

计算公式：

20℃时的相对密度 d 按下式计算：

$$d = \frac{m_2 - m}{m_1 - m}$$

试样中原麦汁浓度 w（以质量分数表示）按下式计算：

$$w = \frac{(w_2 + w_1 \times 2.0665) \times 100}{100 + w_1 \times 1.0665}$$

式中，2.0665——包含 1g 酒精、0.9565g CO_2、0.11g 酵母的浸出物质量（g）。

4）说明

（1）所得结果表示为 1 位小数。平行测定结果绝对差与平均值的比值不超过 1%。

（2）试样蒸发时应缓慢平稳地进行，防止试样溅失。

（3）密度瓶称量前调整至室温，是为防止当室温高于瓶温时，水汽在瓶外壁冷凝，引起测量误差。

（4）密度瓶不得在烘箱中烘烤。

表 2-28 为相对密度与酒精度对照表。

表 2-28　相对密度与酒精度对照表（20℃）

相对密度	酒精度（质量分数）/%	相对密度	酒精度（质量分数）/%	相对密度	酒精度（质量分数）/%
1.000 0	0.000	0.998 7	0.700	0.997 4	1.400
0.999 9	0.055	0.998 6	0.750	0.997 3	1.455
0.999 8	0.110	0.998 5	0.805	0.997 2	1.510
0.999 7	0.165	0.998 4	0.855	0.997 1	1.565
0.999 6	0.220	0.998 3	0.910	0.997 0	1.620
0.999 5	0.270	0.998 2	0.965	0.996 9	1.675
0.999 4	0.325	0.998 1	0.975	0.996 8	1.730
0.999 3	0.380	0.998 0	1.070	0.996 7	1.785
0.999 2	0.435	0.997 9	1.125	0.996 6	1.840
0.999 1	0.485	0.997 8	1.180	0.996 5	1.890
0.999 0	0.540	0.997 7	1.235	0.996 4	1.950
0.998 9	0.590	0.997 6	1.285	0.996 3	2.005
0.998 8	0.645	0.997 5	1.345	0.996 2	2.060

续表

相对密度	酒精度 （质量分数）/%	相对密度	酒精度 （质量分数）/%	相对密度	酒精度 （质量分数）/%
0.996 1	2.120	0.992 9	3.965	0.989 7	5.950
0.996 0	2.170	0.992 8	4.030	0.989 6	6.015
0.995 9	2.225	0.992 7	4.090	0.989 5	6.080
0.995 8	2.280	0.992 6	4.150	0.989 4	6.150
0.995 7	2.335	0.992 5	4.215	0.989 3	6.205
0.995 6	2.390	0.992 4	4.275	0.989 2	6.270
0.995 5	2.450	0.992 3	4.335	0.989 1	6.330
0.995 4	2.505	0.992 2	4.400	0.989 0	6.395
0.995 3	2.560	0.992 1	4.460	0.988 9	6.455
0.995 2	2.620	0.992 0	4.520	0.988 8	6.520
0.995 1	2.675	0.991 9	4.580	0.988 7	6.580
0.995 0	2.730	0.991 8	4.640	0.988 6	6.645
0.994 9	2.790	0.991 7	4.700	0.988 5	6.710
0.994 8	2.850	0.991 6	4.760	0.988 4	6.780
0.994 7	2.910	0.991 5	4.825	0.988 3	6.840
0.994 6	2.970	0.991 4	4.885	0.988 2	6.910
0.994 5	3.030	0.991 3	4.945	0.988 1	6.980
0.994 4	3.090	0.991 2	5.005	0.988 0	7.050
0.994 3	3.150	0.991 1	5.070	0.987 9	7.115
0.994 2	3.205	0.991 0	5.130	0.987 8	7.250
0.994 1	3.265	0.990 9	5.190	0.987 7	7.310
0.994 0	3.320	0.990 8	5.255	0.987 6	7.380
0.993 9	3.375	0.990 7	5.315	0.987 5	7.445
0.993 8	3.435	0.990 6	5.375	0.987 4	7.510
0.993 7	3.490	0.990 5	5.445	0.987 3	7.580
0.993 6	3.550	0.990 4	5.510	0.987 2	7.650
0.993 5	3.610	0.990 3	5.570	0.987 1	7.710
0.993 4	3.670	0.990 2	5.635	0.987 0	7.780
0.993 3	3.730	0.990 1	5.700	0.986 9	7.850
0.993 2	3.785	0.990 0	5.760	0.986 8	7.915
0.993 1	3.845	0.989 9	5.820	0.986 7	7.980
0.993 0	3.905	0.989 8	5.890		

任务 3　啤酒中双乙酰的测定

学习目标

（1）掌握邻苯二胺光度法测定啤酒中双乙酰的相关知识和操作技能。

（2）会正确操作紫外分光光度计。

（3）能及时记录原始数据和正确处理测定结果。

知识准备

双乙酰的测定方法有气相色谱法、极谱法和邻苯二胺光度法等，其中邻苯二胺光度法测定快速简便,但结果偏高,这是由于邻苯二胺与连二酮类都能发生相同的反应,而且蒸馏过程中部分前驱体要转化成连二酮,所以此法测得的是总连二酮的含量(以双乙酰表示)。

邻苯二胺比色法是用蒸汽将双乙酰从试样中蒸馏出来,与邻苯二胺反应生成 2,3-二甲基喹喔啉,在 335nm 波长下测定其吸光度,吸光度的大小与双乙酰含量符合朗伯-比尔定律,可对试样的双乙酰含量进行测定。

技能操作

1) 试剂

(1) 4mol/L 盐酸:取浓盐酸 150mL,加入 300mL 蒸馏水中。

(2) 10g/L 邻苯二胺:精密称取邻苯二胺 0.100g,溶解于 4mol/L 盐酸中,并定容至 10mL,摇匀。贮存于棕色瓶中,放于暗处。应当日配制与使用。若配制出来的溶液呈红色,应重新更换。

(3) 消泡剂:有机硅消泡剂或甘油聚醚。

2) 仪器

紫外分光光度计(配有 1cm 石英比色皿),吸量管(10mL),比色管(20mL),容量瓶(25mL),双乙酰蒸馏装置(图 2-8)。

3) 操作步骤

(1) 蒸馏。安装好双乙酰蒸馏装置,加热蒸汽发生器至沸,在冷凝器下端放置 25mL 容量瓶接受馏出液(外加冰水冷却)。于 100mL 量筒中先加入 1 滴消泡剂,再注入预先冷至 5℃的未除气啤酒 100mL,将啤酒迅速注入到蒸馏器内,再用少量蒸馏水冲洗带塞漏斗,盖塞。然后用水密封,开始蒸馏,直到馏出液接近 25mL(蒸馏应在 3min 内完成)时取下容量瓶,用水定容至 25mL,摇匀。

(2) 测定。分别吸取馏出液 10.00mL 于两支比色管中,一支管中加入 10g/L 邻苯二胺溶液 0.5mL,另一支管不加(做空白),充分摇匀后,同时置于暗处放置 20~30min,然后于第一支管中加 4mol/L 盐酸溶液 2mL,空白管中加 4mol/L 盐酸溶液 2.5mL,混匀。在 335nm 波长处,以空白作参比,用 1cm 石英比色皿,测定其吸光度(测定操作必须在 20min 内完成)。

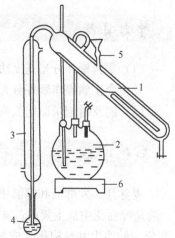

图 2-8　双乙酰蒸馏装置
1. 夹套蒸馏器; 2. 水蒸气发生器;
3. 冷凝器; 4. 25mL 容量瓶;
5. 进样口; 6. 电炉; 7. 排气夹子

4) 数据记录与结果处理

数据记录与结果处理如表 2-29 所示。

表 2-29　数据记录与结果处理

测定次数	1	2
吸光度 A		
试样中双乙酰含量 ρ/(mg/L)		

续表

测定次数	1	2
试样中双乙酰平均含量/(mg/L)		
平行测定结果绝对差与平均值比值/%		

计算公式：

$$\rho = A \times 2.4$$

式中，2.4——用1cm石英比色皿时，吸光度和双乙酰含量的换算系数。

5）说明

（1）所得结果表示为2位小数。平行测定结果绝对差与平均值的比值不超过10%。

（2）在能达到消泡效果的情况下，消泡剂的用量越少越好。用量过高会使测定结果出现较大的正误差。

（3）蒸馏时加入试样要迅速，勿使双乙酰损失。严格控制蒸汽量，勿使泡沫过高，被蒸汽带出而导致蒸馏失败。

（4）反应在暗处进行，否则导致结果偏高。

（5）发酵液、清酒液、桶（罐）装啤酒，采样后应立即测定，不需经过样品处理。

任务4　啤酒中苦味质的测定

学习目标

（1）掌握紫外分光光度法测定啤酒中苦味质的相关知识和操作技能。

（2）会正确操作紫外分光光度计。

（3）能及时记录原始数据和正确处理测定结果。

知识准备

麦芽汁、发酵液和啤酒中的苦味物质主要成分是异α-酸，它来自啤酒花中的α-酸。α-酸是啤酒花中最主要的苦味成分，也是啤酒花的最有效成分。啤酒花在煮沸过程中，部分α-酸溶出并异构化生成异α-酸。苦味使啤酒呈现特殊的风味，是啤酒质量的重要指标。异α-酸的测定方法有重量法、旋光法、电位滴定法、电导法、气相色谱法以及紫外分光光度法。紫外分光光度法比较准确快速，是欧啤协推荐的方法，也是我国前轻工部部颁标准规定的方法。

紫外分光光度法是将试样酸化后用异辛烷萃取其中的苦味物质，在275nm波长下测定吸光度，计算国际通用的苦味质单位（BU）。

技能操作

1）试剂

（1）重蒸馏水：将普通蒸馏水在全玻璃蒸馏装置中重新蒸馏。

（2）异辛烷：在 20mL 异辛烷中加 1 滴辛醇，用 1cm 比色皿测定 275nm 波长处的吸光度，该吸光度应接近重蒸馏水或不高于 0.005。

（3）3mol/L 盐酸溶液：量取 25mL 浓盐酸，用水稀释至 100mL，摇匀。

（4）辛醇。

2）仪器

紫外分光光度计（配有 1cm 石英比色皿），离心机（3000r/min），离心试管，电动振荡器（振幅 20～30mm），吸量管（10mL）。

3）操作步骤

用尖端带有 1 滴辛醇的移液管吸取未除气的冷啤酒样品（10℃）10.00mL 于 50mL 离心管中，加 3mol/L 盐酸溶液 1mL 和异辛烷 20mL，旋紧盖，用电动振荡器振摇 15min（应呈乳状），然后移到离心机上以 3000r/min 离心 10min，吸取上层清液（异辛烷层）于 1cm 石英比色皿中，在 275nm 波长下，以异辛烷作参比，测定其吸光度，计算试样中苦味质含量。

4）数据记录与结果处理

数据记录与结果处理如表 2-30 所示。

表 2-30　数据记录与结果处理

测定次数	1	2
吸光度 A		
试样中苦味质含量 x/BU		
试样中苦味质平均含量/BU		
平行测定结果绝对差与平均值比值/%		

计算公式：

$$x = A \times 50$$

式中，50——用 1cm 石英比色皿时，吸光度与苦味质的换算系数。

5）说明

（1）所得结果表示为 1 位小数。平行测定结果绝对差与平均值的比值不超过 3%。

（2）测定麦芽汁时，取样量为 5.00mL，计算结果应乘以 2。

（3）可用分液漏斗萃取：吸取 10.00mL 样品注入 125mL 分液漏斗中，加 3mol/L 盐酸溶液 1mL 和异辛烷 20mL，盖塞，先对准气孔轻摇两下，放气。再盖塞，手指压紧塞和放液旋塞，振摇直至异辛烷萃取液呈乳状（约 10min），静置分层后，弃去水相，将有机相转入离心试管，离心并测定吸光度。

（4）使用后的异辛烷，可加入 4%（质量分数）活性炭处理，过滤后回收。或加固体氢氧化钠，放置过夜，在全玻璃蒸馏装置上蒸馏。其透光率接近重蒸蒸馏水（在 275nm 波长下），方可重复使用。

任务5　啤酒中细菌总数的检验

学习目标

（1）掌握平板计数法检验啤酒中细菌总数的相关知识和操作技能。

（2）会进行无菌操作、培养基制备、样品培养和菌落计数操作。

（3）能给出准确的菌落计数和正确的报告。

知识准备

同本模块项目 1 中任务 15 果酒、黄酒中细菌总数的检验。

技能操作

同本模块项目 1 中任务 15 果酒、黄酒中细菌总数的检验。

任务 6　啤酒中大肠菌群的检验

学习目标

（1）掌握 MPN 计数法和平板计数法检验啤酒中大肠菌群的相关知识和操作技能。

（2）会进行无菌操作、培养基制备、样品培养和菌落计数操作。

（3）能给出准确的菌落计数和正确的报告。

知识准备

同本模块项目 1 中任务 16 果酒、黄酒中大肠菌群的检验。

技能操作

同本模块项目 1 中任务 16 果酒、黄酒中大肠菌群的检验。

复习思考题

1. 选择题（有的正确选项不止一个）

（1）原麦汁浓度的计算公式为 $w = \dfrac{(w_2 + w_1 \times 2.0665) \times 100}{100 + w_1 \times 1.0665}$，式中 2.0665g 浸出物包括的是（　　）。

A. 1g 酒精、0.9565g CO_2、0.11g 酵母　　　B. 1g 酒精、0.9565g CO_2、0.11g 麦芽糖

C. 1g 水份、0.9565g CO_2、0.11g 酵母　　　D. 1g 水份、0.9565g 酒精、0.11g CO_2

（2）在作霉菌及酵母菌测定时，每个稀释度作（　　）平皿。

A. 4 个　　　　　B. 3 个　　　　　C. 2 个　　　　　D. 1 个

（3）黄酒氨基酸态氮的测定中，下面操作错误的是（　　）。

A. 准确吸取 10.00mL 样品　　　　　B. 用 NaOH 滴定至 pH 8.2 为终点

C. 加入中性甲醛溶液 10mL　　　　　　　　D. 用 NaOH 标准溶液滴定至 pH 10 为终点

(4) 用邻菲啰啉光度法测定铁含量,加入邻菲啰啉的作用是(　　　)。

A. 氧化 Fe^{2+} 成 Fe^{3+}　　　　　　　　B. 还原 Fe^{3+} 成 Fe^{2+}

C. 螯合剂　　　　　　　　　　　　　　　D. 显色剂

(5) 黄酒中氧化钙的化学测定法,高锰酸钾溶液滴定的是定量的(　　　)。

A. 草酸铵　　　　　　　　　　　　　　　B. 氧化钙

C. 硫酸　　　　　　　　　　　　　　　　D. 硫酸溶解 CaC_2O_4 后释放的 $C_2O_4^{2-}$

(6) 甲醇的光度法测定中,下列因素(　　　)对测定结果影响最大。

A. 空白试验　　　　　　　　　　　　　　B. $KMnO_4$-H_3PO_4 用量

C. 显色剂用量　　　　　　　　　　　　　D. 样品酒精含量及取样量

(7) 不影响样品浸出物含量测量结果的因素为下列(　　　)。

A. 麦芽汁 20℃相对密度　　　　　　　　　B. 密度瓶的重量

C. 水的质量　　　　　　　　　　　　　　D. 乙醇、乙醚洗涤密度瓶

(8) 二硫腙比色法测 Pb 含量中可用柠檬酸铵和 EDTA 作(　　　)。

A. 络合剂　　　　　B. 催化剂　　　　　C. 指示剂　　　　　D. 掩蔽剂

(9) 银盐法测 As 含量,银盐溶液吸收生成的砷化氢形成(　　　)色胶态物。

A. 红　　　　　　　B. 黄　　　　　　　C. 蓝　　　　　　　D. 绿

(10) 黄酒中氧化钙的化学测定法中加入草酸铵的作用是(　　　)。

A. 使酒中的 Ca^{2+} 沉淀分离出来　　　　　B. 消除酒中其他金属离子的干扰

C. 消除黄酒中游离酸的干扰　　　　　　　D. 消除酒中氨基酸的干扰

(11) 白酒中乙酸乙酯的分析应选用下面的(　　　)来测定。

A. 气相色谱热导检测器　　　　　　　　　B. 气相色谱火焰光度检测器

C. 气相色谱氢火焰检测器　　　　　　　　D. 气相色谱电子捕获检测器

(12) 酵母菌的细胞壁主要含(　　　)。

A. 肽聚糖　　　　　B. 葡聚糖　　　　　C. 几丁质　　　　　D. 甘露聚糖

(13) 下列培养基或试剂中与食品中大肠菌群检测有关的是(　　　)。

A. 乳糖胆盐发酵管　B. 革兰氏染色液　　C. 乳糖发酵管　　　D. 伊红美蓝琼脂

(14) 对大肠杆菌描述正确的是(　　　)。

A. 能运动　　　　　B. 周身鞭毛　　　　C. 无芽孢　　　　　D. 革兰氏阳性

(15) 曲霉的主要特征有(　　　)。

A. 多细胞　　　　　B. 菌丝无膈膜　　　C. 没有假根　　　　D. 产分生孢子

2. 测定黄酒中的氧化钙常采用哪两种方法? 在测定过程中应注意哪些问题?

3. 测定白酒中铅含量时,干法处理为什么要控制温度? 用化学试剂测定时,所加试剂各起什么作用?

4. 测定白酒中氰化物时,应注意哪些问题?

5. 用邻菲啰啉比色法测葡萄酒中铁含量时,需加哪些试剂? 所加试剂各起什么作用?

6. 说明果酒、黄酒中还原糖的测定方法及原理。如何提高测定结果的准确度?

7. 直接滴定法测定果酒、黄酒中的还原糖是如何进行定量的，为何要用标准葡萄糖液来标定？

8. 对于颜色较深的样品，在测定其总酸度时，如何排除干扰，以保证测定的准确度？

9. 果酒中的挥发酸主要有哪些成分？如何测定果酒中的挥发酸含量？

10. 说明果酒中二氧化硫的测定方法及原理，以及测定中各试剂的作用。

11. 试述果酒、黄酒中氨基酸态氮的测定原理。

12. 简述白酒中总酯测定的原理及方法。

13. 简述紫外分光光度法测定啤酒苦味质的步骤。

14. 在测定啤酒苦味质进行样品处理时，为什么不能损失泡沫？

15. 简述测定啤酒中酒精度的原理及操作要点。

16. 简述测定啤酒中双乙酰的原理及方法。

17. 有一啤酒试样，欲测定其总酸，因终点难以判断，拟采用电位滴定法，请问，应如何进行？请写出操作方法与步骤。

18. 有一葡萄酒试样，拟采可见分光光度法测定其铁含量，应如何进行？请写出原理、操作方法、结果处理。

19. 测定葡萄酒中二氧化硫含量。吸取 10.0mL 葡萄酒样，在检测试样的同时要做空白试验。向蒸馏液中加入 10mL 浓盐酸、1mL 淀粉指示液，摇匀之后用 0.01025mol/L 碘标准溶液滴定至变蓝，消耗碘标准溶液 17.53mL。空白试验用去碘标准溶液 0.11mL。计算葡萄酒样中二氧化硫含量（g/L）。

20. 测定黄酒中氧化钙含量，吸取酒样 25.0mL，以 50mL 蒸馏水稀释，加 3 滴甲基橙指示液及浓盐酸 2mL，再加入饱和草酸铵溶液 30mL 并将溶液煮沸，加入氢氧化铵溶液至甲基橙变为黄色，过滤后洗涤沉淀至无氯离子。将洗净之沉淀及滤纸取下，加入沸蒸馏水 100mL、硫酸溶液 25mL，保持溶液温度在 60～80℃，用 $c_{1/5 \ KMnO_4} = 0.05000$mol/L 高锰酸钾标准溶液滴定至微红色消耗 22.86mL。计算黄酒样中氧化钙含量（g/100mL）。

21. 吸取酒样 50.00mL，用 0.1016mol/L 氢氧化钠标准溶液滴定至刚显微红色，耗用 12.31mL。再准确加入 0.1016mol/L 氢氧化钠标准溶液 25.00mL，在沸水浴中回流加热皂化，冷却后，加入 0.09862mol/L 盐酸标准溶液 25.00mL，然后用 0.1016mol/L 氢氧化钠标准溶液滴定至溶液呈现微红色为止，用去 0.1016mol/L 氢氧化钠标准溶液 15.07mL。计算酒样中的总酸（以乙酸计）和总酯含量（以乙酸乙酯计）。

22. 有一标准铁溶液，浓度为 6μg/mL，其吸光度为 0.304，有一葡萄酒样品，经消化处理后，在同一条件下测得的吸光度为 0.501，试求样品中铁的含量是多少？

模块 3 发酵食品的分析与检验

发酵食品是指利用有益微生物加工制造的一类食品，具有独特的风味，如酸奶、干酪、酒酿、泡菜、酱油、食醋、豆豉、黄酒、啤酒、葡萄酒等。发酵食品主要有谷物发酵制品、豆类发酵制品和乳类发酵制品。谷物发酵制品包括甜面酱、米醋、米酒、葡萄酒等，其中富含苏氨酸等成分，可以防止记忆力减退；另外，醋的主要成分是多种氨基酸及矿物质，有降低血压、血糖及胆固醇的效果。豆类发酵制品包括豆瓣酱、酱油、豆豉、腐乳等，发酵的大豆含有丰富的抗血栓成分，有预防动脉粥样硬化、降低血压之功效；豆类发酵之后，能参与维生素 K 合成，防止骨质疏松症的发生。乳类发酵制品是以生牛（羊）乳或乳粉为原料，经杀菌、发酵后制成的 pH 降低的产品，如酸奶、奶酪等含有乳酸菌等成分，能抑制肠道腐败菌的生长，又能刺激机体免疫系统，调动机体的积极因素，有效预防癌症。本模块主要介绍酱油、食醋和发酵乳的分析与检验。

项目 1 酱油、食醋的检验

任务 1 酱油、食醋中食盐的测定

学习目标

（1）掌握沉淀滴定法测定酱油、食醋中食盐的相关知识和操作技能。
（2）会进行规范的滴定操作和正确判断沉淀滴定的终点。
（3）能及时记录原始数据和正确处理测定结果。

知识准备

测定酱油、食醋中食盐的方法有直接滴定法（莫尔法）和间接滴定法（佛尔哈德法）。因为直接滴定法简易、迅速，所以酱油、食醋中食盐的含量一般采用直接滴定法测定。

直接滴定法以铬酸钾为指示剂，用硝酸银标准溶液滴定试样中的氯化钠，生成氯化银沉淀。待全部氯化银沉淀后，过量的硝酸银立即与铬酸钾作用，生成砖红色的铬酸银沉淀，因此当溶液滴定至刚显砖红色沉淀时即为终点。根据硝酸银标准溶液的消耗量计算氯化钠的含量。

$$AgNO_3 + NaCl = AgCl\downarrow + NaNO_3$$
$$2AgNO_3 + K_2CrO_4 = Ag_2CrO_4\downarrow + 2KNO_3$$

技能操作

1）试剂

（1）50g/L 铬酸钾指示液：称取 5g 铬酸钾，加水溶解并稀释至 100mL。

（2）c_{AgNO_3}＝0.1mol/L 硝酸银标准溶液：称取 4.25g 硝酸银于小烧杯中，加少量水溶解后，转移至 250mL 容量瓶中，用水稀释至刻度，摇匀。

标定：称取在 270℃ 干燥至恒重的基准氯化钠 0.1200g，放入 250mL 锥形瓶中，加蒸馏水 50mL，溶解后加入 50g/L 铬酸钾指示液 1mL，用 0.1mol/L 硝酸银溶液滴定至浅砖红色，记下耗用硝酸银溶液的体积。同时做空白试验。

硝酸银标准溶液的浓度按下式计算：

$$c = \frac{m \times 1000}{(V_1 - V_0) \times 58.5}$$

式中，c——硝酸银溶液的浓度（mol/L）；

m——基准氯化钠的质量（g）；

V_1——标定耗用硝酸银溶液的体积（mL）；

V_0——空白耗用硝酸银溶液的体积（mL）；

58.5——氯化钠（NaCl）的摩尔质量（g/mol）。

2）仪器

分析天平（感量 0.1mg），棕色酸式滴定管（50mL），容量瓶（100mL），吸量管（5mL）。

3）操作步骤

（1）试样稀释液的制备。准确吸取 5.00mL 已过滤的试样，置于 100mL 容量瓶中，加水定容至刻度，摇匀。

（2）试样的测定。吸取试样稀释液 2.00mL，放入洁净的 250mL 锥形瓶中，加水 100mL，50g/L 铬酸钾指示剂 1mL，用 0.1mol/L 硝酸银标准液滴定至刚显砖红色沉淀时即为终点，记下耗用硝酸银标准溶液的体积。量取 100mL 水，同时做试剂空白试验。

4）数据记录与结果处理

数据记录与结果处理如表 3-1 所示。

表 3-1　数据记录与结果处理

测定次数	1	2	空白
试样体积 V/mL			
试样稀释后体积 V_2/mL			
测定用试样稀释液体积 V_3/mL			
硝酸银标准溶液的浓度 c/(mol/L)			
滴定初读数/mL			
滴定终读数/mL			
测定试样耗用硝酸银溶液的体积 V_1/mL			
空白试验耗用硝酸银溶液的体积 V_0/mL			
试样中食盐含量 ρ/(g/L)			
试样中食盐平均含量/(g/L)			
平行测定结果绝对差值/(g/L)			

计算公式：

$$\rho = \frac{(V_1 - V_0) \times c \times 58.5}{V \times \frac{V_3}{V_2}}$$

式中，58.5——氯化钠（NaCl）的摩尔质量（g/mol）。

5）说明

（1）所得结果保留 3 位有效数字。平行测定结果绝对差值不超过 1g/L。

（2）此法在酸性或碱性溶液中进行滴定，会使结果偏高。滴定前溶液的 pH 调整到 6.5～10.5，即中性或弱碱性较适宜（可用氢氧化钠溶液中和）；如有铵盐存在时，pH 要调整到 6.5～7.2 为宜。如样品溶液的蛋白质含量较高，应除去蛋白质后再进行氯化物的测定，以避免蛋白质对含银化合物的吸附造成的影响。

（3）如果样品色泽过深，终点不易辨认，可取样品 10～15mL 于坩埚中，在水浴上蒸干，小心炭化至内容物易压碎为止。用水将炭化物移入 100mL 容量瓶中，加水至刻度，过滤，取滤液按上述操作。

（4）观察终点不熟悉时，可用同量的蒸馏水加铬酸钾指示液 1 滴，再加 1 滴 0.1mol/L 硝酸银溶液进行对照。

任务 2　酱油中全氮的测定

学习目标

（1）掌握凯氏定氮法测定酱油中全氮的相关知识和操作技能。
（2）会进行凯氏定氮操作和规范的滴定操作。
（3）能及时记录原始数据和正确处理测定结果。

知识准备

酱油中全氮含量以氮（N）计算，采用凯氏定氮法测定。试样中含氮有机化合物经浓硫酸消化后，生成硫酸铵，加碱蒸馏出氨，被硼酸吸收，以甲基红-溴甲酚绿为指示剂，用盐酸标准溶液滴定。

技能操作

1）试剂

（1）溴甲酚绿-甲基红指示液：称取 0.15g 溴甲酚绿，0.1g 甲基红，加 95%（体积分数）乙醇溶解并稀释至 200mL。

（2）硫酸铜-硫酸钾混合试剂：3 份硫酸铜与 50 份硫酸钾混合。

（3）硫酸。

（4）20g/L 硼酸溶液：称取 2g 硼酸，溶解于 100mL 蒸馏水中。

（5）锌粒。

（6）400g/L 氢氧化钠溶液：称取 40g 氢氧化钠，溶解于 100mL 水中。

（7）c_{HCl}＝0.1mol/L 盐酸标准溶液：量取盐酸 9mL 于 1000mL 容量瓶中，用蒸馏水稀释至刻度。

标定：称取在 270～300℃ 干燥至恒重的基准无水碳酸钠 0.2g（准确至 0.1mg）于 250mL 锥形瓶中，加入蒸馏水 50mL，溶解后，加溴甲酚绿-甲基红指示液 10 滴，用上述配制的盐酸溶液滴定至溶液由绿色变为暗红色，煮沸 2min，冷却后继续滴定至溶液再呈暗红色即为终点。同时做空白试验。

盐酸标准溶液的浓度按下式计算：

$$c = \frac{m \times 1000}{(V_1 - V_0) \times 52.99}$$

式中，c——盐酸标准溶液的浓度（mol/L）；

m——无水碳酸钠的质量（g）；

V_1——标定时盐酸溶液用量（mL）；

V_0——空白试验时盐酸溶液用量（mL）；

52.99——碳酸钠（1/2 Na_2CO_3）的摩尔质量（g/mol）。

2）仪器

凯氏烧瓶（250mL），直形冷凝管，电炉，分析天平（感量 0.1mg），酸式滴定管（10mL），吸量管（2mL）。

3）操作步骤

吸取试样 2.00mL 于干燥的 250mL 凯氏烧瓶中，加入硫酸铜-硫酸钾混合试剂 4g，硫酸 10mL，然后放入通风橱内（烧瓶口放一个小漏斗，并将烧瓶以 45°斜置于电炉上），小心加热，待内容物全部炭化，泡沫完全停止后，加强火力，并保持瓶内溶液微沸，至炭粒全部消失，消化液呈澄清的浅绿色，再继续加热 15min，取下，冷却。然后缓缓加入蒸馏水 120mL，将冷凝管下端的导管插入盛有 20g/L 硼酸溶液 30mL 及溴甲酚绿-甲基红指示液 2～3 滴的锥形瓶中的液面下。再沿凯氏烧瓶壁缓慢加入 400g/L 氢氧化钠溶液 40mL，锌粒 2 粒，迅速连接蒸馏装置（整个装置应严密不漏气），接通冷却水，振摇凯氏烧瓶，加热蒸馏至馏出液约 120mL，然后将接收瓶放下少许使冷凝管下端离开液面，再蒸馏 1min，然后停止加热，用少量蒸馏水冲洗冷凝管下端的外部，取下接收瓶。以 0.10mol/L 盐酸标准溶液滴定至暗红色为终点，记下耗用体积。同时做空白试验。

4）数据记录与结果处理

数据记录与结果处理如表 3-2 所示。

表 3-2　数据记录与结果处理

测定次数	1	2	空白
试样体积 V/mL			
盐酸标准溶液的浓度 c/(mol/L)			
滴定初读数/mL			
滴定终读数/mL			
测定试样耗用盐酸溶液的体积 V_1/mL			
空白试验耗用盐酸溶液的体积 V_0/mL			

续表

测定次数	1	2	空白
试样中全氮含量 ρ/(g/L)			
试样中全氮平均含量/(g/L)			
平行测定结果绝对差值/(g/L)			

计算公式：

$$p = \frac{(V_1 - V_0) \times c \times 14}{V}$$

式中，14——氮（N）的摩尔质量（g/mol）。

5）说明

所得结果保留 2 位有效数字。平行测定结果绝对差值不超过 0.3g/L。

任务 3 酱油中氨基酸态氮的测定

学习目标

（1）掌握甲醛滴定法和比色法测定酱油中氨基酸态氮的相关知识和操作技能。
（2）会进行规范的滴定操作和正确使用酸度计、分光光度计。
（3）能及时记录原始数据和正确处理测定结果。

知识准备

酱油中氨基酸态氮含量以氮（N）计算，测定方法有甲醛滴定法和比色法。

甲醛滴定法是利用氨基酸的两性，加入甲醛以固定氨基的碱性，使羧基显示出酸性，用氢氧化钠标准溶液滴定，以酸度计测定终点。

比色法是在 pH 4.8 的乙酸-乙酸钠缓冲溶液中，氨基酸态氮和乙酰丙酮与甲醛反应生成黄色的 3,5-二乙酰-2,6-二甲基-1,4-二氢化吡啶氨基酸衍生物，在 400nm 波长处测定其吸光度，与标准系列比较定量。

技能操作

1. 甲醛滴定法

1）试剂

（1）10g/L 酚酞指示液：称取 0.5g 酚酞溶于 50mL 95%（体积分数）乙醇中，摇匀。

（2）甲醛（36%～38%）。

（3）c_{NaOH}＝0.05mol/L 氢氧化钠标准溶液：称取氢氧化钠 110g 于 200mL 烧杯中，加新煮沸的蒸馏水 100mL 搅拌使其溶解，冷却后，摇匀，置聚乙烯塑料瓶中，密塞，放置数日。澄清后，量取上层清液 2.80mL，加新煮沸的蒸馏水稀释至 1000mL，混匀。

标定：准确称取在 105～110℃ 干燥至恒重的基准邻苯二甲酸氢钾 0.38g（准确至

0.1mg）于 250mL 锥形瓶中，加新煮沸的蒸馏水 50mL 使其溶解，加酚酞指示液 2 滴，用上述配制的氢氧化钠溶液滴定至溶液呈微红色，半分钟不消失为终点，记下耗用氢氧化钠溶液的体积。同时做空白试验。

氢氧化钠标准溶液的浓度按下式计算：

$$c = \frac{m \times 1000}{(V_1 - V_0) \times 204.2}$$

式中，c——氢氧化钠标准溶液的浓度（mol/L）；

$\quad$ m——邻苯二甲酸氢钾的质量（g）；

$\quad$ V_1——标定时氢氧化钠溶液用量（mL）；

$\quad$ V_0——空白试验时氢氧化钠溶液用量（mL）；

$\quad$ 204.2——邻苯二甲酸氢钾（$C_8H_5KO_4$）的摩尔质量（g/mol）。

2）仪器

酸度计，pH 复合电极，电磁搅拌器，碱式滴定管（10mL），容量瓶（100mL），移液管（20mL），吸量管（10mL）。

3）操作步骤

（1）试样稀释液的制备。吸取试样 5.00mL 置于 100mL 容量瓶中，加水定容至刻度，摇匀。

（2）滴定。吸取试样稀释液 10.00mL 于 200mL 烧杯中，加蒸馏水 60mL，投入搅拌子，插入电极，开动电磁搅拌器，用 0.05mol/L 氢氧化钠标准溶液滴定至 pH=8.20，记下消耗氢氧化钠标准溶液的体积。加入甲醛 10mL，开动电磁搅拌器，混匀，再用 0.05mol/L 氢氧化钠标准溶液继续滴定至 pH=9.20，记下消耗氢氧化钠标准溶液的体积。同时做空白试验。

4）数据记录与结果处理

数据记录与结果处理如表 3-3 所示。

表 3-3　数据记录与结果处理

测定次数	1	2	空白
试样体积 V/mL			
试样稀释液体积 V_2/mL			
测定用试样稀释液体积 V_3/mL			
NaOH 溶液浓度 c/(mol/L)			
滴定至 pH=8.20 时读数/mL			
滴定至 pH=9.20 时读数/mL			
加甲醛后空白试验消耗 NaOH 溶液体积 V_0/mL			
加甲醛后测定试样消耗 NaOH 溶液体积 V_1/mL			
试样中氨基酸态氮含量 ρ/(g/L)			
试样中氨基酸态氮平均含量/(g/L)			
平行测定结果绝对差值/(g/L)			

计算公式：

$$\rho = \frac{c \times (V_1 - V_0) \times 14}{V \times \dfrac{V_3}{V_2}}$$

式中，14——氮（N）的摩尔质量（g/mol）。

5）说明

所得结果保留 2 位有效数字。平行测定结果绝对差值不超过 0.3g/L。

2. 比色法

1）试剂

（1）1mol/L 乙酸溶液：量取 5.8mL 冰乙酸，加水稀释至 100mL。

（2）1mol/L 乙酸钠溶液：称取 41g 无水乙酸钠或 68g 乙酸钠（CH$_3$COONa・3H$_2$O），加水溶解并稀释至 500mL。

（3）乙酸-乙酸钠缓冲溶液（pH=4.8）：量取 1mol/L 乙酸溶液 40mL 与 1mol/L 乙酸钠溶液 60mL 混合均匀。

（4）显色剂：37%（体积分数）甲醇 15mL 与乙酰丙酮 7.8mL 混合，加水稀释至 100mL，剧烈振摇混匀（室温下放置稳定 3d）。

（5）1.0g/L 氨氮标准储备溶液：精密称取 105℃干燥 2h 的硫酸铵 0.4720g，加水溶解后移入 100mL 容量瓶中，并稀释至刻度，混匀（10℃冰箱内贮存稳定 1 年以上）。

（6）0.1g/L 氨氮标准使用溶液：吸取 1.0g/L 氨氮标准储备溶液 10.00mL 于 100mL 容量瓶中，加水稀释至刻度，混匀（10℃冰箱内贮存稳定 1 个月）。

2）仪器

分光光度计，配有 1cm 比色皿；恒温水浴槽；比色管，10mL；容量瓶，50mL；吸量管，2mL。

3）操作步骤

（1）试样稀释液的制备。吸取试样 1.00mL 置于 50mL 容量瓶中，加水定容至刻度，混匀。

（2）标准曲线的绘制。分别吸取氨氮标准使用溶液 0.00、0.05、0.10、0.20、0.40、0.60、0.80、1.00（mL）[相当于氨氮 0、5.0、10.0、20.0、40.0、60.0、80.0、100.0（μg）]于 8 支 10mL 比色管中，向各比色管中分别加入 4mL 乙酸-乙酸钠缓冲溶液（pH4.8）和 4mL 显色剂，用水稀释至刻度，混匀。置于 100℃水浴中加热 15min，取出，水浴冷却至室温后，移入 1cm 比色皿内，以零管为参比，于 400nm 波长处测吸光度，绘制标准曲线或建立线性回归方程。

（3）试样测定。吸取 2.00mL 试样稀释液（约相当于氨氮 100μg）于 10mL 比色管中，以下按标准曲线绘制中方法操作，从标准曲线查出或用线性回归方程计算试样中氨基酸态氮的含量。

4）数据记录与结果处理

数据记录与结果处理如表 3-4 所示。

表 3-4　数据记录与结果处理

测定项目	标准系列溶液								试样溶液	
	1	2	3	4	5	6	7	8	1	2
试样体积 V/mL										
试样稀释液体积 V_1/mL										
测定用试样稀释液体积 V_2/mL										
吸光度 A										
测定液中氨基酸态氮含量 m/μg										
试样中氨基酸态氮含量 ρ/(g/L)										
试样中氨基酸态氮平均含量/(g/L)										
平行测定结果绝对差值/(g/L)										

计算公式：

$$\rho = \frac{m \times 10^{-3}}{V_2} \times \frac{V_1}{V}$$

5）说明

所得结果保留 2 位有效数字。平行测定结果绝对差值不超过 0.3g/L。

任务4　酱油中铵盐的测定

学习目标

（1）掌握半微量定氮法测定酱油中铵盐的相关知识和操作技能。

（2）会进行蒸馏操作和规范的滴定操作。

（3）能及时记录原始数据和正确处理测定结果。

知识准备

酱油中铵盐含量以氨（NH_3）计算，采用半微量定氮法测定。试样在碱性溶液中加热蒸馏，使氨游离蒸出，被硼酸吸收，用盐酸标准溶液滴定。根据消耗盐酸标准溶液的体积计算铵盐含量。

技能操作

1）试剂

（1）氧化镁。

（2）20g/L 硼酸溶液：称取 2g 硼酸，溶解于 100mL 蒸馏水中。

（3）溴甲酚绿-甲基红指示液：称取 0.15g 溴甲酚绿，0.1g 甲基红，加 95%（体积分数）乙醇溶解并稀释至 200mL。

（4）c_{HCl}＝0.1mol/L 盐酸标准溶液：配制与标定方法同本模块项目 1 中任务 2 酱油中全氮的测定。

2）仪器

全玻璃蒸馏装置，见图 2-1；酸式滴定管，10mL；吸量管，2mL。

3）操作步骤

吸取试样 2.00mL 置于 500mL 蒸馏瓶中，加入水 150mL，氧化镁 1g，连接好蒸馏装置，并使接应管伸入接收瓶液面下，在接收瓶中预先加入 20g/L 硼酸溶液 10mL 和甲基红-溴甲酚绿指示液 2～3 滴，加热蒸馏，从沸腾开始计时，约蒸馏 30min 即可，用少量水冲洗接应管，用 0.1mol/L 盐酸标准溶液滴定至终点。同时做空白试验。

4）数据记录与结果处理

数据记录与结果处理如表 3-5 所示。

表 3-5　数据记录与结果处理

测定次数	1	2	空白
试样体积 V/mL			
盐酸标准溶液的浓度 c/(mol/L)			
滴定初读数/mL			
滴定终读数/mL			
试样测定耗用盐酸溶液的体积 V_1/mL			
空白测定耗用盐酸溶液的体积 V_0/mL			
试样中铵盐含量 ρ/(g/L)			
试样中铵盐平均含量/(g/L)			
平行测定结果绝对差值/(g/L)			

计算公式：

$$\rho = \frac{(V_1 - V_0) \times c \times 17}{V}$$

式中，17——氨（NH_3）的摩尔质量（g/mol）。

5）说明

所得结果保留 2 位有效数字。平行测定结果绝对差值不超过 0.3g/L。

任务 5　酱油中乙酰丙酸的测定

学习目标

（1）掌握气相色谱法测定酱油中乙酰丙酸的相关知识和操作技能。

（2）会正确操作气相色谱仪。

（3）能用内标法或外标法进行定量。

知识准备

酱油中乙酰丙酸的含量用气相色谱法测定，以内标法或外标法定量。试样经酸化后，用乙醚提取乙酰丙酸，用配有氢火焰离子化检测器的气相色谱仪进行分离测定，以外标法（工作曲线法）比较定量，或以正庚酸为内标物质的内标法进行定量。

技能操作

1. 外标法

1）试剂

（1）无水乙醚：不含过氧化物。

（2）无水硫酸钠：650℃下灼烧4h，贮存于密闭容器中备用。

（3）6mol/L盐酸溶液：量取50mL浓盐酸，用水稀释至100mL。

（4）乙酸乙酯：经重蒸馏处理。

（5）5.0g/L乙酰丙酸标准储备溶液：称取色谱纯乙酰丙酸0.5g（精确至0.0001g）于小烧杯中，加少量乙酸乙酯溶解，移入100mL容量瓶中，用乙酸乙酯定容至刻度，摇匀。

（6）乙酰丙酸标准系列溶液：分别吸取5.0g/L乙酰丙酸标准储备液0.25、0.50、1.00、5.00、7.50、10.00（mL）于6只50mL容量瓶中，用乙酸乙酯定容至刻度，摇匀。相当于含乙酰丙酸25、50、100、500、750、1000（μg/mL）。

2）仪器

气相色谱仪，配有氢火焰离子化检测器；J&WDB-FFAP色谱柱，柱长30m，内径0.25mm，TPA（改性聚乙二醇）固定液，内膜厚度0.25μm；浓缩设备，包括旋转蒸发器、恒温水浴、真空泵；具塞试管，25mL；梨形浓缩瓶，100mL；吸量管，5mL。

3）操作步骤

（1）试样提取。吸取试样5.00mL于25mL具塞试管中，加入6mol/L盐酸溶液1mL，充分振摇均匀，加入无水乙醚25mL，充分振摇萃取1min，静置约10～15min。吸取上层乙醚提取液于100mL浓缩瓶中，重复进行上述萃取操作2次，每次加入无水乙醚20mL，将3次乙醚萃取液合并，用无水硫酸钠干燥，于40℃下减压旋转蒸发浓缩至干，用乙酸乙酯溶解残留物并定容至5.00mL，振摇后静置，待气相色谱进样检测。

（2）色谱参考条件。色谱柱，60℃保持1min，18℃/min升温至200℃保持1min，10℃/min升温至230℃保持12min；气化室，260℃；检测器，280℃；进样量，1μL，不分流进样；氢气，35mL/min；空气，200mL/min；载气氮气，大于99.999%，2.2mL/min；尾吹氮气，大于99.999%，27.8mL/min。

（3）标准曲线绘制。分别吸取乙酰丙酸标准系列溶液1μL注入气相色谱仪，测得不同浓度下乙酰丙酸的峰面积。根据乙酰丙酸浓度和相应的峰面积，绘制标准曲线或建立线性回归方程。

（4）试样测定。在相同的色谱条件下，将试样处理液进样 $1\mu L$ 于气相色谱仪中，根据测得的峰面积，从标准曲线上查出或用线性回归方程计算试样中乙酰丙酸含量。

4）数据记录与结果处理

数据记录与结果处理如表 3-6 所示。

表 3-6　数据记录与结果处理

测定项目	标准系列溶液						试样溶液	
	1	2	3	4	5	6	1	2
试样体积 V/mL								
试样处理液体积 V_1/mL								
色谱峰面积 A/mm²								
测定液中乙酰丙酸含量 ρ_1/(mg/L)								
试样中乙酰丙酸含量 ρ/(mg/L)								
试样中乙酰丙酸平均含量/(mg/L)								
平行测定结果绝对差与平均值比值/%								

计算公式：

$$\rho = \frac{\rho_1 \times V_1}{V}$$

5）说明

所得结果保留 2 位有效数字。平行测定结果绝对差与平均值的比值不超过 10%。

2. 内标法

1）试剂

（1）无水乙醚：不含过氧化物。

（2）无水硫酸钠：650℃下灼烧 4h，贮存于密闭容器中备用。

（3）浓盐酸。

（4）乙酸乙酯：经重蒸馏处理。

（5）饱和氯化钠溶液。

（6）5.0g/L 正庚酸标准溶液：称取色谱纯正庚酸 0.5g（精确至 0.0001g）于小烧杯中，用乙酸乙酯溶解，移入 100mL 容量瓶中，用乙酸乙酯定容至刻度，摇匀。

（7）5.0g/L 乙酰丙酸标准溶液：称取色谱纯乙酰丙酸 0.5g（精确至 0.0001g）于小烧杯中，用乙酸乙酯溶解，移入 100mL 容量瓶中，用乙酸乙酯定容至刻度，摇匀。

（8）标准系列溶液：分别吸取 5.0g/L 乙酰丙酸标准溶液 0.25、0.50、1.00、5.00、7.50、10.00（mL）于 6 只 50mL 容量瓶中，各加入 5.0g/L 正庚酸标准溶液 5.00mL，用乙酸乙酯定容至刻度，摇匀。相当于含乙酰丙酸 25、50、100、500、750、1000（μg/mL）。

2）仪器

气相色谱仪，配有氢火焰离子化检测器；石英弹性毛细管柱，柱长 30m，内径

0.25mm，Carbwax20M 固定液，内膜厚度 0.5μm；浓缩设备，包括旋转蒸发器、恒温水浴、真空泵；具塞试管，100mL；圆底烧瓶，250mL；分析天平，感量 0.1mg。

3）操作步骤

（1）试样提取。称取试样 5g（精确至 0.0001g）于 100mL 具塞试管中，加入饱和氯化钠溶液 10mL，正庚酸标准溶液 1.00mL，浓盐酸 3mL，充分振摇 1min。加入无水乙醚 50mL，充分振摇萃取 3～5min，静置约 10～15min。吸取上层乙醚提取液于 250mL 圆底烧瓶中，再重复进行上述萃取操作 2 次，合并乙醚萃取液，用 10mL 饱和氯化钠溶液洗涤 2 次，乙醚层用无水硫酸钠干燥，于 45℃下减压旋转蒸发浓缩近干，残液用乙酸乙酯定容至 10.00mL，振摇后静置，待气相色谱进样检测。

（2）色谱参考条件。色谱柱，120℃保持 1min，8℃/min 升温至 230℃保持 4min；气化室，270℃；检测器，270℃；进样量，1μL，分流进样，分流比 25∶1；氢气，30mL/min；空气，300mL/min；载气氮气，大于 99.999%，1.0mL/min；尾吹氮气，大于 99.999%，30mL/min。

（3）标准曲线绘制。分别吸取标准系列溶液 1μL 注入气相色谱仪，测得不同浓度下乙酰丙酸与内标物正庚酸的峰面积。以乙酰丙酸浓度为横坐标，乙酰丙酸与正庚酸的峰面积比值为纵坐标，绘制标准曲线或计算线性回归方程。

（4）试样测定。在相同的色谱条件下，吸取试样处理液 1μL 注入气相色谱仪。根据标样保留时间，确定乙酰丙酸和内标物的色谱峰位置。根据测得乙酰丙酸与内标物的峰面积之比，计算试样中乙酰丙酸含量。

4）数据记录与结果处理

数据记录与结果处理如表 3-7 所示。

表 3-7　数据记录与结果处理

测定项目	标准系列溶液						试样溶液	
	1	2	3	4	5	6	1	2
试样体积 V/mL								
试样处理液体积 V_1/mL								
测定液中乙酰丙酸与正庚酸峰面积比								
测定液中乙酰丙酸含量 ρ_1/(mg/L)								
试样中乙酰丙酸含量 ρ/(mg/L)								
试样中乙酰丙酸平均含量/(mg/L)								
平行测定结果绝对差与平均值比值/%								

计算公式：

$$\rho = \frac{\rho_1 \times V_1}{V}$$

5）说明

所得结果保留 2 位有效数字。平行测定结果绝对差与平均值的比值不超过 10%。

任务 6　食醋中总酸的测定

学习目标

（1）掌握酸碱电位滴定法测定食醋中总酸的相关知识和操作技能。

（2）会进行规范的滴定操作和正确使用酸度计。

（3）能及时记录原始数据和正确处理测定结果。

知识准备

食醋中主要成分是乙酸，含有少量其他有机酸，采用酸碱滴定法测定食醋中总酸含量。用氢氧化钠标准溶液滴定，以酸度计测定 pH 8.20 即为终点，结果以乙酸表示。

技能操作

1）试剂

（1）10g/L 酚酞指示液：称取 0.5g 酚酞溶于 50mL 95％（体积分数）乙醇中，摇匀。

（2）c_{NaOH} 0.05mol/L 氢氧化钠标准溶液：同本模块项目 1 中任务 3 酱油中氨基酸态氮的甲醛滴定法。

2）仪器

同本模块项目 1 中任务 3 酱油中氨基酸态氮的甲醛滴定法。

3）操作步骤

（1）试样稀释液的制备。吸取试样 10.00mL 置于 100mL 容量瓶中，加水定容至刻度，混匀。

（2）滴定。吸取试样稀释液 20.00mL 于 200mL 烧杯中，加蒸馏水 60mL，投入搅拌子，插入电极，开动电磁搅拌器，用 0.05mol/L 氢氧化钠标准溶液滴定至 pH 8.20 即为终点，记下消耗氢氧化钠标准溶液的体积。同时做空白试验。

4）数据记录与结果处理

数据记录与结果处理如表 3-8 所示。

表 3-8　数据记录与结果处理

测定次数	1	2	空白
试样体积 V/mL			
试样稀释液体积 V_2/mL			
测定用试样稀释液体积 V_3/mL			
NaOH 溶液浓度 c/(mol/L)			
滴定初读数/mL			
滴定终读数/mL			

续表

测定次数	1	2	空白
空白试验消耗 NaOH 溶液体积 V_0/mL			
测定试样消耗 NaOH 溶液体积 V_1/mL			
试样中总酸含量 ρ/(g/L)			
试样中总酸平均含量/(g/L)			
平行测定结果绝对差与平均值的比值/%			

计算公式：

$$\rho = \frac{c \times (V_1 - V_0) \times 60.0}{V \times \dfrac{V_3}{V_2}}$$

式中，60.0——乙酸（$C_2H_4O_2$）的摩尔质量（g/mol）。

5）说明

所得结果保留 3 位有效数字。平行测定结果绝对差与平均值的比值不超过 10%。

任务 7　酱油、食醋中山梨酸、苯甲酸的测定

学习目标

（1）掌握高效液相色谱法测定酱油、食醋中山梨酸、苯甲酸的相关知识和操作技能。

（2）会进行蒸馏操作和正确操作高效液相色谱仪。

（3）能使用外标法进行定量。

知识准备

测定酱油、食醋中山梨酸、苯甲酸的方法有薄层色谱法和高效液相色谱法。薄层色谱法操作繁琐，分析时间长，只可进行概略定量。高效液相色谱法分析速度快，测定结果准确度较高。本任务采用高效液相色谱法测定酱油、食醋中山梨酸、苯甲酸。试样在酸性条件下蒸馏，馏出液用液相色谱紫外检测器直接测定，以外标法（标准曲线法）进行定量。

技能操作

1）试剂

（1）甲醇：高效液相色谱级。

（2）乙腈：高效液相色谱级。

（3）5mmol/L 柠檬酸缓冲溶液：称取 0.7g 柠檬酸（$C_6H_8O_7 \cdot H_2O$）和 0.6g 柠檬酸三钠（$Na_3C_6H_5O_7 \cdot 2H_2O$），加水溶解并定容至 1000mL。

（4）150g/L 酒石酸溶液：称取 15g 酒石酸，加水溶解并稀释至 100mL。

（5）消泡剂：硅酮树脂。

（6）20g/L 碳酸氢钠溶液：称取 2g 碳酸氢钠，加水 100mL，振摇溶解。

（7）氯化钠。

（8）1g/L 苯甲酸标准储备溶液：准确称取 0.1000g 苯甲酸，加入 20g/L 碳酸氢钠溶液 5mL，加热溶解，用水定容至 100mL。

（9）1g/L 山梨酸标准储备溶液：准确称取 0.1000g 山梨酸，加入 20g/L 碳酸氢钠溶液 5mL，加热溶解，用水定容至 100mL。

（10）苯甲酸-山梨酸标准混合液：准确吸取苯甲酸、山梨酸标准储备液各 10.00mL 于 100mL 容量瓶中，用水定容至刻度。此溶液苯甲酸、山梨酸的浓度均为 0.1g/L。

2）仪器

高效液相色谱仪，配有紫外检测器；蒸馏装置，见图 2-1；容量瓶，100mL；移液管，50mL。

3）操作步骤

（1）试样的处理。吸取试样 50.00mL，加入氯化钠 40g，150g/L 酒石酸溶液 5mL，消泡剂 1 滴，加水至约 200mL，混匀后，进行蒸馏（蒸馏速度约为 2.5mL/min），收集约 90mL 馏出液，用水定容至 100mL。用 0.45μm 的过滤膜过滤后，待液相色谱测定。

（2）液相色谱条件。色谱柱，C_{18} 柱（150mm×4.6mm，5μm）；流动相，甲醇-乙腈-5mmol/L 柠檬酸缓冲溶液（体积比 10：20：70），流速 1.0mL/min；检测波长，230nm；柱温，30℃；进样量，25μL。

（3）测定。根据试样处理液中苯甲酸和山梨酸的含量，选定浓度相近的标准混合工作液，保证试样溶液中苯甲酸、山梨酸的响应值在线性范围内，标准工作液与试样处理液等体积参差进样测定。根据测得的被测物质峰面积，以外标法进行定量。同时做空白试验。

4）数据记录与结果处理

数据记录与结果处理如表 3-9 所示。

表 3-9　数据记录与结果处理

测定次数	1	2	空白
试样体积 V/mL			
试样处理液体积 V_1/mL			
标准工作液中苯甲酸或山梨酸浓度 ρ_1/(mg/L)			
标准工作液中苯甲酸或山梨酸峰面积 A_1/mm²			
试样处理液中苯甲酸或山梨酸峰面积 A/mm²			
试样中苯甲酸或山梨酸含量 ρ/(mg/L)			
试样中苯甲酸或山梨酸平均含量/(mg/L)			
平行测定结果绝对差与平均值比值/%			

计算公式：

$$\rho = \frac{\rho_1 \times A \times V_1}{A_1 \times V}$$

5）说明

所得结果保留 2 位有效数字。平行测定结果绝对差与平均值的比值不超过 10%。

任务8　酱油、食醋中铅的测定

学习目标

（1）掌握原子吸收光谱法测定酱油、食醋中铅的相关知识和操作技能。

（2）会正确操作原子吸收光谱仪。

（3）能及时记录原始数据和正确处理测定结果。

知识准备

酱油、食醋中铅的测定方法主要采用石墨炉原子吸收光谱法和火焰原子吸收光谱法。

火焰原子吸收光谱法是将试样经处理后，铅离子在一定 pH 条件下与二乙基二硫代氨基甲酸钠（DDTC）形成配合物，经 4-甲基-2-戊酮萃取分离，导入原子吸收光谱仪中，火焰原子化后，吸收 283.3nm 共振线，其吸光度与铅含量成正比，与标准系列比较定量。

石墨炉原子吸收光谱法是将试样经灰化或酸消解后，注入原子吸收分光光谱仪的石墨炉中，电热原子化后吸收 283.3nm 共振线，在一定浓度范围，其吸光度与铅含量成正比，与标准系列比较定量。

技能操作

同模块 2 项目 1 中任务 7 白酒中铅的石墨炉原子吸收光谱法和火焰原子吸收光谱法。

任务9　酱油、食醋中砷的测定

学习目标

（1）掌握砷斑法和银盐法测定酱油、食醋中砷的相关知识和操作技能。

（2）会正确操作分光光度计。

（3）能及时记录原始数据和正确处理测定结果。

知识准备

砷在酱油、食醋中的含量是极少的，目前主要采用砷斑法和银盐法测定。

砷斑法是将试样消化后，使砷及各种砷化物都转化为五价砷或三价砷，五价砷用碘化钾还原为亚砷酸，加入酸性氯化亚锡与析出的碘结合，并使五价砷还原为三价砷化合物。亚砷酸与新生态氢原子作用生成砷化氢，再与溴化汞作用生成黄色斑点。在测砷管上端填充醋酸铅棉花，以消除硫化氢的干扰。砷斑颜色的深浅与砷的含量成正比，与标准系列比较定量。

银盐法是将试样消化后，用碘化钾、氯化亚锡将五价砷还原为三价砷，然后与锌和酸作用产生的新生态氢生成砷化氢，通过用乙酸铅溶液浸泡的棉花除去硫化氢后，与溶于三乙醇胺-三氯甲烷的二乙氨基二硫代甲酸银（AgDDC）溶液作用，形成红色胶态物，与标准系列比较定量。

技能操作

1. 砷斑法

1）试剂

（1）50g/L 溴化汞乙醇溶液：称取 5g 溴化汞，溶解于 100mL 95%（体积分数）乙醇中。

（2）溴化汞试纸：将滤纸剪成直径为 2cm 的圆片，浸泡在溴化汞乙醇溶液中。使用前取出，自然干燥后备用。

（3）400g/L 酸性氯化亚锡溶液：称取 20g 氯化亚锡（$SnCl_2 \cdot 2H_2O$），溶于 12.5mL 浓盐酸中，加水稀释至 50mL。另加两颗锡粒于溶液中。

（4）100g/L 乙酸铅溶液：称取 10g 乙酸铅，溶解于 100mL 水中。

（5）乙酸铅棉花：将脱脂棉浸泡在 100g/L 乙酸铅溶液中，1h 后取出，并使之疏松，在 100℃ 烘箱内干燥，取出置于玻璃瓶中塞紧保存，备用。

（6）乙酸铅试纸：将普通滤纸浸泡在 100g/L 乙酸铅溶液中，1h 后取出，自然晾干，剪成条状（8cm×5cm），置于瓶中保存，备用。

（7）无砷锌粒。

（8）浓盐酸。

（9）200g/L 碘化钾溶液：称取 20g 碘化钾，溶解于 100mL 水中。储存于棕色瓶中。

（10）100g/L 硝酸镁溶液：称取 15g 硝酸镁 $[Mg(NO_3)_2 \cdot 6H_2O]$，溶解于 100mL 水中。

（11）氧化镁。

（12）1mol/L 氢氧化钠溶液：称取 4g 氢氧化钠，溶解于 100mL 水中。

（13）0.5mol/L 硫酸溶液：量取 2.8mL 浓硫酸，搅拌下缓慢倒入 100mL 水中，搅匀。

（14）砷标准溶液：准确称取预先在硫酸干燥器中干燥的三氧化二砷 0.1320g，加入 1mol/L 氢氧化钠溶液 10mL 溶解后，加 0.5mol/L 硫酸溶液 10mL，将此溶液仔细地移入 1000mL 容量瓶中，加水稀释至刻度，摇匀。此溶液每毫升相当于 0.1mg 砷。使用时，可将此溶液稀释成每毫升含 $1.0\mu g$ 砷的标准溶液。

2）仪器

古蔡氏砷斑测定器（图 3-1），容量瓶（50mL），瓷坩埚，高温炉，移液管（20mL），吸量管（10mL）。

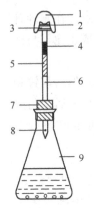

图 3-1　古蔡氏
砷斑法测定器
1. 帽子；
2. 橡皮筋；
3. 溴化汞试纸；
4. 乙酸铅棉花；
5. 乙酸铅试纸；
6. 砷测定管；
7. 橡皮塞；8. 小孔；
9.150mL 三角瓶

3）操作步骤

（1）试样处理。准确吸取试样 10mL 置于瓷坩埚中，加入氧化镁 1g 和 100g/L 硝酸镁溶液 10mL，混匀，浸泡 4h，在水浴上蒸干。小火炭化后，在 550℃ 高温炉中灼烧 3~4h，冷却后取出。加 5mL 水湿润灰分，用玻棒搅拌均匀，用少量水将附着在玻棒上的灰分洗至坩埚内，于水浴上蒸干后，移入 550℃ 高温炉中灰化 2h，冷却后取出。

加 5mL 水湿润灰分，再慢慢加入 10mL 盐酸（1+1）溶解残渣，用水移入 50mL 容量瓶中，稀释至刻度，摇匀。每 10mL 此溶液相当于 2g 样品，相当于加入的盐酸量 1.5mL。同时做试剂空白试验。

（2）测定。吸取试样溶液和试剂空白液各 20.00mL，分别移入砷斑测定器的三角瓶中；另取数套砷斑测定器，于三角瓶中分别加入 1.0μg/mL 砷标准溶液 0.0、1.0、2.0、3.0、4.0、5.0（mL）。在各瓶中加入 200g/L 碘化钾溶液 5mL，400g/L 氯化亚锡溶液 5 滴，5mL 盐酸（要减去样品中盐酸毫升数），各加水至 35mL，放置 10min。各加入锌粒 3g，迅速装上已装入溴化汞试纸、乙酸铅棉花和乙酸铅试纸的测砷管。在 25℃ 下避光放置 1h。取出溴化汞试纸，将样品色斑和标准色斑比较，求出试样溶液和试剂空白液中的砷含量。

4）数据记录与结果处理

数据记录与结果处理如表 3-10 所示。

表 3-10　数据记录与结果处理

测定项目	标准系列溶液						试样溶液	
	1	2	3	4	5	6	1	2
试样体积 V/mL								
试样消化液总体积 V_1/mL								
测定用试样消化液体积 V_2/mL								
试样测定液中砷的质量 m_1/μg								
试剂空白液中砷的质量 m_0/μg								
试样中砷含量 ρ/(mg/L)								
试样中砷平均含量/(mg/L)								
平行测定结果绝对差与平均值比值/%								

计算公式：

$$\rho = \frac{m_1 - m_0}{V \times \dfrac{V_2}{V_1}}$$

5）说明

所得结果表示为 2 位小数。平行测定结果绝对差与平均值的比值不超过 10%。

2. 银盐法

1）试剂

（1）400g/L 酸性氯化亚锡溶液：称取 20g 氯化亚锡（$SnCl_2 \cdot 2H_2O$），溶于

12.5mL浓盐酸中，加水稀释至50mL。另加两颗锡粒于溶液中。

（2）100g/L乙酸铅溶液：称取10g乙酸铅，溶解于100mL水中。

（3）乙酸铅棉花：将脱脂棉浸泡在100g/L乙酸铅溶液中，1h后取出，并使之疏松，在100℃烘箱内干燥，取出置于玻璃瓶中塞紧保存，备用。

（4）无砷锌粒。

（5）6mol/L盐酸：量取50mL浓盐酸，加水稀释至100mL。

（6）150g/L碘化钾溶液：称取15g碘化钾，溶解于100mL水中。贮存于棕色瓶中。

（7）100g/L硝酸镁溶液：称取15g硝酸镁 $[Mg(NO_3)_2 \cdot 6H_2O]$，溶解于100mL水中。

（8）氧化镁。

（9）200g/L氢氧化钠溶液：称取20g氢氧化钠，溶解于100mL水中。

（10）100g/L硫酸溶液：量取5.7mL硫酸，缓缓加到80mL水中，冷却后加水稀释至100mL。

（11）二乙氨基二硫代甲酸银-三乙醇胺-三氯甲烷溶液：称取0.25g二乙氨基二硫代甲酸银 $[(C_2H_5)_2NCS_2Ag]$ 置于乳钵中，加少量三氯甲烷研磨，移入100mL量筒中，加入1.8mL三乙醇胺，再用三氯甲烷分次洗涤乳钵，洗液一并移入量筒中，用三氯甲烷稀释至100mL，放置过夜，滤入棕色瓶中贮存。

（12）砷标准溶液：同砷斑法。

2）仪器

分光光度计（1cm比色皿），测砷装置（图3-2）容量瓶（50mL），瓷坩埚，高温炉，移液管（20mL），吸量管（1mL）。

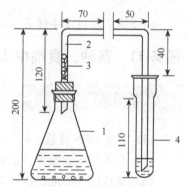

图3-2 银盐法测装置

1.150mL三角瓶；2.导气管；
3.乙酸铅棉花；4.10mL刻度离心管

3）操作步骤

（1）试样处理。同砷斑法。

（2）测定。吸取试样消化液和空白液20.00mL分别置于150mL锥形瓶中。吸取0.0、2.0、4.0、6.0、8.0、10.0（mL）砷标准使用液［相当于0.0、2.0、4.0、6.0、8.0、10.0（μg）砷］，分别置于150mL锥形瓶中，加水至43.5mL，再加6.5mL盐酸。

在试样消化液、空白液和砷标准使用液中各加150g/L碘化钾溶液3mL和400g/L酸性氯化亚锡溶液0.5mL，混匀，静置15min。各加锌粒3g，立即分别塞上装有乙酸铅棉花的导气管，使管尖端插入盛有4mL银盐溶液的离心管的液面下。在常温下反应45min后，取下离心管，加三氯甲烷补足4mL。用1cm比色皿，以零管调节零点，于520nm波长处测定其吸光度，绘制标准曲线比较定量。

4）数据记录与结果处理

同砷斑法。

5）说明

（1）所得结果表示为2位小数。平行测定结果绝对差与平均值的比值不超过10%。

（2）试样中若含有锑盐，它所生成的锑化氢也能与银盐作用生成红色化合物，对比

AABB

色有干扰。

（3）测砷装置各接口处不能漏气。

任务 10　酱油、食醋中细菌总数的检验

学习目标

（1）掌握平板计数法检验酱油、食醋中细菌总数的相关知识和操作技能。

（2）会进行无菌操作、培养基制备、样品培养和菌落计数操作。

（3）能给出准确的菌落计数和正确的报告。

知识准备

同模块 2 项目 1 中任务 15 果酒、黄酒中细菌总数的检验。

技能操作

同模块 2 项目 1 中任务 15 果酒、黄酒中细菌总数的检验。

任务 11　酱油、食醋中大肠菌群的检验

学习目标

（1）掌握 MPN 计数法和平板计数法检验酱油、食醋中大肠菌群的相关知识和操作技能。

（2）会进行无菌操作、培养基制备、样品培养和菌落计数操作。

（3）能给出准确的菌落计数和正确的报告。

知识准备

同模块 2 项目 1 中任务 16 果酒、黄酒中大肠菌群的检验。

技能操作

同模块 2 项目 1 中任务 16 果酒、黄酒中大肠菌群的检验。

任务 12　酱油、食醋中霉菌的检验

学习目标

（1）掌握平板计数法检验酱油、食醋中霉菌的相关知识和操作技能。

（2）会进行无菌操作、培养基制备、样品培养和菌落计数操作。

（3）能给出准确的菌落计数和正确的报告。

知识准备

霉菌的检验是指检样经过处理，在一定条件下培养后所得 1g 或 1mL 检样中含有的霉菌菌落数。

霉菌的检验程序见图 3-3。

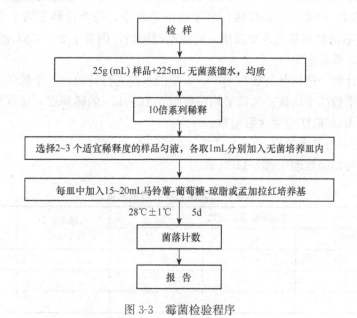

检样

25g（mL）样品+225mL 无菌蒸馏水，均质

10倍系列稀释

选择2~3 个适宜稀释度的样品匀液，各取1mL分别加入无菌培养皿内

每皿中加入15~20mL马铃薯-葡萄糖-琼脂或孟加拉红培养基

28℃±1℃　　5d

菌落计数

报　告

图 3-3　霉菌检验程序

技能操作

1）培养基和试剂

（1）马铃薯葡萄糖琼脂：见附录5.5。

（2）孟加拉红培养基：见附录5.6。

（3）高盐察氏培养基：见附录5.7。

（4）无菌蒸馏水。

（5）乙醇。

2）设备和材料

恒温箱，25～28℃；振荡器；天平；显微镜；具塞三角瓶，300mL；移液管，25mL；吸量管，1、10mL；酒精灯；折光仪；郝氏计测玻片，一种特制的、具有标准计测室的玻片；测微器，具标准刻度的玻片。

3）操作步骤

（1）采样。用灭菌工具采集可疑霉变试样 250mL，装入灭菌容器内，待检。

（2）样品处理。以无菌操作吸取检样 25.00mL，放入含有 225mL 灭菌水的玻塞三角瓶中，振摇 30min，即为 1:10 稀释液。

用灭菌吸量管吸取 1:10 稀释液 10.00mL，注入试管中，另用带橡皮乳头的 1mL 灭菌吸量管反复吹吸 50 次，使霉菌孢子充分散开。

吸取 1:10 稀释液 1.00mL 注入含有 9mL 灭菌水的试管中，另换一支 1mL 灭菌吸量管吹吸 5 次，此液为 1:100 稀释液。

按上述操作顺序做 10 倍递增稀释液，每稀释一次，换用一支 1mL 灭菌吸量管。

（3）接种培养。根据对样品污染情况的估计，选择 3 个合适的稀释度，分别在做 10 倍稀释的同时，吸取 1.00mL 稀释液于灭菌平皿中，每个稀释度做 2 个平皿，然后将凉至 45℃ 左右的培养基注入平皿中，待琼脂凝固后，倒置于 25～28℃ 温箱中，3d 后开始观察，共培养观察 5d。

（4）菌落计数。选择菌落数在 10～150 个的平皿进行计数，一个稀释度使用 2 个平板，采用 2 个平板的平均数；选择平均菌落数在 10～150 的稀释度，菌落平均数乘以稀释倍数，即为 1mL 检样中所含霉菌数。

4）数据记录与结果处理

数据记录与结果处理如表 3-11 所示。

表 3-11　数据记录与结果处理

次数	样品稀释液霉菌数			霉菌菌落数 /(个/mL)	结论
	10^{-1}	10^{-2}	10^{-3}		
1					
2					
平均					

5）说明

稀释倍数的选择可参考细菌菌落总数测定。

项目 2　发酵乳的检验

任务 1　发酵乳中脂肪的测定

学习目标

（1）掌握碱性乙醚提取法测定发酵乳中脂肪的相关知识和操作技能。

（2）会进行抽提操作和蒸馏操作。

（3）能及时记录原始数据和正确处理测定结果。

知识准备

测定发酵乳中脂肪含量采用碱性乙醚提取法。用乙醚和石油醚抽提样品的碱水解液，通过蒸馏或蒸发去除溶剂，测定溶于溶剂中的抽提物的质量。

技能操作

1）试剂

（1）淀粉酶：酶活力≥1.5u/mg。

（2）25%（质量分数）氨水。

（3）95%（体积分数）乙醇。

（4）乙醚：不含过氧化物，不含抗氧化剂，并满足试验的要求。

（5）石油醚：沸程 30～60℃。

（6）混合溶剂：等体积混合乙醚和石油醚，使用前制备。

（7）刚果红溶液：将 1g 刚果红溶于水中，稀释至 100mL。

（8）6mol/L 盐酸：量取 50mL 浓盐酸，倒入 50mL 水中，混匀。

2）仪器

分析天平，感量 0.1mg；离心机，可用于放置抽脂瓶或管，转速为 500～600r/min，可在抽脂瓶外端产生 80～90g 的重力场；烘箱；恒温水浴槽；抽脂瓶，带有软木塞（先浸于乙醚中，后放入 60℃ 或以上的水中保持至少 15min，冷却后使用。不用时需浸泡在水中，浸泡用水每天更换一次）或其他不影响溶剂使用的瓶塞（如硅胶或聚四氟乙烯）。

3）操作步骤

（1）水解。称取充分混匀试样 10g（精确至 0.0001g）于抽脂瓶中。加入 25%（质量分数）氨水 2.0mL，充分混合后立即将抽脂瓶放入（65±5）℃ 的水浴中，加热 15～20min，不时取出振荡。取出后，冷却至室温，静置 30s。加入 95%（体积分数）乙醇 10mL，缓和但彻底地进行混合，避免液体太接近瓶颈。如果需要，可加入两滴刚果红溶液。用 10mL 水代替试样做空白试验。

（2）抽提。加入 25mL 乙醚，塞上瓶塞，将抽脂瓶保持在水平位置，振荡 1min。抽脂瓶冷却后小心地打开塞子，用少量的混合溶剂冲洗塞子和瓶颈，使冲洗液流入抽脂瓶。加入 25mL 石油醚，塞上重新润湿的塞子，轻轻振荡 30s。将加塞的抽脂瓶放入离心机中，在 500～600r/min 下离心 5min（或将抽脂瓶静止至少 30min，直到上层液澄清，并明显与水相分离）。小心地打开瓶塞，用少量的混合溶剂冲洗塞子和瓶颈内壁，使冲洗液流入抽脂瓶。如果两相界面低于小球与瓶身相接处，则沿瓶壁边缘慢慢地加入水，使液面高于小球和瓶身相接处（图 3-4），以便于倾倒。将上层液尽可能地倒入在烘箱中干燥 1h 并已精确称重加入沸石的脂肪收集瓶中，避免倒出水层（图 3-5）。用少量混合溶剂冲洗瓶颈外部，冲洗液收集在脂肪收集瓶中。要防止溶剂溅到抽脂瓶的外面。

向抽脂瓶中加入 5mL 乙醇，用乙醇冲洗瓶颈内壁。用 15mL 乙醚和 15mL 石油醚再进行第二次和第三次抽提（如果产品中脂肪的质量分数低于 5%，可只进行 2 次抽提）。

（3）蒸馏。合并所有提取液，用少量混合溶剂冲洗瓶颈内部，蒸馏除去脂肪收集瓶中的溶剂。

（4）称重。将脂肪收集瓶放入（102±2）℃ 的烘箱中加热 1h，取出脂肪收集瓶，冷

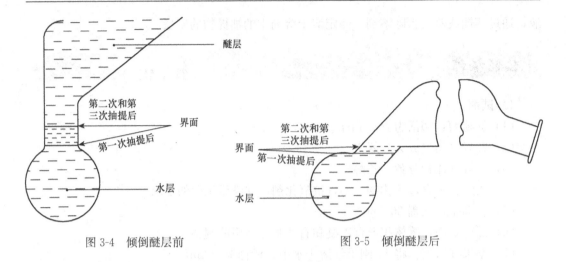

图 3-4　倾倒醚层前　　　　　　　　图 3-5　倾倒醚层后

却至室温，称量，精确至 0.1mg。重复此操作，直到脂肪收集瓶两次连续称量差值不超过 0.5mg，记录脂肪收集瓶和抽提物的最低质量。

（5）验证。向脂肪收集瓶中加入 25mL 石油醚，微热，振摇，直到脂肪全部溶解。

如果抽提物全部溶于石油醚中，则含抽提物的脂肪收集瓶的最终质量和最初质量之差，即为脂肪含量。

若抽提物未全部溶于石油醚中，或怀疑抽提物是否全部为脂肪，则用热的石油醚洗提。小心地倒出石油醚，不要倒出任何不溶物，重复此操作 3 次以上，再用石油醚冲洗脂肪收集瓶口的内部。最后，用混合溶剂冲洗脂肪收集瓶口的外部，避免溶液溅到瓶的外壁。将脂肪收集瓶放入（102±2）℃的烘箱中，加热 1h。重复此操作，直到脂肪收集瓶两次连续称量差值不超过 0.5mg，记录脂肪收集瓶和抽提物的最低质量。取此操作测得的质量和抽提试样时测得的质量之差作为脂肪的质量。

4）数据记录与结果处理

数据记录与结果处理如表 3-12 所示。

表 3-12　数据记录与结果处理

测定次数	1	2
试样质量 m/g		
测定试样时脂肪收集瓶质量（或有不溶物时测得脂肪收集瓶和不溶物的质量）m_1/g		
抽提试样时测得脂肪收集瓶和不溶物的质量 m_2/g		
空白试验时脂肪收集瓶质量（或有不溶物时测得脂肪收集瓶和不溶物的质量）m_3/g		
空白试验时测得脂肪收集瓶和不溶物的质量 m_4/g		
试样中脂肪含量 X/（g/100g）		
试样中脂肪平均含量/（g/100g）		
平行测定结果绝对差值/（g/100g）		

计算公式：

$$X = \frac{(m_2 - m_1) - (m_4 - m_3)}{m} \times 100$$

5）说明

（1）所得结果表示为 3 位小数。平行测定结果绝对差值应符合：脂肪含量$\geqslant$15g/100g，$\leqslant$0.3g/100g；脂肪含量 5～15g/100g，$\leqslant$0.2g/100g；脂肪含量$\leqslant$5g/100g，$\leqslant$0.1g/100g。

（2）乳类脂肪虽然也属游离脂肪，但因脂肪球被乳中酪蛋白钙盐包裹，又处于高度分散的胶体分散系中，故不能直接被乙醚、石油醚提取，需预先用氨水处理。

（3）对于存在非挥发性物质的试剂可用与试样测定同时进行的空白试验值进行校正。抽脂瓶与天平室之间的温差可对抽提物的质量产生影响。在理想的条件下（试剂空白值低，天平室温度相同，脂肪收集瓶充分冷却），该值通常小于 0.5mg。在常规测定中，可忽略不计。如果全部试剂空白残余物大于 0.5mg，则分别蒸馏 100mL 乙醚和石油醚，测定溶剂残余物的含量。用空的控制瓶测得的量和每种溶剂的残余物的含量都不应超过 0.5mg。否则应更换不合格的试剂或对试剂进行提纯。

（4）乙醚中过氧化物的检验：取一只玻璃小量筒，用乙醚冲洗，然后加入 10mL 乙醚，再加入 1mL 新制备的 100g/L 的碘化钾溶剂，振荡，静置 1min，两相中均不得有黄色。

在不加抗氧化剂的情况下，为长久保证乙醚中无过氧化物，使用前三天按下法处理：将锌箔削成长条，长度至少为乙醚瓶的一半，每升乙醚用 80cm^2 锌箔。使用前，将锌片完全浸入每升中含有 10g 五水硫酸铜和 2mL 质量分数为 98％的硫酸中 1min，用水轻轻彻底地冲洗锌片，将湿的镀铜锌片放入乙醚瓶中即可。

（5）加氨水后，要充分混匀，否则会影响乙醚对脂肪的提取。

（6）加入乙醇的作用是沉淀蛋白质以防止乳化，并溶解醇溶性物质，使其留在水中，避免进入醚层，影响结果。

（7）加入石油醚的作用是降低乙醚极性，使乙醚与水不混溶，只抽提出脂肪，并可使分层清晰。

任务 2　发酵乳中酸度的测定

学习目标

（1）掌握酸碱滴定法测定发酵乳中酸度的相关知识和操作技能。
（2）会进行规范的滴定操作和正确操作酸度计。
（3）能及时记录原始数据和正确处理测定结果。

知识准备

发酵乳中的酸度以（°T）表示。以酚酞为指示剂，用 0.1mol/L 氢氧化钠标准溶液滴定 100g 试样至终点所消耗的氢氧化钠溶液体积，经计算确定试样的酸度。

技能操作

1）试剂

（1）中性乙醇-乙醚混合液：取等体积的乙醇、乙醚，混合后加 3 滴酚酞指示液，用 4g/L 氢氧化钠溶液滴至微红色。

（2）c_{NaOH} 0.1mol/L 氢氧化钠标准溶液：配制与标定方法同模块 2 项目 1 中任务 2 白酒、果酒、黄酒中总酸的指示剂法。

（3）酚酞指示液：称取 0.5g 酚酞溶于 75mL 95％（体积分数）乙醇中，并加入 20mL 水，然后滴加 0.1mol/L 氢氧化钠溶液至微粉色，再加水定容至 100mL。

2）仪器

分析天平，感量为 1mg；酸度计；pH 复合电极；碱式滴定管，10mL。

3）操作步骤

称取已混匀的试样 10g（精确到 0.001g），置于 150mL 锥形瓶中，加 20mL 新煮沸冷却至室温的水，混匀，用 0.1mol/L 氢氧化钠标准溶液电位滴定至 pH＝8.3 为终点。

或于溶解混匀后的试样中加入 2.0mL 酚酞指示液，混匀后用 0.1mol/L 氢氧化钠标准溶液滴定至微红色，并在 30s 内不退色，记录消耗的氢氧化钠标准滴定溶液体积。

4）数据记录与结果处理

数据记录与结果处理如表 3-13 所示。

表 3-13　数据记录与结果处理

测定次数	1	2
试样质量 m/g		
氢氧化钠标准溶液的浓度 c/(mol/L)		
滴定初读数/mL		
滴定终读数/mL		
消耗氢氧化钠溶液的体积 V/mL		
试样中酸度 x/°T		
试样中酸度平均值/°T		
平行测定结果绝对差值/°T		

计算公式：

$$x = \frac{c \times V \times 100}{m \times 0.1}$$

式中，0.1——酸度理论定义氢氧化钠的浓度（mol/L）。

5）说明

所得结果表示为 3 位小数。平行测定结果绝对差值不超过 1.0°T。

任务 3　发酵乳中蛋白质的测定

学习目标

（1）掌握凯氏定氮法和分光光度法测定发酵乳中蛋白质的相关知识和操作技能。

（2）会进行凯氏定氮操作和正确操作分光光度计。

（3）能及时记录原始数据和正确处理测定结果。

知识准备

发酵乳中蛋白质含量的测定方法有凯氏定氮法和分光光度法。

凯氏定氮法是将试样中的蛋白质在催化加热条件下分解，产生的氨与硫酸结合生成硫酸铵。碱化蒸馏使氨游离，用硼酸吸收后以硫酸或盐酸标准溶液滴定，根据酸的消耗量乘以换算系数，即为蛋白质的含量。

分光光度法是将试样中的蛋白质在催化加热条件下分解，分解产生的氨与硫酸结合生成硫酸铵，在 pH 4.8 的乙酸钠-乙酸缓冲溶液中与乙酰丙酮和甲醛反应生成黄色的 3,5-二乙酰-2,6-二甲基-1,4-二氢化吡啶化合物。在 400nm 波长下测定吸光度，与标准系列比较定量，结果乘以换算系数，即为蛋白质含量。

技能操作

1. 凯氏定氮法

1）试剂

（1）硫酸铜（$CuSO_4 \cdot 5H_2O$）。

（2）硫酸钾。

（3）20g/L 硼酸溶液：称取 20g 硼酸，加水溶解后并稀释至 1000mL。

（4）400g/L 氢氧化钠溶液：称取 40g 氢氧化钠加水溶解后，放冷，并稀释至 100mL。

（5）c_{HCl}0.05mol/L 盐酸标准溶液：量取 4.5mL 盐酸，注入 1000mL 水中，摇匀。

标定：称取于 270～300℃ 高温炉中灼烧至恒重的基准无水碳酸钠 0.1g（准确至 0.1mg），溶于 50mL 水中，加 10 滴溴甲酚绿-甲基红指示液，用配制好的盐酸溶液滴定至溶液由绿色变为暗红色，煮沸 2min，冷却后继续滴定至溶液再呈暗红色。同时做空白试验。

盐酸标准溶液的浓度按下式计算：

$$c = \frac{m \times 1000}{(V_1 - V_0) \times 52.99}$$

式中，c——盐酸溶液的浓度（mol/L）；

$\qquad m$——无水碳酸钠的质量（g）；

$\qquad V_1$——标定消耗盐酸溶液的体积（mL）；

$\qquad V_0$——空白试验消耗盐酸溶液的体积（mL）；

$\qquad 52.99$——碳酸钠（$1/2\ Na_2CO_3$）的摩尔质量（g/mol）。

（6）1g/L 甲基红乙醇溶液：称取 0.1g 甲基红，溶于 95% 乙醇并稀释至 100mL。

（7）1g/L 亚甲基蓝乙醇溶液：称取 0.1g 亚甲基蓝，溶于 95% 乙醇并稀释至 100mL。

（8）1g/L 溴甲酚绿乙醇溶液：称取 0.1g 溴甲酚绿，溶于 95% 乙醇并稀释至 100mL。

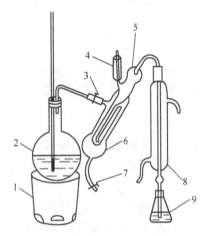

图 3-6　凯氏定氮蒸馏装置图
1. 电炉；2. 水蒸气发生器（2L 烧瓶）；
3. 螺旋夹；4. 小玻杯及棒状玻塞；5. 反应室；
6. 反应室外层；7. 橡皮管及螺旋夹；
8. 冷凝管；9. 蒸馏液接收瓶

（9）混合指示液：2 份 1g/L 甲基红乙醇溶液与 1 份 1g/L 亚甲基蓝乙醇溶液临用时混合。也可用 1 份 1g/L 甲基红乙醇溶液与 5 份 1g/L 溴甲酚绿乙醇溶液临用时混合。

2）仪器

天平（感量为 1mg），凯氏定氮蒸馏装置（图 3-6）酸式滴定管（50mL），吸量管（10mL），容量瓶（100mL）。

3）操作步骤

（1）试样处理。称取充分混匀的半固体试样 2～5g 或液体试样 10～25g（相当于 30～40mg 氮），精确至 0.001g，移入干燥的 100mL、250mL 或 500mL 定氮瓶中，加入 0.2g 硫酸铜、6g 硫酸钾及 20mL 硫酸，轻摇后于瓶口放一小漏斗，将瓶以 45°角斜支于有小孔的石棉网上。小心加热，待内容物全部炭化，泡沫完全停止后，加强火力，并保持瓶内液体微沸，至液体呈蓝绿色并澄清透明后，再继续加热 0.5～1h。取下放冷，小心加入 20mL 水。放冷后，移入 100mL 容量瓶中，并用少量水洗涤定氮瓶，洗液并入容量瓶中，再加水至刻度，混匀备用。同时做试剂空白试验。

（2）测定。按图 3-6 装好定氮蒸馏装置，向水蒸气发生器内装水至 2/3 处，加入数粒玻璃珠，加甲基红乙醇溶液数滴及数毫升硫酸，以保持水呈酸性，加热煮沸水蒸气发生器内的水并保持沸腾。

向接收瓶内加入 10.0mL 硼酸溶液及 1～2 滴混合指示液，并使冷凝管的下端插入液面下，根据试样中氮含量，准确吸取 2.0～10.0mL 试样处理液由小玻杯注入反应室，以 10mL 水洗涤小玻杯并使之流入反应室内，随后塞紧棒状玻塞。将 10.0mL 氢氧化钠溶液倒入小玻杯，提起玻塞使其缓缓流入反应室，立即将玻塞盖紧，并加水于小玻杯以防漏气。夹紧螺旋夹，开始蒸馏。

蒸馏 10min 后移动蒸馏液接收瓶，液面离开冷凝管下端，再蒸馏 1min。然后用少量水冲洗冷凝管下端外部，取下蒸馏液接收瓶。以盐酸标准溶液滴定至终点，其中 2 份甲基红乙醇溶液与 1 份亚甲基蓝乙醇溶液混合指示液，颜色由紫红色变成灰色（pH 5.4）；1 份甲基红乙醇溶液与 5 份溴甲酚绿乙醇溶液混合指示液，颜色由酒红色变成绿色（pH 5.1）。同时做试剂空白试验。

4）数据记录与结果处理

数据记录与结果处理如表 3-14 所示。

表 3-14　数据记录与结果处理

测定次数	1	2	空白
试样质量 m/g			
试样消化液总体积 V_2/mL			

续表

测定次数	1	2	空白
吸取试样消化液体积 V_3/mL			
盐酸标准溶液浓度 c/(mol/L)			
滴定初读数/mL			
滴定终读数/mL			
测定试样消耗盐酸标准溶液体积 V_1/mL			
空白试验消耗盐酸标准溶液体积 V_0/mL			
试样中蛋白质含量 X/(g/100g)			
试样中蛋白质平均含量/(g/100g)			
平行测定结果绝对差与平均值比值/%			

计算公式：

$$X = \frac{c \times (V_1 - V_0) \times 14.0}{m \times \dfrac{V_3}{V_2} \times 1000} \times 6.38 \times 100$$

式中，14.0——氮（N）的摩尔质量（g/mol）；

6.38——氮换算为蛋白质的系数。

5）说明

蛋白质含量≥1g/100g 时，结果保留 3 位有效数字；蛋白质含量＜1g/100g 时，结果保留 2 位有效数字。平行测定结果的绝对差不超过算术平均值的 10%。

2. 分光光度法

1）试剂

（1）硫酸铜（$CuSO_4 \cdot 5H_2O$）。

（2）硫酸钾。

（3）硫酸（密度为 1.84g/mL）。

（4）300g/L 氢氧化钠溶液：称取 30g 氢氧化钠加水溶解后，放冷，并稀释至 100mL。

（5）1g/L 对硝基苯酚指示液：称取 0.1g 对硝基苯酚溶于 20mL 95%乙醇中，加水稀释至 100mL。

（6）1mol/L 乙酸溶液：量取 5.8mL 乙酸，加水稀释至 100mL。

（7）1mol/L 乙酸钠溶液：称取 41g 无水乙酸钠或 68g 乙酸钠（$CH_3COONa \cdot 3H_2O$），加水溶解后并稀释至 500mL。

（8）乙酸钠-乙酸缓冲溶液（pH 4.8）：量取 1mol/L 乙酸钠溶液 60mL 与 1mol/L 乙酸溶液 40mL 混合。

（9）显色剂：15mL 甲醛与 7.8mL 乙酰丙酮混合，加水稀释至 100mL，剧烈振摇混匀（室温下放置稳定 3d）。

（10）1.0g/L（以氮计）氨氮标准储备溶液：称取 105℃ 干燥 2h 的硫酸铵0.4720g，加水溶解后移于 100mL 容量瓶中，并稀释至刻度，混匀。

（11）0.1g/L（以氮计）氨氮标准使用溶液：吸取 10.00mL 氨氮标准储备液于100mL 容量瓶内，加水定容至刻度，混匀。

2）仪器

分析天平，感量为 1mg；吸量管，1、5mL；容量瓶，50mL；分光光度计，配有 1cm 比色皿；电热恒温水浴槽，（100±0.5）℃；比色管，10mL。

3）操作步骤

（1）试样消解。称取混匀的半固体试样 0.2~1g 或液体试样 1~5g（精确至 0.001g），移入干燥的 100mL 或 250mL 定氮瓶中，加入 0.1g 硫酸铜、1g 硫酸钾及 5mL 硫酸，摇匀后于瓶口放一小漏斗，将定氮瓶以 45°角斜支于有小孔的石棉网上。缓慢加热，待内容物全部炭化，泡沫完全停止后，加强火力，并保持瓶内液体微沸，至液体呈蓝绿色澄清透明后，再继续加热 0.5h。取下放冷，慢慢加入 20mL 水，放冷后移入 50mL 容量瓶中，并用少量水洗涤定氮瓶，洗液并入容量瓶中，再加水至刻度，混匀备用。同时做试剂空白试验。

（2）试液的制备。吸取 2.00~5.00mL 试样或试剂空白消化液于 50mL 容量瓶内，加 1~2 滴对硝基苯酚指示液，摇匀后滴加氢氧化钠溶液中和至黄色，再滴加乙酸溶液至溶液无色，用水稀释至刻度，混匀。

（3）标准曲线的绘制。吸取 0.00、0.05、0.10、0.20、0.40、0.60、0.80、1.00（mL）氨氮标准使用溶液〔相当于 0.00、5.00、10.0、20.0、40.0、60.0、80.0（μg）和 100.0μg 氮〕，分别置于 10mL 比色管中。加 4.0mL 乙酸钠-乙酸缓冲溶液及 4.0mL 显色剂，加水稀释至刻度，混匀。置于 100℃ 水浴中加热 15min。取出用水冷却至室温后，移入 1cm 比色皿内，以零管为参比，于 400nm 波长处测定吸光度，根据标准各系列吸光度绘制标准曲线或建立线性回归方程。

（4）试样测定。吸取 0.50~2.00mL（约相当于氮＜100μg）试样溶液和同量的试剂空白溶液，分别置于 10mL 比色管中。以下按标准曲线的绘制中自"加 4mL 乙酸钠-乙酸缓酸溶液及 4mL 显色剂……"起操作。试样吸光度与标准曲线比较定量或代入线性回归方程求出含量。

4）数据记录与结果处理

数据记录与结果处理如表 3-15 所示。

表 3-15　数据记录与结果处理

测定项目	标准系列溶液								试样溶液	
	1	2	3	4	5	6	7	8	1	2
试样质量 m/g										
试样消化液总体积 V_1/mL										
吸取试样消化液体积 V_2/mL										
试样溶液总体积 V_3/mL										
测定用试样溶液体积 V_4/mL										
吸光度 A										
测定溶液中氮含量 m_1/μg										
空白溶液中氮含量 m_0/μg										
试样中蛋白质含量 X/(g/100g)										
试样中蛋白质平均含量/(g/100g)										
平行测定结果绝对差与平均值比值/%										

计算公式：

$$X = \frac{(m_1 - m_0) \times 6.38 \times 100}{m \times \dfrac{V_2}{V_1} \times \dfrac{V_4}{V_3} \times 10^6}$$

式中，6.38——氮换算为蛋白质的系数。

5）说明

蛋白质含量≥1g/100g 时，结果保留 3 位有效数字；蛋白质含量<1g/100g 时，结果保留 2 位有效数字。平行测定结果的绝对差不超过算术平均值的 10%。

任务 4　发酵乳中非脂乳固体的测定

（1）掌握测定发酵乳中非脂乳固体的相关知识和操作技能。
（2）会进行脂肪抽提操作、干燥操作和加热滴定操作。
（3）能及时记录原始数据和正确处理测定结果。

发酵乳中非脂乳固体是指发酵乳中总固体减去脂肪和蔗糖等非乳成分，采用称量法测定其含量。先分别测定出发酵乳中的总固体含量、脂肪含量和蔗糖含量，再用总固体含量减去脂肪和蔗糖等非乳成分含量，即为非脂乳固体含量。

脂肪含量通过用乙醚和石油醚抽提样品得到的抽提物质量来测定。

蔗糖含量采用酸水解法测定。试样除去蛋白质后，其中的蔗糖经盐酸水解转化为还原糖，测定水解前后还原糖的含量得到蔗糖的含量。

总固体含量通过将试样蒸发、干燥得到的固体物质量来测定。

1）试剂
（1）淀粉酶：酶活力≥1.5U/mg。
（2）25%（质量分数）氨水。
（3）95%（体积分数）乙醇。
（4）乙醚：不含过氧化物，不含抗氧化剂，并满足试验的要求。
（5）石油醚：沸程 30～60℃。
（6）混合溶剂：等体积混合乙醚和石油醚，使用前制备。
（7）刚果红溶液：将 1g 刚果红溶于水中，稀释至 100mL。
（8）6mol/L 盐酸：量取 50mL 浓盐酸，倒入 50mL 水中，混匀。
（9）1.0g/L 葡萄糖标准溶液：称取经 98～100℃ 干燥 2h 的葡萄糖 1g（精确到

0.1mg），加水溶解，加入 5mL 盐酸，转移至 1000mL 容量瓶中，用水定容至刻度。

（10）200g/L 乙酸锌溶液：称取 20g 乙酸锌，溶于水并稀释至 100mL。

（11）100g/L 亚铁氰化钾溶液：称取亚铁氰化钾 10g，溶于水并稀释至 100mL。

（12）200g/L 氢氧化钠溶液：称取 20g 氢氧化钠，溶于水并稀释至 100mL。

（13）碱性酒石酸铜溶液。

甲液：称取 15g 硫酸铜（$CuSO_4 \cdot 5H_2O$），0.05g 亚甲基蓝，溶于水中并定容至 1000mL。

乙液：称取 50g 酒石酸钾钠，75g 氢氧化钠，溶解于水中，加入 4g 亚铁氰化钾，溶解后用水稀释至 1000mL。贮存于橡胶塞玻璃瓶中。

（14）2g/L 甲基红指示液：称取 0.2g 甲基红，溶于 95% 乙醇并稀释至 100mL。

（15）亚甲基蓝。

（16）石英砂或海砂：可通过 $500\mu m$ 孔径的筛子，不能通过 $180\mu m$ 孔径的筛子，并通过下列适用性测试：

将约 20g 的海砂同短玻棒一起放于一皿盒中，然后敞盖在（100±2）℃的干燥箱中至少烘 2h。把皿盒盖盖上后放入干燥器中冷却至室温后称量，准确至 0.1mg。用 5mL 水将海砂润湿，用短玻棒混合海砂和水，将其再次放入干燥箱中干燥 4h。把皿盒盖盖上后放入干燥器中冷却至室温后称量，精确至 0.1mg，两次称量的差不应超过 0.5mg。如果 2 次称量的质量差超过了 0.5mg，则需对海砂进行下面的处理后才能使用：

将海砂在 25%（体积分数）盐酸溶液中浸泡 3d，经常搅拌。尽可能地倾出上清液，用水洗涤海砂，直到中性。在 160℃ 条件下加热海砂 4h。然后重复进行适用性测试。

2）仪器

分析天平，感量 0.1mg；离心机，可用于放置抽脂瓶或管，转速为 500～600r/min，可在抽脂瓶外端产生 80～90g 的重力场；抽脂瓶，带有软木塞（先浸于乙醚中，后放入 60℃ 或以上的水中保持至少 15min，冷却后使用。不用时需浸泡在水中，浸泡用水每天更换一次）或其他不影响溶剂使用的瓶塞（如硅胶或聚四氟乙烯）；玻璃称量皿，高 20～25mm，直径 50～70mm；短玻璃棒，适合于皿盒的直径，可斜放在皿盒内，不影响盖盖；干燥箱；恒温水浴槽。

3）操作步骤

（1）脂肪的测定。同本模块项目 2 中任务 1 发酵乳中脂肪的测定。

（2）蔗糖的测定。

① 试样的处理。称取试样 2.5～5.0g（精确到 1mg）于 250mL 容量瓶中，加 50mL 水，慢慢加入乙酸锌溶液 5mL、亚铁氰化钾溶液 5mL，用水稀释至刻度，混匀，静置 30min，用干燥滤纸过滤，弃去最初 25mL 滤液后，所得滤液作滴定用。

② 试样处理液的水解。吸取 2 份 50.00mL 试样处理液分别置于 100mL 容量瓶中，其中一份加入 6mol/L 盐酸 5mL，置于 68～70℃ 水浴中加热 15min，冷却后，加 2 滴甲基红指示液，用 200g/L 氢氧化钠溶液中和至中性，用水定容至刻度，混匀。另一份直

接加水定容至 100mL。

③ 碱性酒石酸铜溶液的标定。吸取碱性酒石酸铜甲、乙液各 5.00mL 于 150mL 锥形瓶中，加入 10mL 水，放入几粒玻璃珠，从滴定管中放出 1.0g/L 葡萄糖标准溶液 9mL，置于电炉上，在 2min 内加热至沸腾，趁热以每 2s 一滴的速度继续滴加葡萄糖标准溶液，直至溶液蓝色刚好退去即为终点，记录消耗葡萄糖标准溶液的体积。计算每 10mL 碱性酒石酸铜溶液相当于葡萄糖的质量（mg）。

④ 试样溶液预测。吸取碱性酒石酸铜甲、乙液各 5.00mL 于 150mL 锥形瓶中，加入 10mL 蒸馏水，放入几粒玻璃珠，置于电炉上，在 2min 内加热至沸腾，保持沸腾，先快后慢从滴定管中滴加试样溶液，待溶液颜色变浅时，以每 2s 一滴的速度滴定至溶液蓝色刚好退去即为终点。

⑤ 试样溶液测定。吸取碱性酒石酸铜甲、乙液各 5.00mL 于 150mL 锥形瓶中，按上述碱性酒石酸铜溶液的标定操作用试样溶液滴定至终点。记录消耗试样溶液的体积。

（3）总固体的测定。在称量皿中加入 20g 石英砂或海砂，在（100±2）℃的干燥箱中干燥 2h，于干燥器冷却 0.5h，称量，并反复干燥至恒重。称取 5.0g（精确至 0.0001g）试样于恒重的称量皿内，置水浴上蒸干，擦去称量皿外的水渍，于（100±2）℃干燥箱中干燥 3h，取出放入干燥器中冷却 0.5h，称量，再于（100±2）℃干燥箱中干燥 1h，取出冷却后称量，至前后两次质量相差不超过 1.0mg。计算试样中总固体的含量。

（4）非脂乳固体的计算。用总固体减去脂肪和蔗糖等非乳成分即为非脂乳固体。

4）数据记录与结果处理

数据记录与结果处理如表 3-16 所示。

表 3-16　数据记录与结果处理

测定次数		1	2
脂肪测定	试样质量 m/g		
	测定试样时脂肪收集瓶质量（或有不溶物时测得脂肪收集瓶和不溶物质量）m_1/g		
	抽提试样时测得脂肪收集瓶和不溶物的质量 m_2/g		
	空白试验时脂肪收集瓶质量（或有不溶物时测得脂肪收集瓶和不溶物质量）m_3/g		
	空白试验时测得脂肪收集瓶和不溶物的质量 m_4/g		
	试样中脂肪含量 X_1/(g/100g)		
蔗糖测定	试样质量 m/g		
	碱性酒石酸铜溶液相当于葡萄糖质量 A/mg		
	试样处理液体积 V/mL		
	测定消耗未经水解处理试样溶液体积 V_1/mL		
	测定消耗水解处理试样溶液体积 V_2/mL		
	未经水解处理试样中还原糖含量 x_1/(g/100g)		
	水解处理试样中还原糖含量 x_2/(g/100g)		
	试样中蔗糖含量 X_2/(g/100g)		

续表

测定次数		1	2
总固体测定	称量皿和石英砂或海砂的质量 m_0/g		
	干燥前称量皿和石英砂或海砂以及试样的质量 m_1/g		
	干燥后称量皿和石英砂或海砂以及总固体的质量 m_2/g		
	试样中总固体含量 X_3/(g/100g)		
非脂乳固体计算	试样中非脂乳固体含量 X/(g/100g)		
	试样中非脂乳固体平均含量/(g/100g)		
	平行测定结果绝对差与平均值比值/%		

计算公式：

试样中脂肪的含量按下式计算：

$$X_1 = \frac{(m_2 - m_1) - (m_4 - m_3)}{m} \times 100$$

未经水解处理试样中还原糖含量（以葡萄糖计）按下式计算：

$$x_1 = \frac{A}{m \times \dfrac{V_1}{V} \times 1000} \times 100$$

水解处理试样中还原糖含量（以葡萄糖计）按下式计算：

$$x_2 = \frac{A}{m \times \dfrac{V_2}{V} \times 1000} \times 100$$

试样中蔗糖含量按下式计算：

$$X_2 = (x_2 - x_1) \times 0.95$$

试样中总固体含量按下式计算：

$$X_3 = \frac{m_2 - m_0}{m_1 - m_0} \times 100$$

试样中非脂乳固体含量按下式计算：

$$X = X_3 - X_1 - X_2$$

5）说明

结果保留 3 位有效数字。平行测定结果绝对差与平均值比值 2%。

任务 5　发酵乳中的铁、锰、铜、锌、钾、钠、钙、镁的测定

学习目标

（1）掌握原子吸收光谱法测定发酵乳中钙、铁、锌、钠、钾、镁、铜和锰的相关知识和操作技能。

（2）会进行消解操作和正确操作原子吸收光谱仪。

（3）能及时记录原始数据和正确处理测定结果。

知识准备

　　乳及乳品中的钙、铁、锌、钠、钾、镁、铜和锰等可以采用火焰原子吸收光谱法测定。试样经干法灰化，分解有机质后，加酸使灰分中的无机离子全部溶解，直接吸入空气-乙炔火焰中原子化，并在光路中分别测定钙、铁、锌、钠、钾、镁、铜和锰原子对特定波长谱线的吸收。测定钙、镁时，需用镧作释放剂，以消除磷酸干扰。

技能操作

　　1）试剂
　　（1）盐酸。
　　（2）硝酸。
　　（3）盐酸 A：取 2mL 盐酸，用水稀释至 100mL。
　　（4）盐酸 B：取 20mL 盐酸，用水稀释至 100mL。
　　（5）硝酸溶液：取 50mL 硝酸，用水稀释至 100mL。
　　（6）50g/L 镧溶液：称取 29.32g 氧化镧（La_2O_3），用 25mL 水湿润后，缓慢添加 125mL 盐酸使氧化镧溶解后，用水稀释至 500mL。
　　（7）1g/L 钾标准溶液：称取干燥的光谱纯氯化钾 1.9067g，用盐酸 A 溶解，并定容于 1000mL 容量瓶中。
　　（8）1g/L 钠标准溶液：称取干燥的光谱纯氯化钠 2.5420g，用盐酸 A 溶解，并定容于 1000mL 容量瓶中。
　　（9）1g/L 钙标准溶液：称取干燥的光谱纯碳酸钙 2.4963g，用盐酸 B100mL 溶解，并用水定容于 1000mL 容量瓶中。
　　（10）1g/L 镁、锌、铁、铜、锰标准溶液：称取光谱纯镁、锌、铁、铜或锰 1.0000g，用硝酸 40mL 溶解，并用水定容于 1000mL 容量瓶中。
　　（11）各元素的标准储备液。钙、铁、锌、钠、钾、镁标准储备液：分别准确吸取钙标准溶液 10.0mL、铁标准溶液 10.0mL、锌标准溶液 10.0mL、钠标准溶液 5.0mL、钾标准溶液 10.0mL、镁标准溶液 1.0mL，用盐酸 A 分别定容到 100mL 石英容量瓶中，得到上述各元素的标准储备液。质量浓度分别为：钙、铁、锌、钾为 $100.0\mu g/mL$；钠为 $50.0\mu g/mL$；镁为 $10.0\mu g/mL$。
　　锰、铜标准储备液：准确吸取锰标准溶液 10.0mL，用盐酸 A 定容到 100mL，再从定容后溶液中准确吸取 4.0mL，用盐酸 A 定容到 100mL，得到锰标准储备液，质量浓度为 $4.0\mu g/mL$。准确吸取铜标准溶液 10.0mL，用盐酸 A 定容到 100mL，再从定容后溶液中准确吸取 6.0mL，用盐酸 A 定容到 100mL，得到铜标准储备液，质量浓度为 $6.0\mu g/mL$。
　　2）仪器
　　原子吸收光谱仪，配有钙、铁、锌、钠、钾、镁、铜、锰空心阴极灯；分析用钢瓶乙炔气和空气压缩机；石英坩埚或瓷坩埚；马弗炉；分析天平，感量为 0.1mg；容量瓶，50、100（mL）；吸量管，1、10（mL）。

3）操作步骤

（1）试样处理。称取混合均匀的半固体试样 5g 或液体试样 15g（精确到 0.0001g）于坩埚中，在电炉上微火炭化至不再冒烟，再移入马弗炉中，（490±5）℃灰化约 5h。如果有黑色炭粒，冷却后，则滴加少许硝酸溶液湿润，在电炉上小火蒸干后，再移入 490℃高温炉中继续灰化成白色灰烬。

冷却至室温后取出，加入 5mL 盐酸 B，在电炉上加热使灰烬充分溶解。冷却至室温后，移入 50mL 容量瓶中，用水定容。同时处理至少两个空白试样。

（2）试样待测液的制备。钙、镁待测液：从 50mL 的试液中准确吸取 1.00mL 到100mL 容量瓶中，加 2.0mL 镧溶液，用水定容。同样方法处理空白试液。

钠待测液：从 50mL 的试液中准确吸取 1.00mL 到100mL 容量瓶中，用盐酸 A 定容。同样方法处理空白试液。

钾待测液：从 50mL 的试液中准确吸取 0.50mL 到100mL 容量瓶中，用盐酸 A 定容。同样方法处理空白试液。

铁、锌、锰、铜待测液：用 50mL 的试液直接上机测定。同时测定空白试液。

（3）标准曲线的制备。标准系列使用液的配制：按表 3-17 给出的体积分别准确吸取各元素的标准储备液于 100mL 容量瓶中，用盐酸 A 定容，配制铁、锌、钠、钾、锰、铜使用液。配制钙、镁使用液时，在准确吸取标准储备液的同时吸取 2.0mL 镧溶液于各容量瓶，用水定容。此为各元素不同浓度的标准使用液，其质量浓度见表 3-18。

表 3-17　配制标准系列使用液所吸取各元素标准储备液的体积

序号	K/mL	Ca/mL	Na/mL	Mg/mL	Zn/mL	Fe/mL	Cu/mL	Mn/mL
1	1.00	2.00	2.00	2.00	2.00	2.00	2.00	2.00
2	2.00	4.00	4.00	4.00	4.00	4.00	4.00	4.00
3	3.00	6.00	6.00	6.00	6.00	6.00	6.00	6.00
4	4.00	8.00	8.00	8.00	8.00	8.00	8.00	8.00
5	5.00	10.00	10.00	10.00	10.00	10.00	10.00	10.00

表 3-18　各元素标准系列使用液浓度

序号	K/(mg/L)	Ca/(mg/L)	Na/(mg/L)	Mg/(mg/L)	Zn/(mg/L)	Fe/(mg/L)	Cu/(mg/L)	Mn/(mg/L)
1	1.0	2.0	1.0	0.2	2.0	2.0	0.12	0.08
2	2.0	4.0	2.0	0.4	4.0	4.0	0.24	0.16
3	3.0	6.0	3.0	0.6	6.0	6.0	0.36	0.24
4	4.0	8.0	4.0	0.8	8.0	8.0	0.48	0.32
5	5.0	10.0	5.0	1.0	10.0	10.0	0.60	0.40

标准曲线的绘制：按照仪器说明书将仪器工作条件调整到测定各元素的最佳状态，选用灵敏吸收线 K 766.5nm、Ca 422.7nm、Na 589.0nm、Mg 285.2nm、Fe 248.3nm、

Cu 324.8nm、Mn 279.5nm、Zn 213.9nm 将仪器调整好预热后，测定铁、锌、钠、钾、铜、锰时用毛细管吸喷盐酸 A 调零。测定钙、镁时先吸取镧溶液 2.0mL，用水定容到 100mL，并用毛细管吸喷该溶液调零。分别测定各元素标准工作液的吸光度。以标准系列使用液浓度为横坐标，对应的吸光度为纵坐标绘制标准曲线。

（4）试样待测液的测定。调整好仪器最佳状态，测铁、锌、钠、钾、铜、锰时用盐酸 A 调零，测钙、镁时，先吸取镧溶液 2.0mL，用水定容到 100mL，并用该溶液调零。分别吸喷试样待测液和空白试液，测定其吸光度，查标准曲线得对应的质量浓度。

4）数据记录与结果处理

数据记录与结果处理如表 3-19 所示。

表 3-19　数据记录与结果处理

测定项目	标准系列溶液					试样溶液	
	1	2	3	4	5	1	2
试样质量 m/g							
试样溶液体积 V/mL							
吸光度 A							
测定溶液中被测元素含量 ρ_1/(mg/L)							
空白溶液中被测元素含量 ρ_0/(mg/L)							
试样中被测元素含量 X/(mg/100g)							
试样中被测元素平均含量/(mg/100g)							
平行测定结果绝对差与平均值比值/%							

计算公式：

$$X = \frac{(\rho_1 - \rho_0) \times V \times f}{m \times 1000} \times 100$$

式中，f——试样溶液稀释倍数。

5）说明

（1）结果保留 3 位有效数字。平行测定结果的绝对差值与平均值的比值，钙、镁、钠、钾、铁、锌不得超过 10%，铜和锰不得超过 15%。

（2）为保证试样待测试液浓度在标准曲线线性范围内，可以适当调整试液定容体积和稀释倍数。

任务 6　发酵乳中磷的测定

学习目标

（1）掌握比色法测定发酵乳中磷的相关知识和操作技能。

（2）会正确操作分光光度计。

（3）能及时记录原始数据和正确处理测定结果。

知识准备

发酵乳中磷的含量用比色法测定。试样经酸氧化，使磷在硝酸溶液中与钒钼酸铵生成黄色络合物。用分光光度计在波长 440nm 处测定吸光度，其吸光度的大小与磷的含量成正比。

技能操作

1）试剂

（1）硝酸：优级纯。

（2）高氯酸：优级纯。

（3）钒钼酸铵试剂。

A 液：25g 钼酸铵 $[(NH_4)_6Mo_7O_{24} \cdot 4H_2O]$ 溶于 400mL 水中。

B 液：1.25g 偏钒酸铵（NH_4VO_3）溶于 300mL 沸水中，冷却后加 250mL 硝酸。

将 A 液缓缓倾入 B 液中，不断搅匀，并用水稀释至 1L，贮于棕色瓶中。

（4）6mol/L 氢氧化钠溶液：称取 240g 氢氧化钠，溶于 1000mL 水中。

（5）0.1mol/L 氢氧化钠溶液：称取 4g 氢氧化钠，溶于 1000mL 水中。

（6）0.2mol/L 硝酸溶液：吸取 12.5mL 硝酸，用水稀释至 1000mL。

（7）50mg/L 磷标准贮备液：称取在（105±1）℃烘干至恒重的磷酸二氢钾（KH_2PO_4）标准品 0.2197g，溶于 400mL 水中，加 8mL 优级纯硫酸，定容至 1L。可长久贮存。

（8）2g/L 二硝基酚指示液：称取 0.2g 2,6-二硝基酚或 2,4-二硝基酚 $[C_6H_3OH(NO_2)_2]$ 溶于 100mL 水中。

2）仪器

分析天平，感量为 0.1mg；电热板；分光光度计，配有 1cm 比色皿；容量瓶，50mL；吸量管，10mL。

3）操作步骤

（1）试样处理。称取固体试样 0.5g 或液体试样 2.5g（精确至 0.1mg），置于 125mL 三角瓶中，放入几粒玻璃球，加 10mL 硝酸，然后放在电热板上加热。待剧烈反应结束后取下，稍冷却，再加入 10mL 高氯酸，重新放于电热板上加热。若消化液变黑，需取下再加入 5mL 硝酸继续消化，直到消化液变成无色或淡黄色，且冒出白烟，在消化液剩下 3～5mL 时取下，冷却，转入 50mL 容量瓶中，用水定容。同时做空白试验。

（2）标准曲线的绘制。分别吸取磷标准贮备液 0.00、2.50、5.00、7.50、10.00、15.00（mL），放入 50mL 容量瓶中。加入 10.00mL 钒钼酸铵试剂，用水定容至刻度。该系列标准溶液中磷的浓度分别为 0.0、2.5、5.0、7.5、10.0、15.0（mg/L）。在 25～30℃下显色 15min。用 1cm 比色皿，于波长 440nm 处测定吸光度。以吸光度为纵坐标,以磷的浓度为横坐标,绘制标准曲线。

(3) 试样测定。吸取试液 10.00mL 于 50mL 容量瓶中,加少量水后,加 2 滴二硝基酚指示液,先用氢氧化钠溶液调至黄色,再用 0.2mol/L 硝酸溶液调至无色,最后用 0.1mol/L 氢氧化钠溶液调至微黄色。加入 10.00mL 钒钼酸铵试剂,用水定容至刻度。以空白溶液调零,测定其吸光度。从标准曲线上查得试样溶液中磷的浓度。

4) 数据记录与结果处理

数据记录与结果处理如表 3-20 所示。

表 3-20 数据记录与结果处理

测定项目	标准系列溶液						试样溶液	
	1	2	3	4	5	6	1	2
试样质量 m/g								
试样消化液总体积 V/mL								
吸取试样消化液体积 V_1/mL								
比色溶液定容体积 V_2/mL								
吸光度 A								
测定溶液中磷含量 ρ_1/(mg/L)								
空白溶液中磷含量 ρ_0/(mg/L)								
试样中磷含量 X/(mg/100g)								
试样中磷平均含量/(mg/100g)								
平行测定结果绝对差与平均值比值/%								

计算公式:

$$X = \frac{c \times V \times V_2}{m \times V_1 \times 1000} \times 100$$

5) 说明

结果保留 3 位有效数字。平行测定结果的绝对差值与平均值的比值不得超过 5%。

任务 7 发酵乳中乳酸菌的检验

学习目标

(1) 掌握平板计数法检验发酵乳中乳酸菌的相关知识和操作技能。

(2) 会进行无菌操作、培养基制备、样品培养和菌落计数操作。

(3) 能给出准确的菌落计数和正确的报告。

知识准备

乳酸菌是一群能分解葡萄糖或乳糖产生乳酸,需氧和兼性厌氧,多数无动力,过氧化氢酶阴性,革兰氏阳性的无芽孢杆菌和球菌。乳酸菌的检验是指检样在一定条件下培养后，所得 1g（或 1mL）检样中所含乳酸菌菌落的总数。菌落计数以菌落形成单位（colony-forming units，CFU）表示。

乳酸菌的检验程序见图 3-7。

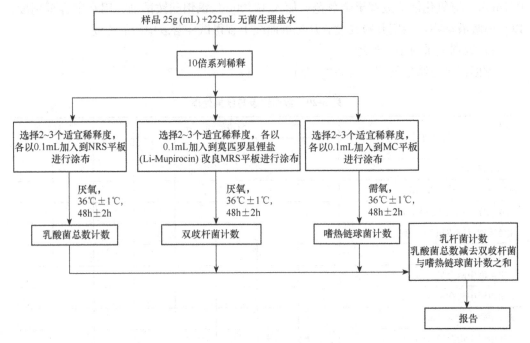

图 3-7　乳酸菌检验程序

技能操作

1）试剂

（1）MRS（Man Rogosa Sharpe）培养基：见附录 5.8。

（2）莫匹罗星锂盐（Li-Mupirocin）改良 MRS 培养基：见附录 5.9。

（3）MC（Modified Chalmers）培养基：见附录 5.10。

（4）0.85% 灭菌生理盐水。

2）仪器

天平，感量 0.1g；无菌试管，18mm×180mm、15mm×100mm；无菌吸管，1mL（具 0.01mL 刻度）、10mL（具 0.1mL 刻度）或微量移液器及吸头；无菌锥形瓶：250、500mL；均质器及无菌均质袋、均质杯或灭菌乳钵；恒温培养箱，（36±1）℃；恒温水浴锅，（46±1）℃；显微镜，10~100 倍；冰箱，2~5℃。

3）操作步骤

（1）样品处理。固体和半固体样品：以无菌操作称取 25g 样品，置于装有 225mL 生理盐水的无菌均质杯内，于 8000~10000r/min 均质 1~2min，制成 1:10 样品稀释液；或置于 225mL 生理盐水的无菌均质袋中，用拍击式均质器拍打 1~2min 制成 1:10 的样品稀释液。

液体样品：充分摇匀后以无菌吸管吸取样品 25mL 放入装有 225mL 生理盐水的无菌锥形瓶（瓶内预置适当数量的无菌玻璃珠）中，充分振摇，制成 1:10 的样品稀释液。

用 1mL 无菌吸管或微量移液器吸取 1:10 样品稀释液 1mL，沿管壁缓慢注于装有 9mL 生理盐水的无菌试管中（注意吸管尖端不要触及稀释液），振摇试管或换用 1 支无菌吸管反复吹打使其混合均匀，制成 1:100 的样品稀释液。

另取 1mL 无菌吸管或微量移液器吸头，按上述操作顺序，做 10 倍递增样品稀释液，每递增稀释一次，即换用 1 次 1mL 灭菌吸管或吸头。

（2）乳酸菌计数。

乳酸菌总数：根据待检样品活菌总数的估计，选择 2~3 个连续的适宜稀释度，每个稀释度吸取 0.1mL 样品稀释液分别置于 2 个 MRS 琼脂平板，使用 L 形棒进行表面涂布。(36±1)℃厌氧培养（48±2)h 后计数平板上的所有菌落数。从样品稀释到平板涂布要求在 15min 内完成。

双歧杆菌计数：根据对待检样品双歧杆菌含量的估计，选择 2~3 个连续的适宜稀释度，每个稀释度吸取 0.1mL 样品稀释液于莫匹罗星锂盐（Li-Mupirocin）改良 MRS 琼脂平板，使用灭菌 L 形棒进行表面涂布，每个稀释度作两个平板。(36±1)℃厌氧培养（48±2)h 后计数平板上的所有菌落数。从样品稀释到平板涂布要求在 15min 内完成。

嗜热链球菌计数：根据待检样品嗜热链球菌活菌数的估计，选择 2~3 个连续的适宜稀释度，每个稀释度吸取 0.1mL 样品稀释液分别置于 2 个 MC 琼脂平板，使用 L 形棒进行表面涂布，(36±1)℃需氧培养（48±2)h 后计数。从样品稀释到平板涂布要求在 15min 内完成。

乳杆菌计数：乳酸菌总数结果减去双歧杆菌与嗜热链球菌计数结果之和即得乳杆菌计数。

（3）菌落计数。可用肉眼观察，必要时用放大镜或菌落计数器，记录稀释倍数和相应的菌落数量。

4）数据记录与结果处理

数据记录与结果处理如表 3-21 所示。

表 3-21　数据记录与结果处理

次数	样品稀释液乳酸菌数			乳酸菌菌落总数/[(CFU/g(mL)]	结论
	10⁻¹	10⁻²	10⁻³		
1					
2					
平均					

5）说明

（1）选取菌落数在 30~300CFU/mL、无蔓延菌落生长的平板计数菌落总数。低于 30CFU/mL 的平板记录具体菌落数，大于 300CFU/mL 的可记录为多不可计。每个稀释度的菌落数应采用 2 个平板的平均数。

其中一个平板有较大片状菌落生长时，则不宜采用，而应以无片状菌落生长的平板作为该稀释度的菌落数；若片状菌落不到平板的一半，而其余一半中菌落分布又很均匀，即可计算半个平板后乘以 2，代表一个平板菌落数。

当平板上出现菌落间无明显界线的链状生长时，则将每条单链作为一个菌落计数。

（2）若只有一个稀释度平板上的菌落数在适宜计数范围内，计算两个平板菌落数的平均值，再将平均值乘以相应稀释倍数，作为每 g(mL) 中菌落总数结果。

若有两个连续稀释度的平板菌落数在适宜计数范围内时，按下式计算：

$$N = \frac{\sum C}{(n_1 + 0.1n_2) \times d}$$

式中，N——样品中菌落数；

$\sum C$——平板（含适宜范围菌落数的平板）菌落数之和；

n_1——第一稀释度（低稀释倍数）平板个数；

n_2——第二稀释度（高稀释倍数）平板个数；

d——稀释因子（第一稀释度）。

若所有稀释度的平板上菌落数均大于 300CFU/mL，则对稀释度最高的平板进行计数，其他平板可记录为多不可计，结果按平均菌落数乘以最高稀释倍数计算。

若所有稀释度的平板菌落数均小于 30CFU，则应按稀释度最低的平均菌落数乘以稀释倍数计算。

若所有稀释度（包括液体样品原液）平板均无菌落生长，则以小于 1 乘以最低稀释倍数计算。

若所有稀释度的平板菌落数均不在 30～300CFU/mL，其中一部分小于 30CFU/mL 或大于 300CFU/mL 时，则以最接近 30CFU/mL 或 300CFU/mL 的平均菌落数乘以稀释倍数计算。

（3）菌落数小于 100CFU/mL 时，按"四舍五入"原则修约，以整数报告。

菌落数大于或等于 100CFU/mL 时，第 3 位数字采用"四舍五入"原则修约后，取前 2 位数字，后面用 0 代替位数；也可用 10 的指数形式来表示，按"四舍五入"原则修约后，采用两位有效数字。

称重取样以 CFU/g 为单位报告，体积取样以 CFU/mL 为单位报告。

（4）嗜热链球菌在 MC 琼脂平板上的菌落特征为：菌落中等偏小，边缘整齐光滑的红色菌落，直径（2±1）mm，菌落背面为粉红色。

任务 8　发酵乳中酵母菌、霉菌的检验

学习目标

（1）掌握平板计数法检验发酵乳中酵母菌、霉菌的相关知识和操作技能。

（2）会进行无菌操作、培养基制备、样品培养和菌落计数操作。

（3）能给出准确的菌落计数和正确的报告。

知识准备

霉菌和酵母菌的检验是指检样经过处理，在一定条件下培养后，所得 1g（或 1mL）检样中所含的霉菌和酵母菌菌落数。

技能操作

同本模块项目 1 中任务 12 酱油、食醋中霉菌的检验，只是将取样量由体积（mL）改为质量（g）。

任务 9　发酵乳中细菌总数的检验

学习目标

（1）掌握平板计数法检验发酵乳中细菌总数的相关知识和操作技能。
（2）会进行无菌操作、培养基制备、样品培养和菌落计数操作。
（3）能给出准确的菌落计数和正确的报告。

知识准备

同模块 2 项目 1 中任务 15 果酒、黄酒中细菌总数的检验。

技能操作

同模块 2 项目 1 中任务 15 果酒、黄酒中细菌总数的检验，只是将取样量由体积（mL）改为质量（g）。

任务 10　发酵乳中大肠菌群的检验

学习目标

（1）掌握 MPN 计数法和平板计数法检验发酵乳中大肠菌群的相关知识和操作技能。
（2）会进行无菌操作、培养基制备、样品培养和菌落计数操作。
（3）能给出准确的菌落计数和正确的报告。

知识准备

同模块 2 项目 1 中任务 16 果酒、黄酒中大肠菌群的检验。

技能操作

同模块 2 项目 1 中任务 16 果酒、黄酒中大肠菌群的检验，只是将取样量由体积（mL）改为质量（g）。

任务 11　发酵乳中金黄色葡萄球菌的检验

学习目标

（1）掌握 MPN 计数法和平板计数法检验发酵乳中金黄色葡萄球菌的相关知识和操作技能。

（2）会进行无菌操作、培养基制备、样品培养和菌落计数操作。

（3）能给出准确的判定、菌落计数和正确的报告。

知识准备

绝大多数葡萄球菌在血琼脂平板上产生金黄色色素，菌落周围有透明的溶血圈，在厌氧条件下能分解甘露醇产酸，产生血浆凝固酶和耐热性的 DNA 酶。

葡萄球菌属的形态特征是革兰氏阳性球菌，无鞭毛及芽孢，一般不形成荚膜。细菌繁殖时呈多个平面的不规则分裂，堆积成葡萄串状排列。在脓汁或液体培养基中生长，常呈双球或短链状排列，易被误认为链球菌。

葡萄球菌属的培养和生化反应特征是营养要求不高，在普通培养基上生长良好，需氧或兼性厌氧，最适宜生长温度为 37℃，最适宜 pH 为 7.4，耐盐性强，在含 100～150g/L 的氯化钠培养基中生长，在氯化钠肉汤培养基中经 37℃培养 24h 后，呈均匀混浊生长。在普通琼脂平板上形成圆形、凸起、边缘整齐、表面光滑、湿润、不透明的菌落，直径为 1～2mm。能产生紫色素。在血琼脂平板上多数致病性菌葡萄球菌可产生溶血毒素，使菌落周围产生透明的溶血环，非致病性葡萄球菌则无溶血环。葡萄球菌能产生凝固酶，在厌氧条件下分解甘露醇。

葡萄球菌属的细菌抵抗力较强，为不形成芽孢的细菌中最强者。干燥情况下能存活数月，80℃加热 30min 才被杀死，在 5%（质量分数）石炭酸或 0.1%（质量分数）升汞中 10～15min 死亡；对磺胺类药物敏感性较低，对青霉素、金霉素、红霉素和庆大霉素高度敏感，对链霉素中度敏感，对氯霉素敏感性较差。

检验金黄色葡萄球菌的方法有最近似值（MPN）测定法、平板计数法和定性检验法。最近似值（MPN）测定法适用于检测带有大量杂菌样品中的少量葡萄球菌。平板计数法适用于检查葡萄球菌数不小于 10/g（mL）的样品。定性检验法适用于检查含有受损伤葡萄球菌的样品。

金黄色葡萄球菌的定性检验程序见图 3-8。

金黄色葡萄球菌的平板计数检验程序见图 3-9。

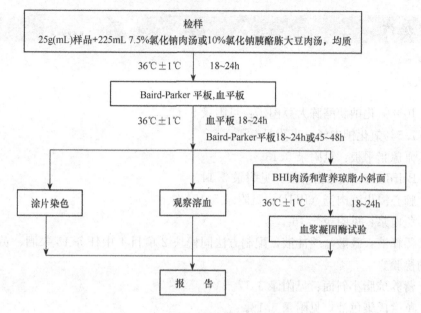

图 3-8　金黄色葡萄球菌定性检验程序

金黄色葡萄球菌的 MPN 计数检验程序见图 3-10。

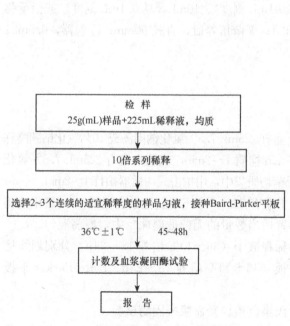

图 3-9　金黄色葡萄球菌平板计数检验程序　　　　图 3-10　金黄色葡萄球菌 MPN
　　　　　　　　　　　　　　　　　　　　　　　　　　　　　　计数检验程序

技能操作

1. 试剂

（1）10％氯化钠胰酪胨大豆肉汤：见附录 5.11。

（2）7.5％氯化钠肉汤：见附录 5.12。

（3）血琼脂平板：见附录 5.13。

（4）Baird-Parker 琼脂平板：见附录 5.14。

（5）脑心浸出液肉汤（BHI）：见附录 5.15。

（6）兔血浆：见附录 5.16。

（7）稀释液：磷酸盐缓冲液，配制方法同模块 2 项目 1 中任务 15 果酒、黄酒中细菌总数的检验。

（8）营养琼脂小斜面：见附录 5.17。

（9）革兰氏染色液：见附录 5.18。

（10）无菌生理盐水：配制方法同模块 2 项目 1 中任务 15 果酒、黄酒中细菌总数的检验。

2. 仪器

恒温培养箱，(36±1)℃；冰箱，2～5℃；恒温水浴槽，37～65℃；天平，感量 0.1g；均质器；振荡器；无菌吸管，1mL（具 0.01mL 刻度）、10mL（具 0.1mL 刻度）或微量移液器及吸头；无菌锥形瓶，100、500（mL）；无菌培养皿，直径 90mm；注射器，0.5mL；pH 计或 pH 比色管或精密 pH 试纸。

3. 操作步骤

1）定性检验法

（1）样品的处理。称取 25g 样品置于盛有 225mL 7.5％氯化钠肉汤或 10％氯化钠胰酪胨大豆肉汤的无菌均质杯内，8000～10000r/min 均质 1～2min，或放入盛有 225mL 7.5％氯化钠肉汤或 10％氯化钠胰酪胨大豆肉汤的无菌均质袋中，用拍击式均质器拍打 1～2min。

若样品为液态，吸取 25mL 样品置于盛有 225mL 7.5％氯化钠肉汤或 10％氯化钠胰酪胨大豆肉汤的无菌锥形瓶（瓶内可预置适当数量的无菌玻璃珠）中，振荡混匀。

（2）增菌和分离培养。将上述样品稀释液于 (36±1)℃培养 18～24h。分别划线接种到 Baird-Parker 平板和血平板，血平板 (36±1)℃培养 18～24h。Baird-Parker 平板 (36±1)℃培养 18～24h 或 45～48h。

（3）鉴定。挑取上述菌落进行革兰氏染色镜检及血浆凝固酶试验。

染色镜检：金黄色葡萄球菌为革兰氏阳性球菌，排列呈葡萄球状，无芽孢，无荚膜，直径为 0.5～1μm。

血浆凝固酶试验：挑取 Baird-Parker 平板或血平板上可疑菌落 1 个或以上，分别接种到 5mL BHI 和营养琼脂小斜面，(36±1)℃培养 18～24h。

取新鲜配置兔血浆 0.5mL，放入小试管中，再加入 BHI 培养物 0.2～0.3mL，振荡摇匀，置（36±1）℃恒温箱或水浴槽内，每半小时观察一次，观察 6h，如呈现凝固（即将试管倾斜或倒置时，呈现凝块）或凝固体积大于原体积的一半，被判定为阳性结果。同时以血浆凝固酶试验阳性和阴性葡萄球菌菌株的肉汤培养物作为对照。

结果如可疑，挑取营养琼脂小斜面的菌落到 5mLBHI，（36±1）℃培养 18～48h，重复试验。

（4）结果报告。在 25g（mL）样品中检出或未检出金黄色葡萄球菌。

2）平板计数法

（1）样品的稀释。固体和半固体样品：称取 25g 样品置于盛有 225mL 磷酸盐缓冲液或生理盐水的无菌均质杯内，8000～10000r/min 均质 1～2min，或置于盛有 225mL 稀释液的无菌均质袋中，用拍击式均质器拍打 1～2min，制成 1:10 的样品稀释液。

液体样品：以无菌吸管吸取 25mL 样品置于盛有 225mL 磷酸盐缓冲液或生理盐水的无菌锥形瓶（瓶内预置适当数量的无菌玻璃珠）中，充分混匀，制成 1:10 的样品稀释液。

用 1mL 无菌吸管或微量移液器吸取 1:10 样品稀释液 1mL，沿管壁缓慢注于盛有 9mL 稀释液的无菌试管中（注意吸管或吸头尖端不要触及稀释液面），振摇试管或换用 1 支 1mL 无菌吸管反复吹打使其混合均匀，制成 1:100 的样品稀释液。

按上述操作程序，制备 10 倍系列稀释样品稀释液。每递增稀释一次，换用 1 次 1mL 无菌吸管或吸头。

（2）样品的接种。根据对样品污染状况的估计，选择 2～3 个适宜稀释度的样品稀释液（液体样品可包括原液），在进行 10 倍递增稀释时，每个稀释度分别吸取 1mL 样品稀释液以 0.3、0.3、0.4（mL）接种量分别加入三块 Baird-Parker 平板，然后用无菌 L 棒涂布整个平板，注意不要触及平板边缘。使用前，如 Baird-Parker 平板表面有水珠，可放在 25～50℃的培养箱里干燥，直到平板表面的水珠消失。

（3）培养。在通常情况下，涂布后，将平板静置 10min，如样液不易吸收，可将平板放在培养箱（36±1）℃培养 1h；等样品稀释液吸收后翻转平皿，倒置于培养箱，（36±1）℃培养 45～48h。

（4）典型菌落计数和确认。选择有典型的金黄色葡萄球菌菌落的平板，且同一稀释度 3 个平板所有菌落数合计在 20～200CFU/mL 的平板，计数典型菌落数。

只有一个稀释度平板的菌落数在 20～200CFU/mL 且有典型菌落，计数该稀释度平板上的典型菌落。

最低稀释度平板的菌落数小于 20CFU/mL 且有典型菌落，计数该稀释度平板上的典型菌落；

某一稀释度平板的菌落数大于 200CFU/mL 且有典型菌落，但下一稀释度平板上没有典型菌落，应计数该稀释度平板上的典型菌落；

某一稀释度平板的菌落数大于 200CFU/mL 且有典型菌落，且下一稀释度平板上有典型菌落，但其平板上的菌落数不在 20～200CFU/mL，应计数该稀释度平板上的典型菌落。

以上按下式计算：

$$T = \frac{A \times B}{C \times d}$$

式中，T——样品中金黄色葡萄球菌菌落数；

　　　A——某一稀释度典型菌落的总数；

　　　B——某一稀释度血浆凝固酶阳性的菌落数；

　　　C——某一稀释度用于血浆凝固酶试验的菌落数；

　　　d——稀释因子。

如果 2 个连续稀释度的平板菌落数均在 20～200CFU，按下式计算：

$$T = \frac{\dfrac{A_1 \times B_1}{C_1} + \dfrac{A_2 \times B_2}{C_2}}{1.1d}$$

式中，T——样品中金黄色葡萄球菌菌落数；

　　　A_1——第一稀释度（低稀释倍数）典型菌落的总数；

　　　A_2——第二稀释度（高稀释倍数）典型菌落的总数；

　　　B_1——第一稀释度（低稀释倍数）血浆凝固酶阳性的菌落数；

　　　B_2——第二稀释度（高稀释倍数）血浆凝固酶阳性的菌落数；

　　　C_1——第一稀释度（低稀释倍数）用于血浆凝固酶试验的菌落数；

　　　C_2——第二稀释度（高稀释倍数）用于血浆凝固酶试验的菌落数；

　　　1.1——计算系数；

　　　d——稀释因子（第一稀释度）。

从典型菌落中任选 5 个菌落（小于 5 个全选），分别按定性检验法中操作做血浆凝固酶试验。

（5）数据记录与结果处理（表 3-22）。根据 Baird-Parker 平板上金黄色葡萄球菌的典型菌落数，按（4）中公式计算，报告每 g（mL）样品中金黄色葡萄球菌数，以 CFU/g（mL）表示；如 T 值为 0，则以小于 1 乘以最低稀释倍数报告。

表 3-22　数据记录与结果处理

次数	样品稀释液菌落数			菌落总数 /[CFU/g（mL）]	结论
	10^{-1}	10^{-2}	10^{-3}		
1					
2					
平均					

3）MPN 计数法

（1）样品的稀释。同平法计数法。

（2）接种和培养。根据对样品污染状况的估计，选择 3 个适宜稀释度的样品稀释液（液体样品可包括原液），在进行 10 倍递增稀释时，每个稀释度分别吸取 1mL 样品匀液接种到 10% 氯化钠胰酪胨大豆肉汤管，每个稀释度接种 3 管，将上述接种物于（36±1）℃培养 45～48h。

用接种环从有细菌生长的各管中，移取 1 环，分别接种 Baird-Parker 平板，（36±1）℃培养 45～48h。

（3）典型菌落确认。同平法计数法。

从典型菌落中至少挑取 1 个菌落接种到 BHI 肉汤和营养琼脂斜面，（36±1）℃培养

18～24h。按定性检验法中操作进行血浆凝固酶试验。

（4）数据记录与结果处理。

计算血浆凝固酶试验阳性菌落对应的管数，查 MPN 检索表（附录 4），报告每 g(mL)样品中金黄色葡萄球菌的最可能数，以 MPN/g(mL) 表示。数据记录与结果处理如表 3-23 所示。

表 3-23　数据记录与结果处理

阳性管数/支			MPN/g(mL)	结论
0.1	0.01	0.001		

（5）说明。

（1）金黄色葡萄球菌在 7.5% 氯化钠肉汤中呈混浊生长，污染严重时在 10% 氯化钠胰酪胨大豆肉汤内呈混浊生长。

（2）金黄色葡萄球菌在 Baird-Parker 平板上，菌落直径为 2～3mm，颜色呈灰色到黑色，边缘为淡色，周围为一混浊带，在其外层有一透明圈。用接种针接触菌落有似奶油至树胶样的硬度，偶然会遇到非脂肪溶解的类似菌落；但无混浊带及透明圈。长期保存的冷冻或干燥食品中所分离的菌落比典型菌落所产生的黑色较淡些，外观可能粗糙并干燥。在血平板上，形成菌落较大，圆形、光滑凸起、湿润、金黄色（有时为白色），菌落周围可见完全透明溶血圈。

任务 12　发酵乳中沙门氏菌的检验

学习目标

（1）掌握检验发酵乳中沙门氏菌的相关知识和操作技能。

（2）会进行无菌操作、培养基制备、样品培养、生化试验和血清学鉴定。

（3）能给出准确的判定和正确的报告。

知识准备

沙门氏菌属是肠道杆菌科中最重要的病原菌属，它是引起人类和动物发病及食物中毒的主要病原菌。

沙门氏菌属的形态特征是革兰氏阴性杆菌，无芽孢，无荚膜，大多数有动力、周生鞭毛。其生化反应特征是吲哚、尿素分解及 V·P 试验均阴性，发酵葡萄糖产酸产气，产生 H_2S，不分解蔗糖和水杨素，不利用丙二酸钠，不液化明胶，且在含有氰化钾的培养基内不能生长，使赖氨酸、精氨酸、鸟氨酸脱羧基，在普通培养基上形成中等大小、无色透明、表面光滑的菌落，菌落边缘整齐或呈锯齿形。不分解乳糖，在肠道鉴别培养基上形成无色菌落。

沙门氏菌在水中能存活 2～3 周，在粪便中可存活 1～2 个月，在冰冻土壤中可过冬。对热抵抗力不强，60℃ 下 15min 即可杀死，5%（质量分数）石炭酸或 1∶500 升汞水 5min 即可杀死。胆盐、煌绿及其他染料对本属细菌的抑制作用较其他肠道杆菌小，用这些染料制备肠道选择性培养基，有利于分离沙门氏菌。

检验沙门氏菌有 5 个基本步骤：前增菌、选择性增菌、选择性平板分离、生化试验和血清学鉴定。

沙门氏菌的检验程序见图 3-11。

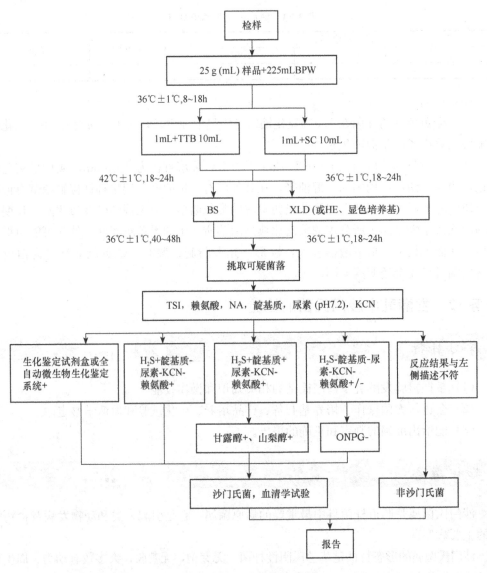

图 3-11　沙门氏菌检验程序

　技能操作

1）试剂

（1）缓冲蛋白胨水（BPW）：见附录 5.19。

（2）四硫磺酸钠煌绿（TTB）增菌液：见附录 5.20。

（3）亚硒酸盐胱氨酸（SC）增菌液：见附录 5.21。

（4）亚硫酸铋（BS）琼脂：见附录 5.22。

（5）HE 琼脂：见附录 5.23。

（6）木糖赖氨酸脱氧胆盐（XLD）琼脂：见附录 5.24。

（7）沙门氏菌属显色培养基。

（8）三糖铁（TSI）琼脂：见附录 5.25。

（9）蛋白胨水、靛基质试剂：见附录 5.26。

（10）尿素琼脂（pH 7.2）：见附录 5.27。

（11）氰化钾（KCN）培养基：见附录 5.28。

（12）赖氨酸脱羧酶试验培养基：见附录 5.29。

（13）糖发酵管：见附录 5.30。

（14）邻硝基酚 β-D 半乳糖苷（ONPG）培养基：见附录 5.31。

（15）半固体琼脂：见附录 5.32。

（16）丙二酸钠培养基：见附录 5.33。

（17）沙门氏菌 O 和 H 诊断血清。

（18）生化鉴定试剂盒。

2）仪器

冰箱，2～5℃；恒温培养箱，(36±1)℃，(42±1)℃；均质器；振荡器；天平，感量 0.1g；无菌锥形瓶，250、500mL；无菌吸管，1mL（具 0.01mL 刻度）、10mL（具 0.1mL 刻度）或微量移液器及吸头；无菌培养皿，直径 90mm；无菌试管，3mm×50mm、10mm×75mm；无菌毛细管；pH 计或 pH 比色管或精密 pH 试纸；全自动微生物生化鉴定系统。

3）操作步骤

（1）前增菌。称取 25g（mL）样品放入盛有 225mLBPW 的无菌均质杯中，以 8000～10000r/min 均质 1～2min，或置于盛有 225mLBPW 的无菌均质袋中，用拍击式均质器拍打 1～2min。若样品为液态，不需要均质，振荡混匀。如需测定 pH，用 1mol/mL 无菌 NaOH 或 HCl 调 pH 至 6.8±0.2。无菌操作将样品转至 500mL 锥形瓶中，如使用均质袋，可直接进行培养，于 (36±1)℃培养 8～18h。

（2）增菌。轻轻摇动培养过的样品混合物，移取 1mL，转种于 10mLTTB 内，于 (42±1)℃培养 18～24h。同时，另取 1mL，转种于 10mLSC 内，于 (36±1)℃培养 18～24h。

（3）分离。分别用接种环取增菌液 1 环，划线接种于一个 BS 琼脂平板和一个 XLD 琼脂平板（或 HE 琼脂平板或沙门氏菌属显色培养基平板）。于 (36±1)℃分别培养 18～24h（XLD 琼脂平板、HE 琼脂平板、沙门氏菌属显色培养基平板）或 40～48h（BS 琼脂平板），观察各个平板上生长的菌落，各个平板上的菌落特征见表 3-24。

表 3-24　沙门氏菌属在不同选择性琼脂平板上的菌落特征

选择性琼脂平板	沙门氏菌
BS 琼脂	菌落为黑色有金属光泽、棕褐色或灰色，菌落周围培养基可呈黑色或棕色；有些菌株形成灰绿色的菌落，周围培养基不变
HE 琼脂	蓝绿色或蓝色，多数菌落中心黑色或几乎全黑色；有些菌株为黄色，中心黑色或几乎全黑
XLD 琼脂	菌落呈粉红色，带或不带黑色中心，有些菌株可呈现大的带光泽的黑色中心，或呈现全部黑色的菌落；有些菌株为黄色菌落，带或不带黑色中心
沙门氏菌属显色培养基	按照显色培养基的说明进行判定

（4）生化试验。自选择性琼脂平板上分别挑取 2 个以上典型或可疑菌落，接种三糖铁琼脂，先在斜面划线，再于底层穿刺；接种针不要灭菌，直接接种赖氨酸脱羧酶试验培养基和营养琼脂平板，于（36±1）℃培养 18～24h，必要时可延长至 48h。在三糖铁琼脂和赖氨酸脱羧酶试验培养基内，沙门氏菌属的反应结果见表 3-25。

表 3-25　沙门氏菌属在三糖铁琼脂和赖氨酸脱羧酶试验培养基内的反应结果

三糖铁琼脂				赖氨酸脱羧酶试验培养基	初步判断
斜面	底层	产气	硫化氢		
K	A	＋（－）	＋（－）	＋	可疑沙门氏菌属
K	A	＋（－）	＋（－）	－	可疑沙门氏菌属
A	A	＋（－）	＋（－）	＋	可疑沙门氏菌属
A	A	＋/－	＋/－	－	非沙门氏菌
K	K	＋/－	＋/－	＋/－	非沙门氏菌

注：K：产碱；A：产酸；＋：阳性；－：阴性；＋（－）：多数阳性，少数阴性；＋/－：阳性或阴性。

接种三糖铁琼脂和赖氨酸脱羧酶试验培养基的同时，可直接接种蛋白胨水（供做靛基质试验）、尿素琼脂（pH 7.2）、氰化钾（KCN）培养基，也可在初步判断结果后从营养琼脂平板上挑取可疑菌落接种。于（36±1）℃培养 18～24h，必要时可延长至 48h，按表 3-26 判定结果。将已挑菌落的平板贮存于 2～5℃或室温至少保留 24h，以备必要时复查。

表 3-26　沙门氏菌属生化反应初步鉴别表

反应序号	硫化氢（H₂S）	靛基质	pH＝7.2 尿素	氰化钾（KCN）	赖氨酸脱羧酶
A1	＋	－	－	－	＋
A2	＋	＋	－	－	＋
A3	－	－	－	－	＋/－

注：＋阳性；－阴性；＋/－阳性或阴性。

反应序号 A1：典型反应判定为沙门氏菌属。如尿素、KCN 和赖氨酸脱羧酶 3 项中有 1 项异常，按表 3-27 可判定为沙门氏菌。如有 2 项异常为非沙门氏菌。

表 3-27　沙门氏菌属生化反应初步鉴别表

pH7.2 尿素	氰化钾（KCN）	赖氨酸脱羧酶	判定结果
－	－	－	甲型副伤寒沙门氏菌（要求血清学鉴定结果）
－	＋	＋	沙门氏菌Ⅳ或Ⅴ（要求符合本群生化特性）
＋	－	＋	沙门氏菌个别变体（要求血清学鉴定结果）

注：＋表示阳性；＋表示阴性。

反应序号 A2：补做甘露醇和山梨醇试验，沙门氏菌靛基质阳性变体两项试验结果均为阳性，但需要结合血清学鉴定结果进行判定。

反应序号 A3：补做 ONPG。ONPG 阴性为沙门氏菌，同时赖氨酸脱羧酶阳性，甲型副伤寒沙门氏菌为赖氨酸脱羧酶阴性。

必要时按表 3-28 进行沙门氏菌生化群的鉴别。

表 3-28 沙门氏菌属各生化群的鉴别

项目	I	II	III	IV	V	VI
卫矛醇	+	+	−	−	+	−
山梨醇	+	+	+	+	+	+
水杨苷	−	−	−	+	−	−
ONPG	−	−	+	−	−	−
丙二酸盐	−	+	+	−	−	−
KCN	−	−	−	+	+	−

注：+表示阳性；−表示阴性。

如选择生化鉴定试剂盒或全自动微生物生化鉴定系统，可根据初步判断结果，从营养琼脂平板上挑取可疑菌落，用生理盐水制备成浊度适当的菌悬液，使用生化鉴定试剂盒或全自动微生物生化鉴定系统进行鉴定。

（5）血清学鉴定。

抗原的准备：采用 1.2%～1.5%琼脂培养物作为玻片凝集试验用的抗原。

O 血清不凝集时，将菌株接种在琼脂量较高的（如 2%～3%）培养基上再检查；如果是由于 Vi 抗原的存在而阻止了 O 凝集反应时，可挑取菌苔于 1mL 生理盐水中做成浓菌液，于酒精灯火焰上煮沸后再检查。H 抗原发育不良时，将菌株接种在 0.55%～0.65%半固体琼脂平板的中央，俟菌落蔓延生长时，在其边缘部分取菌检查；或将菌株通过装有 0.3%～0.4%半固体琼脂的小玻管 1～2 次，自远端取菌培养后再检查。

多价菌体抗原（O）鉴定：在玻片上划出 2 个约 1cm×2cm 的区域，挑取 1 环待测菌，各放 1/2 环于玻片上的每一区域上部，在其中一个区域下部加 1 滴多价菌体（O）抗血清，在另一区域下部加入 1 滴生理盐水，作为对照。再用无菌的接种环或针分别将两个区域内的菌落研成乳状液。将玻片倾斜摇动混合 1min，并对着黑暗背景进行观察，任何程度的凝集现象皆为阳性反应。

多价鞭毛抗原（H）鉴定：同多价菌体抗原（O）鉴定操作。

4）数据记录与结果处理

综合生化试验和血清学鉴定的结果，报告 25g（mL）样品中检出或未检出沙门氏菌。

5）说明

沙门氏菌为需氧的革兰氏芽孢杆菌，有周鞭毛（但有无动力的变种），能在普通培养基上生长良好，最适温度为 37℃，最适 pH 为 7.2～7.6。在固体培养基上于 37℃下培养 24h，菌落呈中等大小，光滑，圆润，隆起；在液体培养基内生长，均匀浑浊。

复习思考题

1. 选择题（有的正确选项不止一个）

（1）某食品检出一培养物，其生化试验结果为：H_2S（－），靛基质（－），尿素（－），KCN（－），赖氨酸（＋），需进一步做（　　）试验。

　　A. ONPG　　　　　　　B. 甘露醇　　　　　　　C. 山梨醇　　　　　　　D. 血清学

（2）用组织捣碎机粉碎样品时，样品中金属离子的含量有可能会（　　）。

　　A. 减少　　　　　　　B. 不变　　　　　　　　C. 增大　　　　　　　　D. 无法确定

（3）根据重量分析分类，食品中粗脂肪测定属于（　　）。

　　A. 沉淀重量法　　　　B. 气化重量法　　　　　C. 萃取重量法　　　　　D. 电解重量法

（4）某食品检出一培养物，其生化试验结果为：H_2S（－），靛基质（－），尿素（－），KCN（－），赖氨酸（＋），补种 ONPG 试验为阴性，则判断该培养物可能（　　）。

　　A. 柠檬酸盐杆菌　　　B. 大肠艾希氏菌　　　　C. 沙门氏菌　　　　　　D. 志贺氏菌

（5）作霉菌及酵母菌计数，样品稀释应用灭菌吸管吸 1:10 稀释液 1mL 于 9mL 灭菌水试管中，另换 1 支 1mL 灭菌吸管吸吹（　　）次，此液为 1:100 稀释液。

　　A. 100　　　　　　　　B. 50　　　　　　　　　C. 30　　　　　　　　　D. 20

（6）国标规定原料乳与乳制品中三聚氰胺定量测定的方法包括（　　）。

　　A. 高效液相色谱法　　　　　　　　　　　　B. 高效液相色谱-质谱法

　　C. 气相色谱-质谱联用法　　　　　　　　　D. 酶联免疫法

（7）下面蛋白质的测定操作中正确的是（　　）。

　　A. 用凯氏烧瓶小火消化样品　　　　　　　　B. 于消化液中加入碱后再连好蒸馏装置

　　C. 先开冷却水，再开电炉蒸馏　　　　　　　D. 蒸馏时冷凝器下端插入吸收液内

（8）索氏抽提法提取脂肪中，下列操作正确的是（　　）。

　　A. 样品需烘干　　　　　　　　　　　　　　B. 使用无水乙醚提取脂肪

　　C. 样品中可拌入海砂以增加接触面积　　　　D. 样品颗粒较大以防被氧化

（9）沙门氏菌污染主要原因包括（　　）。

　　A. 病畜、禽的肉制成食品　　　　　　　　　B. 病畜、禽的粪便污染了食品

　　C. 操作者带菌　　　　　　　　　　　　　　D. 生熟食品不分，交叉污染

（10）MPN 是指（　　）。

　　A. 100g 样品中大肠菌群确切数　　　　　　　B. 1g 样品中大肠菌群确切数

　　C. 1g 样品中大肠菌群近似数　　　　　　　　D. 100g 样品中大肠菌群近似数

（11）大肠菌群测定的一般步骤是（　　）。

　　A. 初发酵、分离、染色、复发酵　　　　　　B. 初发酵、分离、复发酵、染色

　　C. 初发酵、复发酵、分离　　　　　　　　　D. 初发酵、复发酵

（12）大肠菌群初发酵的培养条件是（　　）。

　　A. 36℃，24h　　　B. 25℃，1 周　　　　C. 36℃，48h　　　　D. 36℃，4h

（13）大肠菌群复发酵的培养条件是（　　）。

　　A. 36℃，24h　　　B. 36℃，4h　　　　　C. 36℃，48h　　　　D. 36℃，12h

（14）目前菌落总数的测定多用（　　）。

A. 平皿计数法　　　　B. 血球计数法　　　　C. 稀释法　　　　D. 涂布法

（15）测定菌落总数的营养琼脂 pH 应为（　　）。

A. 7.0～8.0　　　　B. 7.2～8.4　　　　C. 5.0～7.0　　　　D. 7.2～7.4

2. 砷斑法和银盐法测定砷的主要区别在哪里？

3. 试述测定酱油中氨基酸态氮的操作要点。

4. 欲测酱油中总酸时，如何提高测定结果的准确度？

5. 简述酱油中铵盐的测定原理及操作要点。

6. 简述酱油、食醋中细菌总数及大肠菌群的测定方法。

7. 简述酱油、食醋中霉菌的测定方法。

8. 简述原子吸收光谱法测定发酵乳中铜、镁含量的条件。

9. 测定蛋白质时为加速消化反应可采取哪些方法？

10. 说明乙醚提取法测定发酵乳中脂肪含量的原理及方法。

11. 试述测定发酵乳中蛋白质时，消化过程中内容物颜色发生什么变化？为什么？结果计算中为什么要乘上蛋白质系数？

12. 简述测定乳酸菌的方法。

13. 进行沙门氏菌检验时，为什么要进行前增菌和直接增菌？

14. 葡萄球菌在血琼脂平板上的菌落颜色和溶血特征有什么鉴定意义？

15. 酱油中氨基氮的测定。吸取酱油样品 5.00mL 于 100mL 容量瓶中，加水定容至刻度。吸取稀释液 20.00mL，加蒸馏水 60mL，搅拌下用 0.05000mol/L 氢氧化钠标准溶液滴定至 pH 8.20 时加入甲醛 10mL，再用 0.05000mol/L 氢氧化钠标准溶液滴定至 pH＝9.20，加入甲醛后消耗氢氧化钠标准溶液 20.03mL。计算酱油样品中氨基氮的含量（g/100mL）。

16. 测定酱油中食盐。吸取酱油试样 5.00mL，置于 100mL 容量瓶中，加水至刻度，混匀。吸取此试样稀释液 2.00mL 于洗净的瓷蒸发皿中，加 100mL 水及 5％铬酸钾指示剂，在不断搅拌下，用 0.1000mol/L 硝酸银标准溶液滴定至刚显砖红色，消耗硝酸银标准溶液 21.48mL。计算酱油样品中食盐的含量（g/100mL）。

17. 食醋中不挥发酸的测定。吸取 2.00mL 样品放入蒸馏管中，蒸馏至馏出液达 180mL 时，停止蒸馏。将残余的蒸馏液及洗液一并倒入烧杯，再补加中性蒸馏水至溶液总量约为 120mL，搅拌下用 0.1003mol/L 氢氧化钠标准溶液滴定至酸度计指示 pH 8.20，耗用氢氧化钠标准溶液 10.08mL。计算食醋样品中不挥发酸含量（以乳酸计，g/100mL）。

模块 4　有机酸的分析与检验

有机酸是指分子结构中含有羧基的化合物。常见的有机酸有脂肪族的一元、二元、多元羧酸，如酒石酸、草酸、苹果酸、枸橼酸等；也有芳香族有机酸，如苯甲酸、水杨酸、咖啡酸等。除少数有机酸以游离状态存在外，一般都与钾、钠、钙等结合成盐，有些与生物碱类结合成盐。

有机酸发酵工业是生物工程领域中的一个重要且较为成熟的分支，在世界经济发展中占有一定的地位。有机酸在传统发酵食品中早已得到广泛应用。以微生物发酵法生产且达工业生产规模的产品已有十几种。柠檬酸和乳酸系列产品已进入国际市场，从质量及产量两方面皆具有较强的市场竞争能力；苹果酸和衣康酸已进入市场开发和大规模生产；葡萄糖酸的发酵生产已进入成熟阶段；其他新型有机酸产品的研究开发正受到国家和相关企业的高度重视，新产品和新用途将会层出不穷。

微生物发酵过程中有机酸的形成是细胞代谢活动的结果，在发酵过程中，测定这些有机酸的成分及含量对于高产菌株的构建和发酵过程条件的优化进而对于确定菌体内的代谢通量分布都具有重要意义。本模块主要介绍柠檬酸、乳酸、苹果酸、衣康酸和葡萄糖酸的分析与检验。

项目 1　柠檬酸的检验

任务 1　柠檬酸含量的测定

学习目标

（1）掌握酸碱滴定法和退色光度法测定柠檬酸含量的相关知识和操作技能。
（2）会进行规范的滴定操作、准确判定滴定终点和正确操作分光光度计。
（3）能及时记录原始数据和正确处理测定结果。

知识准备

柠檬酸又叫枸橼酸，化学名称为 2-羟基丙烷-1,2,3-三羧酸，为无色结晶、白色结晶状颗粒或白色结晶粉末，水溶液呈酸性，在温暖空气中渐渐风化，在潮湿空气中微有潮解性。主要有一水柠檬酸（$C_6H_8O_7 \cdot H_2O$）和无水柠檬酸（$C_6H_8O_7$）。

测定柠檬酸含量的方法有酸碱滴定法和退色光度法。

酸碱滴定法是以酚酞作指示剂，用氢氧化钠标准溶液同时直接滴定柠檬酸第一步、第二步和第三步离解产生的 H^+，根据终点时消耗氢氧化钠标准溶液的体积求出柠檬酸的含量。

退色光度法是在 HAc-NH₄Ac 介质中，向 Fe^{3+}-磺基水杨酸生成的紫红色配合物溶液中加入一定量的柠檬酸溶液，使该配合物的颜色退为橙红色。在 470nm 波长处，其吸光度的减小与柠檬酸的含量在一定条件下呈正比，从而求得柠檬酸的含量。

技能操作

1. 酸碱滴定法

1）试剂

（1）c_{NaOH} 0.5mol/L 氢氧化钠标准溶液：称取氢氧化钠 110g 于 200mL 烧杯中，加新煮沸的蒸馏水 100mL 搅拌使其溶解，冷却后，摇匀，置聚乙烯塑料瓶中，密塞，放置数日。澄清后，量取上层清液 27mL，加新煮沸的蒸馏水稀释至 1000mL，混匀。

标定：准确称取在 105～110℃干燥至恒重的基准邻苯二甲酸氢钾 3.6g（准确至 0.1mg）于 250mL 锥形瓶中，加新煮沸的蒸馏水 80mL 使其溶解，加酚酞指示液 2 滴，用上述配制的氢氧化钠溶液滴定至溶液呈微红色，半分钟不消失为终点，记下耗用氢氧化钠溶液的体积。同时做空白试验。

按下式计算 NaOH 标准溶液的浓度：

$$c = \frac{m \times 1000}{(V_1 - V_0) \times 204.2}$$

式中，c——氢氧化钠标准溶液的浓度（mol/L）；

m——邻苯二甲酸氢钾的质量（g）；

V_1——标定时氢氧化钠溶液用量（mL）；

V_0——空白试验时氢氧化钠溶液用量（mL）；

204.2——邻苯二甲酸氢钾（$C_8H_5KO_4$）的摩尔质量（g/mol）。

（2）10g/L 酚酞指示液：称取 0.5g 酚酞溶于 50mL95%（体积分数）乙醇中。

2）仪器

碱式滴定管（50mL），移液管（50mL），分析天平（感量 0.1mg）。

3）操作步骤

称取试样 1g（精确至 0.0001g）于 250mL 锥形瓶中，加入新煮沸过的蒸馏水 50mL 溶解，加 3 滴酚酞指示液，用 0.5mol/L 氢氧化钠标准溶液滴定至粉红色为终点。同时做空白试验。

4）数据记录与结果处理

数据记录与结果处理如表 4-1 所示。

表 4-1　数据记录与结果处理

测定次数	1	2	空白
试样质量 m/g			
氢氧化钠标准溶液的浓度 c/(mol/L)			
滴定初读数/mL			

续表

测定次数	1	2	空白
滴定终读数/mL			
测定试样耗用氢氧化钠溶液的体积 V_1/mL			
空白试验耗用氢氧化钠溶液的体积 V_0/mL			
试样中柠檬酸含量 w（质量分数）/%			
试样中柠檬酸平均含量（质量分数）/%			
平行测定结果绝对差与平均值比值/%			

计算公式：

试样中一水柠檬酸的含量（以无水计）按下式计算：

$$w = \frac{(V_1 - V_0) \times c \times 64.04}{m \times (1 - 0.08566) \times 1000} \times 100$$

试样中无水柠檬酸的含量按下式计算：

$$w = \frac{(V_1 - V_0) \times c \times 64.04}{m \times 1000} \times 100$$

式中，64.04——柠檬酸（$1/3\ C_6H_8O_7$）的摩尔质量（g/mol）；

0.08566——一水柠檬酸中水的理论含量，即 $18/210.14 = 0.08566$。

5）说明

所得结果保留 2 位小数。平行测定结果绝对差与平均值的比值不超过 0.2%。

2. 退色光度法

1）试剂

（1）10g/L 柠檬酸标准储备液：称取 2.5000g 柠檬酸，用水溶解并定容至 250mL。

（2）1g/L 柠檬酸标准工作液：吸取柠檬酸标准储备液 10.00mL，加水定容至 100mL。

（3）0.01mol/L Fe^{3+} 溶液：称取 4.8220g NH$_4$Fe(SO$_4$)$_2$·12H$_2$O，用 0.025mol/L HClO$_4$ 溶解，加水定容至 1000mL。

（4）0.01mol/L 磺基水杨酸溶液：称取磺基水杨酸 2.5420g，用 0.025mol/L HClO$_4$ 溶解，加水定容至 1000mL。

（5）HAc-NH$_4$Ac 溶液：取冰乙酸 28mL，加 500mL 水稀释，然后用浓氨水调溶液 pH=4.5。

（6）0.025mol/L HClO$_4$ 溶液：量取 2.1mL HClO$_4$（质量分数为 70%～72%），加水稀释至 1000mL。

2）仪器

分光光度计，配有 1cm 比色皿；分析天平（感量为 0.1mg），比色管（25mL），吸量管（1mL），容量瓶[100、250（mL）]。

3）操作步骤

（1）磺基水杨酸铁配合物吸光度的测定。往 25mL 比色管依次加入 0.01mol/L Fe^{3+} 溶液 1.0mL，0.01mol/L 磺基水杨酸溶液 4.0mL，HAc-NH$_4$Ac 缓冲溶液 4.0mL，加水定容至刻度。静置 10min，在 470nm 波长处，用 1.0cm 比色皿，以蒸馏水作参比，测定其吸光度（A_0）。

　　（2）标准曲线的绘制。另取 6 支 25mL 比色管，同（1）操作，仅在定容前分别加入 0.00、0.20、0.40、0.60、0.80、1.00（mL）柠檬酸标准工作溶液，25mL 溶液中柠檬酸的含量分别为 0.0、0.2、0.4、0.6、0.8、1.0（mg），分别测定吸光度（A_i）。以标准测定溶液中柠檬酸质量为横坐标，（$A_0 - A_i$）为纵坐标，绘制标准曲线。

　　（3）样品的测定。称取 0.1g 样品（精确至 0.0001g），用水溶解并定容至 100mL。另取 1 支 25mL 比色管，同（1）操作，仅在定容前加入 0.50mL 试样溶液，测得吸光度 A_x，根据（$A_0 - A_x$）的值从标准曲线上查出试样测定溶液中柠檬酸的质量。

　　4）数据记录与结果处理

　　数据记录与结果处理如表 4-2 所示。

表 4-2　数据记录与结果处理

测定项目	标准系列溶液						试样溶液	
	1	2	3	4	5	6	1	2
试样质量 m/g								
试样溶液定容体积 V/mL								
测定用试样溶液体积 V_1/mL								
磺基水杨酸铁配合物吸光度 A_0								
标准测定溶液吸光度 A_i								
试样测定溶液吸光度 A_x								
测定溶液中柠檬酸质量 m_1/mg								
试样中柠檬酸含量 w（质量分数）/%								
试样中柠檬酸平均含量（质量分数）/%								
平行测定结果绝对差与平均值比值/%								

计算公式：

$$w = \frac{m_1 \times \dfrac{V}{V_1}}{m \times 1000} \times 100$$

5）说明

所得结果保留 2 位小数。平行测定结果绝对差与平均值的比值不超过 0.2%。

任务 2　柠檬酸中水分的测定

学习目标

　　（1）掌握卡尔·费休法测定柠檬酸中水分的相关知识和操作技能。
　　（2）会正确操作卡尔·费休水分测定仪。
　　（3）能及时记录原始数据和正确处理测定结果。

知识准备

　　柠檬酸中水分的含量用卡尔·费休法测定。卡尔·费休试剂（碘、二氧化硫、吡啶和甲醇或乙二醇甲醚组成的溶液）能与样品中的水定量反应，以合适的溶剂溶解样品，用已知滴定度的卡尔·费休试剂滴定，用永停法或目测法确定滴定终点，即可测出样品中水的质量分数。

$$H_2O + I_2 + SO_2 + 3C_5H_5N \Longrightarrow 2C_5H_5N \cdot HI + C_5H_5N \cdot SO_3$$

$$C_5H_5N \cdot SO_3 + ROH \Longrightarrow C_5H_5NH \cdot OSO_2 \cdot OR$$

技能操作

1）试剂

（1）无水甲醇。

（2）卡尔·费休试剂：量取 670mL 甲醇（或乙二醇甲醚）于 1000mL 干燥的磨口棕色瓶中，加入 85g 碘，盖紧瓶塞，振摇至碘全部溶解，加入 270mL 吡啶，摇匀，于冰水浴中冷却，缓慢通入二氧化硫（按图 4-1 中装置制备），使增加的质量约为 65g，盖紧瓶塞，摇匀，于暗处放置 24h 以上。使用前标定卡尔·费休试剂的滴定度。

标定：于反应瓶中加一定体积的甲醇（浸没铂电极），在搅拌下用卡尔·费休试剂滴定至终点。加入 0.01g 水（精确至 0.0001g），用卡尔·费休试剂滴定至终点，并记录卡尔·费休试剂的用量。卡尔·费休试剂的滴定度（以 g/mL 表示）按下式计算：

$$T = \frac{m}{V}$$

式中，T——卡尔·费休试剂的滴定度（g/mL）；

　　　m——加入水的质量（g）；

　　　V——滴定所用卡尔·费休试剂的体积（mL）。

2）仪器

卡尔·费休水分测定仪；二氧化硫制备及吸收装置，见图 4-1；分析天平（感量 0.1mg）。

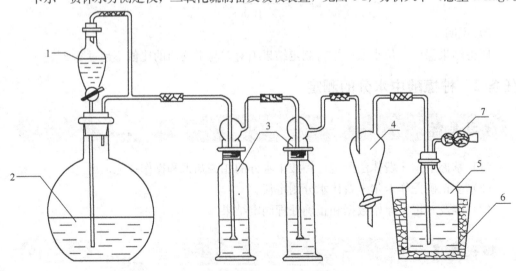

图 4-1　二氧化硫制备及吸收装置

1. 浓硫酸；2. 亚硫酸钠饱和溶液；3. 浓硫酸洗瓶；4. 分离器；

5. 盛有碘、吡啶、甲醇或乙二醇甲醚溶液的吸收瓶；6. 冰水浴；7. 干燥管

3）操作步骤

取无水甲醇 20mL，在搅拌下用卡尔·费休试剂滴定至终点，不记录滴定读数。然后迅速加入适量的试样（一水柠檬酸 0.1g，无水柠檬酸 1g），继续滴定至终点，记录消耗的卡尔·费休试剂体积。

4）数据记录与结果处理

数据记录与结果处理如表 4-3 所示。

表 4-3　数据记录与结果处理

测定次数	1	2
试样质量 m/g		
卡尔·费休试剂的滴定度 T/(g/mL)		
测定试样耗用卡尔·费休试剂的体积 V/mL		
试样中水分含量 w（质量分数）/%		
试样中水分平均含量（质量分数）/%		
平行测定结果绝对差与平均值比值/%		

计算公式：

$$w = \frac{V \times T}{m} \times 100$$

5）说明

所得结果保留 2 位小数。平行测定结果绝对差与平均值的比值，无水柠檬酸不超过 5%；一水柠檬酸不超过 2%。

任务 3　柠檬酸中易碳化物的测定

学习目标

（1）掌握分光光度法测定柠檬酸中易炭化物的相关知识和操作技能。

（2）会正确操作分光光度计。

（3）能及时记录原始数据和正确处理测定结果。

知识准备

柠檬酸干物中含有一定量的易炭化物，浓硫酸具有强脱水性，在一定温度下及规定时间内能将柠檬酸干物中容易炭化的物质脱水炭化显黄色。以易炭标准管所呈黄色为标准，通过目视或分光光度计比色，推断试样中所含易炭化物的情况。

技能操作

1）试剂

（1）1%（质量分数）盐酸溶液：量取 2.4mL 浓盐酸，稀释至 100mL。

（2）$c_{1/2\,H_2SO_4}$ = 1mol/L 硫酸溶液：量取 5.6mL 浓硫酸，搅拌下缓慢倒入 200mL 水

中，搅匀。

（3）$c_{Na_2S_2O_3}=0.1mol/L$ 硫代硫酸钠标准溶液：称取 26g 硫代硫酸钠（$Na_2S_2O_3 \cdot 5H_2O$）（或 16g 无水硫代硫酸钠），加 0.2g 无水碳酸钠，溶于 1000mL 水中，缓缓煮沸 10min，冷却。放置两周后过滤。

标定：称取于（120±2）℃ 干燥至恒重的基准试剂重铬酸钾 0.18g（准确至 0.1mg），置于碘量瓶中，溶于 25mL 水中，加碘化钾 2g 及 20%（质量分数）硫酸溶液 20mL，摇匀，于暗处放置 10min。加 150mL 水（15～20℃），用配制好的硫代硫酸钠溶液滴定，近终点时加 10g/L 淀粉指示液 2mL，继续滴定至溶液由蓝色变为亮绿色。同时做空白试验。

硫代硫酸钠标准溶液的浓度按下式计算：

$$c = \frac{m \times 1000}{(V_1 - V_0) \times 49.03}$$

式中，c——硫代硫酸钠溶液的浓度（mol/L）；

　　　m——重铬酸钾的质量（g）；

　　　V_1——标定消耗硫代硫酸钠溶液的体积（mL）；

　　　V_0——空白试验消耗硫代硫酸钠溶液的体积（mL）；

　　　49.03——重铬酸钾（$1/6\ K_2Cr_2O_7$）的摩尔质量（g/mol）。

（4）3%（体积分数）过氧化氢溶液：吸取 30%（体积分数）过氧化氢 10mL，加水稀释至 100mL。

（5）300g/L 氢氧化钠溶液：称取氢氧化钠 30g，加水溶解并稀释至 100mL。

（6）10g/L 淀粉指示液：称取 1g 淀粉，加 5mL 水使其成糊状，在搅拌下将糊状物加到 90mL 沸腾的水中，煮沸 1～2min，冷却，稀释至 100mL。使用期为 2 周。

（7）黄色原液：称取三氯化铁 4.6g，溶于约 90mL 1%（质量分数）盐酸溶液中，并用此盐酸溶液稀释至 100mL。标定时，用 1%（质量分数）盐酸溶液调整此黄色原液，使其每毫升含 46mg $FeCl_3 \cdot 6H_2O$。溶液应避光保存，现用现标定。

标定：吸取新配制的黄色原液 10.00mL，加入水 15mL、碘化钾 4g 和 1%（质量分数）盐酸溶液 5mL，立即塞上瓶盖，避光静置 15min。加入 100mL 水，析出的碘用 0.1mol/L 硫代硫酸钠标准溶液滴定至浅黄色，加 10g/L 淀粉指示液 0.5mL，继续滴定至终点。消耗 1mL 0.1mol/L 硫代硫酸钠标准溶液相当于 27.03mg $FeCl_3 \cdot 6H_2O$。

（8）红色原液：称取氯化钴 6.0g，溶于约 90mL 1%（质量分数）盐酸溶液中，并用此盐酸溶液稀释至 100mL。标定时，用 1%（质量分数）盐酸溶液调整此红色原液，使其每毫升含 59.5mg $CoCl_2 \cdot 6H_2O$。溶液应避光保存，现用现标定。

标定：吸取新配制的红色原液 5.00mL，加入 3%（体积分数）过氧化氢溶液 5mL 和 300g/L 氢氧化钠溶液 10mL，再加入碘化钾 2g 和 1mol/L 硫酸溶液 60mL，立即塞上瓶盖，轻轻摇动，使沉淀溶解。析出的碘用 0.1mol/L 硫代硫酸钠标准溶液滴定至浅黄色，加 10g/L 淀粉指示液 0.5mL，继续滴定至溶液呈粉红色时为终点。消耗 1mL 0.1mol/L 硫代硫酸钠标准溶液相当于 23.79mg $CoCl_2 \cdot 6H_2O$。

（9）色泽限度标准溶液：9 体积黄色原液和 1 体积红色原液混合均匀。

2）仪器

分光光度计，配有 1cm 比色皿；分析天平，感量 0.1mg；比色管，25mL；恒温水浴槽。

3）操作步骤

称取试样 0.75g 于 25mL 比色管中，加入浓硫酸 10mL，在（90±1）℃水浴中加热 1min，迅速振荡摇匀，继续在（90±1）℃水浴中加热 1h，迅速冷却。缓缓倒入 1cm 比色皿中，以水为参比，在 500nm 波长下测定吸光度。同样操作测定色泽限度标准溶液的吸光度。

4）数据记录与结果处理

数据记录与结果处理如表 4-4 所示。

表 4-4　数据记录与结果处理

测定次数	1	2
色泽限度标准溶液吸光度 A_S		
试样溶液吸光度 A		
试样中易炭化物吸光度比值 K		
试样中易炭化物吸光度比值平均值		
平行测定结果绝对差与平均值比值/%		

计算公式：

$$K = \frac{A}{A_s}$$

5）说明

所得结果保留 2 位有效数字。平行测定结果绝对差与平均值的比值不超过 5%。

任务 4　柠檬酸中砷的测定

学习目标

（1）掌握银盐法测定柠檬酸中砷的相关知识和操作技能。

（2）会正确操作分光光度计。

（3）能及时记录原始数据和正确处理测定结果。

知识准备

柠檬酸中砷的含量采用银盐法测定。试样经消化后，以碘化钾、氯化亚锡将高价砷还原为三价砷，然后与锌粒和酸产生的新生态氢生成砷化氢，经银盐溶液吸收后，形成红色胶态物，与标准系列比较定量。

技能操作

1）试剂

同模块 3 项目 1 中任务 9 酱油、食醋中砷的银盐法。

2）仪器

同模块 3 项目 1 中任务 9 酱油、食醋中砷的银盐法。

3）操作步骤

（1）试样处理。

硝酸-硫酸消化法：称取 5.00g 试样于 250mL 定氮瓶中，先加少量水湿润，加数粒玻璃珠和 10mL 硝酸，放置片刻，小火缓缓加热，待作用缓和，放冷。沿瓶壁加入 5mL 硫酸，再加热至瓶中液体开始变成棕色时，不断沿瓶壁滴加硝酸至分解完全。加大火力，至产生白烟，待瓶口白烟冒净后，瓶内溶液再产生白烟为消化完全。此时溶液应澄明无色或微带黄色，放冷。加入 20mL 水煮沸，除去残余的硝酸至产生白烟为止，如此处理 2 次，放冷。将溶液移入 50mL 容量瓶中，用水洗涤定氮瓶，洗液并入容量瓶中，放冷，加水至刻度，混匀。定容后的溶液每 10mL 相当于 1g 试样，相当于加入硫酸量 1mL。同时做试剂空白试验。

灰化法：称取 5.00g 试样于坩埚中，加 1g 氧化镁和 10mL 硝酸镁溶液，混匀，浸泡 4h。于低温或置水浴上蒸干，用小火炭化至无烟后，移入马弗炉中加热至 550℃，灼烧 3～4h，冷却后取出。加 5mL 水湿润后，用细玻璃棒搅拌，再用少量水洗下玻璃棒上附着的灰分至坩埚内。放水浴上蒸干后，移入马弗炉中加热至 550℃灰化 2h，冷却后取出。加 5mL 水湿润灰分，再慢慢加入 10mL 盐酸（1+1），然后将溶液移入 50mL 容量瓶中，坩埚用盐酸（1+1）洗涤 3 次，每次 5mL，再用水洗涤 3 次，每次 5mL，洗液并入容量瓶中，加水至刻度，摇匀。定容后的溶液每 10mL 相当于 1g 试样，其加入盐酸量不少于 1.5mL，全量供银盐法测定，不必再加盐酸。同时作试剂空白试验。

（2）测定。同模块 3 项目 1 中任务 9 酱油、食醋中砷的银盐法。

4）数据记录与结果处理

数据记录与结果处理如表 4-5 所示。

表 4-5　数据记录与结果处理

测定项目	标准系列溶液						试样溶液	
	1	2	3	4	5	6	1	2
试样质量 m/g								
试样消化液总体积 V_1/mL								
测定用试样消化液体积 V_2/mL								
试样测定液中砷的质量 m_1/μg								
试剂空白液中砷的质量 m_0/μg								
试样中砷含量 X/(mg/kg)								
试样中砷平均含量/(mg/kg)								
平行测定结果绝对差与平均值比值/%								

计算公式：

$$X = \frac{m_1 - m_0}{m \times \dfrac{V_2}{V_1}}$$

5）说明

所得结果保留 2 位有效数字。平行测定结果绝对差与平均值的比值不超过 10%。

项目 2　乳酸的检验

任务 1　乳酸含量的测定

学习目标

（1）掌握酸碱滴定法和气相色谱法测定乳酸含量的相关知识和操作技能。

（2）会进行规范的滴定操作和正确操作气相色谱仪。

（3）能及时记录原始数据和正确处理测定结果。

知识准备

乳酸又名 2-羟基丙酸，结构式 $CH_3CH(OH)COOH$，为澄明无色或微黄色的糖浆状液体。乳酸是一种含有羟基和羧基的有机酸，广泛存在于人体、动物、植物和微生物中，是食品工业中常用的酸味剂和防腐剂，也是医药、化工、皮革、香料等工业的重要原料。乳酸可以自聚或与其他化合物共聚生成可生物降解的醇酸树脂，近年来广泛用来生产可降解塑料以减少环境污染。

乳酸含量的测定方法主要有酸碱滴定法和气相色谱法。

酸碱滴定法是将试样加入过量的 NaOH 标准溶液，加热使乳酸和乳酸酐与碱反应完全，冷却后以酚酞作指示剂，用强酸标准溶液滴定过量的碱。根据消耗的强酸标准溶液体积，可以求出乳酸的含量。

气相色谱法是利用乳酸与高碘酸发生 Malaprade 反应（即高碘酸氧化反应）来测定乳酸的含量。在合适的条件下，在试样溶液中加入过量的高碘酸，混匀后进样，在气相色谱仪汽化室的高温作用下，迅速发生 Malaprade 反应，生成乙醛，经色谱柱分离后用 FID 检测，乳酸含量与反应生成乙醛的量成正比，可以进行乳酸定量。

$$CH_3CH(OH)COOH + HIO_4 \Longrightarrow CH_3CHO + CO_2 + HIO_3 + H_2O$$

技能操作

1. 酸碱滴定法

1）试剂

（1）10g/L 酚酞指示液：称取 1g 酚酞，加 95％乙醇溶解并稀释至 100mL。

（2）$c_{1/2\ H_2SO_4} = 1mol/L$ 硫酸标准溶液：量取 30mL 硫酸，缓缓注入 1000mL 水中，冷却，摇匀。

标定：称取于 270～300℃高温炉中灼烧至恒重的基准无水碳酸钠 1.9g（准确至 0.1mg），溶于 50mL 水中，加 10 滴溴甲酚绿-甲基红指示液，用配制好的硫酸溶液滴定至溶液由绿色变为暗红色，煮沸 2min，冷却后继续滴定至溶液再呈暗红色。同时做空白试验。

硫酸标准溶液的浓度按下式计算：

$$c = \frac{m \times 1000}{(V_1 - V_0) \times 52.99}$$

式中，c——1/2 H_2SO_4 溶液的浓度（mol/L）；

　　　m——无水碳酸钠的质量（g）；

　　　V_1——标定消耗硫酸溶液的体积（mL）；

　　　V_0——空白试验消耗硫酸溶液的体积（mL）；

　　　52.99——碳酸钠（1/2 Na_2CO_3）的摩尔质量（g/mol）。

（3）1mol/L 氢氧化钠标准溶液：称取 110g 氢氧化钠，溶于 100mL 新煮沸过的水中，摇匀，注入聚乙烯容器中，密闭放置至溶液清亮。用塑料管量取上层清液 54mL，用新煮沸过的水稀释至 1000mL，摇匀。

标定：称取于 105～110℃烘箱中干燥至恒重的基准邻苯二甲酸氢钾 7.5g（准确至 0.1mg），加 80mL 新煮沸过的水溶解，加 10g/L 酚酞指示液 2 滴，用配制好的氢氧化钠溶液滴定至溶液呈粉红色，并保持 30s。同时做空白试验。

氢氧化钠标准溶液的浓度按下式计算：

$$c = \frac{m \times 1000}{(V_1 - V_0) \times 204.2}$$

式中，c——氢氧化钠溶液的浓度（mol/L）；

　　　m——邻苯二甲酸氢钾的质量（g）；

　　　V_1——标定消耗氢氧化钠溶液的体积（mL）；

　　　V_0——空白试验消耗氢氧化钠溶液的体积（mL）；

　　　204.2——邻苯二甲酸氢钾（$C_8H_5KO_4$）的摩尔质量（g/mol）。

2）仪器

分析天平，感量 0.1mg；酸式滴定管，50mL；碱式滴定管，50mL。

3）操作步骤

称取试样 1g（准确至 0.0002g），加 50mL 蒸馏水，准确加入 1mol/L 氢氧化钠标准溶液 40.00mL，煮沸 5min，加 2 滴酚酞指示液，趁热用 $c_{1/2\,H_2SO_4}=1$mol/L 硫酸标准溶液滴定，记录用去硫酸标准溶液的体积。同时做空白试验。

4）数据记录与结果处理

数据记录与结果处理如表 4-6 所示。

表 4-6　数据记录与结果处理

测定次数	1	2	空白
试样质量 m/g			
硫酸标准溶液的浓度 c/(mol/L)			
滴定初读数/mL			
滴定终读数/mL			
测定试样耗用硫酸溶液的体积 V_1/mL			
空白试验耗用硫酸溶液的体积 V_0/mL			
试样中乳酸含量 w（质量分数）/%			

续表

测定次数	1	2	空白
试样中乳酸平均含量（质量分数）/%			
平行测定结果绝对差与平均值比值/%			

计算公式：

$$w = \frac{c \times (V_0 - V_1) \times 90.08}{m \times 1000} \times 100$$

式中，90.08——乳酸（$C_3H_6O_3$）的摩尔质量（g/mol）。

5）说明

（1）所得结果保留 2 位小数。平行测定结果绝对差与平均值的比值不超过 0.2%。

（2）当样品中存在杂酸时，测得的乳酸含量大于其实际含量。

2. 气相色谱法

1）试剂

（1）高纯氮气。

（2）高纯氢气。

（3）乙腈：色谱纯。

（4）乳酸标准品。

（5）高碘酸：分析纯。

（6）乙腈：分析纯。

2）仪器

气相色谱仪，不锈钢填充柱（3m×3mm）；高速冷冻离心机；分析天平，感量 0.1mg；容量瓶，100mL；吸量管，1mL；微量进样器，0.5、20、200（μL）。

3）操作步骤

（1）色谱条件。汽化室温度，140℃；柱箱温度，130℃；检测器温度，160℃；载气，氮气，柱前压力为 0.18MPa；空气，0.05MPa；氢气，0.12MPa。

（2）试样处理。称取 1g 试样（准确至 0.1mg），加水溶解，转移至 100mL 容量瓶中，加水定容至刻度，摇匀。

（3）标准曲线的绘制。分别准确称取 0.010、0.10、1.0、5.0、10.0、15.0、20.0（g）乳酸标准品，加水溶解并定容至 100mL，配制成 0.10、1.0、10.0、50.0、100.0、150.0、200.0（g/L）的乳酸标准溶液。取乳酸标准溶液 1mL，12000r/min 离心 5min，取上层清液 20μL 于 200μL 20%（质量分数）高碘酸溶液中，再加入 1% 乙腈 20μL 作为内标。充分混合后，取 0.5μL 进行气相色谱分析。以测得的乳酸与内标乙腈的峰面积比值为纵坐标，相应的乳酸含量为横坐标，绘制标准曲线。

（4）样品的测定。取样品溶液 1mL，按标准曲线绘制的方法操作。根据得到的乳酸与内标乙腈的峰面积比值，从标准曲线上查出试样溶液中乳酸的含量。

4）数据记录与结果处理

数据记录与结果处理如表 4-7 所示。

表 4-7　数据记录与结果处理

测定项目	标准系列溶液							试样溶液	
	1	2	3	4	5	6	7	1	2
试样质量 m/g									
试样溶液的体积 V/mL									
乳酸的色谱峰面积/mm²									
内标乙腈的色谱峰面积/mm²									
乳酸与内标乙腈的色谱峰面积比值									
测定液中乳酸含量 ρ/(g/L)									
试样中乳酸含量 w（质量分数）/%									
试样中乳酸平均含量（质量分数）/%									
平行测定结果绝对差与平均值比值/%									

计算公式：

$$w = \frac{\rho \times V}{m \times 1000} \times 100$$

5）说明

所得结果保留 2 位小数。平行测定结果绝对差与平均值的比值不超过 2%。

任务 2　乳酸中 $L(+)$ 乳酸的测定

 学习目标

（1）掌握高效液相色谱法测定乳酸中 $L(+)$ 乳酸的相关知识和操作技能。
（2）会正确操作高效液相色谱仪。
（3）能及时记录原始数据和正确处理测定结果。

 知识准备

测定乳酸中 $L(+)$ 乳酸的含量采用高效液相色谱法。试样经高效液相色谱分离出 D-乳酸和 $L(+)$ 乳酸，D-乳酸保留时间在 10min，$L(+)$ 乳酸保留时间在 12min，通过测定 D-乳酸和 $L(+)$ 乳酸的峰面积，可以得到 $L(+)$ 乳酸的含量（称为 $L(+)$ 乳酸在总乳酸中的百分比）。

 技能操作

1）仪器

高效液相色谱仪（配有紫外检测器），天平（感量 0.001g）。

2）操作步骤

（1）色谱条件。检测器，波长 254nm，灵敏度 0.32AUFS；分离柱，MCIGEL-CRS10W（3μ）4.6ID×50mm（光学异构体分离用）；流动相，0.002mol/L 硫酸铜（$CuSO_4 \cdot 5H_2O$），流

量 0.5mL/min；进样量，20μL。

（2）测定。称取试样 0.05g，加水溶解并稀释至 100mL。进样用高效液相色谱仪分析，测定 D-乳酸和 L(+)乳酸的峰面积，求出 L(+)乳酸在总乳酸中的含量。

3）数据记录与结果处理

数据记录与结果处理如表 4-8 所示。

表 4-8　数据记录与结果处理

测定次数	1	2
L(+)乳酸的峰面积 A_1/mm²		
D-乳酸的峰面积 A_2/mm²		
乳酸中 L(+)乳酸含量 w（质量分数）/%		
乳酸中 L(+)乳酸平均含量（质量分数）/%		
平行测定结果绝对差与平均值比值/%		

计算公式：

$$w = \frac{A_1}{A_1 + A_2} \times 100$$

4）说明

所得结果保留 2 位小数。平行测定结果绝对差与平均值的比值不超过 0.2%。

任务 3　乳酸中甲醇的限量检验

学习目标

（1）掌握比色法检验乳酸中甲醇限量的相关知识和操作技能。

（2）会正确判断比色液的颜色深浅。

（3）能及时记录原始数据和正确处理测定结果。

知识准备

采用比色法检验乳酸中甲醇的限量。甲醇在磷酸溶液中，被高锰酸钾氧化成甲醛，用亚硫酸钠除去过量的 $KMnO_4$，甲醛与变色酸（1,8-二羟基萘-3,6-二磺酸）在浓硫酸存在下，先缩合，随之氧化，生成对醌结构的蓝紫色化合物。与标准比色对照液比较，检验试样中甲醇的限量。

技能操作

1）试剂

（1）碳酸钙。

（2）98%（质量分数）硫酸。

（3）5%（质量分数）磷酸溶液：量取 5.9mL 磷酸，加水稀释至 100mL。

（4）250g/L 亚硫酸钠溶液：称取 25g 亚硫酸钠，加 100mL 水溶解。

（5）铬变酸试液：称取铬变酸 0.5g，加浓硫酸 30mL 均匀制成悬浮液，离心取上清液。

（6）0.01%（体积分数）甲醇标准溶液：吸取无水甲醇 1.00mL，用水定容至 100mL。临用前，吸取 1.00mL 用水定容至 100mL 即得。

（7）0.1mol/L 高锰酸钾溶液：称取高锰酸钾 3.3g，溶解于 1050mL 水中，缓缓煮沸 15min，冷却后置于暗处密闭保存 2 周，以 4 号玻璃砂芯漏斗（先用高锰酸钾溶液缓缓煮沸 5min）过滤于干燥的棕色瓶（用高锰酸钾溶液洗涤 2～3 次）中。

2）仪器

天平（感量 0.001g），比色管（10mL），容量瓶（100mL），吸量管［1、5（mL）］。

3）操作步骤

（1）标准比色对照液的制备。吸取甲醇标准溶液 1.00mL 于 10mL 比色管中，加入 5%（质量分数）磷酸溶液 0.1mL，加 0.1mol/L 高锰酸钾溶液 0.2mL，放置 10min，再加 250g/L 亚硫酸钠溶液 0.3mL，加入 98%（质量分数）硫酸 3mL，加入铬变酸试液 0.2mL，摇匀。

（2）试样的测定。吸取试样 5.00mL，加水 8mL 和碳酸钙 5g，然后进行蒸馏，取初馏液约 5mL，加水至 100mL。吸取此试样溶液 1.00mL 于 10mL 比色管中，以下同标准比色对照液制备操作。将制成的试样比色溶液立即与标准比色对照液比较。

4）数据记录与结果处理

数据记录与结果处理如表 4-9 所示。

表 4-9　数据记录与结果处理

测定次数	1	2
试样体积 V/mL		
试样溶液体积 V_1/mL		
甲醇标准溶液的浓度 x_0（体积分数）/%		
试样比色溶液中甲醇的浓度 x_1（体积分数）/%（$\geqslant x_0$ 或 $\leqslant x_0$）		
试样中甲醇含量 X（体积分数）/%		

计算公式：

$$X = \frac{x_0 \times V_1}{V}$$

5）说明

如果试样比色溶液和标准比色对照液的颜色较浅，肉眼难以比较，可以用分光光度计检测比较。

项目 3　L-苹果酸的检验

任务 1　L-苹果酸含量的测定

学习目标

（1）掌握酸碱滴定法测定 L-苹果酸含量的相关知识和操作技能。

（2）会进行规范的滴定操作和正确判断滴定终点。

（3）能及时记录原始数据和正确处理测定结果。

知识准备

L-苹果酸通常由酶工程法、发酵法制得，主要用作食品的酸度调节剂。L-苹果酸为白色结晶或结晶粉末，有特殊的酸味，化学名称 L-羟基丁二酸，结构式 $HOOCCH(OH)CH_2COOH$。

测定 L-苹果酸的含量采用酸碱滴定法。以酚酞为指示剂，用氢氧化钠标准溶液滴定试样水溶液，根据氢氧化钠标准溶液的用量，计算试样中 L-苹果酸的含量（以 $C_4H_6O_5$ 计）。

技能操作

1）试剂

（1）c_{NaOH} 1.0mol/L 氢氧化钠标准溶液：配制与标定方法同本模块项目 2 中任务 1 乳酸含量的酸碱滴定法。

（2）10g/L 酚酞指示液：称取 0.5g 酚酞溶于 50mL 95%（体积分数）乙醇中。

2）仪器

分析天平（感量 0.1mg），碱式滴定管（50mL）。

3）操作步骤

称取试样 2.0g（精确至 0.0002g）于 25mL 锥形瓶中，加 20mL 煮沸过的水溶解，加 10g/L 酚酞指示液 2 滴，用 1.0mol/L 氢氧化钠标准溶液滴定至微红色，保持 30s 不退色为终点。同时做空白试验。

4）数据记录与结果处理

数据记录与结果处理如表 4-10 所示。

表 4-10　数据记录与结果处理

测定次数	1	2	空白
试样质量 m/g			
氢氧化钠标准溶液的浓度 c/(mol/L)			
滴定初读数/mL			
滴定终读数/mL			
测定试样耗用氢氧化钠溶液的体积 V_1/mL			
空白试验耗用氢氧化钠溶液的体积 V_0/mL			
试样中 L-苹果酸含量 w（质量分数）/%			
试样中 L-苹果酸平均含量（质量分数）/%			
平行测定结果绝对差与平均值比值/%			

计算公式：

$$w = \frac{c \times (V_1 - V_0) \times 67.04}{m \times 1000} \times 100$$

式中，67.04——苹果酸（1/2 $C_4H_6O_5$）的摩尔质量（g/mol）。

5）说明

所得结果保留 2 位小数。平行测定结果绝对差与平均值的比值不超过 0.2%。

任务 2　*L*-苹果酸比旋光度的测定

 学习目标

（1）掌握测定 *L*-苹果酸比旋光度的相关知识和操作技能。

（2）会正确操作自动旋光仪。

（3）能及时记录原始数据和正确处理测定结果。

 知识准备

比旋光度是指在液层厚度为 1dm，浓度为 1g/mL，温度为 20℃，用钠光谱 D 线（589.3nm）波长测定时的旋光度，以 α_m（20℃，D）表示，单位为（°）·m^2/kg。

L-苹果酸的比旋光度用自动旋光仪测定。从起偏镜透射出的偏振光经过试样时，由于试样分子的旋光作用，使偏振光的振动方向改变了一定角度，将检偏器旋转一定角度，使透过的光强度与入射光强度相等，该角度即为试样的旋光度 α。根据试样的旋光度，计算出 *L*-苹果酸的比旋光度。

 技能操作

1）仪器

自动旋光仪，配有 2dm 旋光管；分析天平，感量 0.001g；容量瓶，50mL。

2）操作步骤

（1）试样溶液制备。称取 4.25g 试样（准确至 0.001g），加入 20mL 水溶解，转移至 50mL 容量瓶中，用水稀释至刻度，摇匀。

（2）旋光度测定。按仪器说明书的规定调整旋光仪，待仪器稳定后，用蒸馏水校正旋光仪的零点。将试样溶液充满洁净、干燥的 2dm 旋光管，小心排出气泡，旋紧盖后放入旋光仪内，在（20±0.5）℃的条件下，按仪器说明书的规定进行操作，读取试样溶液的旋光度（精确至 0.01°），左旋以"—"表示，右旋以"+"表示。

（3）比旋光度的计算。根据测得的试样溶液旋光度计算试样的比旋光度。

3）数据记录与结果处理

数据记录与结果处理如表 4-11 所示。

表 4-11　数据记录与结果处理

测定次数	1	2
试样质量 m/g		
试样溶液体积 V/mL		
旋光管长度 l/dm		
试样溶液的旋光度 $\alpha/(°)$		
试样的比旋光度 $\alpha_m/[(°)\cdot m^2/kg]$		
试样的比旋光度平均值 $/[(°)\cdot m^2/kg]$		
平行测定结果绝对差与平均值比值 $/\%$		

计算公式：

$$\alpha_m(20℃,D) = \frac{\alpha \times V}{l \times m \times 100}$$

4）说明

所得结果保留 3 位有效数字。平行测定结果绝对差与平均值的比值不超过 0.2%。

任务 3　*L*-苹果酸中富马酸和马来酸的测定

（1）掌握高效液相色谱法测定苹果酸中富马酸和马来酸的相关知识和操作技能。

（2）会正确操作高效液相色谱仪。

（3）能及时记录原始数据和应用外标法进行定量。

苹果酸中富马酸和马来酸的含量用高效液相色谱法测定。在选定的色谱条件下，通过色谱柱使试样溶液中的各组分得到分离，用紫外吸收检测器检测，以外标法定量，测得试样中富马酸和马来酸的含量。

1）试剂

（1）富马酸：质量分数≥99.0%。

（2）马来酸：质量分数≥99.0%。

（3）20g/L 氢氧化钠溶液：称取 2g 氢氧化钠，加 100mL 水溶解。

（4）磷酸溶液：量取优级纯磷酸（1±0.02）mL 于 1000mL 容量瓶中，加入 HPLC 级甲醇 100mL（可根据柱效调整加入量），加水稀释至刻度，再经 0.45μm 滤膜过滤。

2）仪器

高效液相色谱仪，配有紫外检测器；过滤器，配有孔径 0.45μm 纤维素酯膜滤纸；

微量进样针，HPLC 专用，50、100（μL）；分析天平，感量 0.1mg；容量瓶，50、100、250（mL）；吸量管，1mL。

3）操作步骤

（1）色谱条件。色谱柱，柱长 250mm，内径 4.6mm，以硅胶为基质表面键合 C8 官能团的非极性固定相；柱温，（60±1）℃；流动相，磷酸溶液，1.0mL/min；检测波长，214nm；进样量，5μL。

（2）标准溶液的制备。

富马酸标准溶液：称取 50mg 富马酸（准确至 0.2mg），溶于适量水中（必要时加入少量氢氧化钠溶液），转移至 50mL 容量瓶中，用磷酸溶液稀释至刻度。吸取（1±0.02）mL 于 50mL 容量瓶中，用磷酸溶液稀释至刻度，摇匀，经 0.45μm 滤膜过滤，再经超声脱气处理。

马来酸标准溶液：称取 50mg 马来酸（准确至 0.2mg），溶于适量水中（必要时加入少量氢氧化钠溶液），转移至 250mL 容量瓶中，用磷酸溶液稀释至刻度。吸取（1±0.02）mL 于 100mL 容量瓶中，用磷酸溶液稀释至刻度，摇匀，经 0.45μm 滤膜过滤，再经超声脱气处理。

（3）试样溶液的制备。称取 0.2g 试样（准确至 0.2mg）于 50mL 容量瓶中，用磷酸溶液稀释至刻度，摇匀，经 0.45μm 滤膜过滤，再经超声脱气处理。

（4）测定。按高效液相色谱仪操作规程开机预热，调节温度及流量，达到分析条件并基线平稳后，用 HPLC 专用微量进样针取 5μL 标准溶液，进样分析，测定标准溶液中富马酸或马来酸的峰面积。

用 HPLC 专用微量进样针取 5μL 试样溶液，进样分析，测定试样溶液中富马酸或马来酸的峰面积。

根据测得的试样溶液和标准溶液中富马酸或马来酸的峰面积，计算试样中富马酸或马来酸的含量。

4）数据记录与结果处理

数据记录与结果处理如表 4-12 所示。

表 4-12　数据记录与结果处理

测定次数	1	2
试样质量 m/g		
试样溶液体积 V/mL		
富马酸或马来酸标准样品质量 m_1/g		
富马酸或马来酸标准溶液总体积 V_1/mL		
吸取富马酸或马来酸标准溶液体积 V_2/mL		
富马酸或马来酸标准稀释溶液体积 V_3/mL		
试样溶液中富马酸或马来酸峰面积 A_1/mm²		
标准溶液中富马酸或马来酸峰面积 A_2/mm²		
试样中富马酸或马来酸含量 w（质量分数）/%		
试样中富马酸或马来酸平均含量（质量分数）/%		
平行测定结果绝对差与平均值比值/%		

计算公式：

$$w = \frac{A_1 \times \dfrac{m_1}{V_1} \times \dfrac{V_2}{V_3}}{A_2 \times \dfrac{m}{V}} \times 100$$

5）说明

所得结果保留 2 位有效数字。平行测定结果绝对差与平均值的比值不超过 0.2%。

任务4　*L*-苹果酸中重金属的限量检验

 学习目标

（1）掌握比色法检验苹果酸中重金属限量的相关知识和操作技能。

（2）会正确判断比色液的颜色深浅。

（3）能及时记录原始数据和正确处理测定结果。

 **知识准备**

采用比色法检验苹果酸中重金属（以 Pb 计）的限量。在弱酸性（pH 3~4）条件下，试样中的重金属离子与硫化氢作用生成棕黑色，与同法处理的铅标准溶液比较，检验试样中重金属的限量。

 技能操作

1）试剂

（1）乙酸溶液（1+19）：1 体积冰乙酸与 19 体积水混合均匀。

（2）氨水溶液（2+3）：2 体积氨水与 3 体积水混合均匀。

（3）硫化钠溶液：称取 5g 硫化钠（准确至 0.01g），用 10mL 水及 30mL 甘油的混合溶液溶解，置于棕色瓶中。配制 3 个月内有效。

（4）10g/L 酚酞指示液：称取酚酞 0.5g 溶于 50mL 95%（体积分数）乙醇。

（5）硝酸溶液（1+99）：量取 1mL 硝酸，加入 99mL 水中。

（6）10mg/L 铅标准溶液：准确称取 0.1598g 硝酸铅，加 10mL 硝酸溶液（1+99），全部溶解后，移入 100mL 容量瓶中，加水稀释至刻度。临用前，吸取 1.0mL 置于 100mL 容量瓶中，加水稀释至刻度。

2）仪器

天平（感量 0.01g），比色管（50mL），吸量管（1mL）。

3）操作步骤

（1）试样处理。称取 1g 试样（准确至 0.01g），置于 50mL 比色管中，加入 25mL 水溶解，加 10g/L 酚酞指示液 1 滴，滴加氨水溶液（2+3）呈微红色，再加入 2mL 乙酸溶液（1+19），摇匀。作为试样溶液。

（2）铅标准比较溶液的制备。取另 1 支 50mL 比色管，加入 10mg/L 铅标准溶液（1±0.02）mL，再加入 2mL 乙酸溶液（1+19），加水至 25mL，摇匀。作为比较溶液。

（3）测定。在 2 支比色管中各加入 2 滴硫化钠溶液，并加水至 50mL，混匀于暗处放置 5min 后，在无阳光直射情况下，在白色背景下轴向及侧向观察，比较试样溶液与比较溶液颜色的深浅。

4）数据记录与结果处理

数据记录与结果处理如表 4-13 所示。

表 4-13　数据记录与结果处理

测定次数	1	2
试样质量 m/g		
铅标准溶液浓度 ρ_0/(mg/L)		
测定用铅标准溶液体积 V_0/mL		
比较溶液中铅的质量 m_0/μg		
试样溶液中铅的质量 m_1/μg（$\geqslant m_0$ 或 $\leqslant m_0$）		
试样中重金属（以 Pb 计）限量 X/(mg/kg)		

计算公式：

$$X = \frac{m_0}{m} = \frac{\rho_0 \times V_0}{m}$$

5）说明

如果试样溶液和比较溶液的颜色较浅，肉眼难以比较，可以用分光光度计检测比较。

项目 4　衣康酸的检验

任务 1　衣康酸含量的测定

学习目标

（1）掌握碘量法和酸碱滴定法测定衣康酸含量的相关知识和操作技能。

（2）会进行规范的滴定操作和准确判断滴定终点。

（3）能及时记录原始数据和正确处理测定结果。

知识准备

衣康酸是以淀粉（或糖质）为原料，经土曲霉等微生物进行深层发酵、精制而成的白色固体结晶（或粉末），化学名称亚甲基丁二酸，分子式 $C_5H_6O_4$，结构式 $CH_2{=}$ $C(COOH)CH_2COOH$。衣康酸及其衍生物是化工、轻纺领域中一种重要的加工助剂，广泛应用于胶乳、树脂、高级油漆、造纸、塑料、化纤以及水处理等行业。

　　衣康酸含量的测定方法有碘量法和酸碱滴定法，其中碘量法是测定成品中衣康酸含量的仲裁方法，而酸碱滴定法适用于发酵生产过程中对衣康酸含量的监控分析或快速测定。

　　碘量法是利用溴酸盐与溴化钾在酸性介质中释放出溴，与衣康酸分子中的双键发生加成反应，过量的溴使加入的碘化钾还原释放出碘，再用硫代硫酸钠标准溶液滴定游离的碘，即可计算出试样中衣康酸的含量。

　　酸碱滴定法是以酚酞作指示剂，用氢氧化钠标准溶液进行酸碱中和滴定，根据消耗氢氧化钠标准溶液的体积，计算出试样中衣康酸的含量。

技能操作

1. 碘量法

1）试剂

（1）溴化钾-溴酸钾溶液：称取 6g 溴化钾，1.7g 溴酸钾（$KBrO_3$），加水溶解并稀释至 500mL。

（2）300g/L 碘化钾溶液：称取 30g 碘化钾，加水溶解并稀释至 100mL。

（3）盐酸溶液（1+3）：量取 20mL 盐酸，加入 60mL 水，混匀。

（4）10g/L 淀粉指示溶液。称取 1g 淀粉，加 5mL 水使其成糊状，在搅拌下将糊状物加到 90mL 沸腾的水中，煮沸 1~2min，冷却，稀释至 100mL。使用期为 2 周。

（5）$c_{1/2\,Na_2S_2O_3}{=}0.1mol/L$ 硫代硫酸钠标准溶液：配制与标定方法同本模块项目 1 中任务 3 柠檬酸中易碳化物的测定。

2）仪器

分析天平（感量 0.1mg），碱式滴定管（50mL），碘量瓶（250mL），吸量管（1mL、5mL、10mL），移液管（25mL）。

3）操作步骤

称取试样 0.1g（精确至 0.2mg），加入预先盛有 25.00mL 溴化钾-溴酸钾溶液的 250mL 碘量瓶中，迅速加入 10mL 盐酸溶液（1+3），立即盖塞，并用水封瓶口，轻轻摇匀，置于暗处放置 1h（若室温低于 15℃，需放置 1.5h，以保证反应完全）。取出，于冰水中冷却，轻轻开启瓶塞，沿瓶壁加入 300g/L 碘化钾溶液 3.5mL，轻摇混匀，应尽量不让瓶内气体逸出，约 1min 后，用 0.1mol/L 硫代硫酸钠标准溶液滴定释放出来的碘，接近终点时（溶液呈浅黄色）加入淀粉指示液 1mL，继续滴定至淡蓝色为终点，记录消耗硫代硫酸钠标准溶液的体积。同时做空白试验。

4）数据记录与结果处理

数据记录与结果处理如表 4-14 所示。

表 4-14 数据记录与结果处理

测定次数	1	2	空白
试样质量 m/g			
硫代硫酸钠标准溶液的浓度 c/（mol/L）			
滴定初读数/mL			
滴定终读数/mL			
测定试样耗用硫代硫酸钠溶液的体积 V_1/mL			
空白试验耗用硫代硫酸钠溶液的体积 V_0/mL			
试样中衣康酸含量 w（质量分数）/%			
试样中衣康酸平均含量（质量分数）/%			
平行测定结果绝对差与平均值比值/%			

计算公式：

$$w = \frac{c \times (V_0 - V_1) \times 65.05}{m \times 1000} \times 100$$

式中，65.05——衣康酸（$1/2C_5H_6O_4$）的摩尔质量（g/mol）。

5）说明

（1）所得结果保留 3 位有效数字。平行测定结果绝对差与平均值的比值不超过 0.125%。

（2）若试样为发酵醪，葡萄糖及其他有机酸的存在不影响测定结果的精确度。

（3）溴加成反应完全程度及碘化钾溶液的加入操作均对测定的精确度产生很大影响。

2. 酸碱滴定法

1）试剂

（1）10g/L 酚酞指示液：称取 0.5g 酚酞溶于 50mL 95%（体积分数）乙醇中，摇匀。

（2）$c_{NaOH} = 0.1$mol/L 氢氧化钠标准溶液：配制与标定方法同模块 2 项目 1 中任务 2 白酒、果酒、黄酒中总酸的指示剂法。

2）仪器

分析天平（感量 0.1mg），碱式滴定管（50mL）。

3）操作步骤

称取试样 0.2g（精确到 0.2mg），用约 50mL 水溶解并全部移入 250mL 锥形瓶中，加 10g/L 酚酞指示液 2～3 滴，以 0.1mol/L 氢氧化钠标准溶液滴定至淡粉色，并保持 30s 不退色为终点，记录消耗氢氧化钠标准滴定溶液的体积。同时做空白试验。

4）数据记录与结果处理

数据记录与结果处理如表 4-15 所示。

表 4-15　数据记录与结果处理

测定次数	1	2	空白
试样质量 m/g			
氢氧化钠标准溶液的浓度 c/（mol/L）			
滴定初读数/mL			
滴定终读数/mL			
测定试样耗用氢氧化钠溶液的体积 V_1/mL			
空白试验耗用氢氧化钠溶液的体积 V_0/mL			
试样中衣康酸含量 w（质量分数）/%			
试样中衣康酸平均含量（质量分数）/%			
平行测定结果绝对差与平均值比值/%			

计算公式：

$$w = \frac{c \times (V_0 - V_1) \times 65.05}{m \times 1000} \times 100$$

式中，65.05——衣康酸（$1/2C_5H_6O_4$）的摩尔质量（g/mol）。

5）说明

所得结果保留 3 位有效数字。平行测定结果绝对差与平均值的比值不超过 0.125%。

任务 2　衣康酸中干燥失重的测定

学习目标

（1）掌握挥发法测定衣康酸中干燥失重的相关知识和操作技能。

（2）会正确进行干燥恒重操作。

（3）能及时记录原始数据和正确处理测定结果。

知识准备

衣康酸中干燥失重采用挥发法测定。在 100～105℃干燥一定时间，试样中水分等物质挥发失去，使试样的质量减少。通过测定试样干燥前后的质量，可以得到试样的干燥失重。

技能操作

1）仪器

分析天平（感量 0.1mg），电热恒温干燥箱［（103±2）℃］，低型称量瓶（35mm×25mm），干燥器，变色硅胶为干燥剂。

2）操作步骤

用恒重的称量瓶称取试样 2g（准确至 0.5mg），放入（103±2）℃电热恒温干燥箱中，将盖取下，侧放在瓶边，烘干 2h，加盖，取出，置于干燥器中，冷却至室温（约

30min），称量。

3）数据记录与结果处理

数据记录与结果处理如表 4-16 所示。

表 4-16　数据记录与结果处理

测定次数	1	2
称量瓶的质量 m_0/g		
干燥前试样和称量瓶的质量 m_1/g		
干燥后试样和称量瓶的质量 m_2/g		
试样中干燥失重 w（质量分数）/%		
试样中干燥失重平均值（质量分数）/%		
平行测定结果绝对差与平均值比值/%		

计算公式：

$$w = \frac{m_1 - m_2}{m_1 - m_0} \times 100$$

4）说明

所得结果保留 2 位小数。平行测定结果绝对差与平均值的比值不超过 0.01%。

任务 3　衣康酸中氯化物的限量检验

学习目标

（1）掌握目视比浊法检验衣康酸中氯化物限量的相关知识和操作技能。

（2）会正确比较悬浮液的浊度。

（3）能及时记录原始数据和正确处理测定结果。

知识准备

用目视比浊法检验衣康酸中氯化物的限量。在硝酸介质中，氯离子与银离子生成难溶的氯化银。当氯离子含量很低时，在一定时间内氯化银呈悬浮液，使溶液混浊，溶液所呈浊度与氯化物标准比浊溶液比较，确定试样中氯化物（以 Cl⁻ 计）的限量。

技能操作

1）试剂

（1）25%（质量分数）硝酸溶液：量取 30.8mL 硝酸，加水稀释至 100mL。

（2）17g/L 硝酸银溶液：称取 1.7g 硝酸银，用水溶解并定容至 100mL。贮存于棕色试剂瓶中。

（3）ρ_{Cl^-} =100mg/L 氯化物标准贮备溶液：称取于 500～600℃灼烧至恒重的氯化

钠 0.165g，加水溶解，移入 1000mL 容量瓶中，稀释至刻度。

（4）$\rho_{Cl^-}=5mg/L$ 氯化物标准使用溶液：吸取 100mg/L 氯化物标准贮备溶液 5.0mL，用水定容至 100mL。

2）仪器

天平（感量 0.01g），比色管（50mL），吸量管（5mL）。

3）操作步骤

称取试样 1g（准确至 0.01g），置于 50mL 比色管中，加水溶解并稀释至 20mL，混匀，作为试样溶液。同时吸取 5mg/L 氯化物标准使用溶液 5.0mL 于另一支比色管中，加水稀释至 20mL，混匀，作为比较溶液。

分别向上述比色管中各加入 25%（质量分数）硝酸溶液 1mL，再立即加入 17g//L 硝酸银溶液 1mL，加水稀释至 25mL，摇匀，于暗处静置 10min。取出，进行横向目视比浊。

4）数据记录与结果处理

数据记录与结果处理如表 4-17 所示。

表 4-17　数据记录与结果处理

测定次数	1	2
试样质量 m/g		
氯化物标准使用溶液浓度 $\rho_0/$（mg/L）		
测定用氯化物标准使用溶液体积 V_0/mL		
比较溶液中氯化物的质量 $m_0/\mu g$		
试样溶液中氯化物的质量 $m_1/\mu g$（$\geq m_0$ 或 $\leq m_0$）		
试样中氯化物（以 Cl 计）限量 $X/$（mg/kg）		

计算公式：

$$X=\frac{m_0}{m}=\frac{\rho_0\times V_0}{m}$$

5）说明

如果试样溶液和比较溶液的浊度较浅，肉眼难以比较，可以用分光光度计检测比较。

任务 4　衣康酸中硫酸盐的限量检验

（1）掌握目视比浊法检验衣康酸中硫酸盐限量的相关知识和操作技能。

（2）会正确比较悬浮液的浊度。

（3）能及时记录原始数据和正确处理测定结果。

用目视比浊法检验衣康酸中硫酸盐的限量。在酸性介质中，钡离子与硫酸根离子生

成难溶的硫酸钡。当硫酸根离子含量很低时，在一定时间内硫酸钡呈悬浮体，使溶液混浊，与硫酸盐标准比较溶液进行浊度比较，确定试样中硫酸盐（以 SO_4^{2-} 计）的限量。

技能操作

1）试剂

（1）20％（质量分数）盐酸溶液：量取 50.4mL 盐酸，用水稀释至 100mL。

（2）120g/L 氯化钡溶液：称取氯化钡 12g，加水溶解并定容至 100mL。

（3）0.2g/L 硫酸钾乙醇溶液：称取 0.2g 硫酸钾，溶于 700mL 水中，用 95％（体积分数）乙醇稀释至 1000mL。

（4）$\rho_{SO_4^{2-}}=100$ mg/L 硫酸盐标准溶液：准确称取 0.181g 硫酸钾，加水溶解，移入 1000mL 容量瓶中，用水稀释至刻度，摇匀。

2）仪器

天平（感量 0.01g），比色管（50mL），吸量管（5mL）。

3）操作步骤

称取试样 1g（准确至 0.01g），置于 50mL 比色管中，加入 20％盐酸溶液 0.5mL，加水溶解并稀释至 20mL，混匀，作为试样溶液。同时吸取 100mg/L 硫酸盐标准溶液 1.0mL 于另一支比色管中，加入 20％盐酸溶液 0.5mL，加水稀释至 20mL，混匀，作为比较溶液。

取 2 支比色管分别加入 0.2g/L 硫酸钾乙醇溶液 0.25mL 和 250g/L 氯化钡溶液 1mL，混合均匀，组成晶种液，准确放置 1min。一支比色管中加入上述试样溶液，另一支加入比较溶液，加水稀释至 25mL，摇匀，放置 5min。取出，进行目视比浊。

4）数据记录与结果处理

数据记录与结果处理如表 4-18 所示。

表 4-18　数据记录与结果处理

测定次数	1	2
试样质量 m/g		
硫酸盐标准溶液浓度 ρ_0/（mg/L）		
测定用硫酸眼标准溶液体积 V_0/mL		
比较溶液中硫酸盐的质量 m_0/μg		
试样溶液中硫酸盐的质量 m_1/μg（$\geqslant m_0$ 或 $\leqslant m_0$）		
试样中硫酸盐（以 SO_4^{2-} 计）限量 X/（mg/kg）		

计算公式：

$$X=\frac{m_0}{m}=\frac{\rho_0 \times V_0}{m}$$

5）说明

如果试样溶液和比较溶液的浊度较浅，肉眼难以比较，可以用分光光度计检测比较。

项目 5　葡萄糖酸的检验

任务 1　葡萄糖酸含量的测定

学习目标

（1）掌握异羟肟酸比色法和分光光度法测定葡萄糖酸含量的相关知识和操作技能。

（2）会正确操作分光光度计。

（3）能及时记录原始数据和正确处理测定结果。

知识准备

葡萄糖酸又名右旋葡萄糖酸、*D*-葡萄糖酸、葡糖酸、醛糖酸、五羟（代）己酸，分子式 $C_6H_{12}O_7$，结构式 $HOCH_2[CH(OH)]_4COOH$，为结晶状化合物。葡萄糖酸作为蓬松剂、凝固剂、螯合剂、酸味剂广泛应用于食品、医药、建筑等行业，葡萄糖酸与钠、钙、锌、亚铁等金属氧化物合成制得的葡萄糖酸盐可作为食品添加剂和营养增补剂，葡萄糖酸的金属络合物在碱性体系中广泛用作金属离子的掩蔽剂。

葡萄糖酸的测定方法有异羟肟酸比色法和分光光度法。

异羟肟酸比色法是将葡萄糖酸在酸性条件下发生内酯化，形成的内酯与羟胺碱反应，生成异羟肟酸，异羟肟酸与三氯化铁生成有色配合物，通过测定在 505nm 波长处的吸光度，与标准系列比较求得葡萄糖酸的含量。

分光光度法是在氢氧化钠存在下使葡萄糖酸转化为葡萄糖酸钠，然后与硫酸铜作用生成透明、光亮的铜-葡萄糖酸盐配合物，在 660nm 波长处测定其吸收度，从标准曲线上查得试样中葡萄糖酸的含量。

技能操作

1. 分光光度法

1）试剂

（1）0.10mol/L 硫酸铜溶液：准确称量 12.5g 硫酸铜（$CuSO_4 \cdot 5H_2O$）于小烧杯中，加水溶解并定容至 500mL，混匀。

（2）1.25mol/L 氢氧化钠溶液：吸取 67.5mL 氢氧化钠饱和溶液，用新煮沸过的水稀释至 1000mL，摇匀。

（3）0.50mol/L 氢氧化钠溶液：吸取 27mL 氢氧化钠饱和溶液，用新煮沸过的水稀释至 1000mL，摇匀。

（4）葡萄糖酸标准溶液：准确称取于 105℃下烘至恒重的葡萄糖酸钠 13.633g，加蒸馏水溶解并定容至 50mL，摇匀。分别吸取 1.00、2.00、3.00、4.00、5.00、6.00、

7.00、8.00、9.00（mL），用蒸馏水定容至 25mL，摇匀，得到浓度分别为 0.05、0.10、0.15、0.20、0.25、0.30、0.35、0.40、0.45（mol/L）葡萄糖酸标准溶液。

2）仪器

分光光度计（配有 1cm 比色皿），分析天平（感量 0.1mg），电热干燥箱［(103±2)℃］，超细烧结玻璃过滤器（最大孔径 0.9～1.4μm），容量瓶（50mL），吸量管（1mL），酸式滴定管（50mL）。

3）操作步骤

（1）试样溶液的制备。称取 2～5g 试样（准确至 0.1mg），加水溶解并定容至 50mL，摇匀，作为试样溶液。

（2）标准曲线的绘制。分别吸取 1.00mL 不同浓度的葡萄糖酸标准溶液于 9 只 100mL 烧杯内，加入 1.25mol/L 氢氧化钠溶液 18mL，在充分搅拌下用滴定管缓缓滴加 0.10mol/L 硫酸铜溶液（搅拌是为了防止氢氧化铜沉淀），当所有的葡萄糖酸根全部螯合完毕（加入硫酸铜溶液后形成的沉淀不再消失），立刻停止滴加硫酸铜溶液。将螯合后的溶液煮沸 5min，冷却至室温，用超细烧结玻璃过滤器过滤，用 1.25mol/L 氢氧化钠溶液 2mL 洗涤滤渣。将收集的滤液用蒸馏水定容至 50mL，得到浓度分别为 1.0、2.0、3.0、4.0、5.0、6.0、7.0、8.0、9.0（mmol/L）葡萄糖酸标准显色溶液。以 0.50mol/L 氢氧化钠溶液为参比，在 660nm 波长处测定其吸光度。以葡萄糖酸浓度为横坐标，吸光度为纵坐标绘制标准曲线。

（3）试样的测定。吸取试样溶液 1.00mL，按上述步骤操作制得试样显色溶液 50mL，测定其吸光度，从标准曲线上查出相应的葡萄糖酸含量。

4）数据记录与结果处理

数据记录与结果处理如表 4-19 所示。

表 4-19　数据记录与结果处理

测定项目	标准系列溶液									试液	
	1	2	3	4	5	6	7	8	9	1	2
试样质量 m/g											
试样溶液总体积 V_1/mL											
测定用试样溶液体积 V_2/mL											
试样显色溶液体积 V_3/mL											
各显色溶液吸光度 A											
各显色溶液中葡萄糖酸浓度 c/（mmol/L）											
试样中葡萄糖酸含量 w（质量分数）/%											
试样中葡萄糖酸平均含量（质量分数）/%											
平行测定结果绝对差与平均值比值/%											

计算公式：

$$w = \frac{c \times V_3 \times 196.2}{m \times \dfrac{V_2}{V_1} \times 10^6} \times 100$$

式中，196.2——葡萄糖酸（$C_6H_{12}O_7$）的摩尔质量（g/mol）。

5）说明

（1）所得结果保留 3 位有效数字。平行测定结果绝对差与平均值的比值不超过 0.3%。

（2）仅适用于葡萄糖酸浓度 10mmol/L 的溶液。当溶液中葡萄糖的量大于 3 倍葡萄糖酸的量时，对测定结果影响较大。

2. 异羟肟酸比色法

1）试剂

（1）4mol/L 盐酸羟胺溶液：称取 27.8g 盐酸羟胺，加水溶解并稀释至 100mL。

（2）4mol/L 氢氧化钠溶液：称取 16g 氢氧化钠，加水溶解并稀释至 100mL。

（3）盐酸羟胺-氢氧化钠混合溶液：使用时，将 4mol/L 盐酸羟胺溶液和 4mol/L 氢氧化钠溶液等体积混合，混合后 pH 为 8.0。配制的溶液应在 4h 内使用。

（4）三氯化铁-盐酸混合溶液：称取 10g 三氯化铁（$FeCl_3 \cdot 6H_2O$），加入 0.9mL 盐酸，加水 100mL 溶解。

（5）葡萄糖酸标准溶液：按照方法一配制浓度分别为 0.05、0.10、0.20、0.40（mol/L）葡萄糖酸标准溶液。

2）仪器

分光光度计（配有 1cm 比色皿），分析天平（感量 0.1mg），电热干燥箱 [（103±2）℃]，比色管（25mL），容量瓶（50mL），吸量管（1mL）。

3）操作步骤

（1）试样溶液的制备。称取 2～5g 试样（准确至 0.1mg），加水溶解并定容至 50mL，摇匀，作为试样溶液。

（2）标准曲线的绘制。分别吸取 0.50mL 不同浓度的葡萄糖酸标准溶液于 4 只 25mL 比色管中，另取 1 支 25mL 比色管加入 0.5mL 水作为空白。在各比色管中加入 0.5mL 水，混合均匀后，沸水浴中加热 20min，冷却至室温。然后顺序加入 2mL 盐酸羟胺-氢氧化钠混合溶液、1mL 三氯化铁-盐酸混合溶液，加水至 25mL，混合均匀，得到浓度分别为 0.0、1.0、2.0、4.0、8.0（mmol/L）葡萄糖酸标准显色溶液。放置 10min，以空白管作为参比，在 505nm 波长处测定各管的吸光度。以葡萄糖酸浓度为横坐标，吸光度为纵坐标绘制标准曲线。

（3）试样的测定。吸取试样溶液 1.00mL 于 10mL 比色管中，按上述步骤操作制得试样显色溶液 50mL，测定其吸光度，从标准曲线上查出相应的葡萄糖酸含量。

4）数据记录与结果处理

同分光光度法。

5）说明

（1）所得结果保留 3 位有效数字。平行测定结果绝对差与平均值的比值不超过 0.3%。

（2）当葡萄糖酸浓度在 0～8mmol/L，同一葡萄糖浓度下的吸光度与葡萄糖酸浓度呈线性关系。但是，葡萄糖酸浓度相同而葡萄糖浓度不同时，测得的吸光度有明显差异，特别是当葡萄糖酸浓度较低时，吸光度的差异更显著。

任务 2　葡萄糖酸中还原物质的测定

学习目标

（1）掌握碘量法测定葡萄糖酸中还原物质的相关知识和操作技能。

（2）会进行规范的滴定操作和正确判断滴定终点。

（3）能及时记录原始数据和正确处理测定结果。

知识准备

葡萄糖酸中还原物质的含量用碘量法测定。试样中的还原糖等还原性物质将二价铜离子还原成氧化亚铜，剩余的二价铜离子在酸性条件下与碘离子反应生成定量的碘，以硫代硫酸钠标准溶液滴定生成的碘，从而计算出样品中还原物质（以 $C_6H_{12}O_6$ 计）的含量。

技能操作

1）试剂

（1）碱性柠檬酸铜溶液。

溶液 A：称取 173g 柠檬酸钠（$C_6H_5Na_3O_7 \cdot 2H_2O$），无水碳酸钠 117g，在加热下溶解于约 700mL 水中，必要时经滤纸过滤。

溶液 B：称取 17.3g 硫酸铜（$CuSO_4 \cdot 5H_2O$），溶解于约 100mL 水中。

临用前，将溶液 B 在稳定搅拌下缓缓加入溶液 A，冷却后，加水稀释至 1000mL，混匀。

（2）$c_{1/2 I_2} = 0.1mol/L$ 碘溶液：称取 13g 碘及 35g 碘化钾，溶于 100mL 水中并稀释至 1000mL，摇匀，贮存于棕色瓶中。

（3）10g/L 淀粉指示液：称取 1g 淀粉，加少量冷水调成糊状，加入到 70mL 沸水中，在不断搅拌下煮沸 1min。冷却，用水稀释至 100mL。取澄清液使用。

（4）10%（质量分数）乙酸溶液：量取 9.6mL 冰醋酸，稀释至 100mL。

（5）100g/L 盐酸溶液：量取 22.6mL 盐酸，用水稀释至 100mL。

（6）$c_{Na_2S_2O_3} = 0.1mol/L$ 硫代硫酸钠标准溶液：配制与标定方法同本模块项目 1 中任务 3 柠檬酸中易碳化物的测定。

2）仪器

分析天平（感量 0.1mg），碱式滴定管（25mL），吸量管（10mL）。

3）操作步骤

称取试样 1g（准确至 0.1mg）于 250mL 锥形瓶中，加 10mL 水溶解后，加碱性柠檬酸铜溶液 25mL，用一小烧杯盖住锥形瓶，用小火准确煮沸 5min，迅速冷却至室温，加入 10%（质量分数）乙酸溶液 25mL，摇匀。准确加入 0.1mol/L 碘溶液 10.00mL，100g/L 盐酸溶液 10mL，用 0.1mol/L 硫代硫酸钠标准溶液滴定至溶液由紫色变为蓝色，近终点时加入淀粉指示液 3mL，继续用硫代硫酸钠标准溶液滴定至蓝色消失为终点。同时做空白试验。

　　4）数据记录与结果处理

　　数据记录与结果处理如表 4-20 所示。

表 4-20　数据记录与结果处理

测定次数	1	2	空白
试样质量 m/g			
硫代硫酸钠溶液的浓度 c/（mol/L）			
滴定初读数/mL			
滴定终读数/mL			
测定试样耗用硫代硫酸钠溶液的体积 V_1/mL			
空白试验耗用硫代硫酸钠溶液的体积 V_0/mL			
试样中还原物质（以 $C_6H_{12}O_6$ 计）含量 w（质量分数）/%			
试样中还原物质平均含量（质量分数）/%			
平行测定结果绝对差与平均值比值/%			

　　计算公式：

$$w = \frac{c \times (V_0 - V_1) \times 27.02}{m \times 1000} \times 100$$

式中，27.02——葡萄糖（3/20 $C_6H_{12}O_6$）的摩尔质量（g/mol）。

　　5）说明

　　所得结果保留 2 位有效数字。平行测定结果绝对差与平均值的比值不超过 0.2%。

任务 3　葡萄糖酸中铅的测定

学习目标

　　（1）掌握火焰原子吸收光谱法测定葡萄糖酸中铅的相关知识和操作技能。

　　（2）会正确操作原子吸收光谱仪。

　　（3）能及时记录原始数据和正确用标准曲线法处理测定结果。

知识准备

　　用火焰原子吸收光谱法测定葡萄糖酸中的铅含量。试样经处理后，导入原子吸收光谱仪中，火焰原子化后，吸收 217.0nm 谱线，其吸收量与铅含量成正比，与标准系列比较定量。

技能操作

　　1）试剂

　　（1）硝酸：优级纯。

（2）3%（质量分数）硝酸溶液：量取 3.5mL 硝酸，加水稀释至 100mL。

（3）硝酸溶液（1+9）：1 体积硝酸与 9 体积水混匀。

（4）1g/L 铅标准溶液：准确称取 0.160g 硝酸铅，用 10mL 硝酸溶液（1+9）溶解，移入 1000mL 容量瓶中，用水稀释至刻度，摇匀。

（5）10mg/L 铅标准溶液：吸取 1g/L 铅标准溶液 1.00mL 于 100mL 容量瓶中，用 3%（质量分数）硝酸溶液稀释至刻度，摇匀。

（6）铅标准系列溶液：分别吸取 10mg/L 铅标准溶液 0.00、2.00、4.00、6.00、10.00（mL）分别置于 100mL 容量瓶中，用 3%（质量分数）硝酸溶液稀释至刻度，摇匀。各容量瓶中每毫升溶液分别相当于 0.0、0.2、0.4、0.6、1.0（μg）铅。

2）仪器

原子吸收光谱仪（配有铅空心阴极灯，波长 217.0nm，乙炔-空气火焰），分析天平（感量 0.1mg），容量瓶（100mL）。

3）操作步骤

（1）试样处理。称取 10g 试样（准确至 0.1mg）于小烧杯中，加适量水溶解后，转移至 100mL 容量瓶中，加 3%（质量分数）硝酸溶液稀释至刻度，摇匀。同时做空白试验。

（2）标准曲线绘制。用 3%（质量分数）硝酸溶液调节零点，依次将铅标准系列溶液吸入火焰原子吸收光谱仪中，测定铅标准系列溶液的吸光度。以铅标准系列溶液的浓度为横坐标，相应的吸光度为纵坐标绘制标准曲线。

（3）试样测定：按上述步骤分别测定试样溶液和空白溶液的吸光度，从标准曲线上查出铅的含量。

4）数据记录与结果处理

数据记录与结果处理如表 4-21 所示。

表 4-21　数据记录与结果处理

测定项目	标准系列溶液					试样溶液	
	1	2	3	4	5	1	2
试样质量 m/g							
试样溶液体积 V/mL							
测定溶液吸光度 A							
测定溶液中铅的质量 ρ_1/(mg/L)							
空白溶液中铅的质量 ρ_0/(mg/L)							
试样中铅的含量 X/(mg/kg)							
试样中铅的平均含量/(mg/kg)							
平行测定结果绝对差与平均值比值/%							

计算公式：

$$X = \frac{(\rho_1 - \rho_0) \times V}{m}$$

5）说明

所得结果保留 2 位有效数字。平行测定结果绝对差与平均值的比值不超过 20%。

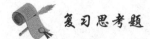复习思考题

1. 选择题

(1) 异羟肟酸比色法测定葡萄糖酸含量时，当葡萄糖酸浓度在（　　）mmol/L 范围内，同一葡萄糖浓度下吸光度与葡萄糖酸浓度呈线性关系。

　　A. 0～8　　　　　　B. 0～18　　　　　C. 0～80　　　　　　D. 10～80

(2) 退色光度法测定柠檬酸含量是在（　　）介质中进行的。

　　A. HAc　　　　　　B. NH₄Ac　　　　　C. HAc-NH₄Ac　　D. NaAc

(3) 退色光度法是利用柠檬酸可以使（　　）配合物退色来测定柠檬酸的含量。

　　A. Fe^{2+}-邻菲啰啉　B. Fe（SCN）₃　　C. 酒石酸铜　　　　D. Fe^{3+}-磺基水杨酸

(4) 气相色谱法测定乳酸时，试样经高碘酸氧化生成（　　）后进样分析。

　　A. 甲醇　　　　　　B. 甲醛　　　　　　C. 乙醛　　　　　　D. 甲酸

(5) 当样品中存在杂酸时，酸碱滴定法测得的乳酸含量（　　）其实际含量。

　　A. 大于　　　　　　B. 小于　　　　　　C. 等于　　　　　　D. 无法确定

(6) 高效液相色谱法测定乳酸中 $L(+)$ 乳酸的含量。试样经高效液相色谱分离后，$L(+)$ 乳酸的保留时间为（　　）min。

　　A. 10　　　　　　　B. 12　　　　　　　C. 14　　　　　　　D. 16

2. 退色光度法测定柠檬酸含量的原理是什么？如何绘制标准曲线？

3. 测定柠檬酸中水分的方法是什么？测定原理是什么？

4. 测定乳酸含量的方法有哪些？各有何有缺点？

5. 什么是比旋光度？如何测定 L-苹果酸的比旋光度？

6. 简述碘量法测定衣康酸含量的原理及主要影响因素。

7. 说明异羟肟酸比色法和分光光度法测定葡萄糖酸含量的原理。

8. 葡萄糖酸中还原性物质是什么？如何测定其含量？

9. 称取 1.5127g 柠檬酸样品于三角瓶内，加入水 50mL 溶解，加酚酞指示液 3 滴，用 0.9986mol/L 氢氧化钠标准溶液滴定至终点，用去 20.84mL。计算样品中无水柠檬酸和一水柠檬酸的质量分数。

10. 称取 2.0163g 衣康酸样品，溶解定容至 150mL。吸取此样品溶液 10.00mL，放入 250mL 碘量瓶中，加入 KBr-KBrO₃溶液和 HCl 溶液，反应完全后加入 KI 溶液放置片刻，用 0.1012mol/L 硫代硫酸钠标准溶液滴定至浅黄色，加入淀粉指示剂，继续滴定至终点，消耗硫代硫酸钠标准溶液 20.37mL，空白试验消耗硫代硫酸钠标准溶液 38.51mL。计算样品中衣康酸的质量分数。

模块 5　氨基酸的分析与检验

氨基酸是含有一个碱性氨基和一个酸性羧基的有机化合物，是生物功能大分子蛋白质的基本组成单位，是构成动物营养所需蛋白质的基本物质。构成天然蛋白质的氨基酸是 α-氨基酸。在自然界中共有 300 多种氨基酸，其中 α-氨基酸 21 种。

氨基酸在医药上主要用来制备复方氨基酸输液，也用作治疗药物和用于合成多肽药物。用作药物的氨基酸有一百几十种，其中包括构成蛋白质的氨基酸有 20 种和构成非蛋白质的氨基酸有 100 多种。谷氨酸、精氨酸、天冬氨酸、胱氨酸、L-多巴等氨基酸可单独作用治疗一些疾病，主要用于治疗肝病疾病、消化道疾病、脑病、心血管病、呼吸道疾病、癌症以及用于提高肌肉活力、儿科营养和解毒等。本模块主要介绍谷氨酸和赖氨酸的分析与检验。

项目 1　谷氨酸的检验

任务 1　谷氨酸含量的测定

（1）掌握酸碱滴定法和旋光法测定谷氨酸含量的相关知识和操作技能。
（2）会进行规范的滴定操作和正确操作酸度计、旋光仪。
（3）能及时记录原始数据和正确处理测定结果。

谷氨酸又叫麸氨酸，分子式 $C_5H_9NO_4$，结构式 $HOOCCH_2CH_2CH(NH_2)COOH$。谷氨酸是生物机体内氮代谢的基本氨基酸之一，在代谢上具有重要意义。多种食品以及人体内都含有谷氨酸盐，它既是蛋白质或肽的结构氨基酸之一，又是游离氨基酸。

L-谷氨酸是以糖质为原料经微生物发酵，采用"等电点提取"加上"离子交换树脂"分离的方法而制得。L-谷氨酸的用途广泛，作为药品能治疗肝昏迷症，可用来生产味精、食品添加剂和香料等。

测定谷氨酸含量的方法有旋光法和酸碱滴定法。

旋光法是利用谷氨酸分子结构中含有一个不对称碳原子，具有光学活性，能使偏振光面旋转一定角度，通过测定其旋光度，计算得到谷氨酸的含量。

酸碱滴定法是根据谷氨酸具有两个酸性的羧基和一个碱性的氨基，用碱标准溶液滴定其中的羧基，以消耗碱的量间接求得谷氨酸的含量。

技能操作

1. 酸碱滴定法

1）试剂

（1）c_{NaOH}＝0.1mol/L 氢氧化钠标准溶液：配制与标定方法同模块 2 项目 1 中任务 2 白酒、果酒、黄酒中总酸的密度瓶法。

（2）c_{NaOH}＝0.05mol/L 氢氧化钠标准溶液：将 0.1mol/L 氢氧化钠标准溶液准确稀释 1 倍。

2）仪器

酸度计（配有 pH 复合电极），电磁搅拌器，分析天平（感量 0.1mg），碱式滴定管（50mL）。

3）操作步骤

准确称取研细的试样 0.25g（精确至 0.0001g），置于 100mL 烧杯中，加水 70mL，加热使之溶解，冷却至室温，置于电磁搅拌器上，插入电极，用 0.05mol/L 氢氧化钠标准溶液滴定至 pH7.0 为终点，记录消耗氢氧化钠标准溶液的体积。同时做空白试验。

4）数据记录与结果处理

数据记录与结果处理如表 5-1 所示。

表 5-1　数据记录与结果处理

测定次数	1	2	空白
试样质量 m/g			
滴定用氢氧化钠标准溶液的浓度 c/（mol/L）			
滴定初读数/mL			
滴定终读数/mL			
测定试样耗用氢氧化钠溶液的体积 V_1/mL			
空白试验耗用氢氧化钠溶液的体积 V_0/mL			
试样中谷氨酸含量 w（质量分数）/%			
试样中谷氨酸平均含量（质量分数）/%			
平行测定结果绝对差与平均值比值/%			

计算公式：

$$w = \frac{(V_1 - V_0) \times c \times 147.1}{m \times 1000} \times 100$$

式中，147.1——谷氨酸（$C_5H_9NO_4$）的摩尔质量（g/mol）。

5）说明

所得结果保留 1 位小数。平行测定结果绝对差与平均值的比值不超过 0.3%。

2. 旋光法

1）试剂
盐酸。

2）仪器

旋光仪（精度±0.010），备有钠光灯（钠光谱 D 线 589.3nm），分析天平（感量 0.1mg），容量瓶（100mL）。

3）操作步骤

（1）试液的制备。称取试样 10g（精确至 0.0001g），加少量水溶解，转移至 100mL 容量瓶中，再加入盐酸 20mL，混匀并冷却至 20℃，用水定容，摇匀。

（2）测定。于 20℃用标准旋光角校正仪器。将试样溶液置于旋光管中（不得有气泡），观测其旋光度，同时记录旋光管中试样溶液的温度。

4）数据记录与结果处理

数据记录与结果处理如表 5-2 所示。

表 5-2　数据记录与结果处理

测定次数	1	2
试样质量 m/g		
试样溶液的体积 V/mL		
旋光管长度 L/dm		
测定时试样溶液的温度 t/℃		
试样溶液的旋光度 α/°		
试样中谷氨酸含量 w（质量分数）/%		
试样中谷氨酸平均含量（质量分数）/%		
平行测定结果绝对差与平均值比值/%		

计算公式：

$$w = \frac{\dfrac{\alpha \times V}{L \times m}}{32.00 + 0.06 \times (20 - t)} \times 100$$

式中，32.00——谷氨酸的比旋光度（°）；

　　0.06——温度校正系数。

5）说明

（1）所得结果保留 1 位小数。平行测定结果绝对差与平均值的比值不超过 0.3%。

（2）若试液颜色较深，可加入活性炭 0.1g（以糖蜜为原料颜色很深时，最多可加入活性炭 0.3g），搅拌脱色。用滤纸过滤，弃去前 5mL 滤液，收集其余滤液作为试液。

任务 2　谷氨酸 pH 的测定

学习目标

（1）掌握测定谷氨酸 pH 的相关知识和操作技能。

（2）会正确操作酸度计。

（3）能及时记录原始数据和正确处理测定结果。

知识准备

将指示电极和参比电极浸入被测溶液构成原电池，在一定温度下，原电池的电动势与溶液的 pH 成线性关系，通过测量原电池的电动势即可得出溶液的 pH。

技能操作

1）试剂

磷酸盐标准缓冲溶液（pH=6.86）：称取于 120℃烘干 2h 的磷酸二氢钾 3.40g 和磷酸氢二钠 3.55g，加入不含二氧化碳的水溶解并定容至 1000mL，摇匀。

2）仪器

酸度计（配有 pH 复合电极），容量瓶（50mL）。

3）操作步骤

（1）试样溶液的制备。称取试样 5g（精确至 0.1g），加入不含二氧化碳的水溶解并定容至 50mL，摇匀。

（2）酸度计的校正。在 25℃下，用磷酸盐标准缓冲溶液校正酸度计的 pH=6.86，用水冲洗电极。

（3）试样溶液的测定。用试样溶液洗涤电极，将电极插入试样溶液中，测定试样溶液的 pH。重复操作，直至 pH 读数稳定 1min，记录结果。

4）数据记录与结果处理

数据记录与结果处理如表 5-3 所示。

表 5-3　数据记录与结果处理

测定次数	1	2
试样溶液 pH		
平行测定结果之差		

5）说明

所得结果保留 2 位小数。平行测定结果之差不超过 0.05 pH。

任务3　谷氨酸中铁的测定

学习目标

（1）掌握火焰原子吸收光谱法测定谷氨酸中铁的相关知识和操作技能。

（2）会正确操作原子吸收光谱仪。

（3）能及时记录原始数据和用标准曲线法定量。

知识准备

谷氨酸中铁的含量用火焰原子吸收光谱法测定。试样消解后，导入原子吸收光谱仪中，经火焰原子化后，吸收光源中 248.3nm 的共振线，其吸光度与含量成正比，与标准系列比较定量。

技能操作

1）试剂

（1）硝酸-高氯酸（4＋1）：取 4 体积硝酸与 1 体积高氯酸混匀。

（2）0.5mol/L 硝酸溶液：取 3.2mL 硝酸加入 50mL 水中，稀释至 100mL。

（3）1g/L 铁标准储备溶液：称取质量分数大于 99.99％的金属铁 1g（准确至 0.0001g），加硝酸溶解，转移至 1000mL 容量瓶中，加 0.5mol/L 硝酸溶液稀释至刻度。贮存于聚乙烯瓶内，4℃保存。

（4）铁标准使用溶液：分别吸取 1g/L 铁标准储备溶液 0.10、0.20、0.40、0.60、0.80、1.00（mL）于 100mL 容量瓶中，加 0.5mol/L 硝酸溶液稀释至刻度。稀释成浓度为 1.0、2.0、4.0、6.0、8.0、10.0（mg/L）的铁标准使用溶液。

2）仪器

原子吸收光谱仪（配有铁空心阴极灯），电热板或电炉，高温炉，分析天平（感量 0.1mg），容量瓶（25mL）。

3）操作步骤

（1）试样处理。准确称取 2.5g（准确至 0.0001g）试样于锥形瓶或高型烧杯中，放入数粒玻璃珠，加 10mL 硝酸-高氯酸（4＋1），置于电炉上加热消解。如溶液变成棕黑色，再加硝酸-高氯酸（4＋1），直至冒白烟，消化液呈无色透明或略带黄色，冷却后用滴管将试样消化液洗入或过滤入（如有不溶性残渣）25mL 容量瓶中，用水少量多次洗涤锥形瓶或高型烧杯，洗液合并于容量瓶中，用水定容至刻度，混匀。同时做空白试验。

（2）标准曲线绘制。按使用的仪器说明调至最佳状态。以蒸馏水调节零点，依次导入 1.0、2.0、4.0、6.0、8.0、10.0（mg/L）的铁标准使用溶液，测定其 248.3nm 处的吸光度。以铁的浓度为横坐标，相应的吸光度为纵坐标，绘制标准曲线或建立线性回归方程。

（3）试样测定。分别将试剂空白溶液和试样溶液进样分析，测定其 248.3nm 处的吸光度，从标准曲线上查出或用回归方程计算得到相应的铁含量。

4）数据记录与结果处理

数据记录与结果处理如表 5-4 所示。

表 5-4　数据记录与结果处理

测定项目	标准系列溶液						试样溶液	
	1	2	3	4	5	6	1	2
试样质量 m/g								
试样消化溶液的体积 V/mL								
吸光度 A								

续表

测定项目	标准系列溶液						试样溶液	
	1	2	3	4	5	6	1	2
各测定溶液中铁的含量 ρ_1/(mg/L)								
试剂空白溶液中铁的含量 ρ_0/(mg/L)								
试样中铁的含量 X/(mg/kg)								
试样中铁的平均含量/(mg/kg)								
平行测定结果绝对差与平均值比值/%								

计算公式:

$$X = \frac{(\rho_1 - \rho_0) \times V}{m}$$

5)说明

所得结果保留 2 位有效数字。平行测定结果绝对差与平均值的比值不超过 15%。

项目 2 赖氨酸的检验

任务 1 赖氨酸含量的测定

学习目标

(1)掌握茚三酮比色法和高氯酸非水溶液滴定法测定赖氨酸含量的相关知识和操作技能。

(2)会进行非水滴定操作、准确判定滴定终点和正确操作分光光度计。

(3)能及时记录原始数据和正确处理测定结果。

知识准备

赖氨酸分子式 $C_6H_{14}N_2O_2$,结构式 $NH_2(CH_2)_4CH(NH_2)COOH$。赖氨酸是以淀粉质或糖质为原料,经发酵提纯制得。赖氨酸是人体必需氨基酸之一,能促进人体发育、增强免疫功能,并有提高中枢神经组织功能的作用。

测定赖氨酸含量的方法有茚三酮比色法和高氯酸非水溶液滴定法。

茚三酮比色法是利用赖氨酸分子中自由的 ε-NH_2 能与茚三酮发生颜色反应,生成紫红色物质,其颜色深浅与赖氨酸的浓度成正比。选用碳原子数目与赖氨酸相同的亮氨酸配成标准溶液,绘制标准曲线,可以测得赖氨酸的含量。

高氯酸非水溶液滴定法是在乙酸存在下,以 α-萘酚苯基甲醇为指示剂,用高氯酸标准溶液滴定试样中的赖氨酸盐酸盐至溶液呈绿色为终点。根据消耗高氯酸标准溶液的体积,计算试样中赖氨酸的含量。

技能操作

1. 高氯酸非水溶液滴定法

1）试剂

（1）甲酸。

（2）冰乙酸。

（3）2g/L α-萘酚苯基甲醇指示液：称取 α-萘酚苯基甲醇 0.2g，用乙酸溶解并稀释至 100mL。

（4）5g/L 结晶紫指示液：称取 0.5g 结晶紫，溶于冰乙酸中，用冰乙酸稀释至 100mL。

（5）$c_{\text{HClO}_4}=0.1\text{mol/L}$ 高氯酸标准溶液：量取 8.7mL 高氯酸，在搅拌下注入 500mL 冰乙酸中，混匀。在室温下滴加 20mL 乙酸酐，搅拌至溶液均匀。冷却后用冰乙酸稀释至 1000mL，摇匀。使用前标定。

标定：称取于 105～110℃ 烘至恒重的基准邻苯二甲酸氢钾 0.75g，称准至 0.0001g。置于干燥的锥形瓶中，加入 50mL 冰乙酸，温热溶解。加 2～3 滴 5g/L 结晶紫指示液，用配制好的 0.1mol/L 高氯酸溶液滴定至溶液由紫色变为蓝色（微带紫色）。

高氯酸标准溶液浓度按下式计算：

$$c=\frac{m\times1000}{V\times204.2}$$

式中，c——高氯酸标准溶液的浓度（mol/L）；

　　　m——邻苯二甲酸氢钾的质量（g）；

　　　V——消耗高氯酸溶液的体积（mL）；

　　　204.2——邻苯二甲酸氢钾（$C_8H_5KO_4$）的摩尔质量（g/mol）。

2）仪器

分析天平（感量 0.1mg），酸式滴定管（50mL）。

3）操作步骤

称取试样 0.2g（精确至 0.0001g）于锥形瓶中，加 3mL 甲酸溶解后，再加乙酸 50mL，摇匀。加入 2g/L α-萘酚苯基甲醇指示液 10 滴，用 0.1mol/L 高氯酸标准溶液滴定至溶液显绿色为终点，记录消耗的高氯酸标准溶液体积。同时做空白试验。

4）数据记录与结果处理

数据记录与结果处理如表 5-5 所示。

表 5-5　数据记录与结果处理

测定次数	1	2	空白
试样质量 m/g			
高氯酸标准溶液的浓度 c/（mol/L）			
滴定初读数/mL			

测定次数	1	2	空白
滴定终读数/mL			
测定试样耗用高氯酸溶液的体积 V_1/mL			
空白试验耗用高氯酸溶液的体积 V_0/mL			
试样中赖氨酸含量 w（质量分数）/%			
试样中赖氨酸平均含量（质量分数）/%			
平行测定结果绝对差与平均值比值/%			

计算公式：

$$w = \frac{c \times (V_1 - V_0) \times 73.10}{m \times 1000} \times 100$$

式中，73.10——赖氨酸（1/2 $C_6H_{14}N_2O_2$）的摩尔质量（g/mol）。

5）说明

（1）所得结果保留 1 位小数。平行测定结果绝对差与平均值的比值不超过 0.2%。

（2）标定高氯酸标准溶液时的温度应与使用该标准溶液滴定时的温度相同。若测定试样与标定高氯酸溶液时温度之差超过 10℃，则须重新标定高氯酸溶液的浓度；若不超过 10℃，则按下式加以校正：

$$c_1 = \frac{c_0}{1 + 0.0011 \times (t_1 - t_0)}$$

式中，c_1——测定试样时高氯酸溶液的浓度（mol/L）；

c_0——标定时高氯酸溶液的浓度（mol/L）；

t_1——测定试样时高氯酸溶液的温度（℃）；

t_0——标定时高氯酸溶液的温度（℃）；

0.0011——冰乙酸的膨胀系数。

（3）分析纯的冰乙酸含量为 99.5% 以上，测定时加入 2mL 乙酸酐，可保证试样溶液中不含有游离水分。冰乙酸的冰点为 16.6℃，低于此温度则有结冰现象，而使滴定难以进行。冰乙酸易挥发，使测定结果产生误差。因此，测定温度最好保持在 15～28℃。

2. 茚三酮比色法

1）试剂

（1）缓冲溶液：称取 30g 甲酸钠，溶解于约 60mL 蒸馏水中，加入 80g/L 甲酸 10mL，加水稀释至 100mL。

（2）10g/L 茚三酮溶液：称取 1g 茚三酮和 1g 氯化镉（$CdCl_2 \cdot H_2O$），加入 25mL 缓冲溶液和 75mL 乙二醇，室温下放置 1 天，第二天使用。若出现沉淀，则过滤后使用。

（3）40g/L 碳酸钠溶液：称取 4g 无水碳酸钠，加水溶解并稀释至 100mL。

（4）20g/L 碳酸钠溶液：称取 2g 无水碳酸钠，加水溶解并稀释至 100mL。

（5）500mg/L 亮氨酸标准储备溶液：称取 25mg 亮氨酸（准确至 0.1mg），加数滴稀盐酸，待溶解后定容至 50mL。

（6）亮氨酸标准使用溶液：分别吸取 500mg/L 亮氨酸标准储备溶液 1.00、3.00、5.00、7.00、9.00（mL）于 25mL 容量瓶中，用水定容至刻度，摇匀。得到浓度为 20、60、100、140、180（mg/L）的亮氨酸标准使用溶液。

2）仪器

分光光度计，配有 1cm 比色皿；恒温水浴槽；分析天平，感量 0.1mg；容量瓶，25mL；吸量管，1、2、5（mL）。

3）操作步骤

（1）标准曲线绘制。分别吸取亮氨酸标准使用溶液 0.50mL 于 5 支试管中。再取 1 支试管加入 0.50mL 蒸馏水做空白对照。向每支试管中各加入 40g/L 碳酸钠溶液 0.50mL 和头一天配好的 10g/L 茚三酮溶液 2.00mL，混匀，在 80℃恒温水浴上保温 30min。取出后，立即放入冷水浴中冷却 3min，然后向每支管内加入 95%（体积分数）乙醇 5.00mL，摇匀。以空白做对照，在 500nm 波长测定其吸光度。以吸光度为纵坐标，亮氨酸浓度为横坐标，绘制标准曲线。

（2）试样测定。称取研细的试样 25mg（准确至 0.1mg）于试管中（应预先烘干），加入约 300mg 细石英砂和 20g/L 碳酸钠溶液 1.00mL，用圆头玻璃棒充分搅拌 2min，注意切勿将试管挤破，将试管放入 80℃恒温水浴中，提取 10min，应经常搅动。取出试管，向每支管内按顺序加入 2.00mL 茚三酮试剂，混匀，放入 80℃恒温水浴中，保温显色 30min。同时以蒸馏水做空白对照，取出后，立即放入冷水浴中冷却 3min，然后向每支管内加入 95%（体积分数）乙醇 5.00mL，摇匀。过滤，测定滤液的吸光度，在标准曲线上查出相应的亮氨酸含量。

4）数据记录与结果处理

数据记录与结果处理如表 5-6 所示。

表 5-6　数据记录与结果处理

测定项目	标准系列溶液					试样溶液	
	1	2	3	4	5	1	2
试样质量 m/mg							
试样溶液的体积 V/mL							
吸光度 A							
测定溶液中赖氨酸的含量 ρ_1/(mg/L)							
空白溶液中赖氨酸的含量 ρ_0/(mg/L)							
试样中赖氨酸含量 w（质量分数）/%							
试样中赖氨酸平均含量（质量分数）/%							
平行测定结果绝对差与平均值比值/%							

计算公式：

$$w = \frac{(\rho_1 - \rho_0) \times V}{m \times 1000} \times 100$$

5）说明

（1）所得结果保留 1 位小数。平行测定结果绝对差与平均值的比值不超过 10%。

（2）若试样溶液颜色过深，则可取一定量的滤液用 95％（体积分数）乙醇稀释后测定，吸光度的数值以在标准曲线范围内为宜。

（3）试样与石英砂要充分研磨提取，每次操作要一致。

（4）茚三酮溶液一定要头一天配制，第二天使用，不宜放置过久，也不能现用现配。

（5）恒温水浴上提取和显色时间要严格控制。

（6）比色时的顺序要与加茚三酮溶液的顺序相同。

任务 2　*L*-赖氨酸比旋光度的测定

学习目标

（1）掌握测定 *L*-赖氨酸比旋光度的相关知识和操作技能。

（2）会正确操作自动旋光仪。

（3）能及时记录原始数据和正确处理测定结果。

知识准备

比旋光度是指在液层厚度为 1dm，浓度为 1g/mL，温度为 20℃，用钠光谱 D 线（589.3nm）波长测定时的旋光度，以 α_m（20℃，D）表示，单位为（°）· m^2/kg。

L-赖氨酸的比旋光度用自动旋光仪测定。从起偏镜透射出的偏振光经过试样时，由于试样分子的旋光作用，使偏振光的振动方向改变了一定角度，将检偏器旋转一定角度，使透过的光强度与入射光强度相等，该角度即为试样的旋光度 α。根据试样的旋光度，计算出 *L*-赖氨酸的比旋光度。

技能操作

1）试剂

6mol/L 盐酸溶液：量取 50mL 盐酸，加入 50mL 水，混匀。

2）仪器

自动旋光仪（配有 2dm 旋光管），分析天平（感量 0.001g），容量瓶（50mL）。

3）操作步骤

（1）试样溶液制备。称取 105℃烘干至恒重的试样 5g（准确至 0.0001g），用 6mol/L 盐酸溶液溶解，转入 50mL 容量瓶中，加 6mol/L 盐酸溶液至接近刻度，将溶液温度调至 20℃，用 6mol/L 盐酸溶液定容至 50mL，摇匀。

（2）旋光度测定。按仪器说明书的规定调整旋光仪，待仪器稳定后，用蒸馏水校正旋光仪的零点。将试样溶液充满洁净、干燥的 2dm 旋光管，小心排出气泡，旋紧盖后放入旋光仪内，在（20±0.5）℃的条件下，按仪器说明书的规定进行操作，读取试样溶液的旋光度（精确至 0.01°），左旋以"－"表示，右旋以"＋"表示。

（3）比旋光度的计算。根据测得的试样溶液旋光度计算试样的比旋光度。

4）数据记录与结果处理

数据记录与结果处理如表 5-7 所示。

表 5-7　数据记录与结果处理

测定次数	1	2
试样质量 m/g		
试样溶液体积 V/mL		
试样溶液温度 t/℃		
旋光管长度 l/dm		
试样溶液的旋光度/(°)		
试样的比旋光度 α_m/[(°)·m²/kg]		
试样的比旋光度平均值/[(°)·m²/kg]		
平行测定结果绝对差与平均值比值/%		

计算公式：

$$\alpha_m(20℃,\text{D}) = \frac{\alpha \times V}{l \times m \times 100} - 0.02 \times (20-t)$$

式中，0.02——L-赖氨酸温度校正系数。

5）说明

所得结果保留 1 位小数。平行测定结果绝对差与平均值的比值不超过 0.3%。

任务 3　赖氨酸中铅的测定

学习目标

（1）掌握石墨炉原子吸收光谱法测定赖氨酸中铅的相关知识和操作技能。

（2）会正确操作原子吸收光谱仪。

（3）能及时记录原始数据和用标准曲线法定量。

知识准备

赖氨酸中铅的含量用石墨炉原子吸收光谱法测定。试样经消化后，注入原子吸收光谱仪石墨炉中原子化，原子化的铅通过光源发出的光时，吸收其 283.3nm 共振线，在一定浓度范围内，其吸光度与铅含量成正比，与标准系列比较定量。

技能操作

1）试剂

（1）0.5mol/L 硝酸溶液：量取 3.3mL 硝酸，加水稀释至 100mL。

（2）硝酸-高氯酸（4+1）：取 4 体积硝酸与 1 体积高氯酸混匀。

（3）20g/L 磷酸二氢铵溶液：称取 2g 磷酸二氢铵，加水溶解并稀释至 100mL。

（4）1g/L 铅标准储备溶液：准确称取 1.598g 硝酸铅，加 0.5mol/L 硝酸溶液 10mL 溶解后，定量转移至 1000mL 容量瓶中，用 0.5mol/L 硝酸溶液定容至刻度。贮存于聚乙烯瓶内，4℃保存。

（5）铅标准使用溶液：吸取 1g/L 铅标准储备溶液 1.00mL 于 1000mL 容量瓶中，用水定容至刻度，摇匀。分别吸取此溶液 0.00、1.00、2.00、4.00、6.00、8.00（mL）于 100mL 容量瓶中，用 0.5mol/L 硝酸溶液定容至刻度。配制成浓度为 0.0、10.0、20.0、40.0、60.0、80.0（μg/L）的铅标准使用溶液。

2）仪器

原子吸收光谱仪（配有石墨炉和铅空心阴极灯），高温炉，电热板或电炉，分析天平（感量 0.1mg），容量瓶（25mL），微量进样器（5μL、10μL）。

3）操作步骤

（1）试样处理。称取 2.5g 试样（准确至 0.0001g）于瓷坩埚中，先在电热板或电炉上小火炭化至无烟，移入高温炉于 500℃灰化 6～8h，冷却。若试样灰化不彻底，则加 1mL 硝酸-高氯酸（4+1），在电热板或电炉上小火加热，反复多次直到消化完全。冷却至室温，用 0.5mol/L 硝酸溶液溶解灰分，将试样消化液洗入或过滤入（如有不溶性残渣）25mL 容量瓶中，用水少量多次洗涤瓷坩埚，洗液合并于容量瓶中，用水定容至刻度，摇匀。同时做空白试验。

（2）仪器条件。测定波长，283.3nm；狭缝，0.2～1.0nm；灯电流，57mA；干燥温度，120℃，20s；灰化温度，450℃，15～20s；原子化温度，1700～2300℃，4～5s；背景校正，氘灯或塞曼效应。

（3）标准曲线绘制。吸取铅标准使用溶液各 5μL，以及基体改进剂磷酸二氢铵溶液 5μL，注入石墨炉，测定其吸光度。以吸光度为纵坐标，相应的铅浓度为横坐标，绘制铅标准曲线或建立线性回归方程。

（4）试样测定。分别吸取试样溶液和空白溶液各 5μL，以及基体改进剂磷酸二氢铵溶液 5μL，注入石墨炉，测定其吸光度。从标准曲线上查出或由回归方程计算相应的铅含量。

4）数据记录与结果处理

数据记录与结果处理如表 5-8 所示。

表 5-8　数据记录与结果处理

测定项目	标准系列溶液						试样溶液	
	1	2	3	4	5	6	1	2
试样质量 m/g								
试样消化溶液的体积 V/mL								
吸光度 A								
各测定溶液中铅的含量 ρ_1/(μg/L)								
试剂空白溶液中铅的含量 ρ_0/(μg/L)								
试样中铅的含量 X/(mg/kg)								
试样中铅的平均含量/(mg/kg)								
平行测定结果绝对差与平均值比值/%								

计算公式：

$$X = \frac{(\rho_1 - \rho_0) \times V}{m \times 1000}$$

5）说明

所得结果保留 2 位有效数字。平行测定结果绝对差与平均值的比值不超过 20％。

 复习思考题

1. 选择题

（1）旋光法是利用谷氨酸分子结构中含有一个不对称（　　）原子，具有光学活性来测定的。

A. 碳　　　　　　　　B. 氧　　　　　　　　C. 氮　　　　　　　　D. 氢

（2）酸碱滴定法测定谷氨酸的含量是用标准溶液滴定其中的（　　）而得。

A. 氨基　　　　　　　B. 羟基　　　　　　　C. 羧基　　　　　　　D. 羰基

（3）酸碱滴定法测定谷氨酸的含量时，滴定终点的 pH 为（　　）。

A. 6.0　　　　　　　　B. 7.0　　　　　　　　C. 8.0　　　　　　　　D. 9.0

（4）茚三酮比色法测定赖氨酸的含量中用（　　）配制标准溶液，绘制标准曲线。

A. 赖氨酸　　　　　　B. 茚三酮　　　　　　C. 谷氨酸　　　　　　D. 亮氨酸

（5）茚三酮比色法测定赖氨酸的含量是利用赖氨酸分子中的（　　）能与茚三酮发生颜色反应。

A. α-NH$_2$　　　　　　B. ε-NH$_2$　　　　　　C. 羧基　　　　　　　D. 羰基

（6）高氯酸非水溶液滴定法测定赖氨酸的含量中以（　　）为指示剂。

A. α-萘酚苯基甲醇　　B. 结晶紫　　　　　　C. 酚酞　　　　　　　D. 甲基橙

2. 旋光法测定谷氨酸含量的方法原理是什么？若试样溶液颜色较深，应如何处理？

3. 原子吸收法测定谷氨酸中铁时，试样应如何处理？

4. 茚三酮比色法测定赖氨酸含量的方法与原理？测定时应注意哪些问题？

5. 高氯酸非水溶液滴定法测定赖氨酸含量时，如何保证试样溶液中不含有游离水分？为什么要保持测定温度在 15～28℃？

6. 标定高氯酸标准溶液时应注意什么问题？

7. 石墨炉原子吸收光谱法测定赖氨酸中铅时，为什么要加入基体改进剂？

8. 称取味精样品 10.0138g，加水 20mL，在搅拌下加入盐酸 16.5mL，使其全部溶解并移入 100mL 容量瓶中，待溶液冷却至 20℃时，用水定容，混匀，过滤。滤液置于 10cm 旋光管中，测得其旋光度为 2.88°。计算样品中谷氨酸的质量分数（％）。

模块 6   酶制剂的分析与检验

酶制剂是一类从动物、植物、微生物中提取具有生物催化能力的蛋白质，具有催化效率高、专一性强、易失活、反应条件温和、酶活性可调控等特点，在适宜的 pH 和温度下具有活性。酶制剂的应用领域遍及轻工、食品、化工、医药、农业以及能源、环境保护等方面，国内外使用较为广泛的酶制剂主要有淀粉酶、蛋白酶、脂肪酶、纤维素酶、β-葡聚糖酶、果胶酶等。

酶活力的测定是酶制剂最为关键的检验项目，一般根据催化底物反应的速度来测定，因此不同酶制剂的酶活力测定方法差异较大。本模块重点介绍淀粉酶制剂、蛋白酶制剂、葡萄糖异构酶制剂、纤维素酶制剂、糖化酶制剂、脂肪酶制剂、果胶酶制剂等酶活力的测定方法，而酶制剂中重金属的测定以及菌落总数、大肠菌群的检验参见其他模块。

项目 1   淀粉酶制剂的检验

任务 1   淀粉酶制剂酶活力的测定

 学习目标

（1）掌握分光光度法测定淀粉酶制剂酶活力的相关知识和操作技能。

（2）会正确操作分光光度计。

（3）能及时记录原始数据和正确处理测定结果。

 知识准备

淀粉酶是一种水解酶，能水解淀粉、糖原和有关多糖中的 O-葡萄糖键，一般作用于可溶性淀粉、直链淀粉、糖元等 α-1,4-葡聚糖、水解 α-1,4-糖苷键，是目前发酵工业上应用最广泛的一类酶。淀粉酶根据作用的方式可分为 α-淀粉酶与 β-淀粉酶。α-淀粉酶能水解淀粉分子链中的 α-1,4-葡萄糖苷键，将淀粉链切断为短链糊精和少量麦芽糖与葡萄糖，使淀粉黏度迅速下降，广泛分布于动物（唾液、胰脏等）、植物（麦芽、山蓟菜）及微生物。β-淀粉酶与 α-淀粉酶的不同点在于从非还原性末端逐次以麦芽糖为单位切断 α-1,4-葡聚糖链，主要见于高等植物（大麦、小麦、甘薯、大豆等）中，但也有报告在细菌、牛乳、霉菌中存在。

淀粉酶以芽孢杆菌属的枯草芽孢杆菌和地衣形芽孢杆菌深层发酵生产为主，后者产生耐高温酶。另外也用曲霉属和根霉属的菌株深层和半固体发酵生产，适用于食品加工。淀粉酶主要用于制糖、纺织品退浆、发酵原料处理和食品加工等。

中温淀粉酶活力是指 1g 固体酶粉（或 1mL 液体酶）在 60℃、pH6.0 条件下 1h 液化 1g 可溶性淀粉，即为 1 个酶活力单位，以 U/g(mL) 表示。

高温淀粉酶活力是指 1g 固体酶粉（或 1mL 液体酶）在 70℃、pH6.0 条件下 1min 液化 1mg 可溶性淀粉，即为 1 个酶活力单位，以 U/g(mL) 表示。

淀粉酶制剂的酶活力采用分光光度法测定。淀粉酶能将淀粉分子链中的 α-1,4-葡萄糖苷键随机切断成长短不一的短链糊精、少量的麦芽糖与葡萄糖，而使淀粉对碘呈蓝紫色的特性反应逐渐消失，呈现棕红色，其颜色消失的速度与酶活性有关，据此可通过反应后的吸光度计算酶活力。

技能操作

1）试剂

（1）原碘液：称取 11.0g 碘和 22.0g 碘化钾，加少量水使碘完全溶解，用水定容至 500mL，贮存于棕色瓶中。

（2）稀碘液：吸取 2.00mL 原碘液，加 20.0g 碘化钾，加水溶解并定容至 500mL，贮存于棕色瓶中。

（3）20g/L 可溶性淀粉溶液：称取 2g（准确至 0.0001g）可溶性淀粉（以绝干计）于烧杯中，加少量水调成浆状物，边搅拌边缓缓加至 70mL 沸水中，然后用水分次冲洗装淀粉的烧杯，洗液倒入其中，搅拌加热至完全透明，冷却后转移至 100mL 容量瓶中，用水定容至刻度。溶液现配现用。

（4）磷酸缓冲溶液（pH＝6.0）：称取 45.23g 磷酸氢二钠（$Na_2HPO_4 \cdot 12H_2O$）和 8.07g 柠檬酸（$C_6H_8O_8 \cdot H_2O$），用水溶解并定容至 1000mL。用 pH 计校正后使用。

（5）0.1mol/L 盐酸溶液：量取 9.0mL 盐酸，注入 1000mL 水中，混匀。

2）仪器

分光光度计（配有 1cm 比色皿），分析天平（感量 0.1mg），恒温水浴槽，秒表，吸量管或自动移液器（1mL），容量瓶（100mL）。

3）操作步骤

（1）待测酶液的制备。称取 1～2g 酶粉（准确至 0.0001g）或吸取 1.00mL 酶液，用少量磷酸缓冲溶液充分溶解，将上层清液小心倾入容量瓶中，若有剩余残渣，再加少量磷酸缓冲溶液充分研磨，最终将试样全部移入容量瓶中，用磷酸缓冲溶液定容至刻度，摇匀。用 4 层纱布过滤，滤液待用。

（2）测定。吸取 20g/L 可溶性淀粉溶液 20.00mL 于试管中，加入磷酸缓冲溶液 5.00mL，摇匀后，置于（60±0.2）℃ ［耐高温淀粉酶制剂置于（70±0.2）℃］恒温水浴中预热 8min。加入稀释好的待测酶液 1.00mL，立即计时，摇匀，准确反应 5min。立即吸取 1.00mL 反应液，加到预先盛有 0.1mol/L 盐酸溶液 0.50mL 和稀碘液 5.00mL 的试管中，摇匀。以 0.1mol/L 盐酸溶液 0.50mL 和稀碘液 5.00mL 为空白，于 660nm 波长下，用 1cm 比色皿迅速测定其吸光度。根据吸光度查附录 6，求得测试酶液的浓度。

4）数据记录与结果处理

数据记录与结果处理如表 6-1 所示。

表 6-1　数据记录与结果处理

测定次数	1	2
试样质量或体积 V/(g 或 mL)		
测试酶液的浓度 c/(U/g 或 U/mL)		
试样稀释后的体积 V_1/mL		
试样的酶活力 X/(U/g 或 U/mL)		
试样的酶活力平均值/(U/g 或 U/mL)		
平行测定结果绝对差与平均值比值/%		

计算公式：

中温淀粉酶制剂的酶活力按下式计算：

$$X = c \times \frac{V_1}{V}$$

耐高温淀粉酶制剂的酶活力按下式计算：

$$X = c \times \frac{V_1}{V} \times 16.67$$

式中，16.67——根据酶活力定义计算的换算系数，即 1000/60。

5）说明

（1）所得结果表示至整数。平行测定结果绝对差与平均值的比值不超过 5%。

（2）可溶性淀粉应采用酶制剂专用可溶性淀粉。

（3）待测中温淀粉酶酶液活力控制浓度在 3.4~4.5U/mL 范围内，待测耐高温淀粉酶酶液活力控制浓度在 60~65U/mL 范围内。

任务 2　耐高温淀粉酶制剂耐热性存活率的测定

学习目标

（1）掌握测定耐高温淀粉酶制剂耐热性存活率的相关知识和操作技能。

（2）会正确操作分光光度计。

（3）能及时记录原始数据和正确处理测定结果。

知识准备

耐高温淀粉酶系属地麦芽孢杆菌，经发酵、提炼精制而成，在高温下仍能保持一定的活性，有很高的热稳定性，广泛应用于淀粉加工、制糖、味精、酒精、啤酒、柠檬酸等发酵工业。

通过测定待测酶液热处理前后的酶活力求得耐高温淀粉酶制剂的耐热性存活率。

技能操作

1）试剂

（1）0.1mol/L 氢氧化钠溶液：称取 0.4g 氢氧化钠，加水溶解并稀释至 100mL。

（2）糊精溶液：称取 100.0g 糊精于烧杯中，加水 300mL，搅匀，加入耐高温淀粉酶制剂（按糊精 13U/g 酶活力加入），置于电炉上加热至沸腾，冷却，用 0.1mol/L 氢氧化钠溶液调 pH 至 6.0～7.0，然后移入 500mL 容量瓶中，用水稀释至刻度，摇匀，备用。

2）仪器

天平（感量 0.1g），恒温水浴槽，比色管（50mL），移液管（25mL）。

3）操作步骤

（1）待测酶液的制备。除用糊精溶液代替 pH 6.0 磷酸缓冲液外，其余操作同本模块项目 1 中任务 1 淀粉酶制剂酶活力的测定。

（2）热处理。吸取 25.00mL 待测酶液于 50mL 比色管中，置于 95℃恒温水浴中热处理 60min，冷却，用水补足至原酶液体积，摇匀，备用。

（3）酶活力测定。按本模块项目 1 中任务 1 淀粉酶制剂酶活力的测定方法分别测定待测酶液酶活力和热处理后待测酶液酶活力，并计算酶耐热性存活率。

4）数据记录与结果处理

数据记录与结果处理如表 6-2 所示。

表 6-2　数据记录与结果处理

测定次数	1	2
热处理前试样的酶活力 X_1/(U/g 或 U/mL)		
热处理后试样的酶活力 X_2/(U/g 或 U/mL)		
试样耐热性存活率 x/%		
试样耐热性存活率平均值/%		
平行测定结果绝对差与平均值比值/%		

计算公式：

$$x = \frac{X_2}{X_1} \times 100$$

5）说明

所得结果表示为整数。平行测定结果绝对差与平均值的比值不超过 5%。

项目 2　糖化酶制剂的检验

任务 1　糖化酶制剂酶活力的测定

学习目标

（1）掌握间接碘量法测定糖化酶制剂酶活力的相关知识和操作技能。

（2）会进行规范的滴定操作和准确判定滴定终点。

（3）能及时记录原始数据和正确处理测定结果。

知识准备

糖化酶又称葡萄糖淀粉酶，学名为 α-1,4-葡萄糖水解酶。糖化酶是由曲霉优良菌种经深层发酵提炼而成。糖化酶在一定条件下能将淀粉从分子链的非还原性末端开始依次水解 α-1,4-葡萄糖苷键产生葡萄糖，多应用于酒精、淀粉糖、味精、抗菌素、柠檬酸、啤酒以及白酒、黄酒等工业。

糖化酶活力是指 1g 固体酶粉（或 1mL 液体酶）在 40℃、pH＝4.6 条件下 1h 水解可溶性淀粉产生 1mg 葡萄糖，即为 1 个酶活力单位，以 U/g(mL) 表示。

糖化酶制剂的酶活力采用间接碘量法测定。糖化酶能将淀粉从分子链的非还原性末端开始水解 α-1,4-葡萄糖苷键生成葡萄糖，葡萄糖的醛基被弱氧化剂次碘酸钠氧化，过量的碘用硫代硫酸钠标准溶液滴定。根据所消耗硫代硫酸钠标准溶酸的体积，计算单位时间内由可溶性淀粉转化为葡萄糖的量，从而求得糖化酶制剂的酶活力。

技能操作

1）试剂

（1）乙酸-乙酸钠缓冲溶液（pH 4.6）：称取 6.7g 乙酸钠（$CH_3COONa \cdot 3H_2O$），吸取冰乙酸 2.6mL，用水溶解并定容至 1000mL。用酸度计校正此缓冲溶液的 pH。

（2）$c_{Na_2S_2O_3}＝0.05mol/L$ 硫代硫酸钠标准溶液：称取 13g 硫代硫酸钠（$Na_2S_2O_3 \cdot 5H_2O$）和 0.2g 无水碳酸钠，溶于 1000mL 水，缓缓煮沸 10min，冷却。放置 2 周后过滤。

标定：称取经 （120±2）℃干燥至恒重的基准试剂重铬酸钾 0.1g（准确至 0.0002g），置于碘量瓶中，加 25mL 水溶解，加碘化钾 2g 及 20%（质量分数）硫酸溶液 20mL，摇匀，于暗处放置 10min。加 100mL 水，用配制好的硫代硫酸钠溶液滴定。近终点时加 10g/L 淀粉指示剂 2mL，继续滴定至溶液由蓝色变为亮绿色即为终点。同时做空白试验。

硫代硫酸钠标准溶液的浓度按下式计算：

$$c = \frac{m \times 1000}{(V_1 - V_0) \times 49.03}$$

式中，c——硫代硫酸钠标准溶液的浓度（mol/L）；

$\quad\quad m$——称取重铬酸钾的质量（g）；

$\quad\quad V_1$——标定时消耗硫代硫酸钠溶液的体积（mL）；

$\quad\quad V_0$——空白试验消耗硫代硫酸钠溶液的体积（mL）；

$\quad\quad 49.03$——重铬酸钾（$1/6\ K_2Cr_2O_7$）的摩尔质量（g/mol）。

（3）0.05mol/L 碘溶液：称取 13g 碘及 35g 碘化钾，溶于 100mL 水中，加水稀释至 1000mL，摇匀。贮存于棕色瓶中。

（4）0.1mol/L 氢氧化钠溶液：称取 0.4g 氢氧化钠，加水溶解并稀释至 100mL。

（5）1mol/L 硫酸溶液：量取 5.6mL 浓硫酸，缓缓加至适量水中，冷却后用水定容至 100mL，摇匀。

（6）200g/L 氢氧化钠溶液：称取 20g 氢氧化钠，用水溶解并稀释至 100mL。

（7）20g/L 可溶性淀粉溶液：称取可溶性淀粉 (2±0.001)g，然后用少量水调匀，徐徐倾入已沸腾的水中，煮沸、搅拌直至透明，冷却，用水定容至 100mL。此溶液需当天配制。

2）仪器

分析天平（感量 0.1mg），碱式滴定管（50mL），吸量管（2mL），移液管（25mL），容量瓶，恒温水浴槽，比色管（50mL），酸度计，磁力搅拌器，秒表。

3）操作步骤

（1）待测酶液的制备。

液体酶：准确吸取适量的酶液于容量瓶中，用乙酸-乙酸钠缓冲溶液稀释至刻度，充分摇匀，待测。

固体酶：称取适量酶粉（准确至 1mg）于 50mL 烧杯中，用少量的乙酸-乙酸钠缓冲溶液溶解，并用玻璃棒捣碎，将上层清液小心倾入适当的容量瓶中，残渣再加入少量缓冲溶液，如此反复捣研 3～4 次，最后全部移入容量瓶中，用乙酸-乙酸钠缓冲溶液定容至刻度，磁力搅拌 30min 以充分混匀，取上层清液测定。

（2）测定。取 A、B 两支 50mL 比色管，分别加入 20g/L 可溶性淀粉溶液 25.00mL，乙酸-乙酸钠缓冲溶液 5.00mL，摇匀。于 (40±0.2)℃的恒温水浴中预热 5～10min。在 B 管中加入待测酶液 2.00mL，立即记时，摇匀。在此温度下准确反应 30min 后，立即向 A、B 两管中各加 200g/L 氢氧化钠溶液 0.20mL，摇匀，同时将两管取出，迅速用水冷却，并于 A 管中补加待测酶液 2.00mL（作为空白对照）。

吸取上述 A、B 两管中的反应液各 5.00mL，分别置于两个碘量瓶中，准确加入 0.1mol/L 碘溶液 10.00mL，再加 0.1mol/L 氢氧化钠溶液 15mL，边加边摇匀，于暗处放置 15min。取出，用水淋洗瓶盖，加入 2mol/L 硫酸 2mL，用 0.05mol/L 硫代硫酸钠标准溶液滴定至刚好无色为终点。记录空白和试样消耗硫代硫酸钠标准溶液的体积。

4）数据记录与结果处理

数据记录与结果处理如表 6-3 所示。

表 6-3 数据记录与结果处理

测定次数	1	2	空白
试样质量或体积 V/(g 或 mL)			
试样稀释后的体积 V_1/mL			
硫代硫酸钠标准溶液的浓度 c/(mol/L)			
滴定初读数/mL			
滴定终读数/mL			
测定试样耗用硫代硫酸钠溶液的体积 V_2/mL			
空白试验耗用硫代硫酸钠溶液的体积 V_3/mL			
试样的酶活力 X/(U/g 或 U/mL)			
试样的酶活力平均值/(U/g 或 U/mL)			
平行测定结果绝对差与平均值比值/%			

计算公式:

$$X = c \times (V_3 - V_2) \times \frac{V_1}{V} \times 90.05 \times \frac{32.20}{5.00} \times \frac{1}{2} \times 2$$

式中, 90.05——葡萄糖 ($1/2C_6H_{12}O_6$) 的摩尔质量 (g/mol);

　　　　32.20——反应液的总体积 (mL), 即 25.00+5.00+2.00+0.20=32.20mL;

　　　　5.00——滴定时吸取反应液的体积 (mL);

　　　　1/2——折算成 1mL 酶液的量;

　　　　2——反应 30min 换算成 1h 的酶活力系数。

5) 说明

(1) 所得结果保留 3 位有效数字。平行测定结果绝对差与平均值的比值不超过 10%。

(2) 可溶性淀粉采用酶制剂专用淀粉。

(3) 制备待测酶液时, 试样酶液浓度控制在滴定空白和试样时消耗 0.05mol/L 硫代硫酸钠标准溶液的差值在 4.5～5.5mL 范围内 (酶活力为 120～150U/mL)。

任务 2　糖化酶制剂容重的测定

(1) 掌握测定糖化酶容重的相关知识和操作技能。

(2) 会进行规范的称量操作。

(3) 能及时记录原始数据和正确处理测定结果。

量取固体酶粉 (或酶液) 100mL, 在 20℃ 下称其质量, 计算单位体积酶的质量, 即为样品的容重, 以 g/mL 表示。

1) 仪器

分析天平, 感量 0.1mg; 容量瓶, 100mL (准确校正过); 恒温水浴槽, (20±0.1)℃。

2) 操作步骤

用一个洁净、干燥的已知质量的 100mL 容量瓶, 取下瓶塞, 在上口处放一个玻璃漏斗, 将 20℃ 酶样自然地缓缓地注入容量瓶中 (不要墩), 直至刻度。取下漏斗, 加盖瓶塞, 称量。

3) 数据记录与结果处理

数据记录与结果处理如表 6-4 所示。

表 6-4　数据记录与结果处理

测定次数	1	2
容量瓶的质量 m_0/g		
试样加容量瓶的质量 m_1/g		
试样的容重 X/(g/mL)		
试样的容重平均值/(g/mL)		
平行测定结果绝对差与平均值比值/%		

计算公式：

$$X = \frac{m_1 - m_0}{100}$$

式中，100——试样体积（mL）。

4）说明

所得结果保留 2 位小数。平行测定结果绝对差与平均值的比值不超过 5%。

项目 3　蛋白酶制剂的检验

任务 1　蛋白酶制剂酶活力的测定

学习目标

（1）掌握福林法和紫外分光光度法测定蛋白酶制剂酶活力的相关知识和操作技能。

（2）会进行规范的滴定操作、准确判定滴定终点和正确操作分光光度计。

（3）能及时记录原始数据和正确处理测定结果。

知识准备

蛋白酶是指能切断蛋白质分子内部的肽键，使蛋白质分子变成小分子多肽和氨基酸的酶。蛋白酶广泛存在于动物内脏、植物茎叶、果实和微生物中。蛋白酶主要由霉菌、细菌以及酵母、放线菌生产。蛋白酶的种类很多，重要的有胃蛋白酶、胰蛋白酶、组织蛋白酶、木瓜蛋白酶和枯草杆菌蛋白酶等，按其反应的最适 pH 可分为酸性蛋白酶、中性蛋白酶和碱性蛋白酶。蛋白酶已广泛应用在皮革、毛皮、丝绸、医药、食品、酿造等方面。

蛋白酶活力是指 1g 固体酶粉（或 1mL 液体酶）在一定温度和 pH 条件下，1min 水解酪蛋白产生 1μg 酪氨酸，即为 1 个酶活力单位，以 U/g(mL) 表示。

蛋白酶制剂酶活力的测定方法有福林法和紫外分光光度法。

福林法是利用蛋白酶在一定的温度和 pH 条件下，水解酪蛋白底物，产生含有酚基的氨基酸（如酪氨酸、色氨酸等），在碱性条件下，将福林（Folin）试剂还原，生成钼蓝和钨蓝，用分光光度计在 680nm 波长下测定溶液的吸光度。酶活力与吸光度成比例，由此可以计算试样的酶活力。

紫外分光光度法是利用蛋白酶在一定的温度与 pH 条件下，水解酪蛋白生成酪氨酸，然后加入三氯乙酸终止酶反应，并沉淀未水解的酪蛋白，滤液中的酪氨酸对 275nm 波长的紫外光有吸收。通过测定其吸光度，根据吸光度与酶活力的比例关系计算其酶活力。

技能操作

1. 福林法

1) 试剂

(1) 福林试剂：于 2000mL 磨口回流装置中加入钨酸钠（$Na_2WO_4 \cdot 2H_2O$）100.0g，钼酸钠（$Na_2MoO_4 \cdot 2H_2O$）25.0g，水 700mL，85%（质量分数）磷酸 50mL，浓盐酸 100mL。小火沸腾回流 10h，取下回流冷却器，在通风橱中加入硫酸锂（Li_2SO_4）50g，水 50mL 和数滴浓溴水（质量分数 99%）至金黄色，再微沸 15min，以除去多余的溴（冷却后仍有绿色需要再加溴水，再煮沸除去过量的溴），冷却，加水稀释至 1000mL。混匀，过滤。制得的试剂应呈金黄色，贮存于棕色瓶内。

(2) 福林使用溶液：1 份福林试剂与 2 份水混合，摇匀。

(3) 42.4g/L 碳酸钠溶液：称取 4.24g 无水碳酸钠，用水溶解并稀释至 100mL。

(4) 65.4g/L 三氯乙酸溶液：称取 6.54g 三氯乙酸，用水溶解并稀释至 100mL。

(5) 20g/L 氢氧化钠溶液：称取 2g 氢氧化钠，用水溶解并稀释至 100mL。

(6) 1mol/L 盐酸溶液：量取 9mL 盐酸，注入 100mL 水中，搅匀。

(7) 0.1mol/L 盐酸溶液：量取 1mol/L 盐酸溶液 10mL，加水稀释至 100mL。

(8) 缓冲溶液：配制时需用酸度计测定并调整 pH。

磷酸缓冲溶液（pH 7.5）：称取 6.02g 磷酸氢二钠（$Na_2HPO_4 \cdot 12H_2O$）和 0.5g 磷酸二氢钠（$NaH_2PO_4 \cdot 2H_2O$），用水溶解并稀释至 1000mL。适用于中性蛋白酶制剂。

乳酸钠缓冲溶液（pH 3.0）：称取 80%～90%（质量分数）乳酸 4.71g 和 70%（质量分数）乳酸钠 0.5g，加水至 900mL，搅拌均匀。用乳酸或乳酸钠调整 pH=3.0± 0.05，用水定容至 1000mL。适用于酸性蛋白酶制剂。

硼酸缓冲溶液（pH 10.5）：称取 9.54g 硼酸钠，1.60g 氢氧化钠，加水 900mL，搅拌均匀。用 1mol/L 盐酸溶液或 20g/L 氢氧化钠溶液调整 pH=10.5±0.05，用水定容至 1000mL。适用于碱性蛋白酶制剂。

(9) 10g/L 酪蛋白溶液：称取 1g（准确至 1mg）标准酪蛋白（NICPBP 国家药品标准物质），用少量 20g/L 氢氧化钠溶液（若酸性蛋白酶制剂则用浓乳酸 2～3 滴）湿润后，加入相应的缓冲溶液约 80mL，于沸水浴中加热煮沸 30min，并不时搅拌至酪蛋白全部溶解。冷却到室温后，转入 100mL 容量瓶中，用适宜的缓冲溶液稀释至刻度。定容前检查并调整 pH 至规定值。贮存在冰箱中，有效期 3d。使用前重新确认并调整 pH 至规定值。

(10) 100μg/mL 酪氨酸标准储备溶液：称取预先于 105℃ 干燥至恒重的 L-酪氨酸 0.1g（准确至 0.2mg），用 1mol/L 盐酸溶液 60mL 溶解并定容至 100mL，即为 1mg/mL 酪氨酸溶液。

吸取 1mg/mL 酪氨酸溶液 10.00mL，用 0.1mol/L 盐酸溶液定容至 100mL，即得到 100μg/mL 酪氨酸标准储备溶液。

2）仪器

紫外-可见分光光度计（配有 1cm 比色皿），分析天平（感量 0.1mg），恒温水浴槽，酸度计（精度 0.01pH），吸量管（2mL、5mL）。

3）操作步骤

（1）标准曲线的绘制。吸取 100μg/mL 酪氨酸标准储备溶液 0.00、1.00、2.00、3.00、4.00、5.00（mL），分别置于试管中，补加水至 10mL，稀释后的酪氨酸标准溶液浓度为 0、10、20、30、40、50（μg/mL）。

分别吸取上述酪氨酸标准溶液 1.00mL，各加 42.4g/L 碳酸钠溶液 5.00mL，福林使用溶液 1.00mL，振荡均匀，置于（40±0.2）℃水浴显色 20min，取出，以不含酪氨酸的 0 管为空白，在 680nm 波长下用 1cm 比色皿测定其吸光度。以吸光度为纵坐标，酪氨酸的浓度为横坐标，绘制标准曲线。用回归方程计算吸光度为 1 时的酪氨酸的量（μg），即为吸光常数 K。

（2）待测酶液的制备。称取试样 1～2g（准确至 0.2mg），用相应的缓冲溶液溶解并稀释至适当浓度。若为粉状试样，用相应的缓冲溶液充分溶解后，用慢速定性滤纸过滤，取滤液稀释至适当浓度。

（3）测定。将酪蛋白溶液放入（40±0.2）℃恒温水浴中预热 5min。

分别吸取待测酶液 1.00mL 于 4 支试管中（其中 1 支为空白管，3 支为平行试验管），放入（40±0.2）℃恒温水浴中预热 2min。在试验管中分别加入 10g/L 酪蛋白溶液 1.00mL，摇匀，置于（40±0.2）℃恒温水浴中保温 10min，立即加入 65.4g/L 三氯乙酸溶液 2.00mL，摇匀。取出，静置 10min，用慢速定性滤纸过滤。分别吸取滤液 1.00mL，加 42.4g/L 碳酸钠溶液 5.00mL，福林使用溶液 1.00mL，摇匀，于（40±0.2）℃恒温水浴中显色 20min。

在空白管中先加入 65.4g/L 三氯乙酸溶液 2.00mL，摇匀，置于（40±0.2）℃恒温水浴中保温 10min，再立即加入 10g/L 酪蛋白溶液 1.00mL，摇匀，以下操作与试样管相同。

以空白管为对照，在 680nm 波长下用 1cm 比色皿测定其吸光度，取其平均值。从标准曲线上查出试样最终稀释液的酶活力。

4）数据记录与结果处理

数据记录与结果处理如表 6-5 所示。

表 6-5　数据记录与结果处理

测定项目	标准系列溶液						试样溶液	
	1	2	3	4	5	6	1	2
试样质量 m/g								
待测酶液的体积 V_1/mL								
吸光度 A								
试样最终稀释液的酶活力 X_1/(U/mL)								
试样的酶活力 X/(U/g)								
试样的酶活力平均值/(U/g)								
平行测定结果绝对差与平均值比值/%								

计算公式：

$$X = \frac{X_1 \times V_1}{m} \times n \times \frac{4}{10}$$

式中，n——试样的稀释倍数；

　　　4——反应液的总体积（mL）；

　　　10——反应时间（min）。

5）说明

（1）所得结果保留至整数。平行测定结果绝对差与平均值的比值不超过 3%。

（2）不同来源或批号的酪蛋白对测定结果有影响。如使用不同的酪蛋白作为底物，使用前应与标准酪蛋白进行结果比对。

（3）吸光常数 K 值应在 95～100 范围内。如不符合，需重新配制试剂进行测定。

（4）待测酶液的浓度控制范围为酶活力 10～15U/mL。

2. 紫外分光光度法

1）试剂

同福林法。

2）仪器

除使用石英比色皿外，其他同福林法。

3）操作步骤

（1）标准曲线的绘制。按方法一配制不同浓度的酪氨酸标准溶液，然后直接用紫外分光光度计测定其在 275nm 波长处的吸光度。绘制标准曲线，并计算吸光常数 K。

（2）待测酶液的制备。同福林法。

（3）测定。将酪蛋白溶液放入（40±0.2)℃恒温水浴中预热 5min。

分别吸取待测酶液 2.00mL 于 4 支试管中（其中 1 支为空白管，3 支为平行试验管），放入（40±0.2)℃恒温水浴中预热 2min。在试验管中分别加入 10g/L 酪蛋白溶液 2.00mL，摇匀，置于（40±0.2)℃恒温水浴中保温 10min，立即加入 65.4g/L 三氯乙酸溶液 4.00mL，摇匀。取出，静置 10min，用慢速定性滤纸过滤。

在空白管中先加入 65.4g/L 三氯乙酸溶液 4.00mL，摇匀，置于（40±0.2)℃恒温水浴中保温 10min，再立即加入 10g/L 酪蛋白溶液 2.00mL，摇匀，以下操作与试样管相同。

以空白管为对照，在 275nm 波长下用 1cm 石英比色皿测定试样滤液的吸光度，取其平均值。从标准曲线上查出试样最终稀释液的酶活力。

4）数据记录与结果处理

数据记录与结果处理如表 6-6 所示。

表 6-6　数据记录与结果处理

测定项目	标准系列溶液						试样溶液	
	1	2	3	4	5	6	1	2
试样质量 m/g								
待测酶液的体积 V_1/mL								

续表

测定项目	标准系列溶液						试样溶液	
	1	2	3	4	5	6	1	2
吸光度 A								
试样最终稀释液的酶活力 X_1/(U/mL)								
试样的酶活力 X/(U/g)								
试样的酶活力平均值/(U/g)								
平行测定结果绝对差与平均值比值/%								

计算公式：

$$X = \frac{X_1 \times V_1}{m} \times n \times \frac{8}{2 \times 10}$$

式中，n——试样的稀释倍数；

　　　8——反应液的总体积（mL）；

　　　2——吸取待测酶液的体积（mL）；

　　　10——反应时间（min）。

5）说明

（1）所得结果保留至整数。平行测定结果绝对差与平均值的比值不超过 3%。

（2）吸光常数 K 值应在 130～135 范围内。如不符合，需重新配制试剂进行测定。

（3）待测酶液的浓度控制范围为酶活力 10～20U/mL。

（4）如 3 支平行试验管的测定结果不平行，可以将加入三氯乙酸的试样溶液返回到水浴中保温 30min，然后再测定吸光度。

任务 2　蛋白酶制剂干燥失重的测定

学习目标

（1）掌握称量法测定蛋白酶制剂干燥失重的相关知识和操作技能。

（2）会进行规范的称量操作。

（3）能及时记录原始数据和正确处理测定结果。

知识准备

采用称量法测定蛋白酶制剂的干燥失重。在常压下，将试样置于（103±2）℃电热干燥箱中烘干 2h，测定其失去挥发物的质量，以百分数表示。

技能操作

1）仪器

分析天平（感量 0.1mg），称量瓶，电热干燥箱 [（103±2）℃]，干燥器（装有一定量的变色硅胶作干燥剂）。

2）操作步骤

用烘干至恒重的称量瓶称取 2g 酶样（精确至 0.2mg），置于（103±2）℃电热干燥箱中，将盖取下，侧放在称量瓶旁，烘干 2h。取出，加盖，放入干燥器中冷却至室温（约 30min），称量。

3）数据记录与结果处理

数据记录与结果处理如表 6-7 所示。

表 6-7　数据记录与结果处理

测定次数	1	2
称量瓶的质量 m_0/g		
干燥前试样加称量瓶的质量 m_1/g		
干燥后试样加称量瓶的质量 m_2/g		
试样的干燥失重 w（质量分数）/%		
试样的干燥失重平均值（质量分数）/%		
平行测定结果绝对差与平均值比值/%		

计算公式：

$$w = \frac{m_1 - m_2}{m_1 - m_0} \times 100$$

4）说明

所得结果保留 1 位小数。平行测定结果绝对差与平均值的比值不超过 0.5%。

项目 4　葡萄糖异构酶制剂的检验

任务　葡萄糖异构酶制剂酶活力的测定

学习目标

（1）掌握测定葡萄糖异构酶制剂酶活力的相关知识和操作技能。

（2）会进行规范的酶反应操作和正确操作分光光度计。

（3）能及时记录原始数据和正确处理测定结果。

知识准备

葡萄糖异构酶又称 D-木糖异构酶，为一种水溶性酶。葡萄糖异构酶能催化 D-葡萄糖至 D-果糖的异构化反应，是工业上大规模从淀粉制备高果糖浆的关键酶。葡萄糖异构酶还能够将木聚糖异构化为木酮糖，再经微生物发酵后生产乙醇。

葡萄糖异构酶经载体固定化制成固定化葡萄糖异构酶。

葡萄糖异构酶活力是指 1g 固定化葡萄糖异构酶在一定条件下 1h 转化产生 1mg 果糖，即为 1 个酶活力单位，以 U/g 表示。

　　葡萄糖异构酶的生产能力是指在适宜的工作条件下，酶活力降至原活力的 10% 的过程中，1kg 固定化葡萄糖异构酶能转化绝干葡萄糖为绝干果葡糖的量。

　　葡萄糖异构酶制剂酶活力的测定是通过将葡萄糖在葡萄糖异构酶催化下转化产生果糖，用半胱氨酸-咔唑法测定产生果糖的量，计算出酶活力。

技能操作

　　1）试剂

　　（1）700g/L 葡萄糖溶液：称取 70.0g 葡萄糖加入煮沸的水中，使其完全溶解，冷却用水定容至 100mL。

　　或 540g/L 葡萄糖溶液：称取无水葡萄糖 54.0g，加煮沸的水使其完全溶解，冷却后用水定容至 100mL。

　　（2）磷酸缓冲溶液（pH 7.5）：称取 1.96g 磷酸二氢钠（$NaH_2PO_4 \cdot 2H_2O$）和 39.62g 磷酸氢二钠（$Na_2HPO_4 \cdot 12H_2O$），用水溶解并稀释至 500mL。

　　或磷酸缓冲溶液（pH 7.0）：称取 12.36g 磷酸二氢钠（$NaH_2PO_4 \cdot 2H_2O$）和 41.0g 磷酸氢二钠（$Na_2HPO_4 \cdot 12H_2O$），用水溶解并稀释至 10mL。

　　（3）60g/L 硫酸镁溶液：称取 12.3g 硫酸镁（$MgSO_4 \cdot 7H_2O$），加水溶解并定容至 100mL。

　　或 3.6g/L 硫酸镁溶液：称取 0.739g 硫酸镁（$MgSO_4 \cdot 7H_2O$），加水溶解并定容至 100mL。

　　（4）50g/L 高氯酸溶液：量取 70%（质量分数）高氯酸 21mL，用水定容至 500mL。

　　（5）0.46g/L 硫酸钴溶液：称取 0.0843g 硫酸钴（$CoSO_4 \cdot 7H_2O$），加水溶解并定容至 100mL。

　　（6）15g/L 半胱氨酸盐酸盐溶液：称取生化试剂半胱氨酸盐酸盐 0.375g，用水溶解并定容至 25mL。

　　（7）1.2g/L 咔唑酒精溶液：称取咔唑 30.0mg，用无水酒精溶解并定容至 25mL，放置在棕色瓶中，24h 后使用。

　　（8）硫酸溶液：量取浓硫酸 450mL，在不断搅拌下徐徐倒入 190mL 水中。

　　（9）果糖标准溶液：称取在 55℃ 真空干燥至恒重的果糖 125.0mg（准确至 0.1mg），用水定容至 25mL（即 5mg/mL），存放于冰箱中备用。使用时稀释 100 倍（即 50μg/mL）。

　　2）仪器

　　分光光度计，配有 1cm 比色皿；分析天平，感量 0.1mg；吸量管，1、5mL；比色管，25mL。

　　3）操作步骤

　　（1）酶反应。

　　链霉菌生产的葡萄糖异构酶制剂：称取适量酶试样，用 1mL 磷酸缓冲溶液（pH 7.5）

于 3~7℃浸泡 16h 后，加 1.5mL 磷酸缓冲溶液（pH 7.5），60g/L 硫酸镁溶液 0.5mL，700g/L 葡萄糖溶液 1.5mL，再加水调整至总体积为 5mL，于 70℃反应 1h。加 50g/L 高氯酸溶液 5mL 终止反应，测定果糖含量。

　　游动放线菌生产的葡萄糖异构酶制剂：称取适量酶试样，用 1mL 磷酸缓冲溶液（pH 7.0）于 3~7℃浸泡 16h 后，加 0.5mL 磷酸缓冲溶液（pH 7.0），3.6g/L 硫酸镁溶液 0.5mL，3.6g/L 硫酸钴溶液 0.5mL，540g/L 葡萄糖溶液 2.5mL，再加水调整至总体积为 5mL，于 75℃反应 1h。加 50g/L 高氯酸溶液 5mL 终止反应，测定果糖含量。

　　（2）果糖含量测定。在 5 支 25mL 比色管中分别加入 50μg/mL 果糖标准溶液 0.00、0.20、0.40、0.60、0.80（mL），分别用水补充至 1mL 后，于各管中加入 15g/L 半胱氨酸盐酸盐溶液 0.2mL，硫酸溶液 6mL，摇匀后，立即加入 1.2g/L 咔唑酒精溶液 0.2mL，摇匀，于 60℃水浴中保温 10min。取出，用水冷却，用 1cm 比色皿于 560nm 波长下测定其吸光度。以吸光度为纵坐标，相应的果糖含量为横坐标，绘制标准曲线。

　　将酶反应终止液适当稀释后，吸取 1.00mL 于 25mL 比色管中，以下按标准曲线绘制中操作，测定酶反应终止液的吸光度，从标准曲线上查出相应的果糖含量。

　　（3）酶活力计算。根据测得的果糖含量，计算试样的酶活力。

　　4）数据记录与结果处理

　　数据记录与结果处理如表 6-8 所示。

表 6-8　数据记录与结果处理

测定项目	标准系列溶液					试样溶液	
	1	2	3	4	5	1	2
试样质量 m/g							
酶反应终止液稀释倍数 n							
吸光度 A							
酶反应终止稀释液中果糖含量 m_1/μg							
试样的酶活力 X/（U/g）							
试样的酶活力平均值/（U/g）							
平行测定结果绝对差与平均值比值/%							

计算公式：

$$X = \frac{m_1 \times n \times 1000}{m}$$

　　5）说明

　　（1）所得结果保留至整数。平行测定结果绝对差与平均值的比值不超过 2%。

　　（2）如为固定化酶，应取用完整颗粒，不磨碎。

　　（3）测定果糖含量时，应使稀释后的酶反应终止液中果糖含量在 20~30μg/mL 范围内。

项目5　果胶酶制剂的检验

任务　果胶酶制剂酶活力的测定

（1）掌握次亚碘酸法测定果胶酶制剂酶活力的相关知识和操作技能。

（2）会进行规范的滴定操作、准确判定滴定终点和正确操作分光光度计。

（3）能及时记录原始数据和正确处理测定结果。

果胶酶是分解果胶的一个多酶复合物，通常包括原果胶酶、果胶酯酶和解聚酶。果胶酶是由黑曲霉经发酵精制而得，外观呈浅黄色粉末状。果胶酶主要用于果蔬汁饮料及果酒的榨汁及澄清，对分解果胶具有良好的作用。

果胶酶活力是指1g酶粉或1mL酶液在50℃、pH 3.5的条件下，1h分解果胶产生1mg半乳糖醛酸，即为1个酶活力单位，以U/g(mL)表示。

果胶酶水解果胶，生成半乳糖醛酸，半乳糖醛酸具有还原性糖醛基，可用次亚碘酸法定量测定，以此来表示果胶酶的活性。

1）试剂

（1）10g/L果胶溶液：称取果胶粉1g（精确至0.2mg），加水溶解，煮沸，冷却。如有不溶物则需进行过滤。调节pH至3.5，用水定容至100mL，在冰箱中贮存备用。使用时间不超过3d。

（2）$c_{Na_2S_2O_3}$ ＝0.05mol/L硫代硫酸钠标准溶液：配制与标定方法同本模块项目2中任务1糖化酶制剂酶活力的测定。

（3）0.5mol/L碳酸钠溶液：称取5.3g碳酸钠，加水溶解并稀释至100mL。

（4）0.05mol/L碘溶液：称取13g碘及35g碘化钾，溶于100mL水中，加水稀释至1000mL，摇匀。贮存于棕色瓶中。

（5）1mol/L硫酸溶液：量取浓硫酸5.6mL，缓慢加入适量水中，冷却后用水定容至100mL，摇匀。

（6）10g/L可溶性淀粉指示液：称取可溶性淀粉1g，用少量水调匀，徐徐倾入已沸腾的水中，煮沸、搅拌直至透明，冷却，用水定容至100mL。此溶液需当天配制。

（7）柠檬酸-柠檬酸钠缓冲液（pH 3.5）：称取2.95g柠檬酸（$C_6H_8O_7 \cdot H_2O$），1.76g柠檬酸三钠（$C_6H_5Na_3O_7 \cdot 2H_2O$），用水溶解并定容至200mL。用pH计校正pH＝3.5。

2) 仪器

分析天平（感量 0.1mg），比色管（25mL），恒温水浴槽 [（50±0.2）℃]，容量瓶 [25、50、100、200、250（mL）]，吸量管（1mL、5mL），碱式滴定管（25mL）。

3) 操作步骤

(1) 待测酶液制备。

固体酶：用已知重量的 50mL 小烧杯，称取样品 1g（精确至 0.2mg），以少量柠檬酸-柠檬酸钠缓冲液（pH 3.5）溶解，并用玻璃棒捣研，将上层清液小心倾入适当的容量瓶中，沉渣再加少量缓冲液，反复捣研 3～4 次，最后全部移入容量瓶，用柠檬酸-柠檬酸钠缓冲液定容，摇匀。以 4 层纱布过滤，滤液供测试用。

液体酶：吸取浓缩酶液 1.00mL 于一定体积的容量瓶中，用柠檬酸-柠檬酸钠缓冲液（pH 3.5）稀释定容。

(2) 测定。于两支比色管中分别加入 10g/L 果胶溶液 5mL，在（50±0.2）℃水浴中预热 5～10min。向空白管中加柠檬酸-柠檬酸钠缓冲液 5.00mL，样品管中加稀释酶液 1.00mL、柠檬酸-柠檬酸钠缓冲液 4.00mL，立刻摇匀，计时。在此温度下准确反应 0.5h，立即取出，加热煮沸 5min 终止反应，冷却。

取上述两管反应液各 5.00mL 放入碘量瓶中，准确加入 0.5mol/L 碳酸钠溶液 1.00mL 和 0.05mol/L 碘溶液 5.00mL，摇匀，于暗处放置 20min。取出，加入 1mol/L 硫酸溶液 2mL，用 0.05mol/L 硫代硫酸钠标准溶液滴定至浅黄色，加淀粉指示液 3 滴，继续滴定至蓝色刚好消失为终点，记录空白管、样品管的反应液消耗硫代硫酸钠标准溶液的体积。同时做平行试验。

4) 数据记录与结果处理

数据记录与结果处理如表 6-9 所示。

表 6-9　数据记录与结果处理

测定次数	1	2	空白
试样质量或体积 m/（g 或 mL）			
待测酶液的总体积 V/mL			
反应加入待测酶液的体积 V_2/mL			
硫代硫酸钠标准溶液的浓度 c/（mol/L）			
滴定初读数/mL			
滴定终读数/mL			
测定试样耗用硫代硫酸钠溶液的体积 V_1/mL			
空白试验耗用硫代硫酸钠溶液的体积 V_0/mL			
试样的酶活力 X/（U/g 或 U/mL）			
试样的酶活力平均值/（U/g 或 U/mL）			
平行测定结果绝对差与平均值比值/%			

计算公式：

$$X = \frac{c \times (V_0 - V_1) \times 0.51 \times 194.1}{0.5} \times \frac{10}{5} \times \frac{V}{V_2}$$

式中，0.51——1mol 硫代硫酸钠相当于 0.51mol 的游离半乳糖醛酸；

　　　 194.1——半乳糖醛酸的摩尔质量（g/mol）；

　　　 10——反应液总体积（mL）；

　　　 5——滴定时取反应混合物的体积（mL）；

　　　 0.5——反应时间（h）。

　　5）说明

　　（1）所得结果保留至整数。平行试验消耗硫代硫酸钠标准溶液的体积不得超过 0.05mL。

　　（2）固体酶或浓缩酶液均需按要求准确稀释至一定倍数，待测酶液浓度应控制在空白和试样消耗 0.05mol/L 硫代硫酸钠标准溶液体积之差在 0.5～1.0mL 范围内。在样品酶活力未最后确定时，应作预备试验，可将第一次稀释酶液暂时置于冰箱低温贮存，以便更正第二次的稀释倍数，测得准确的酶活力。

　　（3）果胶用 Sigma 公司产品为标准底物。若购不到，使用其他厂产品时，必须作对照试验。

项目 6　纤维素酶制剂的检验

任务　纤维素酶制剂酶活力的测定

学习目标

　　（1）掌握滤纸酶活力测定法和羧甲基纤维素（还原糖法和黏度法）酶活力测定法测定纤维素酶制剂酶活力的相关知识和操作技能。

　　（2）会正确操作分光光度计和黏度计。

　　（3）能及时记录原始数据和正确处理测定结果。

知识准备

　　纤维素酶是一类能将纤维素降解成葡萄糖的多组分酶的总称，主要由外切 β-葡聚糖酶、内切 β-葡聚糖酶和 β-葡萄糖苷酶等组成。纤维素酶制剂是以木霉属为代表的微生物及其变异株，经液体深层发酵或固态培养后，精制提纯制得。纤维素酶制剂在饲料、酒精、纺织和食品等领域应用潜力巨大，将是继糖化酶、淀粉酶和蛋白酶之后的第四大工业酶制剂。

　　滤纸酶活力（FPA）是指 1g 固体酶（或 1mL 液体酶）在（50±0.1）℃、指定 pH 条件下（酸性纤维素酶 pH 4.8，中性纤维素酶 pH 6.0），1h 水解滤纸底物，产生出相当于 1mg 葡萄糖的还原糖量，即为 1 个酶活力单位，以 U/g(mL) 表示。

　　羧甲基纤维素酶活力（CMCA）：

　　还原糖法（CMCA-DNS）是指 1g 固体酶（或 1mL 液体酶）在（50±0.1）℃、指定 pH 条件下（酸性纤维素酶 pH 4.8，中性纤维素酶 pH 6.0），1h 水解羧甲基纤维素钠底物，产生出相当于 1mg 葡萄糖的还原糖量，即为 1 个酶活力单位，以 U/g(mL) 表示。

　　黏度法（CMCA-VIS）是指 1g 固体酶（或 1mL 液体酶）在（40±0.1）℃、指定 pH 条件下（酸性纤维素酶 pH 6.0，中性纤维素酶 pH 7.5），水解羧甲基纤维素钠底物，使底物黏度降低而得到的相对于标准品的纤维素酶相对酶活力。

　　纤维素酶制剂酶活力的测定方法有滤纸酶活力测定法（FPA）、羧甲基纤维素（还原糖法）酶活力测定法（CMCA-DNS）、羧甲基纤维素（黏度法）酶活力测定法（CMCA-VIS）。

　　FPA 法和 CMCA-DNS 法是通过测定纤维素酶降解底物生成的还原糖来反映纤维素酶的总酶活力。纤维素酶在一定温度和 pH 条件下，将纤维素底物（滤纸或羧甲基纤维素钠）水解，释放出还原糖。在碱性、煮沸条件下，3,5-二硝基水杨酸（DNS 试剂）与还原糖发生显色反应，其颜色的深浅与还原糖（以葡萄糖计）含量成正比。通过在 540nm 测其吸光度，可得到产生还原糖的量，计算出纤维素酶的滤纸酶活力或 CMCA-DNS 酶活力。

　　CMCA-VIS 法则是以标准酶为对照，通过测定底物粘度的降低，得到纤维素酶的相对酶活力，侧重反映纤维素酶的内切酶活力。纤维素酶在一定温度和 pH 条件下，将羧甲基纤维素钠降解，底物黏度随之降低，黏度的降低与内切纤维素酶活性成正比；通过黏度计测得的数值与指定已知酶活的标准酶样品比较，换算出待测纤维素酶样的相对酶活力。

技能操作

1. 滤纸酶活力测定法（FPA）

1）试剂

（1）3,5-二硝基水杨酸（DNS）试剂：称取 3,5-二硝基水杨酸（10±0.1）g，置于约 600mL 水中，逐渐加入氢氧化钠 10g，在 50℃ 水浴中磁力搅拌溶解，再依次加入酒石酸钾钠 200g、重蒸苯酚 2g 和无水亚硫酸钠 5g，待全部溶解并澄清后，冷却至室温，用水定容至 1000mL，过滤。贮存于棕色试剂瓶中，于暗处放置 7d 后使用。

（2）柠檬酸缓冲溶液（pH 4.8）：称取一水柠檬酸 4.83g，溶于约 750mL 水中，在搅拌情况下，加入柠檬酸三钠 7.94g，用水定容至 1000mL。调节溶液的 pH 至（4.8±0.05），备用。适用于酸性纤维素酶。

也可采用 pH 4.8 乙酸缓冲溶液：称取三水乙酸钠 8.16g，溶于约 750mL 水中，加入乙酸 2.31mL，用水定容至 1000mL。调节溶液的 pH 至（4.8±0.05），备用。

（3）磷酸缓冲溶液（pH 6.0）：分别称取一水磷酸二氢钠 121.0g 和二水磷酸氢二钠 21.89g，将其溶解在 10L 去离子水中。调节溶液的 pH 至（6.0±0.05）备用。溶液在室温下可保存一个月。适用于中性纤维素酶。

（4）10g/L 葡萄糖标准贮备溶液：称取于（103±2）℃ 下烘干至恒重的无水葡萄糖 1g（精确至 0.1mg），用水溶解并定容至 100mL。

（5）葡萄糖标准使用溶液：分别吸取葡萄糖标准贮备溶液 0.00、1.00、1.50、2.00、2.50、3.00、3.50（mL）于 10mL 容量瓶中，用水定容至 10mL，盖塞，摇匀备用。

（6）快速定性滤纸：直径 15cm。每批滤纸，使用前用标准酶加以校正。

2）仪器

分光光度计（配有 1cm 比色皿），酸度计（精度 0.01pH），分析天平（感量 0.1mg），恒温水浴槽 [(50±0.1)℃]，磁力搅拌器，秒表或定时钟，电炉，比色管（25mL），吸量管 [1、2、5(mL)]。

3）操作步骤

（1）绘制标准曲线。分别吸取葡萄糖标准使用溶液 0.50mL 于 7 支 25mL 比色管中，各加入缓冲溶液 1.5mL，DNS 试剂 3.0mL，混匀。

将各标准管同时置于沸水浴中，反应 10min。取出，迅速冷却至室温，用水定容至 25mL，盖塞，混匀。用 1cm 比色皿，在 540nm 波长处测定其吸光度。以葡萄糖量为横坐标，吸光度为纵坐标，绘制标准曲线或建立线性回归方程。

（2）待测酶液的制备。称取酶样 1g（精确至 0.1mg）或吸取酶液 1.00mL，用水溶解，磁力搅拌混匀，准确稀释定容，放置 10min，待测。

（3）滤纸条的准备。将待用滤纸放入硅胶干燥器中平衡 24h。将水分平衡后的滤纸制成宽 1cm、质量为（50±0.5）mg 的滤纸条，折成 M 型备用。

（4）试样的测定。取 4 支 25mL 比色管（1 支空白管，3 支样品管），将折成 M 型的滤纸条，分别沿 1cm 方向竖直放入每支比色管的底部，分别向 4 支管中加入相应 pH 的缓冲溶液 1.50mL。分别加入稀释好的待测酶液 0.50mL 于 3 支样品管中（空白管不加），使管内溶液浸没滤纸，盖塞。将 4 支比色管同时置于 (50±0.1)℃ 水浴中，准确计时，反应 60min，取出。立即向各管中准确加入 DNS 试剂 3.0mL。再于空白管中准确加入稀释好的待测酶液 0.50mL，摇匀。将 4 支管同时放入沸水浴中，加热 10min，取出，迅速冷却至室温，加水定容至 25mL，摇匀。

以空白管调零，在 540nm 波长下，用 1cm 比色皿分别测定 3 支样品管中试样溶液的吸光度，取平均值。从标准曲线上查出或用线性回归方程求出还原糖的含量。

4）数据记录与结果处理。

数据记录与结果处理如表 6-10 所示。

表 6-10　数据记录与结果处理

测定项目	标准系列溶液							试样溶液	
	1	2	3	4	5	6	7	1	2
吸光度 A									
各测定液中还原糖的含量 m_1/mg									
酶样的稀释倍数 n									
试样的滤纸酶活力 X/(U/g 或 U/mL)									
试样的滤纸酶活力平均值/(U/g 或 U/mL)									
平行测定结果绝对差与平均值比值/%									

计算公式：

$$X = \frac{m_1 \times n}{0.5}$$

式中，0.5——测定用待测酶液的体积（mL）。

5）说明

（1）所得结果保留至整数。平行测定结果绝对差与平均值的比值不超过 10%。

（2）线性回归系数应在 0.9990 以上时方可使用，否则须重做。

（3）应使稀释后的待测酶液与空白液的吸光度之差控制在 0.3~0.4 范围内。

2. 羧甲基纤维素（还原糖法）酶活力测定法（CMCA-DNS）

1）试剂

（1）羧甲基纤维素钠（CMC-Na）：在 25℃，2% 水溶液，黏度 800~1200mPa·s。每批羧甲基纤维素钠使用前用标准酶加以校正。

（2）柠檬酸钠缓冲溶液（pH 4.8）：同滤纸酶活力法，适用于酸性纤维素酶。

（3）磷酸缓冲溶液（pH 6.0）：同滤纸酶活力法，适用于中性纤维素酶。

（4）CMC-Na 溶液：称取 2g CMC-Na（精确至 1mg），缓缓加入相应的缓冲溶液约 200mL，加热至 80~90℃，边加热边搅拌，直至 CMC-Na 全部溶解，冷却后用相应的缓冲溶液稀释至 300mL，用 2mol/L 盐酸或氢氧化钠调节溶液的 pH 至 4.8±0.05（酸性纤维素酶）或 pH 至 6.0±0.05（中性纤维素酶），最后定容到 300mL，搅拌均匀。贮存于冰箱中备用。

（5）3,5-二硝基水杨酸（DNS）试剂：同滤纸酶活力法。

（6）10g/L 葡萄糖标准贮备溶液：同滤纸酶活力法。

（7）葡萄糖标准使用溶液：同滤纸酶活力法。

2）仪器

分析天平（感量 0.1mg），比色管（25mL），吸量管 [1、2、5（mL）]，自动连续多档分配器，漩涡混合器。

3）操作步骤

（1）绘制标准曲线。分别吸取葡萄糖标准使用溶液 0.50mL 于 7 支 25mL 比色管中，各加入缓冲溶液 2.0mL，DNS 试剂 3.0mL，混匀。

将各标准管同时置于沸水浴中，反应 10min。取出，迅速冷却至室温，用水定容至 25mL，盖塞，混匀。用 1cm 比色皿，在 540nm 波长处测定其吸光度。以葡萄糖量为横坐标，吸光度为纵坐标，绘制标准曲线或建立线性回归方程。

（2）待测酶液的制备。称取酶样 1g（精确至 0.1mg）或吸取酶液 1.00mL，用水溶解，准确稀释定容，混匀放置 10min，待测。

（3）试样的测定。取 4 支 25mL 比色管（1 支空白管，3 支样品管），分别向 4 支管中加入用相应 pH 缓冲溶液配制的 CMC-Na 溶液 2.00mL。分别加入稀释好的待测酶液 0.50mL 于 3 支样品管中（空白管不加），用漩涡混匀器混匀，盖塞。

将 4 支比色管同时置于（50±0.1）℃水浴中，准确计时，反应 30min，取出。立即向各管中准确加入 DNS 试剂 3.0mL。再于空白管中准确加入稀释好的待测酶液 0.50mL，摇匀。将 4 支管同时放入沸水浴中，加热 10min，取出，迅速冷却至室温，加水定容至 25mL，摇匀。

以空白管调零，在 540nm 波长下，用 1cm 比色皿分别测定 3 支样品管中试样溶液的吸光度，取平均值。从标准曲线上查出或用线性回归方程求出还原糖的含量。

4）数据记录与结果处理

同滤纸酶活力法。计算公式：

$$X = \frac{m_1 \times n \times 2}{0.5}$$

式中，0.5——测定用待测酶液的体积（mL）；

2——时间换算系数。

5）说明

同滤纸酶活力法。

3. 羧甲基纤维素（黏度法）酶活力测定法（CMCA-VIS）

1）试剂

（1）磷酸缓冲溶液（pH 6.0）：同滤纸酶活力法，适用于酸性纤维素酶。

（2）磷酸缓冲溶液（pH 7.5）：分别称取一水磷酸二氢钠 22.49g，二水磷酸氢二钠 148.98g 和 PEG6000（聚乙二醇）10.0g，溶解在去离子水 10L 中。调节溶液的 pH 至（7.5±0.05）备用。溶液在室温下可保存一个月。适用于中性纤维素酶。

（3）羧甲基纤维素钠（CMC-Na）：在 25℃，取代度 65%～90%，2% 水溶液，黏度 20～50mPa·s。

（4）CMC-Na 溶液：称取 35gCMC-Na（精确至 1mg），缓缓加入相应的缓冲溶液约 700mL 并加热至 80～90℃，边加热边磁力搅拌，直至 CMC-Na 全部溶解。冷却后用相应的缓冲溶液加至 950mL，用 2mol/L 的盐酸或氢氧化钠调节溶液的 pH 至 6.0±0.05（酸性纤维素酶）或 pH 至 7.5±0.05（中性纤维素酶），最后用缓冲溶液定容到 1000mL，搅拌均匀。贮存于冰箱中备用。在冰箱中的贮存使用期最长为 3 天。使用前应校正 pH 至相应的范围。

（5）标准酶：酸性或中性。

2）仪器

振荡黏度计；恒温水浴槽，（50±0.1）℃；旋涡混合器；分析天平，感量 0.1mg；秒表；微量移液管，1mL。

3）操作步骤

（1）酶标准使用溶液的配制。称取一定量的酸性或中性标准酶，用相应的缓冲溶液溶解，作为标准贮备液。然后将该贮备液梯度按表 6-11 或表 6-12 稀释到最终浓度作为酶标准使用溶液。

表 6-11　酸性纤维素酶标准使用溶液

编号	1	2	3	4	5	6	7
酶标准储备液体积/mL	0.00	5.00	7.00	10.00	12.00	15.00	20.00
用磷酸缓冲液（pH 6.0）加至	100	100	100	100	100	100	100
酶活力（U/mL）	0.000	0.270	0.378	0.540	0.648	0.810	1.080

表 6-12　中性纤维素酶标准使用溶液

编号	1	2	3	4	5	6	7
酶标准储备液体积/mL	0.00	3.00	4.00	5.00	6.00	7.00	10.00
用磷酸缓冲液（pH 7.5）加至	100	100	100	100	100	100	100
酶活力（U/mL）	0.00	3.02	4.03	5.04	6.04	7.05	10.07

（2）标准对照酶样的制备。称取一定量的标准对照酶样（精确至 1mg），用与溶解相应标准酶同样的缓冲溶液溶解。

（3）待测酶液的制备。称取少量酶样，用相应的缓冲溶液溶解，磁力搅拌 15min，并稀释到一定体积。

（4）测定。取 12 支 10mL 塑料试管（100mm×13mm）（6 支标准管，1 支标准对照管，1 支空白管，3 支样品管），在空白管中加入相应的缓冲液 500μL，其他各管中加入相应的缓冲溶液 375μL。然后在标准管中加入各酶标准使用溶液 125μL，标准对照管中加入酶标准对照溶液 125μL，样品管中加入待测酶液 125μL。再依次在各管中加入 CMC-Na 溶液 4.00mL，用漩涡混合器混匀 10s。将各管依次放入 40℃ 水浴中保温 30min，每个试管操作间隔应以秒表准确控制相同的时间，按放入顺序依次取出试管，迅速插入振荡黏度计（插入时黏度计切忌碰试管壁），读数。

以酶标准使用溶液的酶活力为横坐标，以相应的黏度计读数（mV）为纵坐标，绘制标准曲线或建立线性回归方程。根据待测酶液的黏度计读数（3 支样品管的平均值），从标准曲线上查出或用线性回归方程计算待测酶液的酶活力。

4）数据记录与结果处理。

数据记录与结果处理如表 6-13 所示。

表 6-13　数据记录与结果处理

测定项目	标准系列溶液							试样溶液	
	1	2	3	4	5	6	7	1	2
试样的量 m/（g 或 mL）									
待测酶液的体积 V/mL									
待测酶液进一步稀释的倍数 n									
各测定液的黏度计读数/mV									
各测定液的酶活力 X_1/（U/mL）									
试样的酶活力 X（U/g 或 U/mL）									
试样的酶活力平均值（U/g 或 U/mL）									
平行测定结果绝对差与平均值比值/%									

计算公式：

$$X = \frac{X_1 \times V \times n}{m}$$

5）说明

（1）所得结果保留至整数。平行测定结果绝对差与平均值的比值不超过 10%。

（2）酶标准贮备液和使用溶液每日应重新配制。酶标准使用溶液的浓度，应依据所用标准酶的不同而不同。

（3）标准对照酶样溶液的浓度，应根据配制的酶标准使用溶液的浓度范围进行调整，使稀释后对照样的酶活力恰好落在标准曲线的中部。

（4）使稀释后样液的酶活力恰好落在标准曲线的中部。

（5）酶标准使用溶液的线性回归系数大于 0.9975 以上时方可使用，否则须重做。

项目 7　脂肪酶制剂的检验

任务　脂肪酶制剂酶活力的测定

学习目标

（1）掌握酸碱滴定法测定脂肪酶制剂酶活力的相关知识和操作技能。

（2）会进行规范的滴定操作、准确判定滴定终点和正确操作酸度计。

（3）能及时记录原始数据和正确处理测定结果。

知识准备

脂肪酶是一类具有多种催化能力的酶，能水解甘油三酯或脂肪酸酯产生单或双甘油酯和游离脂肪酸，将天然油脂水解为脂肪酸及甘油，同时也能催化酯合成和酯交换反应。除此之外还表现出其他一些酶的活性，如磷脂酶、溶血磷脂酶、胆固醇酯酶、酰肽水解酶活性等。脂肪酶不同活性的发挥依赖于反应体系的特点，如在油水界面促进酯水解，而在有机相中可以酶促合成和酯交换。

脂肪酶是重要的工业酶制剂品种之一，可以催化解脂、酯交换、酯合成等反应，广泛应用于油脂加工、食品、医药、日化等工业。

脂肪酶活力是指 1g 固体酶粉（或 1mL 液体酶），在一定温度和 pH 条件下，1min 水解底物产生 1μmol 可滴定的脂肪酸，即为 1 个酶活力单位，以 U/g(mL) 表示。

测定脂肪酶制剂的酶活力用酸碱滴定法。脂肪酶在一定条件下，能使甘油三酯水解成脂肪酸、甘油二酯、甘油单酯和甘油，所释放的脂肪酸可以用碱标准溶液进行中和滴定，用酚酞指示剂或酸度计指示反应终点，根据消耗碱标准溶液的量，计算其酶活力。

在测定脂肪酶制剂的酶活力过程中，酯酶的存在会使测得的脂肪酶活力增加；蛋白酶的存在会降解脂肪酶，使测得的脂肪酶活力减小。

技能操作

1）试剂

（1）聚乙烯醇（PVA）：聚合度 16750±50。

（2）橄榄油。

（3）95%（体积分数）乙醇。

（4）底物溶液：称取聚乙烯醇 40g（准确至 0.1g），加水 800mL，在沸水浴上加热，搅拌直至全部溶解，冷却后定容至 1000mL。用干净的双层纱布过滤，取滤液备用。

量取上述滤液 150mL，加橄榄油 50mL，用高速匀浆机处理 6min（分两次处理，间隔 5min，每次处理 3min），即得乳白色 PVA 乳化液。该溶液现用现配。

（5）磷酸缓冲溶液（pH 7.5）：分别称取磷酸二氢钾 1.96g，十二水磷酸氢二钠 39.62g，用水溶解并定容到 500mL。如需要，调节溶液的 pH 至（7.5±0.05）。

（6）$c_{NaOH}=0.05mol/L$ 氢氧化钠标准溶液：配制与标定方法同模块 3 项目 1 中任务 3 酱油中氨基酸态氮的测定方法一。

（7）10g/L 酚酞指示液：称取 0.5g 酚酞溶于 5mL 95%（体积分数）乙醇中。

2）仪器

分光光度计（配有 1cm 比色皿），分析天平（感量 0.1mg），微量碱式滴定管（10mL），恒温水浴槽，高速匀浆机，酸度计，电磁搅拌器，吸量管（1mL）。

3）操作步骤

（1）待测酶液的制备：称取试样 1～2g（准确至 0.2mg），用磷酸缓冲溶液（pH 7.5）溶解并稀释至一定体积。若为粉状试样，用少量磷酸缓冲溶液（pH 7.5）溶解后，用玻璃棒捣研，然后将上层清液小心倾入容量瓶中。若有剩余残渣，再加少量磷酸缓冲溶液（pH 7.5）充分研磨，最终试样全部移入容量瓶中，用磷酸缓冲溶液（pH 7.5）定容至刻度，摇匀。转入高速匀浆机捣研 3min，待测定。若为液体试样，取样时应将酶液摇匀。

（2）测定。

电位滴定法：在 100mL 的空白杯和试样杯中各加入底物溶液 4.00mL，磷酸缓冲溶液 5.00mL。再在空白杯中加入 95%（体积分数）乙醇 15.00mL，于（40±0.2）℃水浴中预热 5min。然后在两杯中各加待测酶液 1.00mL，立即混匀计时，准确反应 15min 后，立即在试样杯中补加 95%（体积分数）乙醇 15.00mL 终止反应，取出。在烧杯中放入一枚转子，置于电磁搅拌器上，搅拌下用 0.05mol/L 氢氧化钠标准溶液滴定至 pH 至 10.3 即为终点。

指示剂滴定法：在 100mL 的空白锥形瓶和试样锥形瓶中各加入底物溶液 4.00mL，磷酸缓冲溶液 5.00mL。再在空白瓶中加入 95%（体积分数）乙醇 15.00mL，于（40±0.2）℃水浴中预热 5min。然后在两瓶中各加待测酶液 1.00mL，立即混匀计时，准确反应 15min 后，立即在试样瓶中补加 95%（体积分数）乙醇 15.00mL 终止反应，取出。在锥形瓶中加入酚酞指示液 2 滴，用 0.05mol/L 氢氧化钠标准溶液滴定至微红色并保持 30s 不退色即为终点。

4）数据记录与结果处理

数据记录与结果处理如表 6-14 所示。

表 6-14 数据记录与结果处理

测定次数	1	2	空白
试样的稀释倍数 n			
氢氧化钠标准溶液的浓度 $c/(mol/L)$			
滴定初读数/mL			
滴定终读数/mL			
测定试样耗用氢氧化钠溶液的体积 V_1/mL			
空白试验耗用氢氧化钠溶液的体积 V_0/mL			
试样的酶活力 $X/(U/g)$			
试样的酶活力平均值/(U/g)			
平行测定结果绝对差与平均值比值/%			

计算公式：

$$X = \frac{c \times (V_1 - V_0) \times 50 \times n}{0.05 \times 15}$$

式中，50——0.05mol/L 氢氧化钠溶液 1.00mL 相当于脂肪酸 50μmol；

     0.05——氢氧化钠标准溶液浓度换算系数；

     15——反应时间（min）。

5）说明

（1）所得结果保留至整数。平行测定结果绝对差与平均值的比值不超过 2%。

（2）待测酶液浓度应控制在使试样与对照消耗的碱量之差在 1～2mL 范围内。

 复习思考题

1. 选择题

（1）福林法测定中性蛋白酶活力，缓冲溶液应使用（   ）。

A. 硼酸-NaOH   B. 乳酸-乳酸钠   C. 磷酸盐   D. 以上都可以

（2）福林法测定酸性蛋白酶活力，缓冲溶液为（   ）。

A. 硼酸-NaOH   B. 乳酸-乳酸钠   C. 磷酸盐   D. 以上都可以

（3）福林法测定碱性蛋白酶活力，缓冲溶液为（   ）。

A. 硼酸-NaOH   B. 乳酸-乳酸钠   C. 磷酸盐   D. 以上都可以

（4）纤维素酶能降解羧甲基纤维素钠生成（   ）。

A. 蔗糖   B. 果糖   C. 葡萄糖   D. 还原糖

（5）滤纸经（   ）水解后生成还原糖的量，可以用来表征酶的活力。

A. 纤维素酶   B. 果胶酶   C. 蛋白酶   D. 糖化酶

（6）测定糖化酶活力时，待测酶液的酶活力应控制在（   ）U/mL 范围内。

A. 20～50   B. 50～100   C. 100～120   D. 120～150

（7）测定蛋白酶活力时，待测酶液的酶活力应控制在（   ）U/mL 范围内。

A. 1～5   B. 5～10   C. 10～20   D. 20～50

（8）福林法测定蛋白酶活力时，标准曲线的吸光常数 K 值控制在（   ）范围内。

A. 95～100   B. 130～135   C. 150～155   D. 195～200

（9）紫外分光光度法测定蛋白酶活力时，标准曲线的吸光常数 K 值控制在（   ）范围内。

A. 95～100   B. 130～135   C. 150～155   D. 195～200

（10）葡萄糖异构酶活力是通过将葡萄糖在葡萄糖异构酶催化下转化产生（   ）来测定的。

A. 葡萄糖   B. 果糖   C. 麦芽糖   D. 乳糖

（11）测定脂肪酶活力过程中，（   ）的存在会使测得的脂肪酶活力减小。

A. 淀粉酶   B. 酯酶   C. 糖化酶   D. 蛋白酶

（12）测定脂肪酶活力过程中，（　　）的存在会使测得的脂肪酶活力增加。

A. 淀粉酶　　　　　　　B. 酯酶　　　　　　　　C. 糖化酶　　　D. 蛋白酶

2. 中温淀粉酶活力和高温淀粉酶活力如何表示？测定淀粉酶活力的方法和原理是什么？

3. 什么是耐高温淀粉酶制剂？如何测定其耐热性存活率？

4. 糖化酶活力如何表示？如何测定糖化酶活力？

5. 蛋白酶活力如何表示？福林法和紫外分光光度法测定蛋白酶活力的原理各是什么？

6. 葡萄糖异构酶活力如何表示？什么是葡萄糖异构酶的生产能力？

7. 测定果胶酶活力的方法和原理是什么？其酶活力如何表示？

8. 测定酶活力时，应怎样控制底物浓度和酶的浓度？

9. 纤维素酶活力如何表示？测定的方法有哪些？测定原理各是什么？

10. 脂肪酶活力如何表示？如何测定其酶活力？

11. 称取酶粉 1.6283g，用少量的磷酸氢二钠-柠檬酸缓冲溶液溶解，倾入 100mL 容量瓶中，用缓冲溶液定容至刻度，摇匀，过滤。取可溶性淀粉 20mL 和 pH 6.0 磷酸氢二钠-柠檬酸缓冲溶液 5mL 放于试管中，在 60℃恒温水浴中预热 4～5min。然后加入预先稀释好的酶液 0.5mL，16min 后颜色反应由紫色逐渐变为红棕色，与标准终点色相同。计算该酶粉的酶活力。

模块 7　糖类物质的分析与检验

　　糖类是多羟基醛或多羟基酮及其缩聚物和某些衍生物的总称，一般由碳、氢与氧三种元素所组成，是自然界中广泛分布的一类重要的有机化合物。日常食用的蔗糖，粮食中的淀粉，植物体中的纤维素，人体血液中的葡萄糖等均属糖类。

　　糖类主要分为单糖、低聚糖和多糖，在生命活动过程中起着重要的作用，是一切生命体维持生命活动所需能量的主要来源，体内物质运输所需能量的 70% 都来自糖类。糖类物质是生物化工的主要生产原料和常见产品之一，许多重要的产品是以糖类物质为生产原料，因此糖类在生化生产中有着广泛的应用。

　　单糖是糖类中结构最简单的一类，分子中含有许多亲水基团，易溶于水，不溶于乙醚、丙酮等有机溶剂。简单的单糖一般是含有 3～7 个碳原子的多羟基醛或多羟基酮，如葡萄糖、果糖、半乳糖等。葡萄糖、果糖的分子式都是 $C_6H_{12}O_6$，是同分异构体。

　　低聚糖（寡糖）是由 2～10 个单糖分子聚合而成，水解后可生成单糖，如乳糖、蔗糖、麦芽糖。蔗糖和麦芽糖的分子式都是 $C_{12}H_{22}O_{11}$，属于同分异构体。

　　多糖是由 10 个以上单糖分子聚合而成，水解后可生成多个单糖或低聚糖。根据水解后生成单糖的组成是否相同，可以分为同聚多糖、杂聚多糖和复合糖。同聚多糖由同一种单糖组成，如淀粉、纤维素、阿拉伯胶、糖元等，淀粉和纤维素的表达式都是 $(C_6H_{10}O_5)_n$，但它们不是同分异构体，因为它们的 n 数量不同。杂聚多糖由多种单糖组成，如粘多糖、半纤维素等。复合糖是糖类的还原端和蛋白质或脂质结合的产物。

　　本模块主要介绍葡萄糖、果糖、蔗糖、乳糖、麦芽糖、环状糊精和淀粉等糖类的分析与检验，重点介绍这些糖类物质含量的测定，其卫生指标的检验参见其他模块。

项目 1　单糖的检验

任务 1　葡萄糖含量的测定

学习目标

　　（1）掌握高效液相色谱法测定葡萄糖含量的相关知识和操作技能。
　　（2）会正确操作高效液相色谱仪。
　　（3）能应用外标法进行定量。

知识准备

　　葡萄糖是以淀粉或淀粉质为原料，经液化、糖化所得的葡萄糖液，再经过精制而成。按生产工艺分为一水葡萄糖、无水葡萄糖和全糖粉。

　　葡萄糖含量的测定采用高效液相色谱法。用高效液相色谱柱分离试样中的葡萄糖，用示差折光检测器检测。根据葡萄糖的保留时间对照定性，以峰面积用外标法定量。

技能操作

　　1）试剂

　　（1）$c_{1/2\,H_2SO_4}$ = 0.01mol/L 硫酸溶液：量取 0.3mL 硫酸，缓缓注入 1000mL 水中，冷却，摇匀。

　　（2）葡萄糖标准溶液：称取 1.0g 葡萄糖标准品（质量分数为 95% 以上），加入 1.0mL 水溶解，再加入 0.01mol/L 硫酸溶液 10mL。

　　2）仪器

　　高效液相色谱仪［配有示差折光检测器、真空抽滤脱气装置、微孔膜（0.2 或 0.45μm）］，AminexHPX-8H 色谱柱，分析天平（感量 0.1mg），微量进样器（20μL）。

　　3）操作步骤

　　（1）试样溶液制备。称取 1g 试样（以干物质计，准确至 0.1mg），加 1.0mL 水溶解，再加入 0.01mol/L 硫酸溶液 10mL。用 0.2 或 0.45μm 微孔膜过滤，滤液备用。

　　（2）色谱条件。流动相为 0.01mol/L 硫酸溶液。在测定的前一天接通示差折光检测器电源，预热稳定，装上色谱柱，调节柱温至 80℃，以 0.1mL/min 的流速通入流动相平衡过夜。

　　进样分析前，将所用流动相输入参比池 20min 以上，再恢复正常流路使流动相经过样品池，调节流速至 0.7mL/min。待基线稳定后，即可进样分析。

　　（3）试样测定。葡萄糖标准溶液和试样溶液分别进样分析，进样量 20μL。根据葡萄糖标准品的保留时间确定试样中葡萄糖的色谱峰，根据其峰面积以外标法计算葡萄糖的含量。

　　4）数据记录与结果处理

　　数据记录与结果处理如表 7-1 所示。

表 7-1　数据记录与结果处理

测定次数	1	2
试样的质量（以干物质计）m/g		
葡萄糖标样的质量 m_s/g		
试样的稀释体积 V/mL		
葡萄糖标样的稀释体积 V_s/mL		
试样中葡萄糖的峰面积 A/mm²		
葡萄糖标样的峰面积 A_s/mm²		
试样中葡萄糖的含量（以干物质计）w（质量分数）/%		
试样中葡萄糖的平均含量（以干物质计）(质量分数)/%		
平行测定结果绝对差与平均值比值/%		

计算公式：

$$w = \frac{A \times m_s \times V}{A_s \times m \times V_s} \times 100$$

5）说明

所得结果保留 1 位小数。平行测定结果绝对差与平均值的比值不超过 1%。

任务 2　果糖含量的测定

学习目标

（1）掌握高效液相色谱法和旋光法测定果糖含量的相关知识和操作技能。

（2）会正确操作自动旋光仪和高效液相色谱仪。

（3）能及时记录原始数据和用外标法进行定量。

知识准备

果糖是以淀粉或淀粉质为原料，经液化、糖化、异构化、精制而成，或以蔗糖为原料，水解产生的果糖和葡萄糖经分离、精制所得。

测定果糖含量的方法有高效液相色谱法和旋光法。

高效液相色谱法是用高效液相色谱柱分离试样中的果糖，用示差折光检测器检测。根据果糖的保留时间对照定性，以峰面积用外标法定量。

旋光法是利用从起偏镜投射出的偏振光经过试样时，由于试样物质的旋光作用，使偏振光的振动方向改变了一定的角度，将检偏器旋转一定角度，使透过的光强度与入射的光强度相等，测得试样的旋光度，计算得到果糖的含量。

技能操作

1. 高效液相色谱法

1）试剂

（1）乙腈：色谱纯。氨基键合柱用。

（2）20g/L 果糖标准贮备溶液：称取经过（96±2）℃干燥 2h 的果糖标准品（质量分数 95% 以上）1g（准确至 0.1mg），加水溶解后，转入 50mL 容量瓶中，用水定容至刻度，摇匀。

（3）果糖标准溶液：分别吸取 20g/L 果糖标准储备溶液 0.50、1.00、2.00、3.00、4.00、5.00（mL）于 10mL 容量瓶中，加水稀释至刻度，摇匀。配制成浓度为 1.0、2.0、4.0、6.0、8.0、10.0（g/L）的 6 个果糖标准系列溶液。

2）仪器

高效液相色谱仪〔配有示差折光检测器、真空抽滤脱气装置、微孔膜（0.2 或

0.45μm)]，色谱柱 [阳离子交换树脂柱（φ7.8mm×300mm，填料粒径 5μm）或氨基键合柱（φ4.5mm×300mm，填料粒径 5μm）]，分析天平（感量 0.1mg），容量瓶（50mL），微量进样器（20μL）。

3）操作步骤

（1）试样溶液制备。称取试样 0.5g（以干物质计）（准确至 0.1mg），加水溶解，移入 50mL 容量瓶中，用水定容至刻度。用 0.2μm 或 0.45μm 微孔膜过滤，滤液备用。

（2）色谱条件。

阳离子交换树脂柱：流动相为纯水。在测定的前一天接通示差折光检测器电源，预热稳定，装上色谱柱，调节柱温至 85℃，以 0.1mL/min 的流速通入流动相平衡过夜。进样分析前，将所用流动相输入参比池 20min 以上，再恢复正常流路使流动相经过样品池，调节流速至 0.5mL/min。待基线稳定后，即可进样分析。

氨基键合柱：流动相为乙腈:水=75:25。在测定的前一天接通示差折光检测器电源，预热稳定，装上色谱柱，调节柱温至 75℃，以 0.1mL/min 的流速通入流动相平衡过夜。进样分析前，将所用流动相输入参比池 20min 以上，再恢复正常流路使流动相经过样品池，调节流速至 1.0mL/min。待基线稳定后，即可进样分析。

（3）标准曲线绘制。用果糖标准溶液进样分析，进样量 20μL。以果糖浓度对峰面积绘制标准曲线。

（4）试样测定。将试样溶液进样分析，进样量 20μL。根据果糖标准品的保留时间确定试样中果糖的色谱峰，根据其峰面积以外标法计算果糖的含量。

4）数据记录与结果处理

数据记录与结果处理如表 7-2 所示。

表 7-2　数据记录与结果处理

测定项目	标准系列溶液						试样溶液	
	1	2	3	4	5	6	1	2
试样的质量（以干物质计）m/g								
试样定容体积 V/mL								
果糖的峰面积 A/mm²								
测定液中果糖的含量 ρ/(g/L)								
试样中果糖含量（以干物质计）w（质量分数）/%								
试样中果糖的平均含量（以干物质计）（质量分数）/%								
平行测定结果绝对差与平均值比值/%								

计算公式：

$$w = \frac{\rho \times V}{m \times 1000} \times 100$$

5）说明

（1）所得结果保留 1 位小数。平行测定结果绝对差与平均值的比值不超过 1%。

（2）试样溶液中果糖含量应在果糖标准系列溶液范围内，否则可适当增加或减少取样量。

（3）标准曲线的线性相关系数应为 0.9990 以上。

2. 旋光法

1）试剂

6mol/L 氨试液：量取 400mL 氨水于 1000mL 容量瓶中，加水稀释至刻度。

2）仪器

自动旋光仪（配有 1dm 旋光管），分析天平（感量 0.1mg），容量瓶（100mL）。

3）操作步骤

称取预先在 70℃真空干燥 4h 的试样 10g（准确至 0.1mg），置于 100mL 容量瓶中，加 50mL 水溶解后，加入 6mol/L 氨试液 0.2mL，用水稀释至刻度，摇匀后静置 30min。

用上述溶液冲洗旋光管 3 次，将溶液装满旋光管，小心排出气泡，将盖旋紧并擦干，放入旋光仪内，在（25±0.5)℃下读取旋光度（准确至 0.01°），重复读数 3 次，取其平均值。计算干燥试样中果糖的含量。

4）数据记录与结果处理

数据记录与结果处理如表 7-3 所示。

表 7-3　数据记录与结果处理

测定次数	1	2
试样的质量（以干物质计）m/g		
试样溶液的旋光度 α/(°)		
试样中果糖含量（以干物质计）w（质量分数）/%		
试样中果糖的平均含量（以干物质计）(质量分数)/%		
平行测定结果绝对差与平均值比值/%		

计算公式：

$$w = \frac{\alpha \times 1.124}{m} \times 100$$

式中，1.124——果糖旋光度换算成质量的系数。

5）说明

所得结果保留至 1 位小数。平行测定结果绝对差与平均值的比值不超过 1%。

项目 2　低聚糖的检验

任务 1　蔗糖含量的测定

学习目标

（1）掌握高效液相色谱法和酸水解法测定蔗糖含量的相关知识和操作技能。

（2）会正确操作高效液相色谱仪。

（3）能及时记录原始数据和用外标法进行定量。

知识准备

蔗糖由 1 个分子的葡萄糖和 1 个分子的果糖组成，是人类基本的食品添加剂之一，已有几千年的历史。蔗糖是光合作用的主要产物，广泛分布于植物体内，特别是甜菜、甘蔗和水果中含量极高。

测定蔗糖含量的方法有高效液相色谱法和酸水解法。

高效液相色谱法是利用氨基色谱柱分离试样中的蔗糖，用示差折光检测器检测。根据蔗糖的折光指数与浓度成正比，用外标法进行定量。

酸水解法是将试样中蔗糖经盐酸水解为还原糖，再按还原糖测定。水解前后的差值乘以相应的系数即为蔗糖含量。

技能操作

1. 高效液相色谱法

1）试剂

（1）乙腈：色谱纯。

（2）10g/L 蔗糖标准溶液：称取在（105±2）℃烘箱中干燥 2h 的蔗糖标样 1g（精确到 0.1mg），溶于水中，移入 100mL 容量瓶中并用水稀释至刻度。放置 4℃冰箱中。

（3）蔗糖标准工作液：分别吸取 10g/L 蔗糖标准溶液 0.00、1.00、2.00、3.00、4.00、5.00（mL）于 10mL 容量瓶中，用乙腈定容至刻度。配成浓度分别为 0.0、1.0、2.0、3.0、4.0、5.0（g/L）蔗糖标准系列工作液。

2）仪器

高效液相色谱仪［配有示差折光检测器、真空抽滤脱气装置、微孔膜（0.2 或 0.45μm）］，色谱柱氨基键合柱（φ4.6mm×250mm，填料粒径 5μm）］，分析天平（感量 0.1mg），容量瓶（10mL、50mL），吸量管（10mL），微量进样器（10μL）。

3）操作步骤

（1）试样溶液制备。称取 1g（精确到 0.1mg）于 50mL 容量瓶中，加 50～60℃水 15mL 溶解，于超声波振荡器中振荡 10min，用乙腈定容至刻度，静置数分钟，过滤。取 5.0mL 滤液于 10mL 容量瓶中，用乙腈定容，通过 0.45μm 滤膜过滤，滤液供色谱分析。可根据具体试样进行稀释。

（2）色谱条件。流动相，乙腈-水（70＋30），1mL/min；柱温，35℃；进样量，10μL；示差折光检测器，33～37℃。

（3）标准曲线绘制。将蔗糖标准系列工作液分别注入高效液相色谱仪中，测定相应的峰面积，以峰面积为纵坐标，以标准工作液的浓度为横坐标，绘制标准曲线。

（4）试样测定。将试样溶液注入高效液相色谱仪中，测定其峰面积，从标准曲线中查得试样溶液中蔗糖的含量。

4) 数据记录与结果处理

数据记录与结果处理如表 7-4 所示。

表 7-4　数据记录与结果处理

测定项目	标准系列溶液						试样溶液	
	1	2	3	4	5	6	1	2
试样的质量 m/g								
试样定容体积 V/mL								
试样溶液的稀释倍数 n								
蔗糖的峰面积 A/mm^2								
测定液中蔗糖的含量 $\rho/(\text{g/L})$								
试样中蔗糖含量 w（质量分数）/%								
试样中蔗糖的平均含量（质量分数）/%								
平行测定结果绝对差与平均值比值/%								

计算公式：

$$w = \frac{\rho \times V \times n}{m \times 1000} \times 100$$

5) 说明

所得结果保留 3 位有效数字。平行测定结果绝对差与平均值的比值不超过 5%。

2. 酸水解法

1) 试剂

(1) 盐酸溶液（1+1）：量取 50mL 盐酸，注入 50mL 水中，混匀。

(2) 200g/L 氢氧化钠溶液：称取 20g 氢氧化钠，加 100mL 水溶解。

(3) 1g/L 甲基红指示液：称取 0.1g 甲基红，加 95%（体积分数）乙醇 100mL 溶解。

(4) 碱性酒石酸铜溶液。

甲液：称 15g 硫酸铜，亚甲基蓝 0.05g，加适量水溶解，并稀释至 1000mL。

乙液：称 50g 酒石酸钾钠，75g 氢氧化钠，加适量水溶解，再加入 4g 亚铁氰化钾，加水溶解稀释至 1000mL，贮存于橡胶塞玻璃瓶中备用。

(5) 1g/L 葡萄糖标准溶液：称取 98～100℃干燥 2h 的葡萄糖 1g（准确至 0.1mg），加水溶解后，加入 5mL 盐酸，用水定容至 1000mL。

2) 仪器

分析天平（感量 0.1mg），恒温水浴槽，电炉，滴定管（50mL），容量瓶［100、250 (mL)］，移液管（50mL），吸量管（5mL）。

3) 操作步骤

(1) 试样溶液制备。称取试样 0.5g（精确到 0.1mg），加水溶解后，移入 250mL 容量瓶中，并用水稀释至刻度，摇匀。

　　分别吸取上述溶液 50.00mL 于 2 个 100mL 容量瓶中。其中一份加 5mL 盐酸（1＋1），于 68～70℃水浴上保温 15min，冷却后加甲基红指示液 2 滴，用 200g/L 氢氧化钠溶液中和至中性，加水定容至刻度，混匀。另一份直接加水稀释至 100mL。

　　（2）碱性酒石酸铜溶液标定。吸取碱性酒石酸铜甲、乙液各 5.00mL，置于 150mL 锥形瓶中，加水 10mL，玻璃珠 2 粒，从滴定管中加入 1g/L 葡萄糖标准溶液约 9mL，控制在 2min 内加热至沸，趁热以每 2s1 滴的速度继续滴加葡萄糖标准溶液，直至溶液蓝色刚好褪去为终点（在 1min 内滴定到终点），记录消耗的葡萄糖标准溶液的总体积。计算每 10mL 碱性酒石酸铜溶液相当于葡萄糖的质量。

　　（3）试样预滴定。吸取碱性酒石酸铜甲、乙液各 5.00mL，置于 150mL 锥形瓶中，加水 10mL，玻璃珠 2 粒，控制在 2min 内加热至沸，趁热以每 2s 1 滴的速度滴加试样溶液，并保持沸腾状态，待溶液颜色变浅时，以每秒 1 滴的速度继续滴加试样溶液，直至溶液蓝色刚好退去为终点，读取消耗试样溶液的总体积。

　　（4）试样测定。吸取碱性酒石酸铜甲、乙液各 5.00mL，置于 150mL 锥形瓶中，加水 10mL，玻璃珠 2 粒，从滴定管中加比预滴定用量少 0.5～1.0mL 的试样溶液，控制在 2min 内加热至沸，趁热以每 2s1 滴的速度继续滴加试样溶液，直至溶液蓝色刚好褪去为终点，记录消耗试样溶液的总体积。

　　4）数据记录与结果处理

　　数据记录与结果处理如表 7-5 所示。

表 7-5　数据记录与结果处理

测定次数		1		2	
		水解前	水解后	水解前	水解后
碱性酒石酸铜溶液标定	葡萄糖标准溶液的浓度 ρ/(g/L)				
	滴定初读数/mL				
	滴定终读数/mL				
	滴定耗用葡萄糖标准溶液的体积 V_0/mL				
	10mL 碱性酒石酸铜溶液相当于葡萄糖质量 m_0/mg				
试样测定	试样的质量 m/g				
	滴定初读数/mL				
	滴定终读数/mL				
	滴定耗用水解前试样溶液的体积 V_1/mL				
	滴定耗用水解后试样溶液的体积 V_2/mL				
	水解前试样中还原糖含量 w_1（质量分数）/%				
	水解后试样中还原糖含量 w_2（质量分数）/%				
	试样中蔗糖含量 w（质量分数）/%				
	试样中蔗糖平均含量（质量分数）/%				
	平行测定结果绝对差与平均值比值/%				

　　计算公式：

10mL 碱性酒石酸铜溶液相当于葡萄糖的质量按下式计算：

$$m_0 = \rho \times V_0$$

水解前试样中还原糖的含量按下式计算：

$$w_1 = \frac{m_0}{m \times \dfrac{50}{250} \times \dfrac{V_1}{100} \times 1000} \times 100$$

水解后试样中还原糖的含量按下式计算：

$$w_2 = \frac{m_0}{m \times \dfrac{50}{250} \times \dfrac{V_2}{100} \times 1000} \times 100$$

试样中蔗糖的含量按下式计算：

$$w = (w_2 - w_1) \times 0.95$$

式中，0.95——还原糖（以葡萄糖计）换算为蔗糖的系数。

5）说明

（1）所得结果保留 3 位有效数字。平行测定结果绝对差与平均值的比值不超过 1.5%。

（2）预测定的目的。一是测定时消耗试样溶液的体积应该与标定时消耗葡萄糖标准溶液的体积相近，通过预测定可以了解试样溶液浓度是否合适，浓度过大或过小应该加以调整，使测定时消耗试样溶液体积在 10mL 左右。二是通过测定可知道试样溶液的大概消耗量，以便在正式的滴定时，预先加入比实际用量少 1mL 左右的试样溶液，只留下 1mL 左右的试样溶液在继续滴定时加入，以保证在 1min 内完成继续滴定，提高测定的准确度。

（3）影响测定结果的主要操作因素是反应液碱度、热源强度、煮沸时间和滴定速度。一般煮沸时间短消耗糖多，反之，消耗糖液少。滴定速度过快，消耗糖量多，反之，消耗糖量少。另外溶液碱度越高，二价铜的还原越快，因此必须严格控制反应的体积，使反应体系碱度一致。热源一般采用 800W 电炉，反应液在 2min 内沸腾。

任务 2　乳糖含量的测定

学习目标

（1）掌握高效液相色谱法和莱因-埃农氏法测定乳糖含量的相关知识和操作技能。

（2）会进行规范的滴定操作、准确判定滴定终点和正确操作高效液相色谱仪。

（3）能及时记录原始数据和用外标法进行定量。

知识准备

乳糖由 1 分子葡萄糖和 1 分子半乳糖缩合形成，分子式 $C_{12}H_{22}O_{11}$，是在哺乳动物乳汁中的双糖，因此而得名。工业上乳糖是从乳清中提取出来的，以无水或含 1 分子结晶水的形式存在，或以这两种混合物的形式存在。

测定乳糖含量的方法有高效液相色谱法和莱因-埃农氏法。

　　高效液相色谱法是利用氨基色谱柱分离试样中的乳糖，用示差折光检测器检测。根据乳糖的折光指数与浓度成正比，用外标法进行定量。

　　莱因-埃农氏法是将试样在加热条件下，以亚甲基蓝为指示剂，直接滴定已标定过的费林氏溶液，根据消耗试样溶液的体积计算乳糖的含量。

技能操作

　　1. 高效液相色谱法

　　1）试剂

　　(1) 乙腈：色谱纯。

　　(2) 20g/L 乳糖标准贮备液：称取在 (94±2)℃烘箱中干燥 2h 的乳糖标样 2g（精确至 0.1mg），溶于水中，移入 100mL 容量瓶中并用水稀释至刻度。放置 4℃冰箱中。

　　(3) 乳糖标准工作液：分别吸取 20g/L 乳糖标准贮备液 0.00、1.00、2.00、3.00、4.00、5.00（mL）于 10mL 容量瓶中，用乙腈定容至刻度。配成浓度分别为 0.0、2.0、4.0、6.0、8.0、10.0（g/L）乳糖标准系列工作液。

　　2）仪器
　　同本模块项目 2 中任务 1 蔗糖含量的高效液相色谱法。

　　3）操作步骤
　　同本模块项目 2 中任务 1 蔗糖含量的高效液相色谱法。

　　4）数据记录与结果处理
　　同本模块项目 2 中任务 1 蔗糖含量的高效液相色谱法。

　　5）说明
　　所得结果保留 3 位有效数字。平行测定结果绝对差与平均值的比值不超过 5%。

　　2. 莱因-埃农氏法

　　1）试剂

　　(1) 10g/L 亚甲基蓝溶液：称取 1g 亚甲基蓝，溶于 100mL 水中。

　　(2) 费林氏溶液。

　　甲液：称取 34.639g 硫酸铜，溶于水中，加入 0.5mL 浓硫酸，加水至 500mL。

　　乙液：称取 173g 酒石酸钾钠，50g 氢氧化钠，溶解于水中，稀释至 500mL，静置两天后过滤。

　　(3) 乳糖标准溶液：称取预先在 (94±2)℃烘箱中干燥 2h 的乳糖标样约 0.75g（精确到 0.1mg），用水溶解并定容至 250mL。

　　2）仪器
　　分析天平（感量 0.1mg），电炉，滴定管（50mL），容量瓶（250mL），吸量管（5mL）。

　　3）操作步骤
　　(1) 试样溶液制备。称取试样 0.75g（精确到 0.1mg），加水溶解后，移入 250mL

容量瓶中，并用水稀释至刻度，摇匀。

（2）费林氏溶液标定。称取预先在（94±2）℃烘箱中干燥 2h 的乳糖标样约 0.75g（精确到 0.1mg），用水溶解并定容至 250mL。

预标定：吸取 10mL 费林氏溶液甲、乙液各 5.00mL 于 250mL 锥形瓶中，加入 20mL 蒸馏水，放入几粒玻璃珠，从滴定管中放出 15mL 乳糖标样溶液于锥形瓶中，置于电炉上加热，使其在 2min 内沸腾，保持沸腾状态 15s，加入 3 滴亚甲基蓝溶液，继续滴入乳糖标样溶液至溶液蓝色完全退尽为止，读取所用乳糖标样溶液的体积。

精确标定：另取 10mL 费林氏溶液甲、乙液各 5.00mL 于 250mL 锥形烧瓶中，再加入 20mL 蒸馏水，放入几粒玻璃珠，加入比预标定用量少 0.5～1.0mL 的乳糖标样溶液，置于电炉上，使其在 2min 内沸腾，维持沸腾状态 2min，加入 3 滴亚甲基蓝溶液，以每 2s 1 滴的速度徐徐滴入乳糖标样溶液直至蓝色完全退尽即为终点，记录消耗乳糖标样溶液的体积。

（3）试样预滴定。按照预标定费林氏溶液的步骤操作，用试样溶液滴定至终点，读取消耗试样溶液的总体积。

（4）试样测定。按照精确标定费林氏溶液的步骤操作，用试样溶液滴定至终点，记录消耗试样溶液的总体积。

4）数据记录与结果处理

数据记录与结果处理如表 7-6 所示。

表 7-6　数据记录与结果处理

测定次数		1	2
费林氏溶液标定	乳糖标样的质量 m_0/g		
	滴定初读数/mL		
	滴定终读数/mL		
	标定耗用乳糖标样溶液的体积 V_0/mL		
	由消耗乳糖标样溶液体积查表 7-7 所得乳糖质量 m_1/mg		
	费林氏溶液乳糖校正值 f		
试样测定	试样的质量 m/g		
	试样溶液的体积 V/mL		
	滴定初读数/mL		
	滴定终读数/mL		
	测定耗用试样溶液的体积 V_1/mL		
	由消耗试样溶液体积查表 7-7 所得乳糖质量 m_2/mg		
	试样中乳糖含量 w（质量分数）/%		
	试样中乳糖平均含量（质量分数）/%		
	平行测定结果绝对差与平均值比值/%		

计算公式：

费林氏溶液乳糖校正值按下式计算：

$$f = \frac{4 \times V_0 \times m_0}{m_1}$$

试样中乳糖的含量按下式计算：

$$w = \frac{m_2 \times f}{m \times \dfrac{V_1}{V} \times 1000} \times 100$$

表7-7　乳糖因素表（10mL 费林氏溶液）

滴定体积/mL	乳糖质量/mg	滴定体积/mL	乳糖质量/mg	滴定体积/mL	乳糖质量/mg
15	68.3	27	67.8	39	67.9
16	68.2	28	67.8	40	67.9
17	68.2	29	67.8	41	68.0
18	68.1	30	67.8	42	68.0
19	68.1	31	67.8	43	68.0
20	68.0	32	67.8	44	68.0
21	68.0	33	67.8	45	68.1
22	68.0	34	67.9	46	68.1
23	67.9	35	67.9	47	68.2
24	67.9	36	67.9	48	68.2
25	67.9	37	67.9	49	68.2
26	67.9	38	67.9	50	68.3

5）说明

所得结果保留 3 位有效数字。平行测定结果绝对差与平均值的比值不超过 1.5%。

任务3　麦芽糖含量的测定

学习目标

（1）掌握高效液相色谱法测定麦芽糖含量的相关知识和操作技能。

（2）会正确操作高效液相色谱仪。

（3）能及时记录原始数据和用外标法进行定量。

知识准备

麦芽糖是以淀粉或淀粉质为原料，经液化、糖化、精制而成。

麦芽糖含量的测定采用高效液相色谱法。试样中的麦芽糖随流动相在高效液相色谱柱两相之间进行反复多次的分配，与其他组分彼此分离开来，用示差折光检测器检测。根据检测得到的麦芽糖色谱峰保留时间对照定性，依据峰面积用外标法定量。

技能操作

1）试剂

（1）乙腈：色谱纯。氨基柱用。

（2）5g/L麦芽糖标准溶液：称取0.5g麦芽糖标样（质量分数为95%以上）（准确至0.1mg），加水溶解并定容至100mL。

2）仪器

高效液相色谱仪［配有示差折光检测器、真空抽滤脱气装置、微孔膜（0.2μm或0.45μm）］，色谱柱［钙型阳离子交换树脂柱（ϕ7.9mm×300mm）或氨基键合柱（ϕ4.6mm×250mm，Waters Spherisor 5μm NH$_2$）］，分析天平（感量0.1mg），容量瓶（100mL），微量进样器（10μL）。

3）操作步骤

（1）试样溶液制备。称取试样2g（以干物质计）（准确至0.1mg），加水溶解，移入100mL容量瓶中，用水定容至刻度。用0.2或0.45μm微孔膜过滤，滤液备用。

（2）色谱条件。

阳离子交换树脂柱：流动相为纯水。在测定的前一天接通示差折光检测器电源，预热稳定，装上色谱柱，调节柱温至85℃，以0.1mL/min的流速通入流动相平衡过夜。进样分析前，将所用流动相输入参比池20min以上，再恢复正常流路使流动相经过样品池，调节流速至0.6mL/min。待基线稳定后，即可进样分析。

氨基键合柱：流动相为乙腈：水=75:25。在测定的前一天接通示差折光检测器电源，预热稳定，装上色谱柱，调节柱温至75℃，以0.1mL/min的流速通入流动相平衡过夜。进样分析前，将所用流动相输入参比池20min以上，再恢复正常流路使流动相经过样品池，调节流速至1.0mL/min。待基线稳定后，即可进样分析。

（3）标准曲线绘制。用麦芽糖标准溶液进样分析，进样量5～10μL。以麦芽糖浓度对峰面积绘制标准曲线。

（4）试样测定。将试样溶液进样分析，进样量5～10μL。根据麦芽糖标准品的保留时间确定试样中麦芽糖的色谱峰，根据其峰面积以外标法计算麦芽糖的含量。

4）数据记录与结果处理

数据记录与结果处理如表7-8所示。

表7-8　数据记录与结果处理

测定次数	1	2
试样的质量（以干物质计）m/g		
麦芽糖标样的质量m_s/g		
试样的稀释体积V/mL		
麦芽标样的稀释体积V_s/mL		
试样中麦芽糖的峰面积A/mm^2		
麦芽糖标样的峰面积A_s/mm^2		
试样中麦芽糖的含量（以干物质计）w（质量分数）/%		
试样中麦芽糖的平均含量（以干物质计）（质量分数）/%		
平行测定结果绝对差与平均值比值/%		

计算公式：

$$w = \frac{A \times m_s \times V}{A_s \times m \times V_s} \times 100$$

5）说明

（1）所得结果保留一位小数。平行测定结果绝对差与平均值的比值不超过1%。

（2）标准曲线的线性相关系数应为 0.9990 以上。

任务4　环状糊精含量的测定

（1）掌握测定环状糊精含量的相关知识和操作技能。

（2）会正确操作分光光度计。

（3）能及时记录原始数据和正确处理测定结果。

环状糊精是直链淀粉在由芽孢杆菌产生的环状糊精葡萄糖基转移酶作用下生成的一系列环状低聚糖的总称，通常含有 6～12 个 D-吡喃葡萄糖单元。环状糊精中研究得较多并且具有重要实际意义的是含有 6、7、8（个）葡萄糖单元的分子，分别称为 α-、β-和 γ-环状糊精。

环状糊精的复合物存在于天然，也可以人工合成。工业上，不少染料都是以环状糊精作基体；而不少有医疗功效的药用植物，如芦荟，都含有环状糊精复合物，例如芦荟凝胶中的环糊精复合物有消炎、消肿、止痛、止痒及抑制细菌生长的效用，可作天然的治伤药用。此外，环状糊精法是生产双氧水的最佳方法。

环状糊精含量的测定是用苯酚硫酸法测定试样的总糖量，利用糖化酶只分解直链糊精和低聚糖，而不分解环状糊精的特性，以 3,5-二硝基水杨酸（DNS）法测出糖化酶作用于试样产生的葡萄糖量，总糖与葡萄糖量之差与总糖之比，即为环状糊精的含量。

1）试剂

（1）硫酸。

（2）800g/L苯酚溶液：称取80g重蒸馏的苯酚，加20mL水混匀。

（3）乙酸-乙酸钠缓冲溶液（pH 4.5）：吸取6.50mL冰乙酸，加入11.7g三水乙酸钠或7.1g无水乙酸钠，加水溶解并定容为1000mL。以酸度计校正pH。

（4）葡萄糖淀粉酶溶液：配制酶活力为 4u/mL 的根霉葡萄糖淀粉酶（实验室用）溶液，用时配制，可放冰箱4℃保存，保存期不超过3d。

（5）3,5-二硝基水杨酸溶液：称取 3,5-二硝基水杨酸 6.3g，酒石酸钾钠182g，重

蒸馏的苯酚 5g，氢氧化钠 21g，亚硫酸氢钠 10g，混合加热溶解后，用水定容至
1000mL。暗处保存 1 周，滤纸过滤备用。

（6）0.1g/L 葡萄糖标准溶液：称取 0.5g 葡萄糖（准确至 0.1mg），加水溶解，移
入 500mL 容量瓶，用水定容至刻度，配制成 1g/L 的葡萄糖标准溶液。吸取 1g/L 的葡
萄糖标准溶液 10.00mL 于 100mL 容量瓶中，用水定容至刻度，配制成 0.1g/L 葡萄糖
标准溶液。

2）仪器

分析天平（感量 0.1mg），分光光度计（配有 1cm 比色皿），秒表，恒温水浴槽，
容量瓶（100mL），吸量管（2mL）。

3）操作步骤

（1）葡萄糖的测定。

标准曲线绘制：按表 7-9 在试管中配制反应液。将各反应液置于沸水浴中反应
5min 后取出，冷却至室温，用 1cm 比色皿在 540nm 波长处测定其吸光度。以葡萄糖含
量为横坐标，吸光度为纵坐标，绘制标准曲线。

表 7-9　测定葡萄糖时反应液的制备

反应液编号	空白	1	2	3	4	5	6	7	8
1g/L 葡萄糖标准溶液/mL	0.00	0.10	0.15	0.20	0.30	0.40	0.60	0.80	1.00
水/mL	1.50	1.40	1.35	1.30	1.20	1.10	0.90	0.70	0.50
反应液中葡萄糖含量/μg	0	100	150	200	300	400	600	800	1000
乙酸-乙酸钠缓冲溶液/mL	1.0	1.0	1.0	1.0	1.0	1.0	1.0	1.0	1.0
DNS 溶液/mL	2.5	2.5	2.5	2.5	2.5	2.5	2.5	2.5	2.5

试样中酶解产生的葡萄糖量测定：称取 1g 试样（准确至 0.1mg），加水溶解并定容
至 100mL。吸取此试样溶液 1.00mL，加入 1mL 乙酸-乙酸钠缓冲液（pH 4.5），葡萄
糖淀粉酶溶液 0.5mL，置于 50℃恒温水浴中反应 30min。反应终止时，加入 DNS 溶液
2.5mL，置于沸水浴中 5min 后取出，冷至室温，测定吸光度。用 1.00mL 水代替试样
溶液做空白试验。

根据试样溶液的吸光度从标准曲线上查出其葡萄糖含量，计算 1g 试样中酶解产生
的葡萄糖量。

（2）总糖的测定。

标准曲线绘制：按表 7-10 在试管中配制反应液。待各反应液冷却至室温后，用
1cm 比色皿在 490nm 波长处测定其吸光度。以葡萄糖含量为横坐标，吸光度为纵坐标，
绘制标准曲线。

表 7-10　测定总糖时反应液的制备

反应液编号	空白	1	2	3	4	5
0.1g/L 葡萄糖标准溶液/mL	0.0	0.5	0.7	0.9	1.1	1.3
水/mL	2.0	1.5	1.3	1.1	0.9	0.7
反应液中葡萄糖含量/μg	0	50	70	90	110	130
苯酚溶液/μL	50	50	50	50	50	50
硫酸/mL	5	5	5	5	5	5

试样中总糖测定：将（1）中试样溶液再稀释 100 倍，制成试样稀释溶液。吸取该试样稀释溶液 1.00mL，加水 1mL，苯酚溶液 50μL，充分摇匀后，再加入硫酸 5mL，反应后冷却至室温，测定其吸光度。用 2.00mL 水代替试样溶液做空白试验。

根据试样稀释溶液的吸光度从标准曲线上查出其中总糖含量，计算 1g 试样中的总糖量（以葡萄糖计）。

（3）根据 1g 试样中的总糖量和酶解产生的葡萄糖量计算试样中环状糊精的含量。

4）数据记录与结果处理

数据记录与结果处理如表 7-11 所示。

表 7-11　数据记录与结果处理

测定项目	标准系列溶液						试样溶液	
	1	2	3	4	5	6	1	2
试样的质量 m/g								
试样溶液的体积 V/mL								
试样溶液的稀释倍数 n								
测定葡萄糖时各测定液的吸光度 A_1								
测定葡萄糖时各测定液中葡萄糖含量 m_1/μg								
1g 试样中酶解产生的葡萄糖量 X_1/g								
测定总糖时各测定液的吸光度 A_2								
测定总糖时各测定液中葡萄糖含量 m_2/μg								
1g 试样中总糖量 X_2/g								
试样中环状糊精含量 w（质量分数）/%								
试样中环状糊精平均含量（质量分数）/%								
平行测定结果绝对差与平均值比值/%								

计算公式：

1g 试样中酶解产生的葡萄糖量按下式计算：

$$X_1 = \frac{\dfrac{m_1}{1.00} \times V}{m \times 10^6}$$

1g 试样中总糖量（以葡萄糖计）按下式计算：

$$X_2 = \frac{\dfrac{m_2}{1.00} \times V \times n}{m \times 10^6}$$

试样中环状糊精的含量（总糖中）按下式计算：

$$w = \frac{X_2 - X_1}{X_2} \times 100$$

5）说明

（1）所得结果保留 1 位小数。平行测定结果绝对差与平均值的比值不超过 5%。

（2）制备测定总糖的反应液时，先将葡萄糖标准溶液、水、苯酚溶液混匀后，再加入硫酸。加硫酸时，应将移液管正对液面，直冲而下，以移液管壁上附留的酸液滴下 5 滴为准。

项目 3　多糖的检验

任务 1　淀粉含量的测定

学习目标

（1）掌握酸水解法、酶水解法和旋光法测定淀粉含量的相关知识和操作技能。

（2）会进行规范的滴定操作、准确判定滴定终点和正确操作旋光仪。

（3）能及时记录原始数据和正确处理测定结果。

知识准备

　　淀粉是指以谷物、薯类、豆类及各种植物为原料，通过物理方法生产的原淀粉，以及原淀粉经过某种方法处理，改变其原来的物理或化学特性的变性淀粉。

　　淀粉含量的测定方法有酸水解法、酶水解法和旋光法。

　　酸水解法是将试样除去脂肪及可溶性糖类后，用酸水解淀粉生成葡萄糖，用直接滴定法测定还原糖含量，再折算成淀粉含量。此法适用于淀粉含量较高、半纤维素等其他多糖含量较少的试样的测定。

　　酶水解法是将试样去除脂肪和可溶性糖类后，在淀粉酶的作用下，使淀粉水解为低分子糊精和麦芽糖，再用盐酸进一步水解为葡萄糖，然后用直接滴定法测定还原糖含量，并折算成淀粉含量。此法不受半纤维素等其他多糖的干扰，测定结果准确可靠。

　　旋光法是先将试样用稀盐酸水解，经澄清和过滤后，测定其总旋光度。再将试样用40%（体积分数）乙醇溶液萃取出可溶性糖和相对分子量低的多糖，得到的滤液用稀盐酸水解、澄清和过滤后，测定其乙醇可溶性物质的旋光度。用试样总旋光度与乙醇可溶性物质旋光度的差值乘以一个系数，计算得到试样的淀粉含量。此法不适用于直链淀粉含量高的试样的测定。

技能操作

　　1. 酸水解法

　　1）试剂

　　（1）乙醚。

　　（2）85%（体积分数）乙醇溶液：量取 80mL 95%（体积分数）乙醇与 10mL 水混匀。

　　（3）盐酸溶液（1+1）：量取 50mL 盐酸，注入 50mL 水中，混匀。

　　（4）400g/L 氢氧化钠溶液：称取 40g 氢氧化钠，加 100mL 水溶解。

　　（5）100g/L 氢氧化钠溶液：称取 10g 氢氧化钠，加 100mL 水溶解。

　　（6）200g/L 乙酸铅溶液：称取 20g 乙酸铅，加 100mL 水溶解。

（7）100g/L 硫酸钠溶液：称取 10g 硫酸钠，加 100mL 水溶解。

（8）2g/L 甲基红指示液：称取 0.2g 甲基红，加 95%（体积分数）乙醇 100mL 溶解。

（9）碱性酒石酸铜溶液。

甲液：称 15g 硫酸铜，亚甲基蓝 0.05g，加适量水溶解，并稀释至 1000mL。

乙液：称 50g 酒石酸钾钠，75g 氢氧化钠，加适量水溶解，再加入 4g 亚铁氰化钾，加水溶解稀释至 1000mL，贮存于橡胶塞玻璃瓶中备用。

（10）1g/L 葡萄糖标准溶液：称取 98～100℃ 干燥 2h 的葡萄糖 1g（准确至 0.1mg），加水溶解后，加入 5mL 盐酸，用水定容至 1000mL。

2）仪器

分析天平（感量 0.1mg），回流冷凝管，电炉，滴定管（50mL），容量瓶（500mL），吸量管（5mL）。

3）操作步骤

（1）试样溶液制备。称取经粉碎过 40 目筛的试样 2～5g（准确至 0.1mg），用 30mL 乙醚分 3 次洗涤，去除脂肪。再用 85%（体积分数）乙醇溶液 150mL 分数次洗涤残渣，去除可溶性糖类。用 100mL 水将残渣转移至 250mL 锥形瓶中。

在上述溶液中加入 30mL 盐酸溶液（1+1），装上冷凝管，于沸水浴中回流 2h，立即冷却，加 2 滴甲基红指示液，用 400g/L 氢氧化钠溶液调至黄色，再用盐酸溶液（1+1）调至刚变红色，再用 100g/L 氢氧化钠溶液调至红色刚好退去（接近中性）。然后加 200g/L 乙酸铅溶液 20mL，摇匀 10min 后，再加入 100g/L 硫酸钠溶液 20mL。摇匀后，用水转移至 500mL 容量瓶中，加水定容至刻度。过滤，收集澄清滤液，备用。

（2）碱性酒石酸铜溶液标定。同本模块项目 2 中任务 1 蔗糖含量的酸水解法。

（3）试样预滴定。同本模块项目 2 中任务 1 蔗糖含量的酸水解法。

（4）试样测定。同本模块项目 2 中任务 1 蔗糖含量的酸水解法。

4）数据记录与结果处理

数据记录与结果处理如表 7-12 所示。

表 7-12　数据记录与结果处理

	测定次数	1	2
碱性酒石酸铜溶液标定	葡萄糖标准溶液的浓度 ρ/(g/L)		
	滴定初读数/mL		
	滴定终读数/mL		
	标定耗用葡萄糖标准溶液的体积 V_0/mL		
	10mL 碱性酒石酸铜溶液相当于葡萄糖质量 m_0/mg		
试样测定	试样的质量 m/g		
	试样溶液的体积 V/mL		
	滴定初读数/mL		
	滴定终读数/mL		
	测定耗用试样溶液的体积 V_1/mL		
	试样中还原糖含量 w_1（质量分数）/%		
	试样中淀粉含量 w（质量分数）/%		
	试样中淀粉平均含量（质量分数）/%		
	平行测定结果绝对差与平均值比值/%		

计算公式：

10mL 碱性酒石酸铜溶液相当于葡萄糖的质量按下式计算：

$$m_0 = \rho \times V_0$$

试样中还原糖的含量按下式计算：

$$w_1 = \frac{m_0}{m \times \dfrac{V_1}{V} \times 1000} 100$$

试样中淀粉的含量按下式计算：

$$w = w_1 \times 0.9$$

式中，0.9——还原糖（以葡萄糖计）换算为淀粉的系数。

5）说明

所得结果保留 1 位小数。平行测定结果绝对差与平均值的比值不超过 1.5%。

2. 酶水解法

1）试剂

（1）乙醚。

（2）85%（体积分数）乙醇溶液：量取 80mL 95%（体积分数）乙醇与 10mL 水混匀。

（3）盐酸溶液（1+1）：量取 50mL 盐酸，注入 50mL 水中，混匀。

（4）200g/L 氢氧化钠溶液：称取 20g 氢氧化钠，加 100mL 水溶解。

（5）5g/L 淀粉酶溶液：称取 0.5g 淀粉酶，加 100mL 水溶解。冰箱中冷藏。

（6）碘溶液：称取 3.6g 碘化钾溶于 20mL 水中，加入 1.3g 碘，溶解后加水稀释至 100mL。

（7）2g/L 甲基红指示液：称取 0.2g 甲基红，加 95%（体积分数）乙醇 100mL 溶解。

（8）碱性酒石酸铜溶液。

甲液：称 15g 硫酸铜，亚甲基蓝 0.05g，加适量水溶解，并稀释至 1000mL。

乙液：称 50g 酒石酸钾钠，75g 氢氧化钠，加适量水溶解，再加入 4g 亚铁氰化钾，加水溶解稀释至 1000mL，贮存于橡胶塞玻璃瓶中备用。

（9）1g/L 葡萄糖标准溶液：称取 98～100℃干燥 2h 的葡萄糖 1g（准确至 0.1mg），加水溶解后，加入 5mL 盐酸，用水定容至 1000mL。

2）仪器

分析天平（感量 0.1mg），回流冷凝管，电炉，滴定管（50mL），容量瓶（100mL、250mL），移液管（50mL），吸量管（5mL）。

3）操作步骤

（1）试样溶液制备。称取试样 2～5g（准确至 0.1mg）（含淀粉 0.5g 左右），置于铺有折叠滤纸的漏斗内，用 50mL 乙醚分 5 次洗涤以除去脂肪。再用 85%（体积分数）乙醇溶液 100mL 分数次洗涤残渣，去除可溶性糖类。用 50mL 水将残渣转移至 250mL 烧杯中。

将烧杯置于沸水浴上加热 15min，使淀粉糊化，冷却至 60℃以下，加入 20mL 淀粉酶溶液，在 55～60℃保温 1h，并随时搅拌。取 1 滴此溶液于白色点滴板上，加 1 滴碘液应不呈蓝色；若呈蓝色，再加热糊化，冷却至 60℃ 以下，再加 20mL 淀粉酶溶液，继续保温，直至酶解液加碘液后不呈蓝色为止。加热至沸使酶失活，冷却后移入 250mL 容量瓶中，加水定容至刻度。混匀后过滤，弃去初滤液，收集澄清滤液，备用。

吸取 50.00mL 上述滤液于 250mL 锥形瓶中，加入 5mL 盐酸溶液（1+1），装上冷凝管，于沸水浴中回流 1h，冷却后加 2 滴甲基红指示液，用 200g/L 氢氧化钠溶液中和至红色刚好退去（接近中性）。将溶液转移至 100mL 容量瓶中，洗涤锥形瓶，洗液并入容量瓶中，加水定容至刻度。摇匀，备用。

（2）碱性酒石酸铜溶液标定。同本模块项目 2 中任务 1 蔗糖含量的酸水解法。

（3）试样预滴定。同本模块项目 2 中任务 1 蔗糖含量的酸水解法。

（4）试样测定。同本模块项目 2 中任务 1 蔗糖含量的酸水解法。

4）数据记录与结果处理

数据记录与结果处理如表 7-13 所示。

表 7-13 数据记录与结果处理

	测定次数	1	2
碱性酒石酸铜溶液标定	葡萄糖标准溶液的浓度 ρ/(g/L)		
	滴定初读数/mL		
	滴定终读数/mL		
	标定耗用葡萄糖标准溶液的体积 V_0/mL		
	10mL 碱性酒石酸铜溶液相当于葡萄糖质量 m_0/mg		
试样测定	试样的质量 m/g		
	滴定初读数/mL		
	滴定终读数/mL		
	测定耗用试样溶液的体积 V_1/mL		
	试样中还原糖含量 w_1（质量分数）/%		
	试样中淀粉含量 w（质量分数）/%		
	试样中淀粉平均含量（质量分数）/%		
	平行测定结果绝对差与平均值比值/%		

计算公式：

10mL 碱性酒石酸铜溶液相当于葡萄糖的质量按下式计算：

$$m_0 = \rho \times V_0$$

试样中还原糖的含量按下式计算：

$$w_1 = \frac{m_0}{m \times \dfrac{50}{250} \times \dfrac{V_1}{100} \times 1000} \times 100$$

试样中淀粉的含量按下式计算：

$$w = w_1 \times 0.9$$

式中，250——试样酶解后溶液的体积（mL）；

50——酸解时吸取试样酶解溶液的体积（mL）；

100——试样酸解后溶液的体积（mL）；

0.9——还原糖（以葡萄糖计）换算为淀粉的系数。

5) 说明

所得结果保留 1 位小数。平行测定结果绝对差与平均值的比值不超过 1.5%。

3. 旋光法

1) 试剂

(1) 40%（体积分数）乙醇溶液：量取 42mL 95%（体积分数）乙醇与 58mL 水混匀。

(2) 0.309mol/L 盐酸溶液：量取 25.6mL 盐酸，加水稀释至 1000mL，混匀。用 0.1mol/L 氢氧化钠溶液标定，以甲基红为指示剂，10mL 此盐酸溶液应消耗 0.1mol/L 氢氧化钠溶液 34.94mL。

(3) 7.7mol/L 盐酸溶液：量取 63.7mL 盐酸，加水稀释至 100mL，混匀。

(4) 卡来兹（Carrez）溶液 I：称取 10.6g 亚铁氰化钾 $[K_4Fe(CN)_6 \cdot 3H_2O]$，加水溶解并稀释至 100mL。

(5) 卡来兹（Carrez）溶液 II：称取 21.9g 乙酸锌，加水溶解后，加入 3g 冰乙酸，用水稀释至 100mL。

2) 仪器

旋光仪（配有 2dm 旋光管），分析天平（感量 0.1mg），电炉，容量瓶（100mL），移液管（50mL）。

3) 操作步骤

(1) 试样总旋光度的测定。称取磨碎并过 0.5mm 孔径筛子的试样（2.5±0.5）g(以干物质计)（准确至 0.1mg），置于 100mL 容量瓶中，加入 0.309mol/L 盐酸溶液 25mL，搅拌至较好的分散状态，再加入 0.309mol/L 盐酸溶液 25mL。

将容量瓶放入沸水浴中，不停振摇 15min±5s。停止振摇，取出，立即加入 30mL 冷水，并用流水快速冷却外瓶壁至（20±2）℃。加入 5mL 卡来兹溶液 I，振摇 1min。再加入 5mL 卡来兹溶液 II，振摇 1min。用水定容至刻度，摇匀后过滤。若滤液不完全澄清，用 5mL 卡来兹溶液 I 和 5mL 卡来兹溶液 II 重复以上操作。将澄清滤液装满 2dm 旋光管，用旋光仪测定其旋光度。

(2) 试样中乙醇可溶性物质旋光度的测定。称取磨碎并过 0.5mm 孔径筛子的试样（5±0.1）g（以干物质计）（准确至 0.1mg），置于 100mL 容量瓶中，加入 40%（体积分数）乙醇溶液约 80mL，在室温下放置 1h，并剧烈摇动 6 次，使试样与乙醇充分混合。用乙醇定容至刻度，摇匀后过滤。

吸取 50.00mL 滤液于 100mL 容量瓶中，加入 7.7mol/L 盐酸溶液 2.1mL，剧烈摇动。接上回流冷凝管后，将容量瓶放入沸水浴中 15min±5s。取出冷却至（20±2）℃。加入 5mL 卡来兹溶液 I，振摇 1min。再加入 5mL 卡来兹溶液 II，振摇 1min。用水定容至刻度，摇匀后过滤。若滤液不完全澄清，用 5mL 卡来兹溶液 I 和 5mL 卡来兹溶液 II 重复以上操作。将澄清滤液装满 2dm 旋光管，用旋光仪测定其旋光度。

（3）根据测得的试样总旋光度和试样中乙醇可溶性物质旋光度，计算试样中淀粉含量。

4）数据记录与结果处理

数据记录与结果处理如表 7-14 所示。

表 7-14　数据记录与结果处理

测定次数		1	2
总旋光度测定	试样的质量 m_1/g		
	试样测定溶液的旋光度 α_1/（°）		
乙醇可溶性物质旋光度测定	试样的质量 m_2/g		
	试样测定溶液的旋光度 α_2/（°）		
淀粉含量计算	试样中淀粉含量 w（质量分数）/%		
	试样中淀粉平均含量（质量分数）/%		
	平行测定结果绝对差与平均值比值/%		

计算公式：

$$w = \frac{1}{\alpha_m} \times \left(\frac{\alpha_1 \times 100}{m_1 \times 2} - \frac{\alpha_2 \times 100 \times 100}{m_2 \times 2 \times 50} \right) \times 100$$

式中，100——测定试样总旋光度时试样溶液的体积（mL）；

100——测定试样乙醇可溶性物质旋光度时乙醇萃取溶液的体积（mL）；

50——测定试样乙醇可溶性物质旋光度时吸取乙醇萃取溶液的体积（mL）；

100——测定试样乙醇可溶性物质旋光度时试样测定溶液的体积（mL）；

2——旋光管的长度（dm）；

α_m——纯淀粉在 589.3nm 波长下测得的比旋光度 [（°）・dm²/kg]。大米淀粉为 +185.9，马铃薯淀粉为 +185.7，玉米淀粉为 +184.6，小麦淀粉为 +182.7，大麦淀粉为 +181.5，燕麦淀粉为 +181.3，其他淀粉和淀粉混合物为 +184.0。

5）说明

所得结果保留 1 位小数。平行测定结果绝对差与平均值的比值不超过 1%。

任务 2　直链淀粉和支链淀粉含量的测定

学习目标

（1）掌握比色法测定直链淀粉和支链淀粉含量的相关知识和操作技能。

（2）会正确操作分光光度计。

（3）能及时记录原始数据和正确处理测定结果。

知识准备

直链淀粉是指淀粉中葡萄糖单元主要以直链结构连接成的多聚糖大分子。

支链淀粉是指淀粉中葡萄糖单元主要以支链结构连接成的多聚糖大分子。

　　直链淀粉含量的测定是将试样粉碎至细粉以破坏淀粉的胚乳结构，使其易于完全分散及糊化，脱脂后的试样分散在氢氧化钠溶液中，加入碘试剂后，于720nm处测定显色复合物的吸光度。为了消除支链淀粉对试样中碘-直链淀粉复合物的影响，用马铃薯直链淀粉和支链淀粉的混合标样绘制校正曲线，从校正曲线中读出试样中直链淀粉含量。

　　支链淀粉含量由总淀粉含量减去直链淀粉含量求出。

技能操作

　　1）试剂

　　（1）85%（体积分数）甲醇溶液：量取90mL甲醇与10mL水混合。

　　（2）95%（体积分数）乙醇。

　　（3）1mol/L氢氧化钠溶液：称取4g氢氧化钠，加100mL水溶解。

　　（4）0.09mol/L氢氧化钠溶液：称取3.6g氢氧化钠，加1000mL水溶解。

　　（5）脱蛋白溶液。

　　20g/L十二烷基苯磺酸钠溶液：称取2g十二烷基苯磺酸钠，加100mL水溶解。使用前加亚硫酸钠至浓度为2g/L。

　　3g/L氢氧化钠溶液：称取3g氢氧化钠，加1000mL水溶解。

　　（6）1mol/L乙酸溶液：称取6g乙酸，加100mL水溶解。

　　（7）碘试剂：用称量瓶称取（2±0.005）g碘化钾，加适量的水以形成饱和溶液，加入（0.2±0.001）g碘，待碘全部溶解后，将溶液定量转移至100mL容量瓶中，用水稀释至刻度，摇匀。现配现用，避光保存。

　　（8）1g/L马铃薯直链淀粉标准溶液：用85%（体积分数）甲醇溶液对马铃薯直链淀粉（不含支链淀粉）进行脱脂，以5～6滴/s的速度回流抽提4～6h。将脱脂后的直链淀粉放在一个适当的盘子上铺开，放置2d，使残余的甲醇挥发并达到平衡。直链淀粉和试样按同样方法处理。

　　称取经脱脂及水分平衡后的直链淀粉（100±0.5）mg于100mL锥形瓶中，小心加入95%（体积分数）乙醇1.0mL，将粘在瓶壁上的直链淀粉冲下，加入1mol/L氢氧化钠溶液9.0mL，轻摇使直链淀粉完全分散开。将混合物在沸水浴中加热10min，直链淀粉分散后取出，冷却至室温，转移至100mL容量瓶中，加水至刻度，剧烈摇匀。

　　（9）1g/L支链淀粉标准溶液：将支链淀粉质量分数为99%以上的糯米粉浸泡后用捣碎机捣成微细粉状。使用脱蛋白溶液彻底去掉蛋白，洗涤。然后按照1g/L马铃薯直链淀粉标准溶液的制备方法操作。

　　2）仪器

　　分光光度计（配有1cm比色皿），分析天平（感量0.1mg），捣碎机，筛子［150～180μm（80～100目）］，抽提器，容量瓶（100mL），恒温水浴槽，吸量管（10mL）。

　　3）操作步骤

　　（1）直链淀粉的测定。

　　试样溶液的制备：称取至少10g试样，粉碎成粉末并通过150～180μm筛。然后按照 1g/L 马铃薯直链淀粉标准溶液的制备方法操作。同时用 0.09mol/L 氢氧化钠溶液 5.0mL 替代试样制备空白溶液。

校正曲线的绘制：按照表 7-15 将直链淀粉标准溶液、支链淀粉标准溶液和 0.09mol/L 氢氧化钠溶液的混合，配制标准系列溶液。

表 7-15　测定直链淀粉的标准系列溶液

标准溶液序号	1	2	3	4	5	6
直链淀粉质量分数（干基）/%	0	10	20	25	30	35
马铃薯直链淀粉标准溶液/mL	0	2	4	5	6	7
支链淀粉标准溶液/mL	18	16	14	13	12	11
0.09mol/L 氢氧化钠溶液/mL	2	2	2	2	2	2

吸取 5.00mL 标准系列溶液于预先加入约 50mL 水的 100mL 容量瓶中，加 1mol/L 乙酸溶液 1.0mL，摇匀，再加入 2.0mL 碘试剂，加水至刻度，摇匀，静置 10min。用空白溶液调零，在 720nm 处测定标准系列溶液的吸光度。以吸光度为纵坐标，直链淀粉含量（干基）为横坐标，绘制校正曲线。

试样溶液的测定：吸取 5.00mL 试样溶液于预先加入约 50mL 水的 100mL 容量瓶中，加 1mol/L 乙酸溶液 1.0mL，摇匀，再加入 2.0mL 碘试剂，加水至刻度，摇匀，静置 10min。用空白溶液调零，在 720nm 处测定试样溶液的吸光度，从校正曲线上查出试样溶液中直链淀粉含量。

（2）支链淀粉的测定。支链淀粉含量等于总淀粉含量减去直链淀粉含量。

4）数据记录与结果处理

数据记录与结果处理如表 7-16 所示。

表 7-16　数据记录与结果处理

测定项目	标准系列溶液						试样溶液	
	1	2	3	4	5	6	7	8
各测定溶液的吸光度 A								
各测定液中直链淀粉含量（干基，质量分数）/%								
试样中直链淀粉含量（干基，质量分数）/%								
试样中直链淀粉平均含量（干基，质量分数）/%								
平行测定结果绝对差与平均值比值/%								
试样中支链淀粉平均含量（干基，质量分数）/%								

5）说明

（1）所得结果保留 1 位小数。平行测定结果绝对差与平均值的比值不超过 5%。

（2）该测定方法取决于直链淀粉-碘的亲和力，在 720nm 测定是为了使支链淀粉的干扰作用减少到最小。

（3）马铃薯直链淀粉应很纯，应经过电位滴定测试。若马铃薯直链淀粉纯度不高，测得的直链淀粉含量偏高。纯直链淀粉应能结合不少于其质量 19%～20% 的碘，碘-淀粉结合体的最大吸光度应在（640±10）nm，淀粉的质量分数在99%以上（以干物质计）。

（4）当测试试样时，若直链淀粉与支链淀粉在相同条件下进行水分平衡，则不要进行水分校正，测得的是干基结果。若测试试样与标准品不是在相同条件下制备的，则试样与标准品的水分要进行水分测试，测定结果也应作相应校正。

（5）脂类物质会和碘争夺直链淀粉形成复合物，试样脱脂可以有效降低脂类物质的影响，可以获得较高的直链淀粉结果。

（6）制备直链淀粉标准溶液、支链淀粉标准溶液和试样溶液时，挥发甲醇应在通风橱中进行操作。

（7）支链淀粉的碘结合力应少于0.2%。

任务3　淀粉α-化程度的测定

学习目标

（1）掌握碘量法测定淀粉α-化程度的相关知识和操作技能。

（2）会进行规范的滴定操作和准确判定滴定终点。

（3）能及时记录原始数据和正确处理测定结果。

知识准备

方便食品中的淀粉质原料需熟化处理，使淀粉结构转变成α结构才能被人体消化吸收，因此淀粉熟化度（糊化度），即淀粉α-化程度是检验方便速溶食品的一个重要指标。

淀粉在糖酶的作用下，转化为葡萄糖。熟化度越大，α-化程度就越高，转化产生的葡萄糖量也就越多。用碘量法测定转化葡萄糖的含量，根据滴定结果计算α-化程度。

技能操作

1）试剂

（1）糖化酶：糖化酶按比例稀释或溶解定容后，过滤，取澄清滤液贮于冰箱中备用。

（2）1mol/L盐酸溶液：量取8.3mL盐酸，加水稀释至100mL。

（3）$c_{1/2 I_2}$＝0.1mol/L碘溶液：称取13g碘及35g碘化钾，溶于100mL水中并稀释至1000mL，摇匀，贮存于棕色瓶中。

（4）0.1mol/L氢氧化钠溶液：称取0.4g氢氧化钠，加100mL水溶解。

（5）100g/L硫酸溶液：量取5.8mL硫酸，搅拌下缓慢倒入100mL水中，搅匀。

（6）$c_{Na_2S_2O_3}$＝0.1mol/L硫代硫酸钠标准溶液：配制与标定方法同模块4项目1中任务3柠檬酸中易碳化物的测定。

2）仪器

分析天平（感量0.1mg），吸量管（10mL），容量瓶（250mL），滴定管（50mL），恒温水浴槽。

3）操作步骤

（1）试样溶液制备。称取经粉碎后过 60 目筛的试样 1g（准确至 0.1mg），置于碘量瓶中，加入 50mL 水，放在电炉上微沸糊化 20min，然后冷却至室温。向瓶内加入稀释的糖化酶液 2mL，摇匀后放入 50℃恒温水浴中保温 1h。取出后，立即加入 1mol/L 盐酸溶液 2mL 终止糖化，定容瓶内溶液至 100mL，过滤。

另取 1g 试样（准确至 0.1mg），置于碘量瓶中，加水 50mL，稀释的糖化酶液 2mL，摇匀后放入 50℃恒温水浴中保温 1h。取出后，立即加入 1mol/L 盐酸溶液 2mL 终止糖化，定容瓶内溶液至 100mL，过滤。同时用 50mL 水做空白试验。

（2）测定。分别吸取各滤液 10.00mL 于 3 个 250mL 碘量瓶中，加入 0.1mol/L 碘溶液 5.00mL，0.1mol/L 氢氧化钠溶液 18mL，盖盖放置 15min。迅速加入 100g/L 硫酸溶液 2mL，用 0.1mol/L 硫代硫酸钠标准溶液滴定至无色为终点，记录所消耗的硫代硫酸钠标准溶液的用量。

4）数据记录与结果处理

数据记录与结果处理如表 7-17 所示。

表 7-17　数据记录与结果处理

测定次数	1		2		空白
	糊化	未糊化	糊化	未糊化	
滴定初读数/mL					
滴定终读数/mL					
滴定空白溶液消耗硫代硫酸钠溶液体积 V_0/mL					
滴定糊化试样溶液消耗硫代硫酸钠溶液体积 V_1/mL					
滴定未糊化试样溶液消耗硫代硫酸钠溶液体积 V_2/mL					
试样中淀粉 α-化程度 w/%					
试样中淀粉 α-化程度平均值/%					
平行测定结果绝对差与平均值比值/%					

计算公式：

$$w = \frac{V_0 - V_2}{V_0 - V_1} \times 100$$

5）说明

（1）所得结果保留一位小数。平行测定结果绝对差与平均值的比值不超过 0.3%。

（2）此法用于淀粉转化为糊精转化率的测定。

（3）加入糖化酶的量、糖化时间、糖化温度对测定结果有影响，需严格控制。

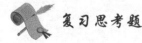 复习思考题

1. 选择题

（1）（　　　）测定是糖类定量的基础。

A. 还原糖　　　　B. 非还原糖　　　　C. 葡萄糖　　　　D. 淀粉

（2）直接滴定法测定还原糖含量在滴定过程中（　　）。

A. 边加热边振摇　　　　　　　　B. 加热沸腾后取下滴定

C. 加热保持沸腾，无需振摇　　　D. 无需加热沸腾即可滴定

（3）直接滴定法在测定还原糖含量时用（　　）作指示剂。

A. 亚铁氰化钾　B. Cu^{2+} 的颜色　C. 硼酸　　　　D. 亚甲基蓝

（4）还原糖是指具有还原性的糖类。其糖分子中含有游离的（　　）和游离的酮基。

A. 醛基　　　　B. 氨基　　　　C. 羧基　　　　D. 羟基

（5）（　　）是还原糖测定的重要试剂。

A. 盐酸　　　　B. 淀粉　　　　C. 碱性酒石酸铜甲液　　　D. 甲醛

（6）淀粉属于（　　）。

A. 单糖　　　　B. 双糖　　　　C. 低聚糖　　　D. 多糖

（7）葡萄糖属于（　　）。

A. 单糖　　　　B. 双糖　　　　C. 低聚糖　　　D. 多糖

（8）果糖属于（　　）。

A. 单糖　　　　B. 双糖　　　　C. 低聚糖　　　D. 多糖

（9）环状糊精属于（　　）。

A. 单糖　　　　B. 双糖　　　　C. 低聚糖　　　D. 多糖

（10）麦芽糖属于（　　）。

A. 单糖　　　　B. 双糖　　　　C. 低聚糖　　　D. 多糖

2. 简述直接滴定法测定还原糖的原理及注意事项。

3. 怎样配制葡萄糖标准液及碱性酒石酸铜甲、乙液？说出详细的操作过程。

4. 酸水解法如何测定蔗糖含量？为什么要进行预测？影响测定的因素主要有哪些？

5. 如何测定环状糊精的含量？如何制备测定时的反应液？

6. 测定淀粉含量的方法有哪些？各适用于测定什么试样？

7. 如何测定直链淀粉和支链淀粉的含量？

8. 何为淀粉的 α-化程度？如何测定？

9. 用直接滴定法测定某还原糖含量，称取 2.000g 样品，用适量水溶解后，定容于100mL。吸取碱性酒石酸铜甲、乙液各 5.00mL 于锥形瓶中，加入 10.00mL 水，加热沸腾后用上述糖溶液滴定至终点耗去 9.65mL。已知标定裴林氏液 10.00ml 耗去 0.1% 葡萄糖液 10.15mL，计算该还原糖含量为多少？

模块 8　维生素的分析与检验

维生素又名维他命，是人和动物营养、生长所必需的某些少量有机化合物，对机体的新陈代谢、生长、发育、健康有极重要作用。维生素的种类繁多，目前已确认的有 30 余种，其中被认为对维持人体健康和促进发育至关重要的有 20 余种。按维生素溶解性能可将它们分成两大类：一类是能溶在脂肪中的，叫脂溶性维生素，如维生素 A、维生素 D、维生素 E、维生素 K 等；另一类是能溶解在水中的，叫水溶性维生素，如维生素 B_1、维生素 B_2、维生素 B_6、维生素 B_{12}、维生素 C 等。本模块主要介绍维生素 B_2、维生素 B_{12}、维生素 C 和 β-胡萝卜素的分析与检验。

项目 1　维生素 B_2 的检验

任务 1　维生素 B_2 含量的测定

学习目标

(1) 掌握分光光度法测定维生素 B_2 含量的相关知识和操作技能。

(2) 会正确操作分光光度计。

(3) 能及时记录原始数据和正确处理测定结果。

知识准备

维生素 B_2 又称核黄素，属于水溶性维生素，分子式 $C_{17}H_{20}N_4O_6$，为橙黄色针状晶体，水溶液有黄绿色荧光，在碱性或光照条件下极易分解，大量存在于谷物、蔬菜、牛乳和鱼等食品中。维生素 B_2 与能量的产生直接有关，能促进生长发育和细胞的再生，增进视力，人体缺少它易患口腔炎、皮炎、微血管增生症等。

维生素 B_2 含量的测定采用分光光度法。维生素 B_2（核黄素）具苯环结构，有多个共轭双键，在波长 444nm 处有最大吸收，将试样溶液于该波长处测定吸光度，以百分吸光系数（$E_{1cm}^{1\%}$）计算即得其质量分数。

技能操作

1) 试剂

(1) 冰乙酸。

(2) 14g/L 乙酸钠溶液：称取 1.4g 无水乙酸钠，加 100mL 水溶解。

2）仪器

分光光度计（配有 1cm 石英比色皿），分析天平（感量 0.1mg），棕色容量瓶（100mL、500mL），吸量管（10mL）。

3）操作步骤

要求避光操作。

（1）试样溶液制备。称取约 0.075g 试样（精确至 0.001g），置于烧杯中，加 1mL 冰乙酸与 75mL 水，加热溶解后，加水稀释，冷却至室温，移入 500mL 棕色容量瓶中，再加水稀释至刻度，摇匀。

（2）试样溶液稀释。吸取 10.00mL 试样溶液，置于 100mL 棕色容量瓶中，加 14g/L 乙酸钠溶液 7mL，并用水稀释至刻度，摇匀。

（3）测定。以水为空白对照，用 1cm 石英比色皿在波长 444nm 处测定试样溶液的吸光度。

4）数据记录与结果处理

数据记录与结果处理如表 8-1 所示。

表 8-1　数据记录与结果处理

测定次数	1	2
试样的质量 m/g		
试样的干燥减量 w_1（质量分数）/%		
试样溶液的体积 V/mL		
吸取试样溶液的体积 V_1/mL		
试样稀释溶液的体积 V_2/mL		
试样稀释溶液的吸光度 A		
试样中维生素 B_2含量 w（以干物质计，质量分数）/%		
试样中维生素 B_2平均含量（以干物质计，质量分数）/%		
平行测定结果绝对差与平均值比值/%		

计算公式：

$$w = \frac{\dfrac{A}{323} \times \dfrac{V}{100} \times \dfrac{V_2}{V_1}}{m \times \dfrac{100-w_1}{100}} \times 100$$

式中，323——维生素 B_2 的百分吸光系数 $[E_{1cm}^{1\%}$，$100mL/(g \cdot cm)]$，即 1g/100mL 维生素 B_2溶液（1%）在 444nm 处的吸光度为 323。

5）说明

所得结果保留 1 位小数。平行测定结果绝对差与平均值的比值不超过 1.5%。

任务 2　维生素 B_2比旋光度的测定

学习目标

（1）掌握测定维生素 B_2比旋光度的相关知识和操作技能。

（2）会正确操作自动旋光仪。

（3）能及时记录原始数据和正确处理测定结果。

 知识准备

维生素 B_2（核黄素）的核糖醇侧链 2,3,4-位有三个不对称碳原子（图 8-1），具有旋光活性，在碱性条件下，呈左旋光性，以此检查样品的比旋光度。

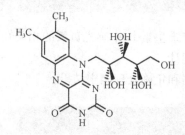

图 8-1　维生素 B_2（核黄素）的分子结构

 技能操作

1）试剂

（1）二硝基苯肼溶液：取 2,4-二硝基苯肼 1.5g，加 20mL 硫酸溶液（1+1），溶解后，加水稀释至 100mL，过滤。

（2）无醛乙醇：取 2.5g 乙酸铅，置于具塞锥形瓶中，加 5mL 水溶解后，加 1000mL 乙醇，摇匀，缓缓加 200g/L 氢氧化钾乙醇溶液 25mL，放置 1h，强力振摇后，静置 12h，倾取上层清液，蒸馏即得。

检查：取 25mL 无醛乙醇，置于锥形瓶中，加 75mL 二硝基苯肼溶液，置于水浴上加热回流 24h，蒸去乙醇，加 36g/L 硫酸溶液 200mL，放置 24h 后，应无结晶析出。

（3）c_{HCl}＝0.1mol/L 盐酸标准溶液：配制与标定方法同模块 3 项目 1 中任务 2 酱油中全氮的测定。

（4）无碳酸盐氢氧化钾乙醇溶液：取 20g 氢氧化钾，加 100mL 无醛乙醇，放置过夜后，吸取上清液，加无醛乙醇稀释成 0.1mol/L 的溶液，用 0.1mol/L 盐酸标准溶液标定后，再吸取 18.00mL，加新煮沸过的冷水定容至 100mL，摇匀。

2）仪器

自动旋光仪，配有 2dm 旋光管；分析天平，感量 0.1mg；容量瓶，50mL。

3）操作步骤

（1）试样溶液制备。称取约 0.25g 试样（精确至 0.1mg），加无碳酸盐氢氧化钾乙醇溶液溶解并定量稀释制成 5g/L 维生素 B_2（核黄素）溶液，摇匀。

（2）旋光度测定。同模块 4 项目 3 中任务 2 L-苹果酸比旋光度的测定。

（3）比旋光度计算。根据测得的试样溶液旋光度计算试样的比旋光度。

4）数据记录与结果处理

同模块 4 项目 3 中任务 2 L-苹果酸比旋光度的测定。

5）说明

所得结果保留两位小数。平行测定结果绝对差与平均值的比值不超过 0.2%。

任务 3　维生素 B_2 中感光黄素的测定

学习目标

（1）掌握分光光度法测定维生素 B_2 中感光黄素的相关知识和操作技能。

（2）会正确操作分光光度计。

（3）能及时记录原始数据和正确处理测定结果。

知识准备

维生素 B_2（核黄素）几乎不溶于三氯甲烷，杂质感光黄素溶于三氯甲烷，在 440nm 处有吸收，因此用三氯甲烷提取感光黄素，排除维生素 B_2（核黄素）的干扰后，在此波长处测定。但维生素 B_2（核黄素）在乙醇中稍有溶解，为克服测定时的干扰，所以必须使用无醇三氯甲烷。

技能操作

1）试剂

（1）无水硫酸钠。

（2）无醇三氯甲烷：取 500mL 三氯甲烷，用水洗涤 3 次，每次 50mL，分取三氯甲烷层，用无水硫酸钠干燥 12h 以上，用脱脂棉过滤，蒸馏。临用前配制。

2）仪器

分光光度计（配有 1cm 石英比色皿），分析天平（感量 0.1mg），吸量管（10mL）。

3）操作步骤

（1）试样溶液制备：称取约 0.025g 试样（精确至 0.1mg），加 10.00mL 无醇三氯甲烷，振摇 5min，过滤。

（2）测定。以无醇三氯甲烷为空白，用 1cm 石英比色皿在波长 440nm 处测定试样溶液的吸光度。

4）数据记录与结果处理

数据记录与结果处理如表 8-2 所示。

表 8-2　数据记录与结果处理

测定次数	1	2
试样中感光黄素的吸光度 A		
试样中感光黄素的吸光度平均值		
平行测定结果绝对差与平均值比值/%		

5）说明

所得结果保留 3 位小数。平行测定结果绝对差与平均值的比值不超过 10%。

项目 2 维生素 B_{12} 的检验

任务 维生素 B_{12} 含量的测定

学习目标

（1）掌握紫外分光光度法和高效液相色谱法测定维生素 B_{12} 含量的相关知识和操作技能。

（2）会正确操作紫外分光光度计和高效液相色谱仪。

（3）能及时记录原始数据和用外标法进行定量。

知识准备

维生素 B_{12} 又称钴胺素、氰钴胺，分子式 $C_{63}H_{88}CoN_{14}O_{14}P$，含有金属元素钴，是维生素中唯一含有金属元素的。维生素 B_{12} 为红色结晶，其弱酸性（pH 4.5～5）水溶液相对稳定。维生素 B_{12} 与其他 B 族维生素不同，一般植物中含量极少，而仅由某些细菌及土壤中的细菌生成。维生素 B_{12} 可以抗脂肪肝，促进维生素 A 在肝中的贮存，促进细胞发育成熟和机体代谢，缺乏时会发生恶性贫血，人体对它的需要量极少，在一般情况下不会缺少。

测定维生素 B_{12} 的方法有紫外分光光度法和高效液相色谱法。

紫外分光光度法是利用维生素 B_{12} 在紫外区 278、361、550（nm）波长处有吸收，而在 361nm 处的吸收干扰少，测定试样溶液在 361nm 波长处的吸光度，用百分吸光系数 $(E_{1cm}^{1\%})$ 计算得到维生素 B_{12} 的含量。

高效液相色谱法是用水提取试样中的维生素 B_{12}，经高效液相色谱反相柱分离，其峰面积与维生素 B_{12} 的含量成正比，用外标法确定维生素 B_{12} 的含量。

技能操作

1. 紫外分光光度法

1）试剂

（1）冰乙酸。

（2）14g/L 乙酸钠溶液：称取 1.4g 无水乙酸钠，加 100mL 水溶解。

2）仪器

紫外分光光度计（配有 1cm 石英比色皿），分析天平（感量 0.1mg），棕色容量瓶（100mL、500mL），吸量管（10mL）。

3）操作步骤

要求避光操作。

（1）试样溶液制备。称取约 0.3g 试样（精确至 0.2mg），置于烧杯中，加适量 25%（体积分数）乙醇溶解，加 1mL 冰乙酸，14g/L 乙酸钠溶液 7mL，移入 100mL 棕色容量瓶中，再加水稀释至刻度，摇匀。

（2）试样溶液稀释。吸取 1.00mL 试样溶液，置于 100mL 棕色容量瓶中，加水稀释至刻度，摇匀。

（3）测定。以水为空白溶液，用 1cm 石英比色皿在波长 361nm 处测定试样溶液的吸光度。

4）数据记录与结果处理

数据记录与结果处理如表 8-3 所示。

表 8-3　数据记录与结果处理

测定次数	1	2
试样的质量 m/g		
试样溶液的体积 V/mL		
吸取试样溶液的体积 V_1/mL		
试样溶液稀释后的体积 V_2/mL		
试样稀释溶液的吸光度 A		
试样中维生素 B_{12} 含量 w（质量分数）/%		
试样中维生素 B_{12} 平均含量（质量分数）/%		
平行测定结果绝对差与平均值比值/%		

计算公式：

$$w = \frac{\dfrac{A}{207} \times \dfrac{V}{100} \times \dfrac{V_2}{V_1}}{m} \times 100$$

式中，207——维生素 B_{12} 的百分吸光系数 $[E_{1cm}^{1\%}$，100mL/(g·cm)]，即 1g/100mL 维生素 B_{12} 溶液（1%）在 361nm 处的吸光度为 207。

5）说明

所得结果保留 1 位小数。平行测定结果绝对差与平均值的比值不超过 1.5%。

2. 高效液相色谱法

1）试剂

（1）乙腈，色谱纯。

（2）3%（质量分数）正磷酸：量取 85%（质量分数）正磷酸 19.5mL，加水稀释至 1000mL。

（3）25%（体积分数）乙醇溶液：量取 95%（体积分数）乙醇 26.3mL，加水稀释至 100mL。

（4）1g/L 维生素 B₁₂ 标准贮备溶液：准确称取 0.1000g 维生素 B₁₂ 纯品，加 25%（体积分数）乙醇溶液溶解，并定容至 100mL，摇匀。

（5）20mg/L 维生素 B₁₂ 标准工作溶液：吸取 1g/L 维生素 B₁₂ 标准贮备溶液 1.00mL 于 50mL 容量瓶中，用 3%（质量分数）正磷酸-乙腈混合液（26＋70）定容至刻度，摇匀。

2）仪器

高效液相色谱仪（配有紫外检测器），超声波水浴装置，分析天平（感量 0.1mg），棕色容量瓶（100mL），微量进样器（20μL）。

3）操作步骤

要求避光操作。

（1）试样溶液制备。根据试样中维生素 B₁₂ 的含量，称取约 0.1～1g 试样（精确至 0.2mg），置于 100mL 棕色容量瓶中，加约 60mL 水，在超声波水浴中提取 15min，取出冷却至室温，用水定容至刻度，混匀，过滤，滤液过 0.45μm 滤膜。

（2）色谱条件。色谱柱，μ-BondpakNH₂，粒度 5μm，3.9mm×300mm；流动相，3%（质量分数）正磷酸 260mL 与乙腈 700mL 混合，超声脱气，流速 1.7mL/min；柱温，30℃；检测波长，361nm；进样量，20μL。

（3）测定。按高效液相色谱仪说明书调整仪器操作参数，分别将维生素 B₁₂ 标准工作液和通过 0.45μm 滤膜的试样溶液进样测定，用外标法定量。

4）数据记录与结果处理

数据记录与结果处理如表 8-4 所示。

表 8-4　数据记录与结果处理

测定次数	1	2
试样的质量 m/g		
试样溶液的体积 V/mL		
标准工作溶液浓度 ρ_s/(mg/L)		
试样溶液色谱峰面积 A/mm²		
标准工作溶液色谱峰面积 A_s/mm²		
试样中维生素 B₁₂ 含量 w（质量分数）/%		
试样中维生素 B₁₂ 平均含量（质量分数）/%		
平行测定结果绝对差与平均值比值/%		

计算公式：

$$w=\frac{\rho_s\times\dfrac{A\times V}{A_s}}{m\times10^6}\times100$$

5）说明

（1）所得结果保留 1 位小数。平行测定结果绝对差与平均值的比值不超过 15%。

（2）维生素 B₁₂ 容易吸附在滤纸上，过滤时至少取 5mL 上层清液，弃去最初 2mL 滤液。

项目 3　维生素 C 的检验

任务 1　维生素 C 含量的测定

 **学习目标**

（1）掌握碘量法和紫外分光光度法测定维生素 C 含量的相关知识和操作技能。

（2）会进行规范的滴定操作、准确判断滴定终点和正确操作紫外分光光度计。

（3）能及时记录原始数据和正确处理测定结果。

 **知识准备**

维生素 C 又叫 L-抗坏血酸，是一种水溶性维生素，分子式 $C_6H_8O_6$，为白色或微黄色的粉状结晶，其水溶液极不稳定，易被空气和其他氧化剂氧化，所以维生素 C 又是很强的还原剂。维生素 C 在柠檬汁、绿色植物及番茄中含量很高，人体缺乏维生素 C 易得坏血症。

维生素 C 可以用 D-葡萄糖或山梨醇为起始原料，经发酵后化学合成制得。测定维生素 C 的方法有碘量法和紫外分光光度法。

碘量法是利用维生素 C 具有较强的还原性，可被碘定量氧化。以淀粉为指示剂，用碘标准溶液滴定试样水溶液。根据碘标准溶液的用量，计算以 $C_6H_8O_6$ 计的维生素 C 含量。

紫外分光光度法是利用维生素 C 在 pH 6.0 的溶液中对紫外光有最大吸收，且吸光度与其浓度成正比。在最大吸收波长 267nm 处测定试样溶液的吸光度，用标准曲线法求出维生素 C 的含量。

 **技能操作**

1. 紫外分光光度法

1）试剂

（1）乙酸-乙酸钠缓冲溶液（pH 6.0）：称取 100g 乙酸钠（$CH_3COONa \cdot 3H_2O$），加入 5.7mL 冰乙酸，加水至 1000mL。

（2）0.2g/L 维生素 C 标准溶液：称取 0.2g 维生素 C（准确至 0.1mg），加 100mL 乙酸-乙酸钠缓冲溶液（pH 6.0）溶解后，定量转移至 1000mL 容量瓶中，加水稀释至刻度，摇匀。

2）仪器

紫外分光光度计（配有 1cm 石英比色皿），分析天平（感量 0.1mg），容量瓶（100mL），吸量管（10mL）。

3）操作步骤

（1）试样溶液制备。称取适量维生素 C 试样（相当于 50mg 维生素 C），研细，加 10mL 乙酸-乙酸钠缓冲溶液（pH 6.0）溶解，并定量转移至 100mL 容量瓶中，用水稀释至刻度，摇匀。过滤，吸取滤液 2.00mL 置于另一只 100mL 容量瓶中，加水稀释至刻度，摇匀。

（2）标准曲线的绘制。分别吸取 0.00、1.00、2.00、3.00、4.00、5.00、6.00、7.00（mL）维生素 C 标准溶液于 100mL 容量瓶中，用水稀释成一系列浓度分别为 0.0、2.0、4.0、6.0、8.0、10.0、12.0、14.0（mg/L）维生素 C 标准溶液，用 1cm 石英比色皿在 267nm 波长处分别测定其吸光度。以浓度为横坐标，以相应的吸光度为纵坐标，绘制出标准曲线。

（3）试样测定。用 1cm 石英比色皿在 267nm 波长处测定试样溶液的吸光度，从标准曲线上查出试样溶液的浓度。

4）数据记录与结果处理

数据记录与结果处理如表 8-5 所示。

表 8-5　数据记录与结果处理

测定项目	标准系列溶液								试液	
	1	2	3	4	5	6	7	8	1	2
试样的质量 m/g										
试样溶液的体积 V/mL										
各测定溶液的吸光度 A										
各测定溶液的浓度 ρ/(mg/L)										
试样中维生素 C 含量（以 $C_6H_8O_6$ 计）w（质量分数）/%										
试样中维生素 C 平均含量（以 $C_6H_8O_6$ 计）（质量分数）/%										
平行测定结果绝对差与平均值比值/%										

计算公式：

$$w = \frac{\rho \times V \times \dfrac{100}{2}}{m \times 10^6} \times 100$$

式中，2——吸取试样溶液的体积（mL）；

100——试样溶液稀释后的体积（mL）。

5）说明

（1）所得结果保留 1 位小数。平行测定结果绝对差与平均值的比值不超过 1.5%。

（2）维生素 C 的还原能力强而易被氧化，特别是在碱性溶液中易被氧化。另外在碱性溶液或强酸性溶液中还能进一步发生水解。因此，选择乙酸-乙酸钠缓冲溶液使成弱酸性。

（3）维生素 C 的紫外最大吸收波长与溶液的 pH 有着密切关系。在 pH 2.0 时，溶液的最大吸收波长在 245nm；在 pH 12 时，溶液的最大吸收波长在 300nm；在 pH 5～10 范围时，溶液的最大吸收波长在 267nm，且在 pH 6.0 时吸收度值最大。所以选择测定溶液的 pH 6.0。

（4）本方法对仪器的要求不是很高，适用于大批量样品的定量分析。但是，若仪器搬动或重新校正波长、或者更换仪器时，标准曲线必须重新绘制。

2. 碘量法

1）试剂

（1）100g/L 硫酸溶液：量取 5.7mL 硫酸，搅拌下缓缓倾入 94.3mL 水中，搅匀。

（2）$c_{1/2 I_2}$ 0.1mol/L 碘标准溶液：配制与标定方法同模块 2 项目 1 中任务 11 果酒中二氧化硫的测定。

（3）10g/L 淀粉指示液：称取 1g 淀粉，加少量冷水调成糊状，加入到 70mL 沸水中，在不断搅拌下煮沸 1min。冷却，用水稀释至 100mL。

2）仪器

分析天平（感量 0.1mg），酸式滴定管（50mL），碘量瓶（250mL）。

3）操作步骤

称取约 0.2g 试样（精确至 0.2mg），置于 250mL 碘量瓶中，加 20mL 无二氧化碳的水和 100g/L 硫酸溶液 25mL 使溶解，立即用 0.1mol/L 碘标准溶液滴定，近终点时，加淀粉指示液 1mL，继续滴定至溶液显蓝色，保持 30s 不退色为终点。同时做空白试验。

4）数据记录与结果处理

数据记录与结果处理如表 8-6 所示。

表 8-6　数据记录与结果处理

测定次数	1	2	空白
试样的质量 m/g			
碘标准溶液浓度 c/(mol/L)			
滴定初读数/mL			
滴定终读数/mL			
测定试样耗用碘溶液的体积 V_1/mL			
空白试验耗用碘溶液的体积 V_0/mL			
试样中维生素 C 含量 w（质量分数）/%			
试样中维生素 C 平均含量（质量分数）/%			
平行测定结果绝对差与平均值比值/%			

计算公式：

$$w = \frac{c \times (V_1 - V_0) \times 176.1}{m \times 1000} \times 100$$

式中，176.1——维生素 C（$C_6H_8O_6$）的摩尔质量（g/mol）。

5）说明

所得结果保留 1 位小数。平行测定结果绝对差与平均值的比值不超过 0.3%。

任务 2　维生素 C 比旋光度的测定

学习目标

（1）掌握测定维生素 C 比旋光度的相关知识和操作技能。
（2）会正确操作自动旋光仪。
（3）能及时记录原始数据和正确处理测定结果。

知识准备

维生素 C（抗坏血酸）分子中内酯环的侧链有一个不对称碳原子（图 8-2），具有旋光活性，以此检查试样的比旋光度。

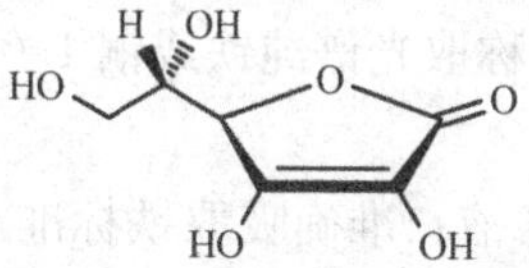

图 8-2　维生素 C（抗坏血酸）的分子结构

技能操作

1）仪器
自动旋光仪（配有 2dm 旋光管），分析天平（感量 0.1mg），容量瓶（50mL）。
2）操作步骤
（1）试样溶液制备。称取约 5g 试样（精确至 0.2mg），置于 50mL 容量瓶中，加水溶解并稀释至刻度，摇匀。
（2）旋光度测定。同模块 4 项目 3 中任务 2 L-苹果酸比旋光度的测定。
（3）比旋光度计算。根据测得的试样溶液旋光度计算试样的比旋光度。
3）数据记录与结果处理
同模块 4 项目 3 中任务 2 L-苹果酸比旋光度的测定。
4）说明
所得结果保留 2 位小数。平行测定结果绝对差与平均值的比值不超过 0.2%。

任务 3　维生素 C 中铁和铜的测定

学习目标

（1）掌握原子吸收光谱法测定维生素 C 中铁和铜的相关知识和操作技能。
（2）会正确操作原子吸收光谱仪。

（3）能及时记录原始数据和正确处理测定结果。

知识准备

维生素 C 中的铁和铜可以采用火焰原子吸收光谱法测定。试样经处理后，直接吸入空气-乙炔火焰中原子化，并在光路中分别测定铁和铜原子对特定波长谱线的吸收。

技能操作

1）试剂

（1）硝酸。

（2）盐酸 A：取 2mL 盐酸，用水稀释至 100mL。

（3）盐酸 B：取 20mL 盐酸，用水稀释至 100mL。

（4）1g/L 铁、铜标准溶液：称取光谱纯铁或铜 1.0000g，用硝酸 40mL 溶解，并用水定容于 1000mL 容量瓶中。

（5）100.0μg/mL 铁标准储备液：准确吸取铁标准溶液 10.0mL，用盐酸 A 定容到 100mL 石英容量瓶中。

（6）6.0μg/mL 铜标准储备液：准确吸取铜标准溶液 10.0mL，用盐酸 A 定容到 100mL，再从定容后溶液中准确吸取 6.0mL，用盐酸 A 定容到 100mL。

2）仪器

原子吸收分光光度计（配有铁、铜空心阴极灯），分析用钢瓶乙炔气和空气压缩机，石英坩埚或瓷坩埚，马弗炉，分析天平（感量为 0.1mg），容量瓶（50mL），吸量管（10mL）。

3）操作步骤

（1）试样处理。称取试样 5g（精确到 0.1mg）于坩埚中，在电炉上微火炭化至不再冒烟，再移入马弗炉中，（490±5）℃灰化约 5h。如果有黑色炭粒，冷却后，则滴加少许硝酸溶液湿润。在电炉上小火蒸干后，再移入 490℃高温炉中继续灰化成白色灰烬。

冷却至室温后取出，加入 5mL 盐酸 B，在电炉上加热使灰烬充分溶解。冷却至室温后，移入 50mL 容量瓶中，用水定容。同时处理至少 2 个空白试样。

（2）标准曲线的绘制。分别准确吸取铁或铜元素的标准储备液 2.00、4.00、6.00、8.00、10.00（mL）于 100mL 容量瓶中，用盐酸 A 定容，配制成铁或铜元素的标准使用液。铁标准使用液的浓度为 2.0、4.0、6.0、8.0、10.0（μg/mL），铜标准使用液的浓度为 0.12、0.24、0.36、0.48、0.60（μg/mL）。

按照仪器说明书将仪器工作条件调整到测定各元素的最佳状态，选用灵敏吸收线 Fe248.3nm、Cu324.8nm 将仪器调整好预热后，用毛细管吸喷盐酸 A 调零。分别测定铁或铜标准使用液的吸光度。以标准系列使用液浓度为横坐标，对应的吸光度为纵坐标，绘制标准曲线。

（3）试样待测液的测定。调整好仪器最佳状态，用盐酸 A 调零，分别吸喷试样待测液和空白试液，测定其吸光度。查标准曲线得对应的质量浓度。

4）数据记录与结果处理

数据记录与结果处理如表 8-7 所示。

表 8-7　数据记录与结果处理

测定项目	标准系列溶液					试样溶液	
	1	2	3	4	5	1	2
试样质量 m/g							
试样溶液体积 V/mL							
吸光度 A							
测定溶液中被测元素含量 ρ_1/(mg/L)							
空白溶液中被测元素含量 ρ_0/(mg/L)							
试样中被测元素含量 X/(mg/kg)							
试样中被测元素平均含量/(mg/kg)							
平行测定结果绝对差与平均值比值/%							

计算公式：

$$X = \frac{(\rho_1 - \rho_0) \times V \times f}{m}$$

式中，f——试样溶液稀释倍数。

5）说明

（1）结果保留 3 位有效数字。平行测定结果的绝对差值与平均值的比值，铁不得超过 10%，铜不得超过 15%。

（2）为保证试样待测试液浓度在标准曲线线性范围内，可以适当调整试液定容体积和稀释倍数。

项目 4　β-胡萝卜素的检验

任务 1　总 β-胡萝卜素含量的测定

学习目标

（1）掌握分光光度法测定总 β-胡萝卜素含量的相关知识和操作技能。

（2）会正确操作分光光度计。

（3）能及时记录原始数据和正确处理测定结果。

知识准备

β-胡萝卜素是类胡萝卜素之一，也是橘黄色脂溶性化合物，分子式 $C_{40}H_{56}$，它是自然界中最普遍存在也是最稳定的天然色素。许多天然食物中如甘薯、胡萝卜、菠菜、木瓜、芒果等，皆含有丰富的 β-胡萝卜素。β-胡萝卜素是一种抗氧化剂，具有解毒作用，是维护人体健康不可缺少的营养素，在抗癌、预防心血管疾病、白内障及抗氧化上有显著的功能，并进而防止老化和衰老引起的多种退化性疾病。

β-胡萝卜素可由丝状真菌三孢布拉霉发酵而得。总β-胡萝卜素的含量采用分光光度法测定。β-胡萝卜素分子中的碳骨架是由4个异戊二烯单位连接而成的，是四萜类化合物，分子中有一个较长的π-π共轭体系（图8-3），能吸收不同波长的可见光。试样用环己烷稀释后，在451nm波长处测定其吸光度，以百分吸光系数（$E_{1cm}^{1\%}$）计算即得总β-胡萝卜素（以$C_{40}H_{56}$计）的含量。

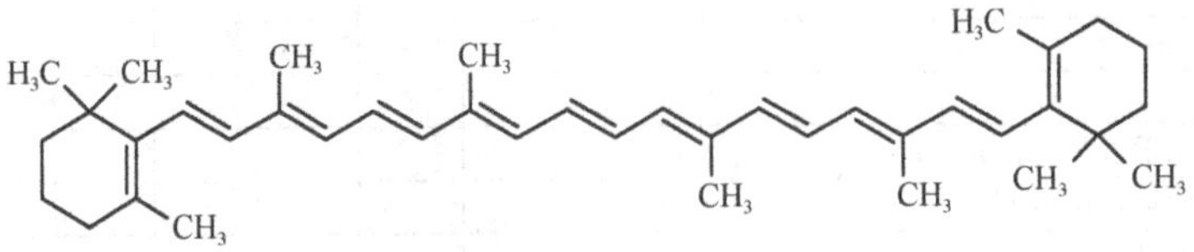

图8-3　β-胡萝卜素的分子结构

技能操作

1）试剂

（1）三氯甲烷。

（2）环己烷。

2）仪器

分光光度计（配有1cm比色皿），分析天平（感量0.1mg），容量瓶（50mL、100mL），吸量管（5mL）。

3）操作步骤

（1）试样溶液制备。称取0.05g试样（精确至0.1mg），置于100mL容量瓶中，加三氯甲烷10mL溶解，用环己烷定容至刻度。

（2）试样稀释溶液制备。吸取试样溶液5.00mL于100mL容量瓶中，用环己烷定容至刻度，摇匀。

（3）试样待测溶液制备。吸取试样稀释溶液5.00mL于50mL容量瓶中，用环己烷定容至刻度，摇匀。

（4）测定。将试样待测溶液置于1cm比色皿中，以环己烷做空白对照，在455nm波长处测定其吸光度。

4）数据记录与结果处理

数据记录与结果处理如表8-8所示。

表8-8　数据记录与结果处理

测定次数	1	2
试样的质量 m/g		
试样溶液的体积 V/mL		
吸取试样溶液的体积 V_1/mL		
试样稀释溶液的体积 V_2/mL		
吸取试样稀释溶液的体积 V_3/mL		
试样待测溶液的体积 V_4/mL		
试样待测溶液的吸光度 A		

续表

测定次数	1	2
试样中总 β-胡萝卜素含量 w（以 $C_{40}H_{56}$ 计）（质量分数）/%		
试样中总 β-胡萝卜素平均含量（以 $C_{40}H_{56}$ 计）（质量分数）/%		
平行测定结果绝对差与平均值比值/%		

计算公式：

$$w=\frac{\dfrac{A}{2500}\times\dfrac{V}{100}\times\dfrac{V_2}{V_1}\times\dfrac{V_4}{V_3}}{m}\times100$$

式中，2500——β-胡萝卜素的百分吸光系数 $[E_{1cm}^{1\%}$，$100mL/(g\cdot cm)]$，即 $1g/100mL$ β-胡萝卜素溶液（1%）在 455nm 处的吸光度为 2500。

5）说明

（1）所得结果保留一位小数。平行测定结果绝对差与平均值的比值不超过 1.5%。

（2）试样待测溶液的吸光度应控制在 0.3～0.7 之间，否则应调整试样溶液浓度，再重新测定吸光度。

任务 2　β-胡萝卜素中吸光度比值的测定

学习目标

（1）掌握分光光度法测定 β-胡萝卜素中吸光度比值的相关知识和操作技能。

（2）会正确操作分光光度计。

（3）能及时记录原始数据和正确处理测定结果。

知识准备

β-胡萝卜素是共轭双键化合物，在其紫外吸收光谱中有三个吸收峰（455、483、340nm），用 A_{455}/A_{340} 及 A_{455}/A_{483} 的比值来控制 β-胡萝卜素的顺式异构体及类 β-胡萝卜素。

技能操作

1）试剂

（1）三氯甲烷。

（2）环己烷。

2）仪器

分光光度计（配有 1cm 石英比色皿），分析天平（感量 0.1mg），容量瓶（50mL、100mL），吸量管（5mL）。

3）操作步骤

（1）试样溶液制备。称取 0.05g 试样（精确至 0.1mg），置于 100mL 容量瓶中，加三氯甲烷 10mL 溶解，用环己烷定容至刻度。

（2）试样稀释溶液制备。吸取试样溶液 5.00mL 于 100mL 容量瓶中，用环己烷定容至刻度，摇匀。

（3）试样待测溶液制备。吸取试样稀释溶液 5.00mL 于 50mL 容量瓶中，用环己烷定容至刻度，摇匀。

（4）测定。将试样待测溶液置于 1cm 比色皿中，以环己烷做空白对照，分别在 455nm 和 483nm 波长处测定其吸光度。将试样稀释溶液置于 1cm 石英比色皿中，以环己烷做空白对照，在 340nm 波长处测定其吸光度。

4）数据记录与结果处理

数据记录与结果处理如表 8-9 所示。

表 8-9　数据记录与结果处理

测定次数	1	2
试样待测溶液在 455nm 处的吸光度 A_{455}		
试样待测溶液在 483nm 处的吸光度 A_{483}		
试样稀释溶液在 340nm 处的吸光度 A_{340}		
试样中 A_{455}/A_{483}		
试样中 A_{455}/A_{483} 平均值		
平行测定结果绝对差与平均值比值/%		
试样中 A_{455}/A_{340}		
试样中 A_{455}/A_{340} 平均值		
平行测定结果绝对差与平均值比值/%		

5）说明

所得结果保留 1 位小数。平行测定结果绝对差与平均值的比值不超过 1.5%。

任务 3　β-胡萝卜素中乙醇、乙酸乙酯、异丙醇、乙酸异丁酯的测定

（1）掌握顶空进样气相色谱法测定 β-胡萝卜素中乙醇、乙酸乙酯、异丙醇、乙酸异丁酯的相关知识和操作技能。

（2）会进行色谱分析的顶空进样操作和正确操作气相色谱仪。

（3）能及时记录原始数据和用外标法进行定量。

β-胡萝卜素中残留的乙醇、乙酸乙酯、异丙醇、乙酸异丁酯等溶剂经气相色谱柱分离，各溶剂的色谱峰面积与其含量成正比，用外标法确定试样中各溶剂的含量。

技能操作

1）试剂

（1）乙醇。

（2）异丙醇。

（3）乙酸乙酯。

（4）乙酸异丁酯。

（5）N,N-二甲基甲酰胺（DMF）：色谱纯。

2）仪器

气相色谱仪［配有氢火焰离子检测器（FID）和顶空进样器］，分析天平（感量 0.1mg），容量瓶（100mL），微量进样器（20μL）。

3）操作步骤

（1）对照溶液制备。精密吸取乙醇 34μL，异丙醇 4.5μL，乙酸乙酯 30μL，乙酸异丁酯 38μL，置于 100mL 容量瓶中，用 DMF 稀释至刻度，摇匀。吸取 3.00mL 此溶液于 10mL 顶空瓶中，封盖。该对照溶液中含有乙醇 0.2686mg/mL，异丙醇 0.03532mg/mL，乙酸乙酯 0.2703mg/mL，乙酸异丁酯 0.3325mg/mL。

灵敏度溶液：吸取 5.00mL 对照溶液于 50mL 容量瓶中，用 DMF 稀释至刻度，摇匀。吸取 3.00mL 到 10mL 顶空瓶中，封盖。该溶液中含有乙醇 0.02686mg/mL（相对应于试样中浓度约 0.08%），异丙醇 0.003532mg/mL（相对应于试样中浓度约 0.01%），乙酸乙酯 0.02703mg/mL（相对应于试样中浓度约 0.08%），乙酸异丁酯 0.03325mg/mL（相对应于试样中浓度约 0.1%）。

（2）试样溶液制备。精确称取试样约 0.1g 于 10mL 顶空瓶中，加 3.0mLDMF 稀释，封盖，摇匀。

（3）色谱条件。色谱柱，DB-624 毛细管柱（30m×0.53mm，膜厚 3.0μm）；载气，氦气或氮气，流量 4.8mL/min；进样温度，250℃；柱温，50℃，以 1℃/min 升至 60℃，再以 9.2℃/min 升至 115℃，再以 35℃/min 升至 220℃，保持 6min；检测器温度，270℃；分流比，5:1；进样体积，1mL 定量环。

（4）顶空条件。顶空瓶温度，100℃；定量环温度，110℃；传输线温度，120℃；顶空瓶平衡时间，50min；气相循环时间，30.0min；加压时间，0.2min；定量环填充时间，0.2min；定量环平衡时间，0.05min；进样时间，1.0min；顶空瓶压力：95.15kPa（13.8psi）。

（5）系统适应性测试。分别移取对照溶液 3.0mL 于 6 个 10mL 顶空瓶中，分别进样分析。各个色谱峰理论板数应不小于 5000，峰面积的相对标准偏差不得大于 10.0%，灵敏度溶液中主峰信噪比应不小于 10。

（6）测定。分别取对照溶液和试样溶液顶空进样，用外标法计算试样中乙醇、异丙醇、乙酸乙酯和乙酸异丁酯的含量。

4）数据记录与结果处理

数据记录与结果处理如表 8-10 所示。

表 8-10　数据记录与结果处理

测定次数	1	2
试样的质量 m/g		
试样溶液的体积 V/mL		
对照溶液中乙醇或异丙醇或乙酸乙酯或乙酸异丁酯的浓度 ρ_s/(mg/mL)		
试样溶液中乙醇或异丙醇或乙酸乙酯或乙酸异丁酯色谱峰面积 A/mm²		
对照溶液中乙醇或异丙醇或乙酸乙酯或乙酸异丁酯色谱峰面积 A_s/mm²		
试样中乙醇或异丙醇或乙酸乙酯或乙酸异丁酯含量 w（质量分数）/%		
试样中乙醇或异丙醇或乙酸乙酯或乙酸异丁酯平均含量（质量分数）/%		
平行测定结果绝对差与平均值比值%		

计算公式：

$$w = \frac{\rho_s \times \dfrac{A}{A_s} \times V}{m \times 1000} \times 100$$

5）说明

（1）所得结果保留 1 位小数。平行测定结果绝对差与平均值的比值不超过 20%。

（2）乙醇密度 0.790g/mL，异丙醇密度 0.785g/mL，乙酸乙酯密度 0.901g/mL，乙酸异丁酯密度 0.875g/mL。

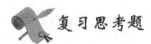 **复习思考题**

1. 选择题

（1）使用碘量法测定维生素 C 的含量，已知维生素 C 的分子量为 176.13，每 1mL 碘滴定液（0.1mol/L），相当于维生素 C 的量为（　　）mg。

　　A. 17.61　　　　　　　　B. 8.806　　　　　　　　C. 176.1　　　　　　　　D. 88.06

（2）测定维生素 C 注射液的含量时，在操作过程中要加入丙酮，这是为了（　　）。

　　A. 保持维生素 C 的稳定　　　　　　　　B. 增加维生素 C 的溶解度

　　C. 使反应完全　　　　　　　　D. 消除注射液中抗氧剂的干扰

（3）维生素 B_2 在碱性条件下被光分解为（　　）。

　　A. 光黄素　　　　　　B. 核黄素　　　　　　C. 钴胺素　　　　　　D. 抗坏血酸

（4）维生素 B_2 溶于水不溶于有机溶剂，其水溶液发出强烈荧光，但加入（　　）后，荧光即消失。

　　A. 盐酸　　　　　　B. 硫酸　　　　　　C. 氢氧化钠　　　　　　D. 高锰酸钾

（5）维生素 B_{12} 在紫外区有最大的吸收，在（　　）nm 处的吸收峰干扰因素少，因此作为测定波长。

　　A. 278　　　　　　B. 361　　　　　　C. 550　　　　　　D. 630

(6) （　　） 又是很强的还原剂。

A. 维生素 B_{12} 　　　　B. 维生素 B_2 　　　　C. 维生素 C 　　　　D. β 胡萝卜素

(7) 紫外分光光度法测定维生素 C，为产生最大吸收，所以选择测定溶液的 pH 为 （　　）。

A. 2 　　　　　　B. 4 　　　　　　C. 6 　　　　　　D. 12

2. 分光光度法测定维生素 B_2 含量的原理和方法是什么？

3. 测定维生素 B_2 含量的方法有哪些？测定原理各是什么？

4. 为何维生素 C 含量可以用碘量法测定？

5. 维生素 C 本身就是一个酸，为什么用碘量法测定时还要加入硫酸？

6. 紫外分光光度法测定维生素 C 的含量为什么选择测定溶液的 pH 6.0。

7. 简述原子吸收光谱法测定维生素 C 中铜和铁的原理和方法。

8. 标定碘标准溶液时，淀粉指示剂为什么要在溶液呈浅黄色时再加入？

9. 为什么要测定 β-胡萝卜素中吸光度比值？

10. 为什么测定 β-胡萝卜素中乙醇、乙酸乙酯、异丙醇、乙酸异丁酯等？如何测定？

11. 精密称取 B_{12} 样品 25.0mg，用水溶液配成 100mL。精密吸取 10.00mL，又置 100mL 容量瓶中，加水至刻度。取此溶液在 1cm 的吸收池中，于 361nm 处测定吸光度为 0.507，求 B_{12} 的质量分数（百分吸光系数为 207）。

12. 碘量法测定维生素 C 含量，取本品 0.2000g，加新沸过的冷水 100mL 与稀醋酸 10mL 至溶液中，加淀粉指示液 1mL，立即用碘滴定液（0.1mol/L）滴定，使溶液显蓝色并在 30s 内不退，消耗碘溶液 20.00mL。已知维生素 C 的分子量为 176.13，求维生素 C 的质量分数。

13. 精密称取 β-胡萝卜素样品 25.0mg，用水溶液配成 100mL。精密吸取 10.00mL，又置 100mL 容量瓶中，加水至刻度。取此溶液在 1cm 的吸收池中，于 455nm 处测定吸光度为 0.507，求总 β-胡萝卜素的质量分数（百分吸光系数为 2500）。

模块 9　核酸类物质的分析与检验

核酸是由许多核苷酸聚合成的生物大分子化合物，相对分子质量一般是几十万至几百万，水解后得到许多核苷酸。核酸广泛存在于所有动物、植物细胞以及微生物、生物体内，主要与蛋白质结合成核蛋白，它既是蛋白质生物合成不可缺少的物质，又是生物遗传的物质基础。不同的核酸，其化学组成、核苷酸排列顺序等不同。根据化学组成不同，核酸可分为核糖核酸（RNA）和脱氧核糖核酸（DNA）。人们用遗传工程方法改组 DNA，创造出新型的生物品种，如使大肠杆菌产生胰岛素、干扰素等珍贵的生化药物。

核苷酸是组成核酸的基本单位，是一类由嘌呤碱或嘧啶碱基、核糖或脱氧核糖以及磷酸三种物质组成的化合物。五碳糖与有机碱合成核苷，核苷与磷酸合成核苷酸，4 种核苷酸组成核酸。根据糖的不同，核苷酸可分为核糖核苷酸和脱氧核糖核苷酸；根据碱基的不同，又分为腺嘌呤核苷酸（腺苷酸，AMP）、鸟嘌呤核苷酸（鸟苷酸，GMP）、胞嘧啶核苷酸（胞苷酸，CMP）、尿嘧啶核苷酸（尿苷酸，UMP）、胸腺嘧啶核苷酸（胸苷酸，TMP）及次黄嘌呤核苷酸（肌苷酸，IMP）等。核苷酸主要参与构成核酸，许多单核苷酸也具有多种重要的生物学功能，如与能量代谢有关的三磷酸腺苷（ATP）、脱氢辅酶等，某些核苷酸的类似物能干扰核苷酸代谢，可作为抗癌药物。

项目 1　核酸的检验

任务 1　核酸（DNA/RNA）含量的测定

学习目标

（1）掌握紫外分光光度法和定磷法测定核酸（DNA/RNA）含量的相关知识和操作技能。

（2）会正确操作紫外-可见分光光度计。

（3）能及时记录原始数据和正确处理测定结果。

知识准备

核酸（DNA/RNA）含量的测定方法有紫外分光光度法和定磷法。

紫外分光光度法是利用核酸（DNA/RNA）的组成中含有嘌呤、嘧啶碱基，这些碱基都具有共轭双键，对紫外区 250～280nm 波长的光有强烈吸收，最大吸收波长在

260nm 左右。通过测定试样溶液在 260nm 处的吸光度，可计算出核酸（DNA/RNA）含量。当试样中含有核苷酸类杂质时，需要加钼酸铵-过氯酸沉淀剂处理，沉淀除去大分子核酸，取上层清液在 260nm 处测定其吸光度，以此作为对照，从未加沉淀剂的试样溶液在 260nm 处测得的吸光度中扣除。

定磷法是利用核酸（DNA/RNA）的组成中含有磷酸残基，核糖核酸（RNA）平均含磷量为 9.4%，脱氧核糖核酸（DNA）平均含磷量为 9.9%。通过测定试样中含磷量，可计算出核酸（DNA/RNA）含量。将试样用浓硫酸消化，使核酸（DNA/RNA）中的有机磷氧化成无机磷，与钼酸铵反应生成磷钼酸铵，在一定酸度下用还原剂将高价钼还原成低价钼，生成深蓝色的钼蓝，在 660nm 处有最大吸收，其吸光度的大小与含磷量成正比。为消除试样中原有无机磷的影响，应同时测定试样中的无机磷，并从总磷中减去无机磷，即得核酸（DNA/RNA）中的含磷量，再经换算得出核酸（DNA/RNA）含量。

 技能操作

1. 紫外分光光度法

1）试剂

（1）95%（体积分数）乙醇。

（2）0.01mol/L 氢氧化钠溶液：称取 0.2g 氢氧化钠，加 500mL 水溶解。

（3）5%（质量分数）氨水溶液：量取 20mL 浓氨水，加水稀释至 100mL。

（4）2.5g/L 钼酸铵-25g/L 过氯酸溶液：取 70%（质量分数）过氯酸 3.6mL，0.25g 钼酸铵，加 96.4mL 水溶解。

2）仪器

紫外-可见分光光度计（配有 1cm 石英比色皿），分析天平（感量 0.1mg），容量瓶（50mL），吸量管（2mL），离心机。

3）操作步骤

（1）试样溶液制备。称取试样 0.5g（准确至 0.1mg）于小烧杯中，加少量 0.01mol/L 氢氧化钠溶液调成糊状，加入适量水，用 5%（质量分数）氨水溶液调至 pH7.0，移入 50mL 容量瓶中，用水定容至刻度，摇匀。

（2）试样待测溶液制备。取两支离心管，甲管中加入试样溶液 2.00mL 和水 2.00mL，乙管中加入试样溶液 2.00mL 和沉淀剂 2.5g/L 钼酸铵-25g/L 过氯酸溶液 2.00mL，混匀，在冰浴上放置 30min。在 3000r/min 下离心 10min。从甲、乙两管中吸取 0.50mL 上层清液，分别置于 50mL 容量瓶中，用水定容至刻度，摇匀。

（3）测定。以蒸馏水为空白对照，用 1cm 石英比色皿，在 260nm 波长处分别测定甲、乙试样待测溶液的吸光度。

4）数据记录与结果处理

数据记录与结果处理如表 9-1 所示。

表 9-1　数据记录与结果处理

测定次数	1	2
试样的质量 m/g		
试样溶液的体积 V/mL		
未加沉淀剂的试样待测溶液的吸光度 A_1		
加沉淀剂的试样待测溶液的吸光度 A_2		
试样中核酸含量 w（以 DNA/RNA 计，质量分数）/%		
试样中核酸含量平均值（以 DNA/RNA 计，质量分数）/%		
平行测定结果绝对差与平均值比值/%		

计算公式：

试样中核酸含量（以 DNA 计）按下式计算：

$$w = \frac{\dfrac{(A_1 - A_2)}{0.020} \times V \times 200}{m \times 10^6} \times 100$$

试样中核酸含量（以 RNA 计）按下式计算：

$$w = \frac{\dfrac{(A_1 - A_2)}{0.022} \times V \times 200}{m \times 10^6} \times 100$$

式中，200——试样溶液的稀释倍数；

0.020——DNA 的比吸光系数，即 $1\mu g$/mL 的 DNA 钠盐水溶液（pH 7.0）在 260nm 波长处通过 1cm 比色皿时的吸光度；

0.022——RNA 的比吸光系数，即 $1\mu g$/mL 的 RNA 钠盐水溶液（pH 7.0）在 260nm 波长处通过 1cm 比色皿时的吸光度。

5）说明

（1）所得结果保留 1 位小数。平行测定结果绝对差与平均值的比值不超过 20%。

（2）试样中含有微量的蛋白质和核苷酸等吸收紫外光物质时，测定误差较小。但在试样中混杂有大量的蛋白质和核苷酸等吸收紫外光物质，则会产生较大的测定误差，需要设法事先除去。

（3）在不同 pH 溶液中，嘌呤、嘧啶碱基互变异构的情况不同，对紫外光的吸收也表现出明显的差异，它们的摩尔吸光系数也随之不同。所以，在紫外分光光度法测定核酸物质时均应在固定的 pH 溶液中进行。

（4）由于大分子核酸易发生变性，核酸的比吸光系数也随变性程度不同而异，因此一般采用比吸光系数计算得到的核酸（DNA/RNA）含量是一个近似值。

2. 定磷法

1）试剂

（1）硫酸。

（2）3mol/L 硫酸溶液：量取 16.7mL 硫酸，搅拌下缓慢倒入 83.3mL 水中，搅匀。

（3）100g/L 维生素 C 溶液：称取 10g 维生素 C，加 100mL 水溶解。

（4）25g/L 钼酸铵溶液：称取 2.5g 钼酸铵，加 100mL 水溶解。

（5）定磷试剂：将 1 体积 3mol/L 浓硫酸溶液，1 体积 25g/L 钼酸铵溶液，2 体积水和 1 体积100g/L 维生素 C 溶液混合均匀贮存于棕色瓶中，放置于冰箱内避光保存，现用现配。

（6）催化剂：1 份质量的硫酸铜（$CuSO_4 \cdot 5H_2O$）与 4 份质量的硫酸钾混匀。

（7）5mg/L 磷标准溶液：称取 0.022g 磷酸二氢钾，加水溶解后，移入 1000mL 容量瓶中，用水定容至刻度。

（8）30％过氧化氢溶液。

2）仪器

紫外-可见分光光度计（配有 1cm 比色皿），分析天平（感量 0.1mg），容量瓶（100mL），吸量管（2mL）。

3）操作步骤

（1）试样溶液制备。称取试样 0.25～0.5g（准确至 0.1mg）于小烧杯中，加少量 0.01mol/L 氢氧化钠溶液 4mL 调成糊状，加水溶解，移入 100mL 容量瓶中，用水定容至刻度，摇匀。

（2）试样消化。取 1.00mL 试样溶液于消化管中，加入 1mL 浓硫酸和约 50mg 催化剂，在电炉上小火加热至发生白烟，试样由黑逐渐变成淡黄色，取下稍冷，小心滴加 30％过氧化氢溶液以促进氧化，继续加热至溶液呈无色或浅蓝色为止，稍冷，加 1mL 水，在 100℃加热 10min，以分解消化过程中形成的焦磷酸，冷却至室温，移入 50mL 容量瓶中，用水定容至刻度。同时做空白试验。

（3）试样中总磷测定。吸取试样消化溶液、磷标准溶液和空白消化溶液各 1.00mL 分别于 3 支试管中，在 3 支试管中各加水 2.00mL，定磷试剂 3.00mL，摇匀，在 45℃保温 20min。以空白消化溶液为对照，用 1cm 比色皿在 660nm 波长处测定试样消化溶液和磷标准溶液的吸光度。

（4）试样中无机磷测定。取未经消化的试样溶液 1.00mL 于 50mL 容量瓶中，加水定容至刻度。吸取此溶液 1.00mL，加水 2.00mL，加定磷试剂 3.00mL，摇匀。以空白消化溶液为对照，在 45℃保温 20min，用 1cm 比色皿在 660nm 波长处测定其吸光度。

4）数据记录与结果处理

数据记录与结果处理如表 9-2 所示。

表 9-2　数据记录与结果处理

测定次数	1	2
试样的质量 m/g		
试样溶液的体积 V/mL		
磷标准溶液的浓度 ρ_0/(mg/L)		
磷标准溶液的吸光度 A_0		
试样消化溶液的吸光度 A_1		
未消化试样溶液的吸光度 A_2		
试样中总磷含量 w_1（以 P 计，质量分数）/%		
试样中无机磷含量 w_2（以 P 计，质量分数）/%		
试样中核酸含量 w（以 DNA/RNA 计，质量分数）/%		
试样中核酸含量平均值（以 DNA/RNA 计，质量分数）/%		
平行测定结果绝对差与平均值比值/%		

计算公式：

试样中总磷含量（以 P 计）按下式计算：

$$w_1 = \frac{\rho_0 \times \dfrac{A_1}{A_0} \times V \times 50}{m \times 10^6} \times 100$$

试样中无机磷含量（以 P 计）按下式计算：

$$w_2 = \frac{\rho_0 \times \dfrac{A_2}{A_0} \times V \times 50}{m \times 10^6} \times 100$$

试样中核酸含量（以 DNA 计）按下式计算：

$$w = \frac{w_1 - w_2}{0.099}$$

试样中核酸含量（以 RNA 计）按下式计算：

$$w = \frac{w_1 - w_2}{0.094}$$

式中，50——试样溶液的稀释倍数；

　　　0.099——DNA 中磷的质量分数；

　　　0.094——RNA 中磷的质量分数。

5）说明

所得结果保留 1 位小数。平行测定结果绝对差与平均值的比值不超过 10％。

任务 2　脱氧核糖核酸（DNA）含量的测定

（1）掌握二苯胺定糖法和吲哚定糖法测定脱氧核糖核酸（DNA）含量的相关知识和操作技能。

（2）会正确操作分光光度计。

（3）能及时记录原始数据和正确处理测定结果。

脱氧核糖核酸（DNA）含量的测定方法有二苯胺定糖法和吲哚定糖法。

二苯胺定糖法是将 DNA 酸解生成脱氧核糖，在酸性溶液中转化为 ω-羟基-γ-酮基戊醛，再与二苯胺作用生成蓝色化合物，在波长 600nm 处有最大吸收。在 DNA 浓度为 20～400mg/L 范围内，吸光度与 DNA 的浓度呈线性关系。在反应液中加入少量乙醛，可以提高反应的灵敏度。试样中 RNA 的存在对测定结果影响不大，盐类、蛋白质、多糖、芳香醛、羟基醛等对测定有干扰。

吲哚定糖法是将 DNA 酸解生成脱氧核糖，与吲哚作用生成黄棕色化合物，用氯仿抽提去除干扰物质，在波长 490nm 处有最大吸收。在 DNA 浓度为 5～25mg/L，吸光度与 DNA 的浓度呈线性关系。

技能操作

1. 二苯胺定糖法

1）试剂

（1）冰乙酸。

（2）0.1mol/L 氢氧化钠溶液：称取 0.4g 氢氧化钠，加 100mL 水溶解。

（3）75%（体积分数）乙醇溶液：量取 95%（体积分数）乙醇 79mL，加水稀释至 100mL。

（4）硫酸。

（5）二苯胺试剂：称取用 75%（体积分数）乙醇重结晶的二苯胺 1g，溶于 100mL 冰醋酸中，再加入 2.8mL 硫酸，混匀备用。临用前加入 1mL1.6%（体积分数）乙醛溶液（保存于冰箱内，可使用 1 周），所配得的溶液应为无色。冰箱保存，当天使用。

（6）DNA 标准溶液：取与被测物同来源的商品 DNA，用定磷法测定含量后，用 0.1mol/L 氢氧化钠溶液配制成 200mg/L 的 DNA 标准溶液。

2）仪器

分光光度计（配有 1cm 比色皿），分析天平（感量 0.1mg），比色管（10mL），吸量管 [1、2、5（mL）]。

3）操作步骤

（1）试样溶液制备。称取一定量的试样（准确至 0.1mg），用 0.1mol/L 氢氧化钠溶液配制成 DNA 浓度约为 50～100mg/L 的溶液。

（2）标准曲线绘制。分别吸取 DNA 标准溶液 0.00、0.20、0.40、0.80、1.00、1.20、1.60、2.00（mL）[相当于含有 0、40、80、160、200、240、320、400（μg）的 DNA] 于 8 支 10mL 比色管中，各管中补加水至 2.00mL，再各加入二苯胺试剂 4.00mL，摇匀，置于 60℃恒温水浴中保温 1h（或于沸水浴中煮沸 15min），冷却后，以空白溶液为参比，用 1cm 比色皿在 600nm 处测定其吸光度。以吸光度为纵坐标，DNA 含量为横坐标，绘制标准曲线。

（3）测定。准确吸取 0.2～0.5mL 试样溶液（DNA 含量应在标准曲线可测范围之内），补加水至 2.00mL，再加入二苯胺试剂 4.00mL，摇匀，置于 60℃恒温水浴中保温 1h（或于沸水浴中煮沸 15min），冷却后，以空白溶液为参比，用 1cm 比色皿在 600nm 处测定其吸光度，从标准曲线上查出 DNA 的含量。

4）数据记录与结果处理

数据记录与结果处理如表 9-3 所示。

表 9-3　数据记录与结果处理

测定项目	标准系列溶液								试样溶液	
	1	2	3	4	5	6	7	8	1	2
试样的质量 m/g										
试样溶液的体积 V/mL										
测定用试样溶液的体积 V_1/mL										
各测定溶液的吸光度 A										
各测定溶液中 DNA 含量 $m_1/\mu\text{g}$										
试样中 DNA 含量 w（质量分数）/%										
试样中 DNA 平均含量（质量分数）/%										
平行测定结果绝对差与平均值比值/%										

计算公式：

$$w = \frac{m_1 \times \dfrac{V}{V_1}}{m \times 10^6} \times 100$$

5）说明

（1）所得结果保留 1 位小数。平行测定结果绝对差与平均值的比值不超过 10%。

（2）二苯胺定糖法测定 DNA 含量的灵敏度不高，试样中 DNA 含量低于 50mg/L 即难以测定。加入乙醛既可增加测定 DNA 的发色量，又可减少脱氧木糖和阿拉伯糖的干扰，能显著提高测定的灵敏度。

2. 吲哚定糖法

1）试剂

（1）盐酸。

（2）0.8g/L 吲哚试剂：称取吲哚 0.8g，加少量 95%（体积分数）乙醇溶解后，加水稀释至 1000mL。

（3）SSC 溶液：称取 0.58g 氯化钠，0.39g 柠檬酸钠，加 100mL 水溶解。将此溶液用水稀释 10 倍，即为 SSC 使用溶液。

（4）DNA 标准溶液：取与被测物同来源的商品 DNA，用定磷法测定含量后，用 SSC 使用溶液配制成 25mg/L 的 DNA 标准溶液。

2）仪器

分光光度计（配有 1cm 比色皿），分析天平（感量 0.1mg），比色管（10mL），吸量管 [1、2、5（mL）]，离心机。

3）操作步骤

（1）试样溶液制备。称取一定量的试样（准确至 0.1mg），用 SSC 使用溶液配制成 DNA 浓度约为 20mg/L 的溶液。

（2）标准曲线绘制。取 6 支 10mL 比色管，各加入吲哚试剂 1.00mL，盐酸 1.00mL，摇匀。在各管中分别加入 DNA 标准溶液 0.00、0.40、0.80、1.20、1.60、2.00（mL）[相当于含有 0、10、20、30、40、50（μg）的 DNA]，并补加 SSC 使用溶液至 4.00mL，摇匀。置于沸水浴中 10min，冷却，加 4.00mL 氯仿抽提，充分摇匀，1500r/min 离心

15min。取水相的黄色物质，以空白溶液为参比，用 1cm 比色皿在 490nm 处测定其吸光度。以吸光度为纵坐标，DNA 含量为横坐标，绘制标准曲线。

（3）测定。准确吸取 2.0mL 试样溶液（DNA 含量应在标准曲线可测范围之内）替代 DNA 标准溶液，按上述标准曲线绘制操作。根据测得的吸光度，从标准曲线上查出 DNA 的含量。

4）数据记录与结果处理

数据记录与结果处理如表 9-4 所示。

表 9-4　数据记录与结果处理

测定项目	标准系列溶液						试样溶液	
	1	2	3	4	5	6	1	2
试样的质量 m/g								
试样溶液的体积 V/mL								
测定用试样溶液的体积 V_1/mL								
各测定溶液的吸光度 A								
各测定溶液中 DNA 含量 m_1/μg								
试样中 DNA 含量 w（质量分数）/%								
试样中 DNA 平均含量（质量分数）/%								
平行测定结果绝对差与平均值比值/%								

计算公式：

$$w = \frac{m_1 \times \dfrac{V}{V_1}}{m \times 10^6} \times 100$$

5）说明

所得结果保留 1 位小数。平行测定结果绝对差与平均值的比值不超过 10%。

任务3　核糖核酸（RNA）含量的测定

 学习目标

（1）掌握苔黑酚定糖法测定核糖核酸（RNA）含量的相关知识和操作技能。
（2）会正确操作分光光度计。
（3）能及时记录原始数据和正确处理测定结果。

 知识准备

核糖核酸（RNA）含量的测定采用苔黑酚定糖法。试样中 RNA 酸解后生成核糖，与浓盐酸共热转变为糠醛，与苔黑酚（3,5-二羟基甲苯）作用生成蓝绿色化合物，在 670nm 波长处有最大吸收。在 RNA 浓度为 15～100mg/L 范围内，吸光度与 RNA 的浓度呈线性关系。试样中 DNA 含量高时会干扰测定，蛋白质、粘多糖对测定有干扰。

如果用铜离子代替铁离子催化反应，灵敏度提高 1 倍以上，测定 RNA 的线性范围

为 5～50mg/L。

技能操作

1）试剂

（1）盐酸溶液（1+9）：1 体积盐酸与 9 体积水混匀。

（2）0.001mol/L 氢氧化钠溶液：称取 0.4g 氢氧化钠，加 100mL 水溶解。将此溶液用水稀释 100 倍。

（3）苔黑酚试剂：称取苔黑酚 20g，硫酸铁铵 13.5g，加水溶解并稀释成 500mL，作为储备溶液，低温保存。临用时取贮备液 2.5mL，加 41.5mL 盐酸溶液（1+9），再加馏水稀释至 50mL，摇匀，即为苔黑酚使用溶液。

（4）RNA 标准溶液：取与被测物同来源的商品 RNA，用定磷法测定含量后，用 0.001mol/L 氢氧化钠溶液配制 100mg/L 的 RNA 标准溶液。

2）仪器

分光光度计（配有 1cm 比色皿），分析天平（感量 0.1mg），比色管（10mL），吸量管（1mL、5mL）。

3）操作步骤

（1）试样溶液制备。称取一定量的试样（准确至 0.1mg），用 0.001mol/L 氢氧化钠溶液配制成 RNA 浓度为 40～100mg/L 的溶液。

（2）标准曲线绘制。分别吸取 RNA 标准溶液 0.00、0.20、0.40、0.60、0.80、1.00（mL）[相当于含有 0、20、40、60、80、100（μg）的 RNA] 于 6 支 10mL 比色管，各补加水至 1.00mL，加入苔黑酚试剂使用溶液 3.00mL，摇匀。置于沸水浴中 20min，冷却。以空白溶液为参比，用 1cm 比色皿在 670nm 处测定其吸光度。以吸光度为纵坐标，RNA 含量为横坐标，绘制标准曲线。

（3）测定。准确吸取 1.0mL 试样溶液（RNA 含量应在标准曲线可测范围之内）替代 RNA 标准溶液，按上述标准曲线绘制操作。根据测得的吸光度，从标准曲线上查出 RNA 的含量。

4）数据记录与结果处理

数据记录与结果处理如表 9-5 所示。

表 9-5　数据记录与结果处理

测定项目	标准系列溶液						试样溶液	
	1	2	3	4	5	6	1	2
试样的质量 m/g								
试样溶液的体积 V/mL								
测定用试样溶液的体积 V_1/mL								
各测定溶液的吸光度 A								
各测定溶液中 RNA 含量 m_1/μg								
试样中 RNA 含量 w（质量分数）/%								
试样中 RNA 平均含量（质量分数）/%								
平行测定结果绝对差与平均值比值/%								

计算公式：

$$w = \frac{m_1 \times \dfrac{V}{V_1}}{m \times 10^6} \times 100$$

5) 说明

所得结果保留 1 位小数。平行测定结果绝对差与平均值的比值不超过 10%。

项目 2 核苷酸的检验

任务 1 肌苷酸含量的测定

学习目标

（1）掌握紫外分分光光度法测定肌苷酸含量的相关知识和操作技能。

（2）会正确操作紫外分光光度计。

（3）能及时记录原始数据和正确处理测定结果。

知识准备

肌苷酸又名次黄嘌呤核苷酸或次黄苷酸，简称 IMP，是一种在核糖核酸（RNA）中发现的核苷酸。在酶的作用下，肌苷酸可以分解得到次黄嘌呤。肌苷酸是以淀粉、糖质为原料，经发酵法或酶解法制得其二钠盐（分子式 $C_{10}H_{11}N_4Na_2O_8P \cdot xH_2O$），可以用作食品增鲜剂，也用于治疗白细胞减少症、血小板减少症、各种心脏疾患、急性及慢性肝炎、肝硬化、中心视网膜炎、视神经萎缩等疾病。

采用紫外分光光度法测定肌苷酸的含量。肌苷酸组成中含有嘌呤碱基，对 250nm 波长的紫外光有最大吸收。通过测定试样溶液在 250nm 处的吸光度，用百分吸光系数计算出肌苷酸含量。

技能操作

1) 试剂

0.01mol/L 盐酸溶液：量取 0.83mL 盐酸，加水稀释至 1000mL。

2) 仪器

紫外分光光度计（配有 1cm 石英比色皿），分析天平（感量 0.1mg），容量瓶（250mL、500mL），吸量管（5mL）。

3) 操作步骤

（1）试样溶液制备。称取 0.5g 试样（准确至 0.1mg），0.01mol/L 盐酸溶液溶解并定容至 500mL，摇匀。

（2）试样待测溶液制备。吸取试样溶液 5.00mL，用 0.01mol/L 盐酸溶液稀释并定容至 250mL，摇匀。

（3）测定。以 0.01mol/L 盐酸溶液为参比，用 1cm 比色皿在 250nm 处测定试样待测溶液的吸光度。

4）数据记录与结果处理

数据记录与结果处理如表 9-6 所示。

表 9-6　数据记录与结果处理

测定次数	1	2
试样的质量 m/g		
试样溶液的体积 V/mL		
试样中水分含量 w_1（质量分数）/%		
试样待测溶液的吸光度 A		
试样中肌苷酸含量（干基）w（质量分数）/%		
试样中肌苷酸平均含量（干基）（质量分数）/%		
平行测定结果绝对差与平均值比值/%		

计算公式：

$$w = \frac{\dfrac{A}{310} \times \dfrac{V}{100} \times \dfrac{250}{5}}{m \times 10^6 \times \dfrac{100 - w_1}{100}} \times 100$$

式中，5——测定用试样溶液的体积（mL）；

250——试样待测溶液的总体积（mL）；

310——肌苷酸的比吸光系数，即 1μg/mL 的肌苷酸二钠盐水溶液在 250nm 波长处通过 1cm 比色皿时的吸光度。

5）说明

所得结果保留 1 位小数。平行测定结果绝对差与平均值的比值不超过 1%。

任务 2　鸟苷酸含量的测定

学习目标

（1）掌握紫外分分光光度法测定鸟苷酸含量的相关知识和操作技能。

（2）会正确操作紫外分光光度计。

（3）能及时记录原始数据和正确处理测定结果。

知识准备

鸟苷酸亦称一磷酸鸟苷，简称 GMP，是 RNA 的组成成分，在生物体内由次黄苷酸生成，也由鸟嘌呤或鸟苷生成。鸟苷酸是以淀粉、糖质为原料，经发酵法或酶解法制得其二钠盐（分子式 $C_{10}H_{12}N_5Na_2O_8P \cdot xH_2O$），水溶液稳定，在酸性溶液中，高温时易分解，可被磷酸酶分解破坏。鸟苷酸的鲜味强度为肌苷酸二钠的 2.3 倍，与谷氨酸钠并用有很强的协同作用。

鸟苷酸的含量采用紫外分光光度法测定。鸟苷酸组成中含有嘌呤碱基，对 260nm 波长的紫外光有最大吸收。通过测定试样溶液在 260nm 处的吸光度，用百分吸光系数计算出鸟苷酸含量。

技能操作

1）试剂

0.01mol/L 盐酸溶液：量取 0.83mL 盐酸，加水稀释至 1000mL。

2）仪器

紫外分光光度计（配有 1cm 石英比色皿），分析天平（感量 0.1mg），容量瓶（250mL、1000mL），吸量管（10mL）。

3）操作步骤

（1）试样溶液制备。称取 0.5g 试样（准确至 0.1mg），0.01mol/L 盐酸溶液溶解并定容至 1000mL，摇匀。

（2）试样待测溶液制备。吸取试样溶液 10.00mL，用 0.01mol/L 盐酸溶液稀释并定容至 250mL，摇匀。

（3）测定。以 0.01mol/L 盐酸溶液为参比，用 1cm 比色皿在 260nm 处测定试样待测溶液的吸光度。

4）数据记录与结果处理

数据记录与结果处理如表 9-7 所示。

表 9-7　数据记录与结果处理

测定次数	1	2
试样的质量 m/g		
试样溶液的体积 V/mL		
试样的干燥失重 w_1（质量分数）/%		
试样待测溶液的吸光度 A		
试样中鸟苷酸含量（干基）w（质量分数）/%		
试样中鸟苷酸平均含量（干基）（质量分数）/%		
平行测定结果绝对差与平均值比值/%		

计算公式：

$$w = \frac{\dfrac{A}{289.8} \times \dfrac{V}{100} \times \dfrac{250}{10}}{m \times 10^6 \times \dfrac{100-w_1}{100}} \times 100$$

式中，10——测定用试样溶液的体积（mL）；

250——试样待测溶液的总体积（mL）；

289.8——鸟苷酸的比吸光系数，即 1μg/mL 的鸟苷酸二钠盐水溶液在 260nm 波长处通过 1cm 比色皿时的吸光度。

5）说明

所得结果保留 1 位小数。平行测定结果绝对差与平均值的比值不超过 1%。

任务3　尿苷酸含量的测定

学习目标

（1）掌握高效液相色谱法测定尿苷酸含量的相关知识和操作技能。

（2）会正确操作高效液相色谱仪。

（3）能及时记录原始数据和用外标法进行定量。

知识准备

尿苷酸即尿嘧啶核糖核苷酸，简称 UMP，是组成 RNA 的一种核苷酸。尿苷酸是以酵母核糖核酸（RNA）为原料，经 5′-磷酸二酯酶降解而制得其二钠盐（分子式 $C_9H_{11}N_2Na_2O_9P \cdot xH_2O$），可以用作营养强化剂，加入牛奶中能提高核苷酸量使之接近人乳成分，增强婴幼儿抵抗能力，可作为生产核酸类药物中间体、保健食品及生化试剂，并用于制造尿苷三磷酸（UTP）、聚腺尿、氟铁龙等药物。

尿苷酸的含量采用高效液相色谱法测定。试样中的尿苷酸经高效液相色谱柱分离后，用紫外检测器在 250nm 处检测。根据尿苷酸标准品的保留时间，确定试样中尿苷酸色谱峰的位置。根据测得的峰面积，以外标法计算尿苷酸含量。

技能操作

1）试剂

（1）0.025mol/L 乙酸铵溶液（pH 5.5）：称取 1.93g 乙酸铵，溶于 1000mL 水中，用 2mol/L 冰乙酸溶液调至 pH 5.5。

（2）40mg/L 尿苷酸标准溶液：称取标准试剂 5′-尿苷酸二钠 0.1g（准确到 0.1mg），加水溶解后，转移至 50mL 容量瓶中，用水定容至刻度，摇匀。吸取此溶液 1.00mL 于 50mL 容量瓶中，用乙酸铵溶液定容至刻度，摇匀。

2）仪器

高效液相色谱仪，配有紫外检测器；真空抽滤脱气装置及 0.2、0.45(μm) 微孔膜；色谱柱，Hypersil ODS2（5μm，4.6×250mm）；分析天平，感量 0.1mg；微量进样器，20μL；容量瓶，50mL；吸量管，1mL。

3）操作步骤

（1）试样溶液制备。称取试样 0.1g（准确到 0.1mg），加水溶解后，转移至 50mL 容量瓶中，用水定容至刻度，摇匀。吸取此溶液 1.00mL 于 50mL 容量瓶中，用乙酸铵溶液定容至刻度，摇匀。

（2）试样测定。开机预热，并装上色谱柱，调柱温为 (25±0.5)℃ （柱温箱的精确度为±0.1℃），对色谱柱按要求进行处理。正式测试前，将所用流动相乙酸铵溶液，流速 0.8mL/min，输入系统 0.5h 以上，待基线稳定后即可进样，进样量为 20μL，检测波长 254nm。

将尿苷酸标准溶液和试样溶液分别进样。根据标准品的保留时间，确定试样中尿苷酸色谱峰的位置。根据测得的峰面积，以外标法计算尿苷酸的含量。

4）数据记录与结果处理

数据记录与结果处理如表 9-8 所示。

表 9-8　数据记录与结果处理

测定次数	1	2
试样的质量 m/g		
鸟苷酸标准品的质量 m_s/g		
试样的干燥失重 w_1 （质量分数）/%		
鸟苷酸标准品的干燥失重 w_s （质量分数）/%		
试样溶液中鸟苷酸的色谱峰面积 A/mm²		
标准溶液中鸟苷酸的色谱峰面积 A_s/mm²		
试样中鸟苷酸含量（干基）w（质量分数）/%		
试样中鸟苷酸平均含量（干基）(质量分数)/%		
平行测定结果绝对差与平均值比值/%		

计算公式：

$$w = \frac{A \times m_s \times (100 - w_s)}{A_s \times m \times (100 - w_1)} \times 100$$

5）说明

所得结果保留 1 位小数。平行测定结果绝对差与平均值的比值不超过 1%。

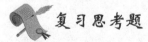 复习思考题

1. 选择题

（1）定磷法是将核酸消化后，通过测定其（　　　）含量，再计算出核酸含量。

A. 无机磷　　　　　　B. 有机磷　　　　　　C. 总磷　　　　　　D. 核苷酸

（2）定磷法测定核酸含量中，定磷试剂由（　　　）组成。

A. 浓硫酸＋钼酸铵＋硫酸铜　　　　　　B. 浓硫酸＋钼酸铵＋维生素 C

C. 浓硫酸＋维生素＋硫酸钾　　　　　　D. 硫酸铜＋钼酸铵＋维生素 C

（3）定磷法消化核酸样品时，加入 30% H_2O_2 溶液是为了（　　　）。

A. 促进有机磷氧化成无机磷　　　　　　B. 将核酸分解为有机磷

C. 分解焦磷酸　　　　　　D. 将核酸分解为焦磷酸

（4）二苯胺法测定DNA，样品中的（　　）对测定影响不大。

A. 蛋白质　　　　　　B. 多糖　　　　　　C. 羟基醛　　　　　D. RNA

（5）核苷、核苷酸、核酸的组成中都有碱基，能吸收紫外光，最大吸收波长（　　）nm，根据该特性可以测定其含量。

A. 220　　　　　　B. 260　　　　　　C. 300　　　　　D. 350

（6）吲哚法测定DNA，DNA酸解后生成产物中的（　　）与吲哚作用，用氯仿抽提去除干扰物质，在波长490nm处有最大吸收值。

A. 核苷　　　　　　B. 核糖　　　　　　C. 脱氧核糖　　　　D. 核酸

2. 紫外分光光度法测定核酸含量为什么要在固定的pH溶液中进行？

3. 当试样中含有核苷酸类杂质时，如何用紫外分光光度法测定核酸含量？

4. 紫外分光光度法和定磷法测定核酸含量的原理是什么？各有什么特点？

5. 定磷法测定核酸含量时，为什么要将样品消化？

6. 二苯胺法测定DNA含量时，加入什么试剂能显著提高测定的灵敏度？为什么？

7. 二苯胺定糖法和吲哚定糖法测定脱氧核糖核酸（DNA）含量的原理是什么？各有什么特点？

8. 写出苔黑酚法测定RNA含量的原理。如何提高测定的灵敏度？

9. 为什么可以用紫外分光光度法测定肌苷酸和鸟苷酸的含量？

10. 高效液相色谱法测定尿苷酸含量时所用的流动相是什么？为什么？

附　录

附录1　20℃时酒精水溶液相对密度与酒精度（乙醇含量）对照表

相对密度	酒精度/(%Vol)	相对密度	酒精度/(%Vol)	相对密度	酒精度/(%Vol)	相对密度	酒精度/(%Vol)
1.0000	0.00	0.9963	2.52	0.9926	5.16	0.9889	8.02
0.9999	0.06	0.9962	2.58	0.9925	5.24	0.9888	8.11
0.9998	0.14	0.9961	2.66	0.9924	5.30	0.9887	8.19
0.9997	0.20	0.9960	2.72	0.9923	5.38	0.9886	8.28
0.9996	0.26	0.9959	2.80	0.9922	5.46	0.9885	8.36
0.9995	0.34	0.9958	2.86	0.9921	5.54	0.9884	8.44
0.9994	0.40	0.9957	2.92	0.9920	5.60	0.9883	8.52
0.9993	0.46	0.9956	3.00	0.9919	5.68	0.9882	8.60
0.9992	0.52	0.9955	3.08	0.9918	5.76	0.9881	8.68
0.9991	0.60	0.9954	3.14	0.9917	5.83	0.9880	8.76
0.9990	0.66	0.9953	3.20	0.9916	5.90	0.9879	8.84
0.9989	0.74	0.9952	3.28	0.9915	5.98	0.9878	8.92
0.9988	0.80	0.9951	3.35	0.9914	6.06	0.9877	9.00
0.9987	0.88	0.9950	3.42	0.9913	6.14	0.9876	9.08
0.9986	0.94	0.9949	3.50	0.9912	6.22	0.9875	9.16
0.9985	1.00	0.9948	3.56	0.9911	6.30	0.9874	9.25
0.9984	1.08	0.9947	3.64	0.9910	6.37	0.9873	9.34
0.9983	1.14	0.9946	3.70	0.9909	6.44	0.9872	9.42
0.9982	1.20	0.9945	3.78	0.9908	6.52	0.9871	9.50
0.9981	1.28	0.9944	3.85	0.9907	6.60	0.9870	9.58
0.9980	1.34	0.9943	3.92	0.9906	6.68	0.9869	9.66
0.9979	1.42	0.9942	4.00	0.9905	6.76	0.9868	9.75
0.9978	1.48	0.9941	4.06	0.9904	6.84	0.9867	9.84
0.9977	1.54	0.9940	4.14	0.9903	6.92	0.9866	9.92
0.9976	1.62	0.9939	4.20	0.9902	7.00	0.9865	10.00
0.9975	1.68	0.9938	4.28	0.9901	7.08	0.9864	10.07
0.9974	1.76	0.9937	4.35	0.9900	7.16	0.9863	10.15
0.9973	1.82	0.9936	4.42	0.9899	7.23	0.9862	10.24
0.9972	1.90	0.9935	4.50	0.9898	7.31	0.9861	10.31
0.9971	1.96	0.9934	4.57	0.9897	7.39	0.9860	10.40
0.9970	2.02	0.9933	4.64	0.9896	7.47	0.9859	10.49
0.9969	2.10	0.9932	4.72	0.9895	7.55	0.9858	10.57
0.9968	2.16	0.9931	4.78	0.9894	7.63	0.9857	10.65
0.9967	2.24	0.9930	4.86	0.9893	7.71	0.9856	10.74
0.9966	2.30	0.9929	4.94	0.9892	7.79	0.9855	10.82
0.9965	2.38	0.9928	5.00	0.9891	7.87	0.9854	10.91
0.9964	2.44	0.9927	5.08	0.9890	7.94	0.9853	10.99

续表

相对密度	酒精度/(%Vol)	相对密度	酒精度/(%Vol)	相对密度	酒精度/(%Vol)	相对密度	酒精度/(%Vol)
0.9852	11.08	0.9805	15.20	0.9758	19.45	0.9711	23.78
0.9851	11.16	0.9804	15.30	0.9757	19.54	0.9710	23.87
0.9850	11.25	0.9803	15.39	0.9756	19.64	0.9709	23.95
0.9849	11.34	0.9802	15.48	0.9755	19.73	0.9708	24.04
0.9848	11.42	0.9801	15.57	0.9754	19.83	0.9707	24.13
0.9847	11.51	0.9800	15.67	0.9753	19.92	0.9706	24.22
0.9846	11.58	0.9799	15.75	0.9752	20.02	0.9705	24.31
0.9845	11.67	0.9798	15.85	0.9751	20.11	0.9704	24.40
0.9844	11.77	0.9797	15.93	0.9750	20.20	0.9703	24.49
0.9843	11.85	0.9796	16.03	0.9749	20.30	0.9702	24.58
0.9842	11.94	0.9795	16.12	0.9748	20.39	0.9701	24.66
0.9841	12.02	0.9794	16.21	0.9747	20.48	0.9700	24.75
0.9840	12.11	0.9793	16.30	0.9746	20.58	0.9699	24.84
0.9839	12.20	0.9792	16.40	0.9745	20.67	0.9698	24.93
0.9838	12.28	0.9791	16.49	0.9744	20.76	0.9697	25.01
0.9837	12.37	0.9790	16.46	0.9743	20.86	0.9696	25.10
0.9836	12.45	0.9789	16.55	0.9742	20.95	0.9695	25.19
0.9835	12.54	0.9788	16.64	0.9741	21.04	0.9694	25.28
0.9834	12.63	0.9787	16.73	0.9740	21.14	0.9693	25.36
0.9833	12.71	0.9786	16.88	0.9739	21.23	0.9692	25.45
0.9832	12.81	0.9785	16.92	0.9738	21.32	0.9691	25.54
0.9831	12.89	0.9784	17.01	0.9737	21.41	0.9690	25.62
0.9830	12.98	0.9783	17.10	0.9736	21.50	0.9689	25.71
0.9829	13.07	0.9782	17.20	0.9735	21.60	0.9688	25.80
0.9828	13.15	0.9781	17.29	0.9734	21.69	0.9687	25.89
0.9827	13.25	0.9780	17.38	0.9733	21.78	0.9686	25.98
0.9826	13.33	0.9779	17.47	0.9732	21.87	0.9685	26.06
0.9825	13.42	0.9778	17.57	0.9731	21.96	0.9684	26.15
0.9824	13.51	0.9777	17.66	0.9730	22.05	0.9683	26.24
0.9823	13.59	0.9776	17.75	0.9729	22.14	0.9682	26.33
0.9822	13.69	0.9775	17.84	0.9728	22.24	0.9681	26.41
0.9821	13.78	0.9774	17.94	0.9727	22.33	0.9680	26.50
0.9820	13.86	0.9773	18.03	0.9726	22.42	0.9679	26.59
0.9819	13.96	0.9772	18.12	0.9725	22.51	0.9678	26.67
0.9818	14.04	0.9771	18.22	0.9724	22.60	0.9677	26.76
0.9817	14.13	0.9770	18.31	0.9723	22.69	0.9676	26.84
0.9816	14.23	0.9769	18.40	0.9722	22.78	0.9675	26.93
0.9815	14.31	0.9768	18.50	0.9721	22.87	0.9674	27.01
0.9814	14.40	0.9767	18.59	0.9720	22.96	0.9673	27.10
0.9813	14.50	0.9766	18.69	0.9719	23.06	0.9672	27.19
0.9812	14.58	0.9765	18.78	0.9718	23.15	0.9671	27.27
0.9811	14.67	0.9764	18.88	0.9717	23.24	0.9670	27.36
0.9810	14.76	0.9763	18.97	0.9716	23.33	0.9669	27.44
0.9809	14.85	0.9762	19.07	0.9715	23.42	0.9668	27.52
0.9808	14.95	0.9761	19.16	0.9714	23.51	0.9667	27.61
0.9807	15.03	0.9760	19.26	0.9713	23.60	0.9666	27.69
0.9806	15.13	0.9759	19.35	0.9712	23.69	0.9665	27.77

相对密度	酒精度/(%Vol)	相对密度	酒精度/(%Vol)	相对密度	酒精度/(%Vol)	相对密度	酒精度/(%Vol)
0.9664	27.86	0.9617	31.67	0.9570	35.12	0.9523	38.27
0.9663	27.94	0.9616	31.75	0.9569	35.19	0.9522	38.33
0.9662	28.02	0.9615	31.82	0.9568	35.26	0.9521	38.39
0.9661	28.11	0.9614	31.90	0.9567	35.33	0.9520	38.46
0.9660	28.19	0.9613	31.98	0.9566	35.40	0.9519	38.52
0.9659	28.28	0.9612	32.06	0.9565	35.47	0.9518	38.59
0.9658	28.36	0.9611	32.13	0.9564	35.54	0.9517	38.65
0.9657	28.44	0.9610	32.21	0.9563	35.61	0.9516	38.72
0.9656	28.53	0.9609	32.28	0.9562	35.68	0.9515	38.78
0.9655	28.61	0.9608	32.36	0.9561	35.75	0.9514	38.84
0.9654	28.69	0.9607	32.43	0.9560	35.82	0.9513	38.91
0.9653	28.78	0.9606	32.51	0.9559	35.88	0.9512	38.97
0.9652	28.86	0.9605	32.58	0.9558	35.95	0.9511	39.04
0.9651	28.94	0.9604	32.66	0.9557	36.02	0.9510	39.10
0.9650	29.03	0.9603	32.73	0.9556	36.09	0.9509	39.16
0.9649	29.11	0.9602	32.81	0.9555	36.15	0.9508	39.23
0.9648	29.19	0.9601	32.88	0.9554	36.22	0.9507	39.29
0.9647	29.27	0.9600	32.96	0.9553	36.29	0.9506	39.35
0.9646	29.35	0.9599	33.03	0.9552	36.36	0.9505	39.41
0.9645	29.44	0.9598	33.10	0.9551	36.42	0.9504	39.48
0.9644	29.52	0.9597	33.18	0.9550	36.49	0.9503	39.54
0.9643	29.60	0.9596	33.25	0.9549	36.56	0.9502	39.60
0.9642	29.68	0.9595	33.32	0.9548	36.63	0.9501	39.67
0.9641	29.76	0.9594	33.40	0.9547	36.69	0.9500	39.73
0.9640	29.85	0.9593	33.47	0.9546	36.76	0.9499	39.79
0.9639	29.93	0.9592	33.54	0.9545	36.83	0.9498	39.85
0.9638	30.01	0.9591	33.62	0.9544	36.89	0.9497	39.91
0.9637	30.09	0.9590	33.69	0.9543	36.96	0.9496	39.98
0.9636	30.17	0.9589	33.76	0.9542	37.03	0.9495	40.04
0.9635	30.25	0.9588	33.84	0.9541	37.09	0.9494	40.10
0.9634	30.34	0.9587	33.91	0.9540	37.16	0.9493	40.16
0.9633	30.42	0.9586	33.98	0.9539	37.23	0.9492	40.22
0.9632	30.50	0.9585	34.05	0.9538	37.29	0.9491	40.29
0.9631	30.58	0.9584	34.12	0.9537	37.36	0.9490	40.35
0.9630	30.66	0.9583	34.20	0.9536	37.42	0.9489	40.41
0.9629	30.74	0.9582	34.27	0.9535	37.49	0.9488	40.47
0.9628	30.82	0.9581	34.34	0.9534	37.56	0.9487	40.53
0.9627	30.89	0.9580	34.41	0.9533	37.62	0.9486	40.59
0.9626	30.97	0.9579	34.48	0.9532	37.69	0.9485	40.65
0.9625	31.05	0.9578	34.56	0.9531	37.75	0.9484	40.71
0.9624	31.13	0.9577	34.63	0.9530	37.82	0.9483	40.78
0.9623	31.20	0.9576	34.70	0.9529	37.88	0.9482	40.84
0.9622	31.28	0.9575	34.77	0.9528	37.95	0.9481	40.90
0.9621	31.36	0.9574	34.84	0.9527	38.01	0.9480	40.96
0.9620	31.44	0.9573	34.91	0.9526	38.07	0.9479	41.02
0.9619	31.52	0.9572	34.98	0.9525	38.14	0.9478	41.08
0.9618	31.59	0.9571	35.05	0.9524	38.20	0.9477	41.14

续表

相对密度	酒精度/（%Vol）	相对密度	酒精度/（%Vol）	相对密度	酒精度/（%Vol）	相对密度	酒精度/（%Vol）
0.9476	41.20	0.9429	43.96	0.9382	46.56	0.9335	49.04
0.9475	41.26	0.9428	44.02	0.9381	46.61	0.9334	49.09
0.9474	41.32	0.9427	44.07	0.9380	46.67	0.9333	49.14
0.9473	41.38	0.9426	44.13	0.9379	46.72	0.9332	49.19
0.9472	41.44	0.9425	44.18	0.9378	46.77	0.9331	49.25
0.9471	41.50	0.9424	44.24	0.9377	46.83	0.9330	49.30
0.9470	41.56	0.9423	44.30	0.9376	46.88	0.9329	49.35
0.9469	41.62	0.9422	44.35	0.9375	46.94	0.9328	49.40
0.9468	41.68	0.9421	44.41	0.9374	46.99	0.9327	49.45
0.9467	41.74	0.9420	44.46	0.9373	47.04	0.9326	49.50
0.9466	41.80	0.9419	44.52	0.9372	47.10	0.9325	49.55
0.9465	41.86	0.9418	44.58	0.9371	47.15	0.9324	49.60
0.9464	41.92	0.9417	44.63	0.9370	47.20	0.9323	49.65
0.9463	41.98	0.9416	44.69	0.9369	47.26	0.9322	49.70
0.9462	42.04	0.9415	44.74	0.9368	47.31	0.9321	49.75
0.9461	42.09	0.9414	44.80	0.9367	47.36	0.9320	49.80
0.9460	42.15	0.9413	44.86	0.9366	47.42	0.9319	49.85
0.9459	42.21	0.9412	44.91	0.9365	47.47	0.9318	49.90
0.9458	42.27	0.9411	44.97	0.9364	47.52	0.9317	49.95
0.9457	42.33	0.9410	45.03	0.9363	47.58	0.9316	50.00
0.9456	42.39	0.9409	45.08	0.9362	47.63	0.9315	50.05
0.9455	42.45	0.9408	45.14	0.9361	47.68	0.9314	50.10
0.9454	42.51	0.9407	45.19	0.9360	47.73	0.9313	50.16
0.9453	42.57	0.9406	45.25	0.9359	47.79	0.9312	50.21
0.9452	42.63	0.9405	45.30	0.9358	47.84	0.9311	50.26
0.9451	42.69	0.9404	45.36	0.9357	47.89	0.9310	50.31
0.9450	42.74	0.9403	45.42	0.9356	47.94	0.9309	50.36
0.9449	42.80	0.9402	45.47	0.9355	48.00	0.9308	50.41
0.9448	42.86	0.9401	45.53	0.9354	48.05	0.9307	50.46
0.9447	42.92	0.9400	45.58	0.9353	48.10	0.9306	50.51
0.9446	42.98	0.9399	45.64	0.9352	48.15	0.9305	50.56
0.9445	43.04	0.9398	45.69	0.9351	48.21	0.9304	50.61
0.9444	43.09	0.9397	45.74	0.9350	48.26	0.9303	50.66
0.9443	43.15	0.9396	45.80	0.9349	48.31	0.9302	50.71
0.9442	43.21	0.9395	45.85	0.9348	48.36	0.9301	50.76
0.9441	43.27	0.9394	45.91	0.9347	48.41	0.9300	50.81
0.9440	43.33	0.9393	45.96	0.9346	48.47	0.9299	50.86
0.9439	43.39	0.9392	46.01	0.9345	48.52	0.9298	50.91
0.9438	43.44	0.9391	46.07	0.9344	48.57	0.9297	50.96
0.9437	43.50	0.9390	46.12	0.9343	48.62	0.9296	51.01
0.9436	43.56	0.9389	46.18	0.9342	48.68	0.9295	51.06
0.9435	43.62	0.9388	46.23	0.9341	48.73	0.9294	51.11
0.9434	43.67	0.9387	46.29	0.9340	48.78	0.9293	51.16
0.9433	43.73	0.9386	46.34	0.9339	48.83	0.9292	51.21
0.9432	43.78	0.9385	46.39	0.9338	48.88	0.9291	51.26
0.9431	43.85	0.9384	46.45	0.9337	48.94	0.9290	51.31
0.9430	43.90	0.9383	46.50	0.9336	48.99	0.9289	51.36

相对密度	酒精度/(%Vol)	相对密度	酒精度/(%Vol)	相对密度	酒精度/(%Vol)	相对密度	酒精度/(%Vol)
0.9288	51.41	0.9241	53.71	0.9194	55.95	0.9147	58.13
0.9287	51.46	0.9240	53.76	0.9193	56.00	0.9146	58.17
0.9286	51.50	0.9239	53.81	0.9192	56.04	0.9145	58.22
0.9285	51.55	0.9238	53.85	0.9191	56.09	0.9144	58.26
0.9284	51.60	0.9237	53.90	0.9190	56.14	0.9143	58.31
0.9283	51.65	0.9236	53.95	0.9189	56.18	0.9142	58.35
0.9282	51.70	0.9235	54.00	0.9188	56.23	0.9141	58.40
0.9281	51.75	0.9234	54.05	0.9187	56.28	0.9140	58.44
0.9280	51.80	0.9233	54.09	0.9186	56.32	0.9139	58.49
0.9279	51.85	0.9232	54.14	0.9185	56.37	0.9138	58.53
0.9278	51.90	0.9231	54.19	0.9184	56.42	0.9137	58.58
0.9277	51.95	0.9230	54.24	0.9183	56.46	0.9136	58.62
0.9276	52.00	0.9229	54.29	0.9182	56.51	0.9135	58.67
0.9275	52.05	0.9228	54.33	0.9181	56.56	0.9134	58.71
0.9274	52.10	0.9227	54.38	0.9180	56.60	0.9133	58.76
0.9273	52.15	0.9226	54.43	0.9179	56.65	0.9132	58.80
0.9272	52.20	0.9225	54.48	0.9178	56.70	0.9131	58.85
0.9271	52.25	0.9224	54.53	0.9177	56.74	0.9130	58.89
0.9270	52.29	0.9223	54.57	0.9176	56.79	0.9129	58.94
0.9269	52.34	0.9222	54.62	0.9175	56.84	0.9128	58.98
0.9268	52.39	0.9221	54.67	0.9174	56.88	0.9127	59.03
0.9267	52.44	0.9220	54.72	0.9173	56.93	0.9126	59.07
0.9266	52.49	0.9219	54.77	0.9172	56.97	0.9125	59.12
0.9265	52.54	0.9218	54.81	0.9171	57.02	0.9124	59.16
0.9264	52.59	0.9217	54.86	0.9170	57.07	0.9123	59.21
0.9263	52.64	0.9216	54.91	0.9169	57.11	0.9122	59.25
0.9262	52.69	0.9215	54.96	0.9168	57.16	0.9121	59.30
0.9261	52.74	0.9214	55.00	0.9167	57.21	0.9120	59.34
0.9260	52.79	0.9213	55.05	0.9166	57.25	0.9119	59.39
0.9259	52.84	0.9212	55.10	0.9165	57.30	0.9118	59.43
0.9258	52.89	0.9211	55.15	0.9164	57.35	0.9117	59.48
0.9257	52.93	0.9210	55.19	0.9163	57.39	0.9116	59.52
0.9256	52.98	0.9209	55.24	0.9162	57.44	0.9115	59.57
0.9255	53.03	0.9208	55.29	0.9161	57.48	0.9114	59.61
0.9254	53.08	0.9207	55.34	0.9160	57.53	0.9113	59.66
0.9253	53.13	0.9206	55.38	0.9159	57.58	0.9112	59.70
0.9252	53.18	0.9205	55.43	0.9158	57.62	0.9111	59.75
0.9251	53.22	0.9204	55.48	0.9157	57.67	0.9110	59.79
0.9250	53.27	0.9203	55.53	0.9156	57.71	0.9109	59.84
0.9249	53.32	0.9202	55.57	0.9155	57.76	0.9108	59.88
0.9248	53.37	0.9201	55.62	0.9154	57.81	0.9107	59.92
0.9247	53.42	0.9200	55.67	0.9153	57.85	0.9106	59.97
0.9246	53.47	0.9199	55.71	0.9152	57.90	0.9105	60.01
0.9245	53.52	0.9198	55.76	0.9151	57.94	0.9104	60.06
0.9244	53.56	0.9197	55.81	0.9150	57.99	0.9103	60.10
0.9243	53.61	0.9196	55.86	0.9149	58.03	0.9102	60.15
0.9242	53.66	0.9195	55.90	0.9148	58.08	0.9101	60.19

相对密度	酒精度/(%Vol)	相对密度	酒精度/(%Vol)	相对密度	酒精度/(%Vol)	相对密度	酒精度/(%Vol)
0.9100	60.24	0.9055	62.22	0.9010	64.16	0.8965	66.06
0.9099	60.28	0.9054	62.26	0.9009	64.20	0.8964	66.10
0.9098	60.33	0.9053	62.30	0.9008	64.24	0.8963	66.15
0.9097	60.37	0.9052	62.35	0.9007	64.28	0.8962	66.19
0.9096	60.41	0.9051	62.39	0.9006	64.33	0.8961	66.23
0.9095	60.46	0.9050	62.43	0.9005	64.37	0.8960	66.27
0.9094	60.50	0.9049	62.48	0.9004	64.41	0.8959	66.31
0.9093	60.55	0.9048	62.52	0.9003	64.45	0.8958	66.36
0.9092	60.59	0.9047	62.56	0.9002	64.50	0.8957	66.40
0.9091	60.64	0.9046	62.60	0.9001	64.54	0.8956	66.44
0.9090	60.68	0.9045	62.65	0.9000	64.58	0.8955	66.48
0.9089	60.72	0.9044	62.69	0.8999	64.62	0.8954	66.52
0.9088	60.77	0.9043	62.73	0.8998	64.67	0.8953	66.56
0.9087	60.81	0.9042	62.78	0.8997	64.71	0.8952	66.60
0.9086	60.86	0.9041	62.82	0.8996	64.75	0.8951	66.65
0.9085	60.90	0.9040	62.86	0.8995	64.79	0.8950	66.69
0.9084	60.94	0.9039	62.91	0.8994	64.84	0.8949	66.73
0.9083	60.99	0.9038	62.95	0.8993	64.88	0.8948	66.77
0.9082	61.03	0.9037	62.99	0.8992	64.92	0.8947	66.81
0.9081	61.08	0.9036	63.04	0.8991	64.96	0.8946	66.85
0.9080	61.12	0.9035	63.08	0.8990	65.01	0.8945	66.90
0.9079	61.17	0.9034	63.12	0.8989	65.05	0.8944	66.94
0.9078	61.21	0.9033	63.17	0.8988	65.09	0.8943	66.98
0.9077	61.25	0.9032	63.21	0.8987	65.13	0.8942	67.02
0.9076	61.30	0.9031	63.25	0.8986	65.18	0.8941	67.06
0.9075	61.34	0.9030	63.30	0.8985	65.22	0.8940	67.10
0.9074	61.39	0.9029	63.34	0.8984	65.26	0.8939	67.15
0.9073	61.43	0.9028	63.38	0.8983	65.30	0.8938	67.19
0.9072	61.47	0.9027	63.43	0.8982	65.35	0.8937	67.23
0.9071	61.52	0.9026	63.47	0.8981	65.39	0.8936	67.27
0.9070	61.56	0.9025	63.51	0.8980	65.43	0.8935	67.31
0.9069	61.60	0.9024	63.56	0.8979	65.47	0.8934	67.35
0.9068	61.65	0.9023	63.60	0.8978	65.51	0.8933	67.39
0.9067	61.69	0.9022	63.64	0.8977	65.56	0.8932	67.43
0.9066	61.74	0.9021	63.69	0.8976	65.60	0.8931	67.47
0.9065	61.78	0.9020	63.73	0.8975	65.64	0.8930	67.52
0.9064	61.82	0.9019	63.77	0.8974	65.68	0.8929	67.56
0.9063	61.87	0.9018	63.82	0.8973	65.72	0.8928	67.60
0.9062	61.91	0.9017	63.86	0.8972	65.77	0.8927	67.64
0.9061	61.96	0.9016	63.90	0.8971	65.81	0.8926	67.68
0.9060	62.00	0.9015	63.94	0.8970	65.85	0.8925	67.72
0.9059	62.04	0.9014	63.99	0.8969	65.89	0.8924	67.76
0.9058	62.09	0.9013	64.03	0.8968	65.94	0.8923	67.80
0.9057	62.13	0.9012	64.07	0.8967	65.98	0.8922	67.84
0.9056	62.17	0.9011	64.11	0.8966	66.02	0.8921	67.89

相对密度	酒精度/(%Vol)	相对密度	酒精度/(%Vol)	相对密度	酒精度/(%Vol)	相对密度	酒精度/(%Vol)
0.8920	67.93	0.8875	69.76	0.8830	71.55	0.8785	73.31
0.8919	67.97	0.8874	69.80	0.8829	71.59	0.8784	73.35
0.8918	68.01	0.8873	69.84	0.8828	71.63	0.8783	73.39
0.8917	68.05	0.8872	69.88	0.8827	71.67	0.8782	73.43
0.8916	68.09	0.8871	69.92	0.8826	71.71	0.8781	73.47
0.8915	68.13	0.8870	69.96	0.8825	71.75	0.8780	73.50
0.8914	68.17	0.8869	70.00	0.8824	71.79	0.8779	73.54
0.8913	68.21	0.8868	70.04	0.8823	71.83	0.8778	73.58
0.8912	68.26	0.8867	70.08	0.8822	71.87	0.8777	73.62
0.8911	68.30	0.8866	70.12	0.8821	71.91	0.8776	73.66
0.8910	68.34	0.8865	70.16	0.8820	71.95	0.8775	73.70
0.8909	68.38	0.8864	70.20	0.8819	71.99	0.8774	73.74
0.8908	68.42	0.8863	70.24	0.8818	72.03	0.8773	73.78
0.8907	68.46	0.8862	70.28	0.8817	72.07	0.8772	73.81
0.8906	68.50	0.8861	70.32	0.8816	72.10	0.8771	73.85
0.8905	68.54	0.8860	70.36	0.8815	72.14	0.8770	73.89
0.8904	68.58	0.8859	70.40	0.8814	72.18	0.8769	73.93
0.8903	68.62	0.8858	70.44	0.8813	72.22	0.8768	73.97
0.8902	68.67	0.8857	70.48	0.8812	72.26	0.8767	74.01
0.8901	68.71	0.8856	70.52	0.8811	72.30	0.8766	74.05
0.8900	68.75	0.8855	70.56	0.8810	72.34	0.8765	74.08
0.8899	68.79	0.8854	70.60	0.8809	72.38	0.8764	74.12
0.8898	68.83	0.8853	70.64	0.8808	72.42	0.8763	74.16
0.8897	68.87	0.8852	70.68	0.8807	72.46	0.8762	74.20
0.8896	68.91	0.8851	70.72	0.8806	72.50	0.8761	74.24
0.8895	68.95	0.8850	70.76	0.8805	72.53	0.8760	74.28
0.8894	68.99	0.8849	70.80	0.8804	72.57	0.8759	74.32
0.8893	69.03	0.8848	70.84	0.8803	72.61	0.8758	74.35
0.8892	69.07	0.8847	70.88	0.8802	72.65	0.8757	74.39
0.8891	69.11	0.8846	70.92	0.8801	72.69	0.8756	74.43
0.8890	69.15	0.8845	70.96	0.8800	72.73	0.8755	74.47
0.8889	69.19	0.8844	71.00	0.8799	72.77	0.8754	74.51
0.8888	69.23	0.8843	71.04	0.8798	72.81	0.8753	74.55
0.8887	69.27	0.8842	71.08	0.8797	72.85	0.8752	74.58
0.8886	69.32	0.8841	71.12	0.8796	72.88	0.8751	74.62
0.8885	69.36	0.8840	71.16	0.8795	72.92	0.8750	74.66
0.8884	69.40	0.8839	71.20	0.8794	72.96	0.8749	74.70
0.8883	69.44	0.8838	71.24	0.8793	73.00	0.8748	74.74
0.8882	69.48	0.8837	71.27	0.8792	73.04	0.8747	74.77
0.8881	69.52	0.8836	71.31	0.8791	73.08	0.8746	74.81
0.8880	69.56	0.8835	71.35	0.8790	73.12	0.8745	74.85
0.8879	69.60	0.8834	71.39	0.8789	73.16	0.8744	74.89
0.8878	69.64	0.8833	71.43	0.8788	73.19	0.8743	74.93
0.8877	69.68	0.8832	71.47	0.8787	73.23	0.8742	74.97
0.8876	69.72	0.8831	71.51	0.8786	73.27	0.8741	75.00

附录2　酒精计温度、酒精度（乙醇含量）换算表

酒精计示值	温度/℃																									
	10	11	12	13	14	15	16	17	18	19	20	21	22	23	24	25	26	27	28	29	30	31	32	33	34	35
0.5	1.3	1.3	1.2	1.2	1.1	1.0	0.9	0.8	0.7	0.6	0.5	0.4	0.2	0.1												
1.0	1.8	1.8	1.8	1.7	1.6	1.5	1.4	1.3	1.2	1.1	1.0	0.9	0.7	0.6	0.4	0.3	0.1									
1.5	2.4	2.3	2.2	2.2	2.1	2.0	1.9	1.8	1.7	1.6	1.5	1.4	1.2	1.1	0.9	0.8	0.6	0.4	0.3	0.2	0.1					
2.0	2.9	2.8	2.8	2.7	2.6	2.5	2.4	2.3	2.2	2.1	2.0	1.9	1.7	1.6	1.4	1.3	1.1	1.0	0.8	0.6	0.4	0.2	0.1			
2.5	3.4	3.3	3.3	3.2	3.1	3.0	2.9	2.8	2.7	2.6	2.5	2.4	2.2	2.1	1.9	1.8	1.6	1.4	1.3	1.1	0.9	0.7	0.6			
3.0	3.9	3.9	3.8	3.7	3.7	3.6	3.4	3.4	3.2	3.1	3.0	2.9	2.7	2.6	2.4	2.3	2.1	1.9	1.8	1.6	1.4	1.2	1.1	0.9	0.8	0.6
3.5	4.4	4.4	4.3	4.2	4.2	4.1	4.0	3.9	3.7	3.6	3.5	3.4	3.2	3.1	2.9	2.8	2.6	2.4	2.2	2.1	1.9	1.7	1.6	1.4	1.3	1.1
4.0	5.0	4.9	4.8	4.8	4.7	4.6	4.5	4.4	4.2	4.1	4.0	3.9	3.7	3.6	3.4	3.2	3.1	2.9	2.7	2.5	2.4	2.2	2.1	1.9	1.8	1.6
4.5	5.5	5.4	5.4	5.3	5.2	5.1	5.0	4.9	4.8	4.6	4.5	4.4	4.2	4.1	3.9	3.7	3.6	3.4	3.2	3.0	2.8	2.6	2.6	2.4	2.2	2.0
5.0	6.0	6.0	5.9	5.8	5.7	5.6	5.5	5.4	5.3	5.1	5.0	4.8	4.7	4.6	4.4	4.2	4.0	3.9	3.7	3.5	3.3	3.1	3.0	2.8	2.6	2.4
5.5	6.5	6.5	6.4	6.3	6.2	6.1	6.0	5.9	5.8	5.6	5.5	5.4	5.2	5.0	4.9	4.7	4.5	4.3	4.2	4.0	3.8	3.6	3.4	3.2	3.0	2.8
6.0	7.1	7.0	6.9	6.8	6.7	6.6	6.5	6.4	6.3	6.1	6.0	5.8	5.7	5.5	5.4	5.2	5.0	4.8	4.6	4.4	4.2	4.0	3.8	3.7	3.5	3.3
6.5	7.6	7.6	7.4	7.4	7.2	7.1	7.0	6.9	6.8	6.6	6.5	6.3	6.2	6.0	5.8	5.7	5.5	5.3	5.1	4.9	4.7	4.5	4.3	4.2	4.0	3.8
7.0	8.2	8.1	8.0	7.9	7.8	7.7	7.6	7.4	7.3	7.2	7.0	6.8	6.7	6.5	6.3	6.2	6.0	5.8	5.6	5.4	5.2	5.0	4.8	4.7	4.5	4.3
7.5	8.7	8.6	8.5	8.4	8.3	8.2	8.1	8.0	7.8	7.6	7.5	7.3	7.2	7.0	6.8	6.6	6.4	6.3	6.1	5.8	5.6	5.4	5.2	5.1	4.9	4.8
8.0	9.3	9.2	9.1	9.0	8.9	8.8	8.6	8.5	8.3	8.2	8.0	7.8	7.7	7.5	7.3	7.1	6.9	6.7	6.5	6.3	6.1	5.9	5.7	5.5	5.3	5.2
8.5	9.8	9.7	9.6	9.5	9.4	9.3	9.1	9.0	8.8	8.7	8.5	8.3	8.2	8.0	7.8	7.6	7.4	7.2	7.0	6.8	6.6	6.4	6.2	6.0	5.8	5.6
9.0	10.3	10.2	10.1	10.0	9.9	9.8	9.6	9.5	9.3	9.2	9.0	8.8	8.6	8.4	8.3	8.1	7.9	7.7	7.5	7.2	7.0	6.8	6.6	6.4	6.2	6.0
9.5	10.9	10.8	10.7	10.6	10.4	10.3	10.2	10.0	9.8	9.7	9.5	9.3	9.1	8.9	8.8	8.6	8.2	8.1	7.9	7.7	7.5	7.2	7.0	6.8	6.6	6.4
10.0	11.4	11.3	11.2	11.1	11.0	10.8	10.7	10.5	10.4	10.2	10.0	9.8	9.6	9.4	9.2	9.0	8.8	8.6	8.4	8.2	7.9	7.7	7.5	7.3	7.1	6.8
10.5	12.0	11.9	11.8	11.6	11.5	11.3	11.2	11.0	10.9	10.7	10.5	10.3	10.1	9.9	9.7	9.5	9.3	9.1	8.9	8.6	8.4	8.2	8.0	7.8	7.6	7.4

续表

酒精计示值	温度/℃																									
---	10	11	12	13	14	15	16	17	18	19	20	21	22	23	24	25	26	27	28	29	30	31	32	33	34	35
11.0	12.6	12.4	12.3	12.2	12.0	11.9	11.7	11.5	11.4	11.2	11.0	10.8	10.6	10.4	10.2	10.0	9.8	9.5	9.2	9.1	8.9	8.7	8.5	8.3	8.1	7.9
11.5	13.1	13.0	12.8	12.7	12.5	12.4	12.2	12.1	11.9	11.7	11.5	11.3	11.1	10.9	10.7	10.4	10.2	10.0	9.8	9.5	9.3	9.2	9.0	8.7	8.5	8.3
12.0	13.7	13.6	13.4	13.2	13.1	12.9	12.8	12.6	12.4	12.2	12.0	11.8	11.6	11.4	11.2	10.9	10.7	10.5	10.3	10.0	9.8	9.6	9.4	9.1	8.9	8.7
12.5	14.3	14.1	14.0	13.8	13.6	13.5	13.3	13.1	12.9	12.7	12.5	12.3	12.1	11.8	11.6	11.4	11.2	10.9	10.7	10.5	10.2	10.0	9.8	9.6	9.4	9.2
13.0	14.9	14.7	14.5	14.4	14.2	14.0	13.8	13.6	13.4	13.2	13.0	12.8	12.6	12.3	12.1	11.9	11.7	11.4	11.2	10.9	10.7	10.5	10.2	10.0	9.8	9.6
13.5	15.4	15.3	15.1	14.9	14.7	14.5	14.3	14.1	13.9	13.7	13.5	13.3	13.1	12.8	12.6	12.4	12.1	11.9	11.6	11.4	11.1	11.0	10.6	10.4	10.2	10.0
14.0	16.0	15.8	15.7	15.5	15.2	15.1	14.9	14.7	14.4	14.2	14.0	13.8	13.6	13.3	13.1	12.8	12.6	12.3	12.1	11.8	11.6	11.4	11.1	10.9	10.6	10.4
14.5	16.6	16.4	16.2	16.0	15.8	15.6	15.4	15.2	15.0	14.7	14.5	14.3	14.0	13.8	13.5	13.3	13.0	12.8	12.6	12.3	12.0	11.8	11.6	11.4	11.0	10.8
15.0	17.2	17.0	16.8	16.6	16.4	16.2	15.9	15.7	15.5	15.2	15.0	14.8	14.5	14.3	14.0	13.8	13.5	13.2	13.0	12.7	12.5	12.2	12.0	11.8	11.5	11.2
15.5	17.8	17.6	17.4	17.2	16.9	16.7	16.5	16.2	16.0	15.8	15.5	15.2	15.0	14.7	14.5	14.2	14.0	13.7	13.4	13.2	12.9	12.6	12.4	12.2	12.0	11.6
16.0	18.4	18.2	18.0	17.7	17.5	17.2	17.0	16.8	16.5	16.3	16.0	15.7	15.5	15.2	15.0	14.7	14.5	14.2	13.9	13.6	13.4	13.1	12.9	12.6	12.4	12.1
16.5	19.0	18.8	18.5	18.3	18.0	17.8	17.5	17.3	17.0	16.8	16.5	16.2	16.0	15.7	15.4	15.2	14.9	14.6	14.4	14.1	13.8	13.5	13.2	13.0	12.8	12.4
17.0	19.6	19.4	19.1	18.9	18.6	18.3	18.1	17.9	17.6	17.3	17.0	16.7	16.5	16.2	15.9	15.6	15.4	15.1	14.8	14.5	14.2	13.9	13.6	13.4	13.1	12.8
17.5	20.2	20.0	19.7	19.4	19.1	18.9	18.6	18.3	18.1	17.8	17.5	17.2	17.0	16.6	16.4	16.1	15.8	15.5	15.2	15.0	14.7	14.4	14.0	13.8	13.5	13.2
18.0	20.8	20.5	20.2	20.0	19.7	19.4	19.2	18.9	18.6	18.3	18.0	17.7	17.4	17.1	16.9	16.6	16.3	16.0	15.7	15.4	15.1	14.8	14.5	14.2	13.9	13.6
18.5	21.4	21.1	20.8	20.5	20.2	20.0	19.7	19.4	19.1	18.8	18.5	18.2	17.9	17.6	17.3	17.0	16.7	16.4	16.1	15.8	15.5	15.2	14.9	14.6	14.4	14.0
19.0	22.0	21.7	21.4	21.1	20.8	20.5	20.2	19.9	19.6	19.3	19.0	18.7	18.4	18.1	17.8	17.5	17.2	16.9	16.6	16.3	16.0	15.7	15.4	15.1	14.8	14.5
19.5	22.5	22.2	21.9	21.6	21.3	21.0	20.7	20.4	20.1	19.8	19.5	19.2	18.9	18.6	18.3	18.0	17.6	17.3	17.0	16.7	16.4	16.1	15.8	15.4	15.2	14.8
20.0	23.1	22.8	22.5	22.2	21.9	21.6	21.2	20.9	20.6	20.3	20.0	19.7	19.4	19.0	18.7	18.4	18.1	17.8	17.5	17.2	16.8	16.5	16.2	15.8	15.5	15.2
20.5	23.7	23.4	23.0	22.7	22.4	22.1	21.8	21.4	21.1	20.8	20.5	20.2	19.9	19.5	19.2	18.9	18.6	18.2	17.9	17.6	17.3	17.0	16.6	16.2	16.0	15.6
21.0	24.3	23.9	23.6	23.3	23.0	22.6	22.3	22.0	21.6	21.3	21.0	20.7	20.4	20.0	19.7	19.4	19.0	18.7	18.4	18.0	17.7	17.4	17.0	16.7	16.4	16.0
21.5	24.8	24.5	24.2	23.8	23.5	23.1	22.8	22.5	22.1	21.8	21.5	21.2	20.8	20.5	20.2	19.8	19.5	19.2	18.8	18.5	18.2	17.8	17.4	17.2	16.8	16.4
22.0	25.4	25.0	24.7	24.4	24.0	23.7	23.3	23.0	22.6	22.3	22.0	21.7	21.3	21.0	20.7	20.3	20.0	19.6	19.3	19.0	18.6	18.3	17.9	17.6	17.2	16.9
22.5	26.0	25.6	25.3	24.9	24.6	24.2	23.8	23.5	23.2	22.8	22.5	22.2	21.8	21.5	21.1	20.8	20.5	20.1	19.8	19.4	19.1	18.8	18.4	18.1	17.7	17.4

续表

酒精计示值	温度/℃																									
	10	11	12	13	14	15	16	17	18	19	20	21	22	23	24	25	26	27	28	29	30	31	32	33	34	35
23.0	26.6	26.2	25.8	25.4	25.1	24.7	24.4	24.0	23.7	23.3	23.0	22.6	22.3	22.0	21.6	21.2	20.9	20.6	20.2	19.9	19.6	19.3	18.9	18.6	18.2	17.9
23.5	27.1	26.7	26.4	26.0	25.6	25.3	24.9	24.5	24.2	23.8	23.5	23.1	22.8	22.4	22.1	21.8	21.4	21.0	20.7	20.4	20.0	19.8	19.4	19.0	18.6	18.4
24.0	27.7	27.3	26.9	26.5	26.2	25.8	25.4	25.1	24.7	24.4	24.0	23.6	23.3	22.9	22.6	22.2	21.9	21.5	21.2	20.8	20.5	20.2	19.8	19.4	19.1	18.8
24.5	28.2	27.8	27.4	27.1	26.7	26.3	25.9	25.6	25.2	24.8	24.5	24.1	23.8	23.4	23.1	22.7	22.4	22.0	21.6	21.3	20.9	20.6	20.2	19.8	19.6	19.2
25.0	28.8	28.4	28.0	27.6	27.2	26.8	26.5	26.1	25.7	25.4	25.0	24.6	24.3	23.9	23.5	23.2	22.8	22.5	22.1	21.8	21.4	21.0	20.7	20.3	20.0	19.6
25.5	29.3	28.9	28.5	28.2	27.8	27.4	27.0	26.6	26.2	25.9	25.5	25.1	24.8	24.4	24.0	23.7	23.3	22.9	22.6	22.2	21.9	21.4	21.2	20.8	20.4	20.0
26.0	29.9	29.5	29.1	28.7	28.3	27.9	27.5	27.1	26.7	26.4	26.0	25.6	25.3	24.9	24.5	24.1	23.8	23.4	23.0	22.7	22.3	21.9	21.6	21.2	20.8	20.4
26.5	30.4	30.0	29.6	29.2	28.8	28.4	28.0	27.6	27.2	26.9	26.5	26.1	25.8	25.4	25.0	24.6	24.2	23.9	23.5	23.2	22.8	22.4	22.0	21.6	21.2	20.8
27.0	31.0	30.6	30.2	29.7	29.3	28.9	28.5	28.1	27.8	27.4	27.0	26.6	26.2	25.8	25.5	25.1	24.7	24.4	24.0	23.6	23.2	22.8	22.4	22.0	21.7	21.3
27.5	31.5	31.1	30.7	30.3	29.9	29.5	29.0	28.6	28.3	27.9	27.5	27.1	26.7	26.3	26.0	25.6	25.2	24.8	24.4	24.1	23.7	23.3	22.9	22.6	22.2	21.8
28.0	32.0	31.6	31.2	30.8	30.4	29.9	29.5	29.2	28.8	28.4	28.0	27.6	27.2	26.8	26.4	26.1	25.7	25.3	24.9	24.6	24.2	23.8	23.4	23.1	22.7	22.3
28.5	32.5	32.0	31.6	31.2	30.9	30.5	30.1	29.7	29.3	28.9	28.5	28.1	27.7	27.2	26.9	26.6	26.2	25.8	25.4	25.0	24.6	24.2	23.8	23.5	23.1	22.8
29.0	33.1	32.7	32.1	31.8	31.4	31.0	30.6	30.2	29.8	29.4	29.0	28.6	28.2	27.8	27.4	27.0	26.6	26.3	25.9	25.5	25.1	24.7	24.2	23.9	23.5	23.2
29.5	33.6	33.2	32.8	32.3	31.9	31.5	31.1	30.7	30.3	29.9	29.5	29.1	28.7	28.3	27.9	27.5	27.1	26.7	26.4	26.0	25.6	25.2	24.8	24.4	24.0	23.7
30.0	34.1	33.7	33.3	32.8	32.4	32.0	31.6	31.2	30.8	30.4	30.0	29.6	29.2	28.8	28.4	28.0	27.6	27.2	26.8	26.4	26.1	25.7	25.3	24.9	24.5	24.2
30.5	34.6	34.2	33.8	33.4	33.0	32.5	32.1	31.7	31.3	30.9	30.5	30.1	29.7	29.3	28.9	28.5	28.1	27.7	27.3	26.9	26.5	26.2	25.8	25.4	25.0	24.6
31.0	35.1	34.7	34.3	33.9	33.5	33.0	32.6	32.2	31.8	31.4	31.0	30.6	30.2	29.8	29.4	29.0	28.6	28.2	27.8	27.4	27.0	26.6	26.2	25.8	25.4	25.0
31.5	35.6	35.2	34.8	34.4	34.0	33.5	33.1	32.7	32.3	31.9	31.5	31.1	30.7	30.3	29.9	29.5	29.1	28.7	28.3	27.9	27.5	27.1	26.7	26.3	25.9	25.5
32.0	36.1	35.7	35.3	34.9	34.4	34.0	33.6	33.2	32.8	32.4	32.0	31.6	31.2	30.8	30.4	30.0	29.6	29.2	28.8	28.4	28.0	27.6	27.2	26.8	26.4	26.0
32.5	36.6	36.2	35.8	35.4	35.0	34.5	34.1	33.7	33.2	32.9	32.5	32.0	31.7	31.3	30.9	30.5	30.0	29.6	29.2	28.8	28.4	28.0	27.6	27.2	26.8	26.4
33.0	37.1	36.7	36.3	35.9	35.4	35.0	34.6	34.2	33.8	33.4	33.0	32.6	32.2	31.8	31.4	31.0	30.6	30.2	29.8	29.4	28.9	28.5	28.1	27.7	27.3	26.8
33.5	37.6	37.2	36.8	36.4	35.9	35.5	35.1	34.7	34.3	33.9	33.5	33.1	32.7	32.3	31.9	31.5	31.0	30.6	30.2	29.8	29.4	29.0	28.6	28.2	27.8	27.3
34.0	38.1	37.7	37.3	36.9	36.4	36.0	35.6	35.2	34.8	34.4	34.0	33.6	33.2	32.8	32.4	32.0	31.6	31.2	30.7	30.3	29.9	29.5	29.1	28.7	28.3	27.8
34.5	38.6	38.2	37.8	37.3	36.9	36.5	36.1	35.7	35.3	34.9	34.5	34.1	33.7	33.3	32.9	32.5	32.0	31.6	31.2	30.8	30.4	30.0	29.6	29.2	28.8	28.2

续表

酒精计示值	温度/℃																								
	10	11	12	13	14	15	16	17	18	19	20	21	22	23	24	25	26	27	28	29	30	31	32	33	34	35
35.0	39.1	38.7	38.2	37.8	37.4	37.0	36.6	36.2	35.8	35.4	35.0	34.6	34.2	33.8	33.4	33.0	32.6	32.2	31.7	31.3	30.9	30.5	30.1	29.7	29.3	28.8
35.5	39.6	39.2	38.8	38.4	38.0	37.5	37.1	36.7	36.3	35.9	35.5	35.1	34.7	34.3	33.9	33.5	33.1	32.7	32.3	31.8	31.4	31.0	30.6	30.2	29.8	29.3
36.0	40.1	39.7	39.3	38.9	38.4	38.0	37.6	37.2	36.8	36.4	36.0	35.6	35.2	34.8	34.4	34.0	33.6	33.2	32.8	32.3	31.9	31.5	31.1	30.7	30.3	29.9
36.5	40.6	40.2	39.8	39.4	38.9	38.5	38.1	37.7	37.3	36.9	36.5	36.1	35.7	35.3	34.9	34.5	34.1	33.7	33.3	32.8	32.4	32.0	31.6	31.2	30.8	30.4
37.0	41.1	40.7	40.3	39.8	39.4	39.0	38.6	38.2	37.8	37.4	37.0	36.6	36.2	35.8	35.4	35.0	34.6	34.2	33.8	33.3	32.9	32.5	32.1	31.7	31.3	30.9
37.5	41.6	41.2	40.7	40.3	39.9	39.5	39.1	38.7	38.3	37.9	37.5	37.1	36.7	36.3	35.9	35.5	35.1	34.7	34.3	33.9	33.4	33.0	32.6	32.2	31.8	31.4
38.0	42.0	41.6	41.2	40.8	40.4	40.0	39.6	39.2	38.8	38.4	38.0	37.6	37.2	36.8	36.4	36.0	35.6	35.2	34.8	34.4	34.0	33.5	33.1	32.7	32.3	31.9
38.5	42.5	42.1	41.7	41.3	40.9	40.5	40.1	39.7	39.3	38.9	38.5	38.1	37.7	37.3	36.9	36.5	36.1	35.7	35.3	34.9	34.5	34.0	33.6	33.2	32.8	32.4
39.0	43.0	42.6	42.2	41.8	41.4	41.0	40.6	40.2	39.8	39.4	39.0	38.6	38.2	37.8	37.4	37.0	36.6	36.2	35.8	35.4	35.0	34.6	34.2	33.7	33.3	32.9
39.5	43.5	43.1	42.7	42.3	41.9	41.5	41.1	40.7	40.3	39.9	39.5	39.1	38.7	38.3	37.9	37.5	37.1	36.7	36.3	35.9	35.5	35.1	34.7	34.3	33.8	33.4
40.0	44.0	43.6	43.2	42.8	42.4	42.0	41.6	41.2	40.8	40.5	40.0	39.6	39.2	38.8	38.4	38.0	37.6	37.2	36.8	36.4	36.0	35.6	35.2	34.8	34.4	34.0
40.5	44.5	44.1	43.7	43.3	42.9	42.5	42.1	41.7	41.3	40.9	40.5	40.1	39.7	39.3	38.9	38.5	38.1	37.7	37.3	36.9	36.5	36.1	35.7	35.3	34.9	34.5
41.0	45.0	44.6	44.2	43.8	43.4	43.0	42.6	42.2	41.8	41.4	41.0	40.6	40.2	39.8	39.4	39.0	38.6	38.2	37.8	37.4	37.0	36.6	36.2	35.8	35.4	35.0
41.5	45.4	45.0	44.7	44.3	43.9	43.5	43.1	42.7	42.3	41.9	41.5	41.1	40.7	40.3	39.9	39.5	39.1	38.7	38.3	37.9	37.5	37.1	36.7	36.3	35.9	35.5
42.0	45.9	45.5	45.1	44.8	44.4	44.0	43.6	43.2	42.8	42.4	42.0	41.6	41.2	40.8	40.4	40.0	39.6	39.2	38.8	38.4	38.0	37.6	37.2	36.8	36.4	36.0
42.5	46.4	46.0	45.6	45.2	44.9	44.5	44.1	43.7	43.3	42.9	42.5	42.1	41.7	41.3	40.9	40.5	40.1	39.7	39.3	38.9	38.5	38.1	37.7	37.3	36.9	36.5
43.0	46.9	46.5	46.1	45.7	45.3	45.0	44.6	44.2	43.8	43.4	43.0	42.6	42.2	41.8	41.4	41.0	40.6	40.2	39.8	39.4	39.0	38.6	38.2	37.8	37.4	37.0
43.5	47.4	47.0	46.6	46.2	45.8	45.5	45.1	44.7	44.3	43.9	43.5	43.1	42.7	42.3	41.9	41.5	41.1	40.7	40.4	40.0	39.6	39.2	38.8	38.4	38.0	37.6
44.0	47.9	47.5	47.1	46.7	46.3	46.0	45.6	45.2	44.8	44.4	44.0	43.6	43.2	42.8	42.4	42.0	41.7	41.3	40.9	40.5	40.1	39.7	39.3	38.9	38.5	38.1
44.5	48.3	48.0	47.6	47.2	46.8	46.4	46.1	45.7	45.3	44.9	44.5	44.1	43.7	43.3	42.9	42.6	42.2	41.8	41.4	41.0	40.6	40.2	39.8	39.4	39.0	38.6
45.0	48.8	48.4	48.1	47.7	47.3	46.9	46.5	46.2	45.8	45.4	45.0	44.6	44.2	43.8	43.4	43.1	42.7	42.3	41.9	41.5	41.1	40.7	40.3	39.9	39.5	39.1
45.5	49.3	48.9	48.6	48.2	47.8	47.4	47.0	46.7	46.3	45.9	45.5	45.1	44.7	44.3	44.0	43.6	43.2	42.8	42.4	42.0	41.6	41.2	40.8	40.4	40.0	39.6
46.0	49.8	49.4	49.0	48.7	48.3	47.9	47.5	47.2	46.8	46.4	46.0	45.6	45.2	44.8	44.5	44.1	43.7	43.3	42.9	42.5	42.1	41.7	41.3	40.9	40.5	40.1
46.5	50.3	49.9	49.5	49.2	48.8	48.4	48.0	47.6	47.3	46.9	46.5	46.1	45.7	45.4	45.0	44.6	44.2	43.8	43.4	43.0	42.6	42.2	41.8	41.5	41.1	40.7

续表

酒精计示值	温度/℃ 10	11	12	13	14	15	16	17	18	19	20	21	22	23	24	25	26	27	28	29	30	31	32	33	34	35
47.0	50.8	50.4	50.0	49.6	49.3	48.9	48.5	48.1	47.8	47.4	47.0	46.6	46.2	45.9	45.5	45.1	44.7	44.3	43.9	43.5	43.1	42.8	42.4	42.0	41.6	41.2
47.5	51.2	50.9	50.5	50.1	49.8	49.4	49.0	48.6	48.3	47.9	47.5	47.1	46.7	46.4	46.0	45.6	45.2	44.8	44.4	44.0	43.7	43.3	42.9	42.5	42.1	41.7
48.0	51.7	51.4	51.0	50.6	50.3	49.9	49.5	49.1	48.8	48.4	48.0	47.6	47.2	46.9	46.5	46.1	45.7	45.3	44.9	44.6	44.2	43.8	43.4	43.0	42.6	42.2
48.5	52.2	51.9	51.5	51.1	50.7	50.4	50.0	49.6	49.3	48.9	48.5	48.1	47.7	47.4	47.0	46.6	46.2	45.8	45.5	45.1	44.7	44.3	43.9	43.5	43.1	42.7
49.0	52.7	52.3	52.0	51.6	51.2	50.9	50.5	50.1	49.8	49.4	49.0	48.6	48.3	47.9	47.5	47.1	46.7	46.3	46.0	45.6	45.2	44.8	44.4	44.0	43.6	43.3
49.5	53.2	52.8	52.5	52.1	51.7	51.4	51.0	50.6	50.3	49.9	49.5	49.1	48.8	48.4	48.0	47.6	47.2	46.9	46.5	46.1	45.7	45.3	44.9	44.6	44.2	43.8
50.0	53.7	53.3	53.0	52.6	52.2	51.9	51.5	51.1	50.7	50.4	50.0	49.6	49.3	48.9	48.5	48.1	47.7	47.4	47.0	46.6	46.2	45.8	45.4	45.1	44.8	44.4
50.5	54.2	53.8	53.4	53.1	52.7	52.3	52.0	51.6	51.2	50.9	50.5	50.1	49.8	49.4	49.0	48.6	48.3	47.9	47.5	47.1	46.7	46.3	45.9	45.6	45.3	44.9
51.0	54.6	54.3	53.9	53.6	53.2	52.8	52.5	52.1	51.7	51.4	51.0	50.6	50.3	49.9	49.5	49.1	48.8	48.4	48.0	47.6	47.2	46.8	46.4	46.1	45.8	45.4
51.5	55.1	54.8	54.4	54.1	53.7	53.3	53.0	52.6	52.2	51.9	51.5	51.1	50.8	50.4	50.0	49.6	49.3	48.9	48.5	48.1	47.8	47.3	46.9	46.6	46.3	45.9
52.0	55.6	55.3	54.9	54.5	54.2	53.8	53.5	53.1	52.7	52.4	52.0	51.6	51.3	50.9	50.5	50.2	49.8	49.4	49.0	48.6	48.3	47.8	47.4	47.1	46.8	46.4
52.5	56.1	55.8	55.4	55.0	54.7	54.3	54.0	53.6	53.2	52.9	52.5	52.1	51.8	51.4	51.0	50.7	50.3	49.9	49.5	49.2	48.8	48.3	47.9	47.6	47.3	46.9
53.0	56.6	56.2	55.9	55.5	55.2	54.8	54.5	54.1	53.7	53.4	53.0	52.6	52.3	51.9	51.5	51.2	50.8	50.4	50.0	49.7	49.3	48.9	48.4	48.1	47.8	47.4
53.5	57.1	56.7	56.4	56.0	55.7	55.3	55.0	54.6	54.2	53.9	53.5	53.1	52.8	52.4	52.0	51.7	51.3	50.9	50.6	50.2	49.8	49.4	49.0	48.7	48.3	47.9
54.0	57.6	57.2	56.9	56.5	56.2	55.8	55.4	55.1	54.7	54.4	54.0	53.6	53.3	52.9	52.5	52.2	51.8	51.4	51.1	50.7	50.3	49.9	49.6	49.2	48.8	48.4
54.5	58.1	57.7	57.4	57.0	56.7	56.3	55.9	55.6	55.2	54.9	54.5	54.1	53.8	53.4	53.0	52.7	52.3	51.9	51.6	51.2	50.8	50.5	50.1	49.7	49.4	49.0
55.0	58.5	58.2	57.8	57.5	57.1	56.8	56.4	56.1	55.7	55.4	55.0	54.6	54.3	53.9	53.6	53.2	52.8	52.5	52.1	51.7	51.3	51.0	50.6	50.2	49.9	49.5
55.5	59.1	58.7	58.4	58.0	57.7	57.3	56.9	56.6	56.2	55.9	55.5	55.1	54.8	54.4	54.0	53.7	53.3	52.9	52.6	52.2	51.8	51.4	51.1	50.7	50.3	50.0
56.0	59.6	59.2	58.9	58.5	58.2	57.8	57.4	57.1	56.7	56.4	56.0	55.6	55.3	54.9	54.5	54.2	53.8	53.4	53.1	52.7	52.3	51.9	51.6	51.2	50.8	50.5
57.0	60.5	60.2	59.8	59.5	59.1	58.8	58.4	58.1	57.7	57.4	57.0	56.6	56.3	55.9	55.6	55.2	54.8	54.5	54.1	53.7	53.4	53.0	52.7	52.3	51.9	51.6
57.5	61.0	60.7	60.3	60.0	59.6	59.3	58.9	58.6	58.2	57.8	57.5	57.1	56.8	56.4	56.1	55.7	55.3	55.0	54.6	54.2	53.9	53.5	53.2	52.8	52.4	52.1
56.5	60.0	59.7	59.4	59.0	58.6	58.3	57.9	57.6	57.2	56.9	56.5	56.1	55.8	55.4	55.0	54.7	54.3	54.0	53.6	53.2	52.9	52.4	52.2	51.8	51.4	51.0
58.0	61.5	61.2	60.8	60.5	60.1	59.8	59.4	59.1	58.7	58.4	58.0	57.6	57.3	56.9	56.6	56.2	55.8	55.5	55.1	54.8	54.4	54.0	53.7	53.3	53.0	52.6

续表

酒精计示值	10	11	12	13	14	15	16	17	18	19	20	21	22	23	24	25	26	27	28	29	30	31	32	33	34	35
											温度/℃															
58.5	62.0	61.6	61.3	61.1	60.6	60.2	59.9	59.6	59.2	58.8	58.5	58.1	57.8	57.4	57.1	56.7	56.4	56.0	55.6	55.3	54.9	54.5	54.2	53.8	53.5	53.1
59.0	62.5	62.1	61.8	61.4	61.1	60.8	60.4	60.0	59.7	59.4	59.0	58.6	58.3	57.9	57.6	57.2	56.9	56.5	56.1	55.8	55.4	55.0	54.7	54.3	54.0	53.6
59.5	63.0	62.6	62.3	61.9	61.6	61.2	60.9	60.5	60.2	59.8	59.5	59.1	58.8	58.4	58.1	57.7	57.4	57.0	56.6	56.3	55.9	55.5	55.2	54.8	54.5	54.1
60.0	63.5	63.1	62.8	62.4	62.1	61.7	61.4	61.0	60.7	60.4	60.0	59.6	59.3	58.9	58.6	58.2	57.9	57.5	57.2	56.8	56.4	56.1	55.7	55.3	55.0	54.6
60.5	63.9	63.6	63.3	62.9	62.6	62.2	61.9	61.5	61.2	60.8	60.5	60.1	59.8	59.4	59.1	58.7	58.4	58.0	57.7	57.3	57.0	56.6	56.2	55.9	55.6	55.2
61.0	64.4	64.1	63.8	63.4	63.1	62.7	62.4	62.0	61.7	61.3	61.0	60.6	60.3	60.0	59.6	59.2	58.9	58.5	58.2	57.8	57.5	57.2	56.8	56.5	56.1	55.8
61.5	64.9	64.6	64.2	63.9	63.6	63.2	62.9	62.5	62.2	61.8	61.5	61.2	60.8	60.4	60.1	59.8	59.4	59.0	58.7	58.3	58.0	57.6	57.3	57.0	56.6	56.2
62.0	65.4	65.1	64.7	64.4	64.1	63.7	63.4	63.0	62.7	62.3	62.0	61.6	61.3	61.0	60.6	60.3	59.9	59.6	59.2	58.8	58.5	58.1	57.8	57.4	57.1	56.7
62.5	65.9	65.6	65.2	64.9	64.6	64.2	63.9	63.5	63.2	62.8	62.5	62.2	61.8	61.5	61.1	60.8	60.4	60.1	59.7	59.4	59.0	58.6	58.3	58.0	57.6	57.2
63.0	66.4	66.0	65.7	65.4	65.0	64.7	64.4	64.0	63.7	63.3	63.0	62.6	62.3	62.0	61.6	61.3	60.9	60.6	60.2	59.9	59.5	59.2	58.8	58.5	58.1	57.8
63.5	66.9	66.5	66.2	65.9	65.5	65.2	64.8	64.5	64.2	63.8	63.5	63.2	62.8	62.5	62.1	61.8	61.4	61.1	60.7	60.4	60.0	59.8	59.4	59.0	58.6	58.4
64.0	67.4	67.0	66.7	66.4	66.0	65.7	65.4	65.0	64.7	64.3	64.0	63.6	63.3	63.0	62.6	62.3	61.9	61.6	61.2	60.9	60.6	60.3	59.9	59.6	59.2	58.9
64.5	67.8	67.5	67.2	66.8	66.5	66.2	65.8	65.5	65.2	64.8	64.5	64.2	63.8	63.5	63.1	62.8	62.4	62.1	61.8	61.4	61.1	60.8	60.4	60.1	59.7	59.4
65.0	68.3	68.0	67.7	67.4	67.0	66.7	66.3	66.0	65.7	65.3	65.0	64.6	64.3	64.0	63.6	63.3	63.0	62.6	62.3	61.9	61.6	61.3	60.9	60.6	60.2	59.9
65.5	68.8	68.5	68.1	67.8	67.5	67.2	66.8	66.5	66.2	65.8	65.5	65.2	64.8	64.5	64.1	63.8	63.5	63.1	62.8	62.4	62.1	61.7	61.4	61.0	60.7	60.3
66.0	69.3	69.0	68.6	68.3	68.0	67.7	67.3	67.0	66.7	66.3	66.0	65.7	65.3	65.0	64.7	64.3	64.0	63.6	63.3	62.9	62.6	62.2	61.9	61.5	61.2	60.8
66.5	69.8	69.5	69.1	68.8	68.5	68.2	67.8	67.5	67.2	66.8	66.5	66.2	65.8	65.5	65.2	64.8	64.5	64.1	63.8	63.4	63.1	62.7	62.4	62.0	61.7	61.3
67.0	70.3	69.9	69.6	69.3	69.0	68.7	68.3	68.0	67.7	67.3	67.0	66.7	66.3	66.0	65.7	65.3	65.0	64.6	64.3	63.9	63.6	63.3	62.9	62.6	62.2	61.9
67.5	70.8	70.4	70.1	69.8	69.5	69.1	68.8	68.5	68.2	67.8	67.5	67.2	66.8	66.5	66.2	65.8	65.5	65.1	64.8	64.5	64.1	63.8	63.4	63.1	62.7	62.4
68.0	71.2	70.9	70.6	70.3	70.0	69.6	69.3	69.0	68.7	68.3	68.0	67.7	67.3	67.0	66.7	66.3	66.0	65.7	65.3	65.0	64.6	64.3	63.9	63.6	63.2	62.9
68.5	71.7	71.4	71.1	70.8	70.5	70.1	69.8	69.5	69.2	68.8	68.5	68.2	67.8	67.5	67.2	66.8	66.5	66.2	65.8	65.5	65.1	64.8	64.4	64.1	63.8	63.4
69.0	72.2	71.9	71.6	71.3	71.0	70.6	70.3	70.0	69.7	69.3	69.0	68.7	68.3	68.0	67.7	67.3	67.0	66.7	66.3	66.0	65.6	65.3	65.0	64.6	64.3	63.9
69.5	72.7	72.4	72.1	71.8	71.4	71.1	70.8	70.5	70.2	69.8	69.5	69.2	68.8	68.5	68.2	67.9	67.5	67.2	66.8	66.5	66.2	65.8	65.5	65.1	64.8	64.4

附录 3　密度、相对密度与浸出物含量对照表

3.1　20℃时密度与总浸出物含量对照表

说明：20℃时密度（g/L）与总浸出物含量（g/L）对照表由密度整数位对照表和密度小数位对照表组成。根据实验测得的密度整数位部分查找密度整数位对照表，其小数位部分查找密度小数位对照表，然后将两部分查得的浸出物含量相加即为总浸出物含量，如实验测得的密度为 1026.3g/L，由其整数位部分 1026 查密度整数位对照表得浸出物含量为 67.3g/L，由其小数位部分 3 查密度小数位对照表得浸出物含量为 0.8g/L，则密度为 1026.3g/L 时对应的总浸出物含量为 67.3＋0.8＝68.1g/L。

1. 密度整数位对照表

密度的前三位整数	密度的第四位整数									
	0	1	2	3	4	5	6	7	8	9
100	0.0	2.6	5.1	7.7	10.3	12.9	15.4	18.0	20.6	23.2
101	25.8	28.4	31.0	33.6	36.2	38.8	41.3	43.9	46.5	49.1
102	51.8	54.3	56.9	59.5	62.1	64.7	67.3	69.9	72.5	75.1
103	77.7	80.3	82.9	85.5	88.1	90.7	93.3	95.9	98.5	101.1
104	103.7	106.3	109.0	111.6	114.2	116.8	119.4	122.0	124.6	127.2
105	129.8	132.4	135.0	137.6	140.3	142.9	145.5	148.1	150.7	153.3
106	155.9	158.6	161.2	163.8	166.4	169.0	171.6	174.3	176.9	179.5
107	182.1	184.8	187.4	190.0	192.6	195.2	197.8	200.5	203.1	205.8
108	208.4	211.0	213.6	216.2	218.9	221.5	224.1	226.8	229.4	232.0
109	234.7	237.3	239.9	242.5	245.2	247.8	250.4	253.1	255.7	258.4
110	261.0	263.6	266.3	268.9	271.5	274.2	276.8	279.5	282.1	284.8
111	287.4	290.0	292.7	295.3	298.0	300.6	303.3	305.9	308.6	311.2
112	313.9	316.5	319.2	321.8	324.5	327.1	329.8	332.4	335.1	337.8
113	340.4	343.0	345.7	348.3	351.0	353.7	356.3	359.0	361.6	364.3
114	366.9	369.6	372.3	375.0	377.6	380.2	382.9	385.6	388.3	390.9
115	393.6	396.2	398.9	401.6	404.3	406.9	409.6	412.3	415.0	417.6
116	420.3	423.0	425.7	428.3	431.0	433.7	436.4	439.0	441.7	444.4
117	447.1	449.8	452.4	455.2	457.8	460.5	463.2	465.9	468.6	471.3
118	473.9	476.6	479.3	482.0	484.7	487.4	490.1	492.8	495.5	498.2
119	500.9	503.5	506.2	508.9	511.6	514.3	517.0	519.7	522.4	525.1
120	527.8									

2. 密度小数位对照表

密度的第一位小数	浸出物含量/(g/L)	密度的第一位小数	浸出物含量/(g/L)	密度的第一位小数	浸出物含量/(g/L)
1	0.3	4	1.0	7	1.8
2	0.5	5	1.3	8	2.1
3	0.8	6	1.6	9	2.3

3.2　20℃时相对密度与浸出物含量对照表

相对密度	浸出物质量分数/%	相对密度	浸出物质量分数/%	相对密度	浸出物质量分数/%
1.0000	0.000	1.0027	0.693	1.0054	1.385
1.0001	0.026	1.0028	0.719	1.0055	1.411
1.0002	0.052	1.0029	0.745	1.0056	1.437
1.0003	0.077	1.0030	0.770	1.0057	1.462
1.0004	0.103	1.0031	0.796	1.0058	1.488
1.0005	0.129	1.0032	0.821	1.0059	1.514
1.0006	0.154	1.0033	0.847	1.0060	1.539
1.0007	0.180	1.0034	0.872	1.0061	1.565
1.0008	0.206	1.0035	0.898	1.0062	1.590
1.0009	0.231	1.0036	0.924	1.0063	1.616
1.0010	0.257	1.0037	0.949	1.0064	1.641
1.0011	0.283	1.0038	0.975	1.0065	1.667
1.0012	0.309	1.0039	1.001	1.0066	1.693
1.0013	0.334	1.0040	1.026	1.0067	1.718
1.0014	0.360	1.0041	1.052	1.0068	1.744
1.0015	0.386	1.0042	1.078	1.0069	1.769
1.0016	0.411	1.0043	1.103	1.0070	1.795
1.0017	0.437	1.0044	1.129	1.0071	1.820
1.0018	0.463	1.0045	1.155	1.0072	1.846
1.0019	0.488	1.0046	1.180	1.0073	1.872
1.0020	0.514	1.0047	1.206	1.0074	1.897
1.0021	0.540	1.0048	1.232	1.0075	1.923
1.0022	0.565	1.0049	1.257	1.0076	1.948
1.0023	0.591	1.0050	1.283	1.0077	1.973
1.0024	0.616	1.0051	1.308	1.0078	1.999
1.0025	0.642	1.0052	1.334	1.0079	2.025
1.0026	0.668	1.0053	1.360	1.0080	2.053

相对密度	浸出物质量分数/%	相对密度	浸出物质量分数/%	相对密度	浸出物质量分数/%
1.0081	2.078	1.0117	2.991	1.0153	3.901
1.0082	2.101	1.0118	3.017	1.0154	3.926
1.0083	2.127	1.0119	3.042	1.0155	3.951
1.0084	2.152	1.0120	3.067	1.0156	3.977
1.0085	2.178	1.0121	3.093	1.0157	4.002
1.0086	2.203	1.0122	3.118	1.0158	4.027
1.0087	2.229	1.0123	3.143	1.0159	4.052
1.0088	2.254	1.0124	3.169	1.0160	4.077
1.0089	2.280	1.0125	3.194	1.0161	4.102
1.0090	2.305	1.0126	3.219	1.0162	4.128
1.0091	2.330	1.0127	3.245	1.0163	4.153
1.0092	2.356	1.0128	3.270	1.0164	4.178
1.0093	2.381	1.0129	3.295	1.0165	4.203
1.0094	2.407	1.0130	3.321	1.0166	4.228
1.0095	2.432	1.0131	3.346	1.0167	4.253
1.0096	2.458	1.0132	3.371	1.0168	4.278
1.0097	2.483	1.0133	3.396	1.0169	4.304
1.0098	2.508	1.0134	3.421	1.0170	4.329
1.0099	2.534	1.0135	3.447	1.0171	4.354
1.0100	2.560	1.0136	3.472	1.0172	4.379
1.0101	2.585	1.0137	3.497	1.0173	4.404
1.0102	2.610	1.0138	3.523	1.0174	4.429
1.0103	2.636	1.0139	3.548	1.0175	4.454
1.0104	2.661	1.0140	3.573	1.0176	4.479
1.0105	2.687	1.0141	3.598	1.0177	4.505
1.0106	2.712	1.0142	3.624	1.0178	4.529
1.0107	2.738	1.0143	3.849	1.0179	4.555
1.0108	2.763	1.0144	3.674	1.0180	4.580
1.0109	2.788	1.0145	3.699	1.0181	4.605
1.0110	2.814	1.0146	3.725	1.0182	4.630
1.0111	2.839	1.0147	3.750	1.0183	4.655
1.0112	2.864	1.0148	3.755	1.0184	4.680
1.0113	2.890	1.0149	3.800	1.0185	4.705
1.0114	2.915	1.0150	3.826	1.0186	4.730
1.0115	2.940	1.0151	3.851	1.0187	4.755
1.0116	2.966	1.0152	3.876	1.0188	4.780

续表

相对密度	浸出物质量分数/%	相对密度	浸出物质量分数/%	相对密度	浸出物质量分数/%
1.0189	4.805	1.0225	5.704	1.0261	6.597
1.0190	4.830	1.0226	5.729	1.0262	6.621
1.0191	4.855	1.0227	5.754	1.0263	6.646
1.0192	4.880	1.0228	5.779	1.0264	6.671
1.0193	4.905	1.0229	5.803	1.0265	6.696
1.0194	4.930	1.0230	5.828	1.0266	6.720
1.0195	4.955	1.0231	5.853	1.0267	6.745
1.0196	4.980	1.0232	5.878	1.0268	6.770
1.0197	5.065	1.0233	5.905	1.0269	6.794
1.0198	5.030	1.0234	5.928	1.0270	6.819
1.0199	5.055	1.0235	5.952	1.0271	6.844
1.0200	5.080	1.0236	5.977	1.0272	6.868
1.0201	5.106	1.0237	5.002	1.0273	6.893
1.0202	5.130	1.0238	6.027	1.0274	6.918
1.0203	5.155	1.0239	6.052	1.0275	6.943
1.0204	5.180	1.0240	6.077	1.0276	6.967
1.0205	5.205	1.0241	6.101	1.0277	6.992
1.0206	5.230	1.0242	6.126	1.0278	7.017
1.0207	5.255	1.0243	6.151	1.0279	7.041
1.0208	5.280	1.0244	6.176	1.0280	7.066
1.0209	5.305	1.0245	6.200	1.0281	7.091
1.0210	5.330	1.0246	6.225	1.0282	7.115
1.0211	5.355	1.0247	6.250	1.0283	7.140
1.0212	5.380	1.0248	6.275	1.0284	7.164
1.0213	5.405	1.0249	6.300	1.0285	7.189
1.0214	5.430	1.0250	6.325	1.0286	7.214
1.0215	5.455	1.0251	6.350	1.0287	7.238
1.0216	5.480	1.0252	6.374	1.0288	7.263
1.0217	5.505	1.0253	6.399	1.0289	7.287
1.0218	5.530	1.0254	6.424	1.0290	7.312
1.0219	5.555	1.0255	6.449	1.0291	7.337
1.0220	5.580	1.0256	6.473	1.0292	7.361
1.0221	5.605	1.0257	6.498	1.0293	7.386
1.0222	5.629	1.0258	6.523	1.0294	7.411
1.0223	5.654	1.0259	6.547	1.0295	7.435
1.0224	5.679	1.0260	6.572	1.0296	7.460

续表

相对密度	浸出物质量分数/%	相对密度	浸出物质量分数/%	相对密度	浸出物质量分数/%
1.0297	7.484	1.0333	8.366	1.0369	9.243
1.0298	7.509	1.0334	8.391	1.0370	9.267
1.0299	7.533	1.0335	8.415	1.0371	9.291
1.0300	7.558	1.0336	8.439	1.0372	9.316
1.0301	7.583	1.0337	8.464	1.0373	9.340
1.0302	7.607	1.0338	8.488	1.0374	9.364
1.0303	7.632	1.0339	8.513	1.0375	9.388
1.0304	7.656	1.0340	8.537	1.0376	9.413
1.0305	7.681	1.0341	8.561	1.0377	9.437
1.0306	7.705	1.0342	8.586	1.0378	9.461
1.0307	7.730	1.0343	8.610	1.0379	9.489
1.0308	7.754	1.0344	8.634	1.0380	9.509
1.0309	7.779	1.0345	8.659	1.0381	9.534
1.0310	7.803	1.0346	8.683	1.0382	9.558
1.0311	7.828	1.0347	8.708	1.0383	9.582
1.0312	7.853	1.0348	8.732	1.0384	9.606
1.0313	7.877	1.0349	8.756	1.0385	9.631
1.0314	7.901	1.0350	8.781	1.0386	9.655
1.0315	7.926	1.0351	8.805	1.0387	9.679
1.0316	7.956	1.0352	8.830	1.0388	9.703
1.0317	7.975	1.0353	8.854	1.0389	9.727
1.0318	8.000	1.0354	8.878	1.0390	9.751
1.0319	8.024	1.0355	8.975	1.0391	9.776
1.0320	8.048	1.0356	9.000	1.0392	9.800
1.0321	8.073	1.0357	8.902	1.0393	9.824
1.0322	8.098	1.0358	8.927	1.0394	9.848
1.0323	8.122	1.0359	8.951	1.0395	9.873
1.0324	8.146	1.0360	9.024	1.0396	9.897
1.0325	8.171	1.0361	9.048	1.0397	9.921
1.0326	8.195	1.0362	9.073	1.0398	9.945
1.0327	8.220	1.0363	9.097	1.0399	9.969
1.0328	8.244	1.0364	9.121	1.0400	9.993
1.0329	8.269	1.0365	9.145	1.0401	10.017
1.0330	8.293	1.0366	9.170	1.0402	10.042
1.0331	8.317	1.0367	9.194	1.0403	10.066
1.0332	8.342	1.0368	9.218	1.0404	10.090

相对密度	浸出物质量分数/%	相对密度	浸出物质量分数/%	相对密度	浸出物质量分数/%
1.0405	10.114	1.0441	10.980	1.0477	11.840
1.0406	10.138	1.0442	11.004	1.0478	11.864
1.0407	10.162	1.0443	11.027	1.0479	11.888
1.0408	10.186	1.0444	11.051	1.0480	11.912
1.0409	10.210	1.0445	11.075	1.0481	11.935
1.0410	10.234	1.0446	11.100	1.0482	11.959
1.0411	10.259	1.0447	11.123	1.0483	11.983
1.0412	10.283	1.0448	11.147	1.0484	12.007
1.0413	10.307	1.0449	11.174	1.0485	12.031
1.0414	10.33l	1.0450	11.195	1.0486	12.054
1.0415	10.355	1.0451	11.219	1.0487	12.078
1.0416	10.379	1.0452	11.243	1.0488	12.102
1.0417	10.403	1.0453	11.267	1.0489	12.126
1.0418	10.427	1.0454	11.291	1.0490	12.150
1.0419	10.451	1.0455	11.315	1.0491	12.173
1.0420	10.475	1.0456	11.339	1.0492	12.197
1.0421	10.499	1.0457	11.363	1.0493	12.221
1.0422	10.523	1.0458	11.387	1.0494	12.245
1.0423	10.548	1.0459	11.411	1.0495	12.268
1.0424	10.571	1.0460	11.435	1.0496	12.292
1.0425	10.596	1.0461	11.458	1.0497	12.316
1.0426	10.620	1.0462	11.482	1.0498	12.340
1.0427	10.644	1.0463	11.506	1.0499	12.363
1.0428	10.668	1.0464	11.530	1.0500	12.387
1.0429	10.692	1.0465	11.554	1.0501	12.411
1.0430	10.716	1.0466	11.578	1.0502	12.435
1.0431	10.740	1.0467	11.602	1.0503	12.458
1.0432	10.764	1.0468	11.626	1.0504	12.482
1.0433	10.788	1.0469	11.650	1.0505	12.506
1.0434	10.812	1.0470	11.673	1.0506	12.530
1.0435	10.836	1.0471	11.697	1.0507	12.553
1.0436	10.860	1.0472	11.721	1.0508	12.577
1.0437	10.884	1.0473	11.745	1.0509	12.601
1.0438	10.908	1.0474	11.768	1.0510	12.624
1.0439	10.932	1.0475	11.792	1.0511	12.648
1.0440	10.956	1.0476	11.816	1.0512	12.672

相对密度	浸出物质量分数/%	相对密度	浸出物质量分数/%	相对密度	浸出物质量分数/%
1.0513	12.695	1.0549	13.546	1.0585	14.390
1.0514	12.719	1.0550	13.569	1.0586	14.414
1.0515	12.743	1.0551	13.593	1.0587	14.437
1.0516	12.767	1.0552	13.616	1.0588	14.460
1.0517	12.790	1.0553	13.640	1.0589	14.484
1.0518	12.814	1.0554	13.663	1.0590	14.507
1.0519	12.838	1.0555	13.687	1.0591	14.531
1.0520	12.861	1.0556	13.710	1.0592	14.554
1.0521	12.885	1.0557	13.734	1.0593	14.577
1.0522	12.909	1.0558	13.757	1.0594	14.601
1.0523	12.932	1.0559	13.781	1.0595	14.624
1.0524	12.956	1.0560	13.804	1.0596	14.647
1.0525	12.979	1.0561	13.828	1.0597	14.671
1.0526	13.003	1.0562	13.851	1.0598	14.694
1.0527	13.027	1.0563	13.875	1.0599	14.717
1.0528	13.050	1.0564	13.834	1.0600	14.741
1.0529	13.074	1.0565	13.921	1.0601	14.764
1.0530	13.098	1.0566	13.945	1.0602	14.764
1.0531	13.121	1.0567	13.968	1.0603	14.787
1.0532	13.145	1.0568	13.992	1.0604	14.834
1.0533	13.168	1.0569	14.015	1.0605	14.857
1.0534	13.192	1.0570	14.039	1.0606	14.881
1.0535	13.215	1.0571	14.062	1.0607	14.904
1.0536	13.239	1.0572	14.086	1.0608	14.927
1.0537	13.263	1.0573	14.109	1.0609	14.950
1.0538	13.286	1.0574	14.133	1.0610	14.974
1.0539	13.310	1.0575	14.156	1.0611	14.997
1.0540	13.333	1.0576	14.179	1.0612	15.020
1.0541	13.357	1.0577	14.203	1.0613	15.044
1.0542	13.380	1.0578	14.226	1.0614	15.067
1.0543	13.404	1.0579	14.250	1.0615	15.090
1.0544	13.428	1.0580	14.273	1.0616	15.114
1.0545	13.451	1.0581	14.297	1.0617	15.137
1.0546	13.475	1.0582	14.320	1.0618	15.160
1.0547	13.499	1.0583	14.343	1.0619	15.183
1.0548	13.522	1.0584	14.367	1.0620	15.207

续表

相对密度	浸出物质量分数/%	相对密度	浸出物质量分数/%	相对密度	浸出物质量分数/%
1.0621	15.230	1.0657	16.065	1.0693	16.894
1.0622	15.253	1.0658	16.088	1.0694	16.917
1.0623	15.276	1.0659	16.111	1.0695	16.940
1.0624	15.300	1.0660	16.134	1.0696	16.968
1.0625	15.323	1.0661	16.157	1.0697	16.986
1.0626	15.346	1.0662	16.180	1.0698	17.009
1.0627	15.369	1.0663	16.203	1.0699	17.032
1.0628	15.393	1.0664	16.226	1.0700	17.055
1.0629	15.416	1.0665	16.249	1.0701	17.078
1.0630	15.439	1.0666	16.272	1.0702	17.101
1.0631	15.462	1.0667	16.295	1.0703	17.123
1.0632	15.486	1.0668	16.319	1.0704	17.146
1.0633	15.509	1.0669	16.341	1.0705	17.169
1.0634	15.532	1.0670	16.365	1.0706	17.192
1.0635	15.555	1.0671	16.388	1.0707	17.215
1.0636	15.578	1.0672	16.411	1.0708	17.238
1.0637	15.602	1.0673	16.434	1.0709	17.261
1.0638	15.625	1.0674	16.457	1.0710	17.284
1.0639	15.648	1.0675	16.480	1.0711	17.307
1.0640	15.671	1.0676	16.503	1.0712	17.330
1.0641	15.694	1.0677	16.526	1.0713	17.353
1.0642	15.729	1.0678	16.549	1.0714	17.375
1.0643	15.741	1.0679	16.572	1.0715	17.398
1.0644	15.764	1.0680	16.595	1.0716	17.421
1.0645	15.787	1.0681	16.618	1.0717	17.444
1.0646	15.810	1.0682	16.641	1.0718	17.467
1.0647	15.833	1.0683	16.664	1.0719	17.490
1.0648	15.857	1.0684	16.687	1.0720	17.513
1.0649	15.880	1.0685	16.710	1.0721	17.536
1.0650	15.903	1.0686	16.733	1.0722	17.559
1.0651	15.926	1.0687	16.756	1.0723	17.581
1.0652	15.949	1.0688	16.779	1.0724	17.604
1.0653	15.972	1.0689	16.802	1.0725	17.627
1.0654	15.995	1.0690	16.825	1.0726	17.650
1.0655	16.019	1.0691	16.848	1.0727	17.673
1.0656	16.041	1.0692	16.871	1.0728	17.696

相对密度	浸出物质量分数/%	相对密度	浸出物质量分数/%	相对密度	浸出物质量分数/%
1.0729	17.719	1.0766	18.561	1.0803	19.399
1.0730	17.741	1.0767	18.584	1.0804	19.421
1.0731	17.764	1.0768	18.607	1.0805	19.444
1.0732	17.787	1.0769	18.629	1.0806	19.466
1.0733	17.810	1.0770	18.652	1.0807	19.489
1.0734	17.833	1.0771	18.675	1.0808	19.511
1.0735	17.856	1.0772	18.697	1.0809	19.534
1.0736	17.878	1.0773	18.720	1.0810	19.556
1.0737	17.901	1.0774	18.742	1.0811	19.579
1.0738	17.924	1.0775	18.765	1.0812	19.601
1.0739	17.947	1.0776	18.788	1.0813	19.624
1.0740	17.970	1.0777	18.810	1.0814	19.646
1.0741	17.992	1.0778	18.833	1.0815	19.669
1.0742	18.015	1.0779	18.856	1.0816	19.692
1.0743	18.038	1.0780	18.878	1.0817	19.714
1.0744	18.061	1.0781	18.901	1.0818	19.737
1.0745	18.084	1.0782	18.924	1.0819	19.759
1.0746	18.106	1.0783	18.947	1.0820	19.782
1.0747	18.129	1.0784	18.969	1.0821	19.804
1.0748	18.152	1.0785	18.992	1.0822	19.827
1.0749	18.175	1.0786	19.015	1.0823	19.849
1.0750	18.197	1.0787	19.037	1.0824	19.872
1.0751	18.220	1.0788	19.060	1.0825	19.894
1.0752	18.243	1.0789	19.082	1.0826	19.917
1.0753	18.266	1.0790	19.105	1.0827	19.939
1.0754	18.288	1.0791	19.127	1.0828	19.961
1.0755	18.311	1.0792	19.150	1.0829	19.984
1.0756	18.334	1.0793	19.173	1.0830	20.007
1.0757	18.356	1.0794	19.195	1.0831	20.032
1.0758	18.379	1.0795	19.218	1.0832	20.055
1.0759	18.402	1.0796	19.241	1.0833	20.078
1.0760	18.425	1.0797	19.263	1.0834	20.100
1.0761	18.447	1.0798	19.286	1.0835	20.123
1.0762	18.470	1.0799	19.308	1.0836	20.146
1.0763	18.493	1.0800	19.331	1.0837	20.169
1.0764	18.516	1.0801	19.353	1.0838	20.191
1.0765	18.538	1.0802	19.376	1.0839	20.213

附录 4　大肠菌群最可能数（MPN）检索表

阳性管数/支			MPN /[MPN/g（mL）]	95%可信度	
0.1	0.01	0.001		下限	上限
0	0	0	<3.0	—	9.5
0	0	1	3.0	0.15	9.6
0	1	0	3.0	0.15	11
0	1	1	6.1	1.2	18
0	2	0	6.2	1.2	18
0	3	0	9.4	3.6	38
1	0	0	3.6	0.17	18
1	0	1	7.2	1.3	18
1	0	2	11	3.6	38
1	1	0	7.4	1.3	20
1	1	1	11	3.6	38
1	2	0	11	3.6	42
1	2	1	15	4.5	42
1	3	0	16	4.5	42
2	0	0	9.2	1.4	38
2	0	1	14	3.6	42
2	0	2	20	4.5	42
2	1	0	15	3.7	42
2	1	1	20	4.5	42
2	1	2	27	8.7	94
2	2	0	21	4.5	42
2	2	1	28	8.7	94
2	2	2	35	8.7	94
2	3	0	29	8.7	94
2	3	1	36	8.7	94
3	0	0	23	4.6	94
3	0	1	38	8.7	110
3	0	2	64	17	180
3	1	0	43	9	180
3	1	1	75	17	200
3	1	2	120	37	420
3	1	3	160	40	420
3	2	0	93	18	420
3	2	1	150	37	420
3	2	2	210	40	430
3	2	3	290	90	1000
3	3	0	240	42	1000
3	3	1	460	90	2000
3	3	2	1100	180	4100
3	3	3	>1100	420	—

注：1. 本表采用 3 个稀释度，即 0.1mL、0.01mL 和 0.001mL，每个稀释度接种 3 支管。

　　2. 表内所列检样量如改用 1mL、0.1mL 和 0.01mL 时，表内数字应相应降低 10 倍；如改用 0.01mL、0.001mL 和 0.0001mL 时，则表内数字相应增加 10 倍，其余类推。

附录 5　常用染色液及常用培养基的制备

5.1　平板计数琼脂培养基 （PCA）

【成分】

胰蛋白胨 5.0g，酵母浸膏 2.5g，葡萄糖 1.0g，琼脂 15.0g，蒸馏水 1000mL，pH＝7.0±0.2。

【制法】

将上述成分加于蒸馏水中，煮沸溶解，调节 pH。分装试管或锥形瓶，121℃高压灭菌 15min。

5.2　月桂基硫酸盐胰蛋白胨 （LST） 肉汤

【成分】

胰蛋白胨或胰酪胨 20.0g，氯化钠 5.0g，乳糖 5.0g，磷酸氢二钾 （K_2HPO_4）2.75g，磷酸二氢钾 （KH_2PO_4） 2.75g，月桂基硫酸钠 0.1g，蒸馏水 1000mL，pH＝6.8±0.2。

【制法】

将上述成分溶解于蒸馏水中，调节 pH。分装到有玻璃小倒管的试管中，每管 10mL。121℃高压灭菌 15min。

5.3　煌绿乳糖胆盐 （BGLB） 肉汤

【成分】

蛋白胨 10.0g，乳糖 10.0g，牛胆粉 （oxgall 或 oxbile) 溶液 200mL，0.1％煌绿水溶液 13.3mL，蒸馏水 800mL，pH＝7.2±0.1。

【制法】

将蛋白胨、乳糖溶于约 500mL 蒸馏水中，加入牛胆粉溶液 200mL （将 20.0g 脱水牛胆粉溶于 200mL 蒸馏水中，调节 pH 至 7.0～7.5），用蒸馏水稀释到 975mL，调节pH，再加入 0.1％煌绿水溶液 13.3mL，用蒸馏水补足到 1000mL，用棉花过滤后，分装到有玻璃小倒管的试管中，每管 10mL。121℃高压灭菌 15min。

5.4　结晶紫中性红胆盐琼脂 （VRBA）

【成分】

蛋白胨 7.0g，酵母膏 3.0g，乳糖 10.0g，氯化钠 5.0g，胆盐或 3 号胆盐 1.5g，中性红 0.03g，结晶紫 0.002g，琼脂 15g～18g，蒸馏水 1000mL，pH＝7.4±0.1。

【制法】

将上述成分溶于蒸馏水中，静置几分钟，充分搅拌，调节 pH。煮沸 2min，将培养基冷却至 45～50℃倾注平板。使用前临时制备，不得超过 3h。

5.5　马铃薯葡萄糖琼脂（PDA）

【成分】

马铃薯（去皮切块）300g，葡萄糖 20g，琼脂 20g，蒸馏水 1000mL。

【制法】

将马铃薯去皮切块，加 1000mL 蒸馏水，煮沸 10～20min。用纱布过滤，补加蒸馏水至 1000mL。加入葡萄糖和琼脂，加热溶化，分装，121℃高压灭菌 20min。

5.6　孟加拉红培养基

【成分】

蛋白胨 5g，葡萄糖 10g，磷酸二氢钾 1g，硫酸镁（$MgSO_4 \cdot 7H_2O$）0.5g，琼脂 20g，1/3000 孟加拉红溶液 100mL，氯霉素 0.1g，蒸馏水 1000mL。

【制法】

上述各成分加入蒸馏水中溶解后，再加孟加拉红溶液。另用少量乙醇溶解氯霉素，加入培养基中，分装后，121℃灭菌 20min。

5.7　高盐察氏培养基

【成分】

硝酸钠 2g，硫酸镁（$MgSO_4 \cdot 7H_2O$）0.5g，磷酸二氢钾 1g，硫酸亚铁 0.01g，氯化钠 60g，蔗糖 30g，琼脂 20g，氯化钾 0.5g，蒸馏水 1000mL。

【制法】

加热溶解，分装后，115℃高压灭菌 30min。必要时，可酌量增加琼脂。

5.8　MRS 培养基

【成分】

蛋白胨 10g，牛肉粉 5g，酵母粉 4g，葡萄糖 20g，吐温 801mL，$K_2HPO_4 \cdot 7H_2O$ 2g，$CH_3COONa \cdot 3H_2O$ 5g，柠檬酸三铵 2g，$MgSO_4 \cdot 7H_2O$ 0.2g，$MnSO_4 \cdot 4H_2O$ 0.05g，琼脂粉 15g，pH＝6.2。

【制法】

将上述成分加入到 1000mL 蒸馏水中，加热溶解，调节 pH，分装后 121℃高压灭菌 15～20min。

5.9　莫匹罗星锂盐（Li-Mupirocin）改良 MRS 培养基

【莫匹罗星锂盐（Li-Mupirocin）贮备液制备】

称取 50mg 莫匹罗星锂盐（Li-Mupirocin）加入到 50mL 蒸馏水中，用 $0.22\mu m$ 微孔滤膜过滤除菌。

【制法】

将附录 5.8 中成分加入到 950mL 蒸馏水中，加热溶解，调节 pH，分装后于 121℃ 高压灭菌 15～20min。临用时加热熔化琼脂，在水浴中冷至 48℃，用带有 $0.22\mu m$ 微孔滤膜的注射器将莫匹罗星锂盐（Li-Mupirocin）储备液加入到熔化琼脂中，使培养基中莫匹罗星锂盐（Li-Mupirocin）的浓度为 $50\mu g/mL$。

5.10　MC 培养基

【成分】

大豆蛋白胨 5g，牛肉粉 3g，酵母粉 3g，葡萄糖 20g，乳糖 20g，碳酸钙 10g，琼脂 15g，蒸馏水 1000mL，1%中性红溶液 5mL，pH=6.0。

【制法】

将前面 7 种成分加入蒸馏水中，加热溶解，调节 pH，加入中性红溶液。分装后 121℃高压灭菌 15～20min。

5.11　10%氯化钠胰酪胨大豆肉汤

【成分】

胰酪胨（或胰蛋白胨）17g，植物蛋白胨（或大豆蛋白胨）3g，氯化钠 100g，磷酸氢二钾 2.5g，丙酮酸钠 10g，葡萄糖 2.5g，蒸馏水 1000mL，pH=7.3±0.2。

【制法】

将上述成分混合，加热，轻轻搅拌并溶解，调节 pH，分装，每瓶 225mL，121℃高压灭菌 15min。

5.12　7.5%氯化钠肉汤

【成分】

蛋白胨 10g，牛肉膏 5g，氯化钠 75g，蒸馏水 1000mL，pH=7.4。

【制法】

将上述成分加热溶解，调节 pH，分装，每瓶 225mL，121℃高压灭菌 15min。

5.13　血琼脂平板

【成分】

豆粉琼脂（pH＝7.4～7.6）100mL，脱纤维羊血（或兔血）5～10mL。

【制法】

加热溶化琼脂，冷却至50℃，以无菌操作加入脱纤维羊血，摇匀，倾注平板。

5.14　Baird-Parker 琼脂平板

【成分】

胰蛋白胨 10g，牛肉膏 5g，酵母膏 1g，丙酮酸钠 10g，甘氨酸 12g，氯化锂（LiCl·6H₂O）5g，琼脂 20g，蒸馏水 950mL，pH＝7.0±0.2。

【增菌剂的配法】

30％卵黄盐水 50mL 与经过除菌过滤的 1％亚碲酸钾溶液 10mL 混合，保存于冰箱内。

【制法】

将各成分加到蒸馏水中，加热煮沸至完全溶解，调节 pH。分装每瓶 95mL，121℃高压灭菌 15min。临用时加热溶化琼脂，冷至 50℃，每 95mL 加入预热至 50℃的卵黄亚碲酸钾增菌剂 5mL 摇匀后倾注平板。培养基应是致密不透明的。使用前在冰箱贮存不得超过 48h。

5.15　脑心浸出液肉汤（BHI）

【成分】

胰蛋白质胨 10g，氯化钠 5g，磷酸氢二钠（Na₂HPO₄·12H₂O）2.5g，葡萄糖 2g，牛心浸出液 500mL，pH＝7.4±0.2。

【制法】

加热溶解，调节 pH，分装 16mm×160mm 试管，每管 5mL，于 121℃灭菌 15min。

5.16　兔　血　浆

【制法】

取柠檬酸钠 3.8g，加蒸馏水 100mL，溶解后过滤，装瓶，121℃高压灭菌 15min。

取 3.8％柠檬酸钠溶液 1 份，加兔全血 4 份，混好静置（或以 3000r/min 离心30min），使血液细胞下降，即可得血浆。

5.17　营养琼脂小斜面

【成分】

蛋白胨 10g，牛肉膏 3g，氯化钠 5g，琼脂 15～20.0g，蒸馏水 1000mL，pH＝7.2～7.4。

【制法】

将除琼脂以外的各成分溶解于蒸馏水内，加入 15％氢氧化钠溶液约 2mL 调节 pH 至 7.2～7.4。加入琼脂，加热煮沸，使琼脂溶化，分装 13mm×130mm 管，121℃高压灭菌 15min。

5.18　革兰氏染色液

1）结晶紫染色液

【成分】　结晶紫 1g，95％乙醇 20mL，1％草酸铵水溶液 80mL。

【制法】　将结晶紫溶解于乙醇中，然后与草酸铵溶液混合。

2）革兰氏碘液

【成分】　碘 1g，碘化钾 2g，蒸馏水 300mL。

【制法】　先将碘与碘化钾进行混合，然后加入蒸馏水少许，充分振摇，待完全溶解后，再加蒸馏水至 300mL。

3）沙黄复染液

【成分】　沙黄 0.25g，95％乙醇 10mL，蒸馏水 90mL。

【制法】　将沙黄溶解于乙醇中，然后用蒸馏水稀释。

5.19　缓冲蛋白胨水（BPW）

【成分】

蛋白胨 10g，氯化钠 5g，磷酸氢二钠（含 12 个结晶水）9g，磷酸二氢钾 1.5g，蒸馏水 1000mL，pH＝7.2±0.2。

【制法】

将各成分加入蒸馏水中，搅混均匀，静置约 10min，煮沸溶解，调节 pH，121℃高压灭菌 15min。

5.20　四硫磺酸钠煌绿（TTB）增菌液

1）基础液

【成分】蛋白胨 10g，牛肉膏 5g，氯化钠 3g，碳酸钙 45g，蒸馏水 1000mL，pH＝7.0±0.2。

【制法】除碳酸钙外，将各成分加入蒸馏水中，煮沸溶解，再加入碳酸钙，调节pH，121℃高压灭菌 20min。

2）硫代硫酸钠溶液

【成分】硫代硫酸钠（含 5 个结晶水）50g，蒸馏水加至 100mL。

【制法】121℃高压灭菌 20min。

3）碘溶液

【成分】碘片 20g，碘化钾 25g，蒸馏水加至 100mL。

【制法】将碘化钾充分溶解于少量的蒸馏水中，再投入碘片，振摇玻瓶至碘片全部溶解为止，然后加蒸馏水至规定的总量，贮存于棕色瓶内，塞紧瓶盖备用。

4）0.5％煌绿水溶液

【成分】煌绿 0.5g，蒸馏水 100mL。

【制法】溶解后，存放暗处，不少于 1d，使其自然灭菌。

5）牛胆盐溶液

【成分】牛胆盐 10g，蒸馏水 100mL。

【制法】加热煮沸至完全溶解，121℃高压灭菌 20min。

6）四硫磺酸钠煌绿（TTB）增菌液

【成分】基础液 900mL，硫代硫酸钠溶液 100mL，碘溶液 20mL，煌绿水溶液 2mL，牛胆盐溶液 50mL，

【制法】临用前，按上列顺序，以无菌操作依次加入基础液中，每加入一种成分，均应摇匀后再加入另一种成分。

5.21　亚硒酸盐胱氨酸（SC）增菌液

【成分】

蛋白胨 5g，乳糖 4g，磷酸氢二钠 10g，亚硒酸氢钠 4g，L-胱氨酸 0.01g，蒸馏水 1000mL，pH＝7.0±0.2。

【制法】

除亚硒酸氢钠和 L-胱氨酸外，将各成分加入蒸馏水中，煮沸溶解，冷至 55℃以下，以无菌操作加入亚硒酸氢钠和 1g/L L-胱氨酸溶液 10mL（称取 0.1g L-胱氨酸，加 1mol/L 氢氧化钠溶液 15mL，使溶解，再加无菌蒸馏水至 100mL 即成，如为 DL-胱氨酸，用量应加倍）。摇匀，调节 pH。

5.22　亚硫酸铋（BS）琼脂

【成分】

蛋白胨 10g，牛肉膏 5g，葡萄糖 5g，硫酸亚铁 0.3g，磷酸氢二钠 4g，煌绿 0.025g 或 5g/L 水溶液 5mL，柠檬酸铋铵 2g，亚硫酸钠 6g，琼脂 18～20g，蒸馏水 1000mL，pH＝7.5±0.2。

【制法】

将前三种成分加入 300mL 蒸馏水（制作基础液），硫酸亚铁和磷酸氢二钠分别加入 20mL 和 30mL 蒸馏水中，柠檬酸铋铵和亚硫酸钠分别加入另一 20mL 和 30mL 蒸馏水中，琼脂加入 600mL 蒸馏水中。然后分别搅拌均匀，煮沸溶解。冷至 80℃左右时，先将硫酸亚铁和磷酸氢二钠混匀，倒入基础液中，混匀。将柠檬酸铋铵和亚硫酸钠混匀，倒入基础液中，再混匀。调节 pH，随即倾入琼脂液中，混合均匀，冷至 50～55℃。加入煌绿溶液，充分混匀后立即倾注平皿。

注：本培养基不需要高压灭菌，在制备过程中不宜过分加热，避免降低其选择性，贮于室温暗处，超过 48h 会降低其选择性，本培养基宜于当天制备，第二天使用。

5.23　HE 琼脂（Hektoen Enteric Agar）

【成分】

蛋白胨 12g，牛肉膏 3g，乳糖 12g，蔗糖 12g，水杨素 2g，胆盐 20g，氯化钠 5g，琼脂 18～20g，蒸馏水 1000mL，0.4％溴麝香草酚蓝溶液 16mL，Andrade 指示剂 20mL，甲液 20mL，乙液 20mL，pH＝7.5±0.2。

【制法】

将前面七种成分溶解于 400mL 蒸馏水内作为基础液；将琼脂加入于 600mL 蒸馏水内。然后分别搅拌均匀，煮沸溶解。加入甲液（硫代硫酸钠 34g，柠檬酸铁铵 4g，蒸馏水 100mL）和乙液（去氧胆酸钠 10g，蒸馏水 100mL）于基础液内，调节 pH。再加入 Andrade 指示剂（将复红 0.5g 溶解于 100mL 蒸馏水中，加入 1mol/L 氢氧化钠溶液 16mL。数小时后如复红退色不全，再加氢氧化钠溶液 1～2mL），并与琼脂液合并，待冷至 50～55℃倾注平皿。

注：本培养基不需要高压灭菌，在制备过程中不宜过分加热，避免降低其选择性。

5.24　木糖赖氨酸脱氧胆盐（XLD）琼脂

【成分】

酵母膏 3g，L-赖氨酸 5g，木糖 3.75g，乳糖 7.5g，蔗糖 7.5g，去氧胆酸钠 2.5g，柠檬酸铁铵 0.8g，硫代硫酸钠 6.8g，氯化钠 5g，琼脂 15.0g，酚红 0.08g，蒸馏水 1000mL，pH＝7.4±0.2。

【制法】

除酚红和琼脂外，将其他成分加入 400mL 蒸馏水中，煮沸溶解，调节 pH。另将琼脂加入 600mL 蒸馏水中，煮沸溶解。将上述两溶液混合均匀后，再加入指示剂，待冷至 50～55℃倾注平皿。

注：本培养基不需要高压灭菌，在制备过程中不宜过分加热，避免降低其选择性，贮于室温暗处。本培养基宜于当天制备，第二天使用。

5.25　三糖铁（TSI）琼脂

【成分】

蛋白胨 20g，牛肉膏 5g，乳糖 10g，蔗糖 10g，葡萄糖 1g，硫酸亚铁铵（含 6 个结晶水）0.2g，酚红 0.025g 或 5g/L 溶液 5mL，氯化钠 5g，硫代硫酸钠 0.2g，琼脂 12g，蒸馏水 1000mL，pH＝7.4±0.2。

【制法】

除酚红和琼脂外，将其他成分加入 400mL 蒸馏水中，煮沸溶解，调节 pH。另将琼脂加入 600mL 蒸馏水中，煮沸溶解。将上述两溶液混合均匀后，再加入指示剂，混匀，分装试管，每管约 2～4mL，121℃高压灭菌 10min 或 115℃高压灭菌 15min，灭菌后置成高层斜面，呈橘红色。

5.26　蛋白胨水、靛基质试剂

1）蛋白胨水

【成分】蛋白胨（或胰蛋白胨）20g，氯化钠 5g，蒸馏水 1000mL，pH＝7.4±0.2。

【制法】将上述成分加入蒸馏水中，煮沸溶解，调节 pH，分装小试管，121℃高压灭菌 15min。

2）靛基质试剂

【成分】柯凡克试剂：将 5g 对二甲氨基甲醛溶解于 75mL 戊醇中，然后缓慢加入浓盐酸 25mL。

【制法】欧-波试剂：将 1g 对二甲氨基苯甲醛溶解于 95mL 95％乙醇内。然后缓慢加入浓盐酸 20mL。

【试验方法】

挑取小量培养物接种，在（36±1）℃培养 1～2d，必要时可培养 4～5d。加入柯凡克试剂约 0.5mL，轻摇试管，阳性者于试剂层呈深红色；或加入欧-波试剂约 0.5mL，沿管壁流下，覆盖于培养液表面，阳性者于液面接触处呈玫瑰红色。

注：蛋白胨中应含有丰富的色氨酸。每批蛋白胨买来后，应先用已知菌种鉴定后方可使用。

5.27　尿素琼脂（pH 7.2）

【成分】

蛋白胨 1g，氯化钠 5g，葡萄糖 1g，磷酸二氢钾 2g，0.4％酚红 3mL，琼脂 20g，蒸馏水 1000mL，20％尿素溶液 100mL，pH＝7.2±0.2。

【制法】

除尿素、琼脂和酚红外，将其他成分加入 400mL 蒸馏水中，煮沸溶解，调节 pH。另将琼脂加入 600mL 蒸馏水中，煮沸溶解。将上述两溶液混合均匀后，再加入指示剂后分装，121℃高压灭菌 15min。冷至 50～55℃，加入经除菌过滤的尿素溶液。尿素的最终浓度为 2%。分装于无菌试管内，放成斜面备用。

【试验方法】

挑取琼脂培养物接种，在（36±1）℃培养 24h，观察结果。尿素酶阳性者由于产碱而使培养基变为红色。

5.28　氰化钾（KCN）培养基

【成分】

蛋白胨 10g，氯化钠 5g，磷酸二氢钾 0.225g，磷酸氢二钠 5.64g，蒸馏水 1000mL，0.5%氰化钾 20mL。

【制法】

将除氰化钾以外的成分加入蒸馏水中，煮沸溶解，分装后 121℃高压灭菌 15min。放在冰箱内使其充分冷却。每 100mL 培养基加入 0.5%氰化钾溶液 2mL（最后浓度为1:10000），分装于无菌试管内，每管约 4mL，立刻用无菌橡皮塞塞紧，放在 4℃冰箱内，至少可保存 2 个月。同时，将不加氰化钾的培养基作为对照培养基，分装试管备用。

【试验方法】

将琼脂培养物接种于蛋白胨水内成为稀释菌液，挑取 1 环接种于氰化钾（KCN）培养基。另挑取 1 环接种于对照培养基。在（36±1）℃培养 1～2d，观察结果。如有细菌生长即为阳性（不抑制），经 2d 细菌不生长为阴性（抑制）。

注：氰化钾是剧毒药，使用时应小心，切勿沾染，以免中毒。夏天分装培养基应在冰箱内进行。试验失败的主要原因是封口不严，氰化钾逐渐分解，产生氢氰酸气体逸出，以致药物浓度降低，细菌生长，因而造成假阳性反应。试验时对每一环节都要特别注意。

5.29　赖氨酸脱羧酶试验培养基

【成分】

蛋白胨 5g，酵母浸膏 3g，葡萄糖 1g，蒸馏水 1000mL，1.6%溴甲酚紫-乙醇溶液1mL，L-赖氨酸或 DL-赖氨酸 0.5g/100mL 或 1.0g/100mL，pH=6.8±0.2。

【制法】

除赖氨酸以外的成分加热溶解后，分装每瓶 100mL，分别加入赖氨酸。L-赖氨酸按 0.5%加入，DL-赖氨酸按 1%加入。调节 pH。对照培养基不加赖氨酸。分装于无菌的小试管内，每管 0.5mL，上面滴加一层液体石蜡，115℃高压灭菌 10min。

【试验方法】

从琼脂斜面上挑取培养物接种，于（36±1）℃培养 18～24h，观察结果。氨基酸脱羧酶阳性者由于产碱，培养基应呈紫色。阴性者无碱性产物，但因葡萄糖产酸而使培养基变为黄色。对照管应为黄色。

5.30　糖发酵管

【成分】

牛肉膏 5g，蛋白胨 10g，氯化钠 3g，磷酸氢二钠（含 12 个结晶水）2g，0.2％溴麝香草酚蓝溶液 12mL，蒸馏水 1000mL，pH＝7.4±0.2。

【制法】

葡萄糖发酵管按上述成分配好后，调节 pH。按 0.5％加入葡萄糖，分装于有一个倒置小管的小试管内，121℃高压灭菌 15min。

其他各种糖发酵管可按上述成分配好后，分装每瓶 100mL，121℃高压灭菌 15min。另将各种糖类分别配好 10％溶液，同时高压灭菌。将 5mL 糖溶液加入于 100mL 培养基内，以无菌操作分装小试管。

注：蔗糖不纯，加热后会自行水解者，应采用过滤法除菌。

【试验方法】

从琼脂斜面上挑取小量培养物接种，于（36±1）℃培养，一般 2～3d。迟缓反应需观察 14～30d。

5.31　ONPG 培养基

【成分】

邻硝基酚 β-D 半乳糖苷（ONPG）（O-Nitrophenyl-β-D-galactopyranoside）60mg，0.01mol/L 磷酸钠缓冲液（pH＝7.5）10mL，1％蛋白胨水（pH＝7.5）30mL。

【制法】

将 ONPG 溶于缓冲液内，加入蛋白胨水，以过滤法除菌，分装于无菌的小试管内，每管 0.5mL，用橡皮塞塞紧。

【试验方法】

自琼脂斜面上挑取培养物 1 满环接种，于（36±1）℃培养 1～3h 和 24h 观察结果。如果 β-半乳糖苷酶产生，则于 1～3h 变黄色，如无此酶则 24h 不变色。

5.32　半固体琼脂

【成分】

牛肉膏 0.3g，蛋白胨 1g，氯化钠 0.5g，琼脂 0.35g～0.4g，蒸馏水 100mL，pH＝7.4±0.2。

【制法】

按以上成分配好，煮沸溶解，调节 pH。分装小试管。121℃高压灭菌 15min。直立凝固备用。

注：供动力观察、菌种保存等用。

5.33　丙二酸钠培养基

【成分】

酵母浸膏 1g，硫酸铵 2g，磷酸氢二钾 0.6g，磷酸二氢钾 0.4g，氯化钠 2g，丙二酸钠 3g，0.2%溴麝香草酚蓝溶液 12mL，蒸馏水 1000mL，pH=6.8±0.2。

【制法】

除指示剂以外的成分溶解于水，调节 pH，再加入指示剂，分装试管，121℃高压灭菌 15min。

【试验方法】

用新鲜的琼脂培养物接种，于（36±1）℃培养 48h，观察结果。阳性者由绿色变为蓝色。

附录6　吸光度与测试淀粉酶浓度对照表

吸光度	酶浓度/(U/mL)	吸光度	酶浓度/(U/mL)	吸光度	酶浓度/(U/mL)
0.100	4.694	0.145	4.467	0.190	4.257
0.101	4.689	0.146	4.462	0.191	4.253
0.102	4.684	0.147	4.457	0.192	4.248
0.103	4.679	0.148	4.452	0.193	4.244
0.104	4.674	0.149	4.447	0.194	4.240
0.105	4.669	0.150	4.442	0.195	4.235
0.106	4.664	0.151	4.438	0.196	4.231
0.107	4.659	0.152	4.433	0.197	4.227
0.108	4.654	0.153	4.428	0.198	4.222
0.109	4.649	0.154	4.423	0.199	4.218
0.110	4.644	0.155	4.418	0.200	4.214
0.111	4.639	0.156	4.413	0.201	4.210
0.112	4.634	0.157	4.408	0.202	4.205
0.113	4.629	0.158	4.404	0.203	4.201
0.114	4.624	0.159	4.399	0.204	4.197
0.115	4.619	0.160	4.394	0.205	4.193
0.116	4.614	0.161	4.389	0.206	4.189
0.117	4.609	0.162	4.385	0.207	4.185
0.118	4.604	0.163	4.380	0.208	4.181
0.119	4.599	0.164	4.375	0.209	4.176
0.120	4.594	0.165	4.370	0.210	4.172
0.121	4.589	0.166	4.366	0.211	4.168
0.122	4.584	0.167	4.361	0.212	4.164
0.123	4.579	0.168	4.356	0.213	4.160
0.124	4.574	0.169	4.352	0.214	4.156
0.125	4.569	0.170	4.347	0.215	4.152
0.126	4.564	0.171	4.342	0.216	4.148
0.127	4.559	0.172	4.338	0.217	4.144
0.128	4.554	0.173	4.333	0.218	4.140
0.129	4.549	0.174	4.329	0.219	4.136
0.130	4.544	0.175	4.324	0.220	4.132
0.131	4.539	0.176	4.319	0.221	4.128
0.132	4.534	0.177	4.315	0.222	4.124
0.133	4.529	0.178	4.310	0.223	4.120
0.134	4.524	0.179	4.306	0.224	4.116
0.135	4.518	0.180	4.301	0.225	4.112
0.136	4.513	0.181	4.297	0.226	4.108
0.137	4.507	0.182	4.292	0.227	4.105
0.138	4.502	0.183	4.288	0.228	4.101
0.139	4.497	0.184	4.283	0.229	4.097
0.140	4.492	0.185	4.279	0.230	4.093
0.141	4.487	0.186	4.275	0.231	4.089
0.142	4.482	0.187	4.270	0.232	4.085
0.143	4.477	0.188	4.266	0.233	4.082
0.144	4.472	0.189	4.261	0.234	4.078

吸光度	酶浓度/(U/mL)	吸光度	酶浓度/(U/mL)	吸光度	酶浓度/(U/mL)
0.235	4.074	0.283	3.922	0.331	3.776
0.236	4.070	0.284	3.919	0.332	3.774
0.237	4.067	0.285	3.915	0.333	3.771
0.238	4.063	0.286	3.912	0.334	3.768
0.239	4.059	0.287	3.909	0.335	3.765
0.240	4.056	0.288	3.906	0.336	3.762
0.241	4.052	0.289	3.903	0.337	3.759
0.242	4.048	0.290	3.900	0.338	3.756
0.243	4.045	0.291	3.897	0.339	3.753
0.244	4.041	0.292	3.894	0.340	3.750
0.245	4.037	0.293	3.891	0.341	3.747
0.246	4.034	0.294	3.888	0.342	3.744
0.247	4.030	0.295	3.885	0.343	3.741
0.248	4.026	0.296	3.881	0.344	3.739
0.249	4.023	0.297	3.878	0.345	3.736
0.250	4.019	0.298	3.875	0.346	3.733
0.251	4.016	0.299	3.872	0.347	3.730
0.252	4.012	0.300	3.869	0.348	3.727
0.253	4.009	0.301	3.866	0.349	3.724
0.254	4.005	0.302	3.863	0.350	3.721
0.255	4.002	0.303	3.860	0.351	3.718
0.256	3.998	0.304	3.857	0.352	3.716
0.257	3.995	0.305	3.854	0.353	3.713
0.258	3.991	0.306	3.851	0.354	3.710
0.259	3.988	0.307	3.848	0.355	3.707
0.260	3.984	0.308	3.845	0.356	3.704
0.261	3.981	0.309	3.842	0.357	3.701
0.262	3.978	0.310	3.839	0.358	3.699
0.263	3.974	0.311	3.836	0.359	3.696
0.264	3.971	0.312	3.833	0.360	3.693
0.265	3.968	0.313	3.830	0.361	3.690
0.266	3.964	0.314	3.827	0.362	3.687
0.267	3.961	0.315	3.824	0.363	3.684
0.268	3.958	0.316	3.821	0.364	3.682
0.269	3.954	0.317	3.818	0.365	3.679
0.270	3.951	0.318	3.815	0.366	3.676
0.271	3.948	0.319	3.812	0.367	3.673
0.272	3.944	0.320	3.809	0.368	3.670
0.273	3.941	0.321	3.806	0.369	3.668
0.274	3.938	0.322	3.803	0.370	3.665
0.275	3.935	0.323	3.800	0.371	3.662
0.276	3.932	0.324	3.797	0.372	3.659
0.277	3.928	0.325	3.794	0.373	3.656
0.278	3.925	0.326	3.791	0.374	3.654
0.279	3.922	0.327	3.788	0.375	3.651
0.280	3.919	0.328	3.785	0.376	3.648
0.281	3.916	0.329	3.782	0.377	3.645
0.282	3.913	0.330	3.779	0.378	3.643

吸光度	酶浓度/(U/mL)	吸光度	酶浓度/(U/mL)	吸光度	酶浓度/(U/mL)
0.379	3.640	0.427	3.509	0.475	3.392
0.380	3.637	0.428	3.507	0.476	3.389
0.381	3.634	0.429	3.504	0.477	3.387
0.382	3.632	0.430	3.502	0.478	3.385
0.383	3.629	0.431	3.499	0.479	3.383
0.384	3.626	0.432	3.497	0.480	3.380
0.385	3.623	0.433	3.494	0.481	3.378
0.386	3.621	0.434	3.492	0.482	3.376
0.387	3.618	0.435	3.489	0.483	3.373
0.388	3.615	0.436	3.487	0.484	3.371
0.389	3.612	0.437	3.484	0.485	3.369
0.390	3.610	0.438	3.482	0.486	3.366
0.391	3.607	0.439	3.479	0.487	3.364
0.392	3.604	0.440	3.477	0.488	3.362
0.393	3.602	0.441	3.474	0.489	3.359
0.394	3.599	0.442	3.472	0.490	3.357
0.395	3.596	0.443	3.469	0.491	3.355
0.396	3.594	0.444	3.467	0.492	3.353
0.397	3.591	0.445	3.464	0.493	3.350
0.398	3.588	0.446	3.462	0.494	3.348
0.399	3.585	0.447	3.459	0.495	3.346
0.400	3.583	0.448	3.457	0.496	3.344
0.401	3.580	0.449	3.454	0.497	3.341
0.402	3.577	0.450	3.452	0.498	3.339
0.403	3.575	0.451	3.449	0.499	3.337
0.404	3.572	0.452	3.447	0.500	3.335
0.405	3.569	0.453	3.444	0.501	3.333
0.406	3.566	0.454	3.442	0.502	3.330
0.407	3.564	0.455	3.440	0.503	3.328
0.408	3.559	0.456	3.437	0.504	3.326
0.409	3.556	0.457	3.435	0.505	3.324
0.410	3.554	0.458	3.432	0.506	3.321
0.411	3.551	0.459	3.430	0.507	3.319
0.412	3.548	0.460	3.427	0.508	3.317
0.413	3.546	0.461	3.425	0.509	3.315
0.414	3.543	0.462	3.423	0.510	3.313
0.415	3.541	0.463	3.420	0.511	3.311
0.416	3.538	0.464	3.418	0.512	3.308
0.417	3.535	0.465	3.415	0.513	3.306
0.418	3.533	0.466	3.413	0.514	3.304
0.419	3.530	0.467	3.411	0.515	3.302
0.420	3.528	0.468	3.408	0.516	3.300
0.421	3.525	0.469	3.406	0.517	3.298
0.422	3.522	0.470	3.404	0.518	3.295
0.423	3.520	0.471	3.401	0.519	3.293
0.424	3.517	0.472	3.399	0.520	3.291
0.425	3.515	0.473	3.397	0.521	3.289
0.426	3.512	0.474	3.394	0.522	3.287

吸光度	酶浓度/(U/mL)	吸光度	酶浓度/(U/mL)	吸光度	酶浓度/(U/mL)
0.523	3.285	0.571	3.188	0.619	3.102
0.524	3.283	0.572	3.186	0.620	3.101
0.525	3.280	0.573	3.184	0.621	3.099
0.526	3.278	0.574	3.183	0.622	3.097
0.527	3.276	0.575	3.181	0.623	3.096
0.528	3.274	0.576	3.179	0.624	3.095
0.529	3.272	0.577	3.177	0.625	3.094
0.530	3.270	0.578	3.175	0.626	3.092
0.531	3.268	0.579	3.173	0.627	3.089
0.532	3.266	0.580	3.171	0.628	3.087
0.533	3.264	0.581	3.169	0.629	3.086
0.534	3.262	0.582	3.168	0.630	3.084
0.535	3.260	0.583	3.166	0.631	3.082
0.536	3.258	0.584	3.164	0.632	3.081
0.537	3.255	0.585	3.162	0.633	3.079
0.538	3.253	0.586	3.160	0.634	3.078
0.539	3.251	0.587	3.158	0.635	3.076
0.540	3.249	0.588	3.157	0.636	3.074
0.541	3.247	0.589	3.155	0.637	3.073
0.542	3.245	0.590	3.153	0.638	3.071
0.543	3.243	0.591	3.151	0.639	3.070
0.544	3.241	0.592	3.149	0.640	3.068
0.545	3.239	0.593	3.147	0.641	3.066
0.546	3.237	0.594	3.146	0.642	3.065
0.547	3.235	0.595	3.144	0.643	3.063
0.548	3.233	0.596	3.142	0.644	3.062
0.549	3.231	0.597	3.140	0.645	3.060
0.550	3.229	0.598	3.139	0.646	3.058
0.551	3.227	0.599	3.137	0.647	3.057
0.552	3.225	0.600	3.135	0.648	3.055
0.553	3.223	0.601	3.133	0.649	3.054
0.554	3.221	0.602	3.131	0.650	3.052
0.555	3.219	0.603	3.130	0.651	3.051
0.556	3.217	0.604	3.128	0.652	3.049
0.557	3.215	0.605	3.126	0.653	3.048
0.558	3.213	0.606	3.124	0.654	3.046
0.559	3.211	0.607	3.123	0.655	3.045
0.560	3.209	0.608	3.121	0.656	3.043
0.561	3.207	0.609	3.119	0.657	3.042
0.562	3.205	0.610	3.118	0.658	3.040
0.563	3.204	0.611	3.116	0.659	3.039
0.564	3.202	0.612	3.114	0.660	3.037
0.565	3.200	0.613	3.112	0.661	3.036
0.566	3.198	0.614	3.111	0.662	3.034
0.567	3.196	0.615	3.109	0.663	3.033
0.568	3.194	0.616	3.107	0.664	3.031
0.569	3.192	0.617	3.106	0.665	3.030
0.570	3.190	0.618	3.104	0.666	3.028

吸光度	酶浓度/(U/mL)	吸光度	酶浓度/(U/mL)	吸光度	酶浓度/(U/mL)
0.667	3.027	0.701	2.980	0.735	2.938
0.668	3.025	0.702	2.978	0.736	2.937
0.669	3.024	0.703	2.977	0.737	2.936
0.670	3.022	0.704	2.976	0.738	2.935
0.671	3.021	0.705	2.975	0.739	2.933
0.672	3.020	0.706	2.973	0.740	2.932
0.673	3.018	0.707	2.972	0.741	2.931
0.674	3.017	0.708	2.971	0.742	2.930
0.675	3.015	0.709	2.969	0.743	2.929
0.676	3.014	0.710	2.968	0.744	2.928
0.677	3.012	0.711	2.967	0.745	2.927
0.678	3.011	0.712	2.966	0.746	2.926
0.679	3.010	0.713	2.964	0.747	2.925
0.680	3.008	0.714	2.963	0.748	2.923
0.681	3.007	0.715	2.962	0.749	2.922
0.682	3.005	0.716	2.961	0.750	2.921
0.683	3.004	0.717	2.959	0.751	2.920
0.684	3.003	0.718	2.958	0.752	2.919
0.685	3.001	0.719	2.957	0.753	2.918
0.686	3.000	0.720	2.956	0.754	2.917
0.687	2.998	0.721	2.955	0.755	2.916
0.688	2.997	0.722	2.953	0.756	2.915
0.689	2.996	0.723	2.952	0.757	2.914
0.690	2.994	0.724	2.951	0.758	2.913
0.691	2.993	0.725	2.950	0.759	2.912
0.692	2.992	0.726	2.949	0.760	2.911
0.693	2.990	0.727	2.947	0.761	2.910
0.694	2.989	0.728	2.946	0.762	2.909
0.695	2.988	0.729	2.945	0.763	2.908
0.696	2.986	0.730	2.944	0.764	2.907
0.697	2.985	0.731	2.943	0.765	2.906
0.698	2.984	0.732	2.941	0.766	2.905
0.699	2.982	0.733	2.940		
0.700	2.981	0.734	2.939		

主要参考文献

丁兴华. 2006. 食品检验工（技师、高级技师）[M]. 北京：机械工业出版社.

高向阳. 2012. 现代食品分析 [M]. 北京：科学出版社.

郝生宏. 2011. 食品分析检测 [M]. 北京：化学工业出版社.

黄高明. 2006. 食品检验工（中级）[M]. 北京：机械工业出版社.

黄一石，吴朝华，杨小林. 2013. 仪器分析 [M]. 3版. 北京：化学工业出版社.

李晓燕. 2011. 食品检测 [M]. 北京：化学工业出版社.

刘长春，谭佩毅. 2012. 食品检验工（高级）[M]. 2版. 北京：机械工业出版社.

全国食品发酵标准化中心，中国标准出版社第一编辑室. 2006. 中国食品工业标准汇编：发酵制品卷（上、下）[M]. 2版. 北京：中国标准出版社.

全国食品发酵标准化中心，中国标准出版社第一编辑室. 2009. 中国食品工业标准汇编：饮料酒卷（上、下）[M]. 3版. 北京：中国标准出版社.

王福荣. 2012. 酿酒分析与检测 [M]. 2版. 北京：化学工业出版社.

卫生部政策法规司. 2011. 中华人民共和国食品安全国家标准汇编 [M]. 北京：中国标准出版社.

杨国伟. 2011. 发酵食品加工与检测 [M]. 北京：化学工业出版社.

姚勇芳. 2011. 食品微生物检验技术 [M]. 北京：科学出版社.

叶磊，杨学敏. 2009. 微生物检测技术 [M]. 北京：化学工业出版社.

于世林，苗凤琴. 2010. 分析化学 [M]. 3版. 北京：化学工业出版社.

张青，葛菁萍. 2004. 微生物学 [M]. 北京：科学出版社.

张延明. 2010. 乳品分析与检验 [M]. 北京：科学出版社.

张英. 2009. 食品理化与微生物检测实验 [M]. 北京：中国轻工业出版社.

中国标准出版社第一编辑室. 2010. 中国食品工业标准汇编：乳制品和婴幼儿食品卷 [M]. 3版. 北京：中国标准出版社.

周德庆. 2011. 微生物学教程 [M]. 3版. 北京：高等教育出版社.

Harrigan W F. 2004. 食品微生物实验室手册 [M]. 李卫华，等译. 北京：中国轻工业出版社.